Heino Engel   Tragsysteme   Structure Systems

Erschienen im / Published by
Hatje Cantz Verlag
Zeppelinstraße 32
73760 Ostfildern
Deutschland / Germany
Tel. +49 711 4405-200
Fax +49 711 4405-220
www.hatjecantz.com

© 1997 Heino Engel und Hatje Cantz Verlag
4. Auflage / 4th edition 2009

ISBN 978-3-7757-1876-9
Printed in Germany

Hatje Cantz books are available
internationally at selected book-
stores. For more information
about our distribution partners,
please visit our homepage at
www.hatjecantz.com.

Heino Engel

Tragsysteme

Structure Systems

mit einem Vorwort von
Ralph Rapson

with a preface by
Ralph Rapson

HATJE
CANTZ

Nymphe gewidmet

dedicated to Rose

Anmerkung des Verlages zur Neuauflage im September 2009 /
Publisher's note on the new edition in September 2009:

Dieser Titel erschien 1967 erstmals bei der DVA in Stuttgart in
einer deutschen Originalausgabe / This title was first published in
German by DVA in Stuttgart in 1967.

Seit 1997 ist der Titel in einer überarbeiteten, ergänzten, deutsch /
englischen Version im Hatje Cantz Verlag lieferbar und hat sich in
dieser Ausgabe und den folgenden Lizenzausgaben insgesamt
über 35.000 mal verkauft / Hatje Cantz has published this title
since 1997 in a revised and expanded German / English edition
and has sold over 35,000 copies of this edition and the following
licensed editions:

Spanisch–Portugiesisch / Spanish–Portuguese (1998)
Indonesisch / Indonesian (1998)
Republik China / Republic of China (2001)
Italienisch / Italian (2001)
Taiwan / Taiwan (2002)
Türkisch / Turkish (2004)
Japanisch / Japanese (2005)
Arabisch–Französisch / Arabic–French (2005)
Russisch / Russian (2005)

Anerkennung

Acknowledgments

Der Ursprung dieser Arbeit geht zurück auf die Lehrtätigkeit des Verfassers in Amerika an der Architekturschule der Universität von Minnesota von 1956 bis 1964. Das geistige Umfeld dieser Schule hat damals die Idee zu dieser Arbeit geboren und ist das Fundament für die erweiterte Neubearbeitung des Buches von heute geblieben.

Viele Einzelpersonen – Kollegen, Studenten, Fachexperten – waren damals am Zustandekommen der Arbeit und ihrer Publikation 1967 beteiligt. Unter ihnen verdienen drei besonders erwähnt zu werden. Ohne sie wäre diese Arbeit wohl kaum zustande gekommen oder hätte zumindest eine andere Grundhaltung in Zielsetzung und Form erhalten.

Professor Ralph Rapson,
damals Dekan der Architekturschule der Universität, war Initiator jener Vorlesungsreihe, aus der diese Arbeit entstanden ist. Das von Rapsons Persönlichkeit gestaltete akademische Umfeld von Qualifikation, Aufgeschlossenheit und Professionalität, auch von kontroverser Auseinandersetzung, hat Idee und Profil dieser Arbeit geprägt.

Dr. Ing. Hannskarl Bandel (†1993),
international bekannter Ingenieur und Wissenschaftler, damals Partner im Büro Severud, verkörperte die Instanz des kreativen Bauingenieurs, dessen gestalterisches Potential durch diese Arbeit dargestellt werden sollte. Sein vorbehaltloses Eintreten für die These, daß eine wissenschaftliche Thematik auch mit modellhaft-bildlichen Mitteln erschlossen werden kann, hat das mediale und inhaltliche Konzept des Buches grundsätzlich mitbestimmt.

Professor Guntis Plesums,
damals junger Absolvent der Architekturschule und später selbst anerkannter Hochschullehrer und Experte in der Tragwerklehre, war der unmittelbare Gesprächspartner in der frühen Auseinandersetzung über Möglichkeiten, Kriterien und Grenzen einer Tragwerklehre für Architekten. Auch später, nach der Erstveröffentlichung des Buches 1967, hat er die Folgestudien über die Jahre kritischanregend begleitet bis hin zur hier vorliegenden erweiterten Neubearbeitung.

The origins of this work go back to the author's teaching activities in the USA at the School of Architecture, University of Minnesota, from 1956 to 1964. The intellectual environment of this School in those days has given birth to the idea of this work and has remained the groundwork for the enlarged, revised edition of now.

Back then, many individuals – colleagues, students, specialists – were of assistance in enabling this research and bringing the results to publication in 1967. Amongst them, three need to be singled out for mention. For, without them, these works would have barely come about, or at least would have taken on quite a different disposition as to objective and form.

Professor Ralph Rapson,
at that time Head of the School of Architecture of the University, was instigator of the lecture series from which these works originated. Rapson's personality had shaped an academic environment of qualification, open-mindedness and professionalism, and of controversal debate too, that prompted the idea and profile of this work.

Dr. Ing. Hannskarl Bandel (†1993),
structural engineer and scientist of international renown, at that time a partner in the office of Severud, represented the faculty of creative engineering and hence of that design potential which these works attempt to make accessible. His unreserved identification with the proposition that a scientific body of knowledge can be acquired through simplified pictorial means as well, was an essential determinant in defining contents and medium of this work.

Professor Guntis Plesums,
at that time a young graduate of the School of Architecture and later himself a noted University educator and an expert in the field of architectural structures, was the immediate partner in the early dialogue about possibilities, criteria and limitations of the theory of structures for architects. Also later on, after the first publication of the book in 1967, he accompanied the ensuing studies as critical counterpart over the years up to this enlarged, revised edition of the book.

Vorwort
von Ralph Rapson

1967

Als Folge einer schnell zunehmenden Ausweitung und Kompliziertheit der Baupraxis sieht sich der Architekt heute, mehr als zu jeder anderen Zeit in der Geschichte, vor das verwirrende Problem gestellt, die vielen wissenschaftlichen und technologischen Fortschritte in die Kunst der Architektur umzugestalten. Eine wesentliche Phase dieses verwickelten Problemes ist die Integrierung schöpferischer, phantasievoller und wirtschaftlich makelloser Tragkonstruktion in den Entwurfsvorgang.

In seinem durchdachten und provozierenden Buch setzt sich Architekt Heino Engel mit diesem äußerst kritischen Thema auseinander und schlägt einen in seiner Art einmaligen und kühnen Weg vor, um die Kluft zwischen Theorie und Realität der Tragwerke zu überbrücken.

Das Buch beschäftigt sich mit den Systemen architektonischer Tragwerke, doch ist es eindeutig darauf ausgerichtet, was der Hauptgrund für solche Systeme ist: die Schaffung von architektonischer Form und architektonischem Raum. Indem die Mechanismen der baulichen Tragwerke hauptsächlich durch bildliche Mittel erklärt und ihre großen Möglichkeiten für das Entwerfen von Bauten aufgezeigt werden, wird ein vielschichtiger Faktor von den vielen, die die Umwelt gestalten, erfolgreich dem Verständnis des Architekten nahegebracht; wird ein unerschöpfliches Wissensgebiet von den vielen, die Entwurfsvorstellungen anregen können, scharf umrissen und der Handhabung durch den Architekten erschlossen.

Hierin liegt die Bedeutung dieses Buches. Hierin ist gleichfalls Bestätigung zu sehen für Richtlinien und Lehrplan, die ich während der zurückliegenden Jahre für die Architekturabteilung der Universität von Minnesota aufgestellt habe und für die Heino Engel während seiner achtjährigen Tätigkeit als Gastprofessor einen wichtigen und andauernden Beitrag geleistet hat.

Diese architektonische Auffassung hier im Vorwort zu bringen bedeutet nichts anderes, als das Buch in die rechte Perspektive zu setzen und die geistige Umwelt zu schildern, in der die Idee dieses Buches geboren und sein Fundament gelegt wurde.

Entwurf: Schöpferische Synthese

Architektonischer Entwurf ist Kunst und Akt, mit stofflichen Mitteln den Konflikt von Mensch und Umwelt zu lösen. Entwurf ist ein vielfältiger und verwickelter Vorgang, doch tief innerhalb einer vorhandenen umweltlichen Situation liegt eine natürliche oder organische Lösung. Viele Faktoren und Komponenten sind es, die die Umweltgestaltung mitbestimmen: geschichtliche Kontinuierlichkeit, regionale und örtliche Baulandgegebenheiten, physische und psychologische Wünsche der Gesellschaft, konstruktive Neuerungen und technologischer Vorteil, ausdrucksvolle Form und schöpferischer Raum. Nur durch sorgfältige und sensitive Analyse und durch genaue Überprüfung aller Faktoren innerhalb des geistigen Gefüges unserer Zeit kann sich die schöpferische Synthese entwickeln.

Die vielseitigen Pflichten und Verantwortungen der Umweltgestaltung erfordern heute eine Universalität des Architekten, wie sie vorher unvorstellbar war. Wenn er hofft, bedeutsame, den großen Möglichkeiten unserer Zeit angemessene Lösungen zu finden, muß er einsehen, daß Architektur zwar in erster Linie Kunst ist, sich aber inzwischen auch zu einer äußerst präzisen Wissenschaft entwickelt hat, die sich auf koordinierte Anwendung der unterschiedlichsten Wissensgebiete gründet.

Heute mag jede vorhandene umweltliche Situation den Architekten in eine breite Spanne von Tätigkeiten verwickeln – von Werbung und Programmierung zu Forschung und statistischer Auswertung, von großmaßstäblicher Stadt- und Regionalplanung zu Detailentwurf und Bauführung. Es darf vom Architekten erwartet werden, daß er sowohl Universalist wie auch Spezialist sei oder daß er zumindest über genügende Kenntnisse in der Wirtschaftslehre und Soziologie, der Ästhetik und dem Ingenieurwesen, der Stadtplanung und dem Bauentwurf verfüge, um alle zu einer schöpferischen Synthese zu integrieren.

Praxis: Unterschiedliche Talente

In der Realität der Baupraxis wird jedoch solche umfassende Aufgliederung selten in irgendeinem einzelnen gleichmäßig vollzogen. Viel öfter wird diese erdrückende Aufgabe zu unterschiedlichen Ausmaßen durch koordinierte Gruppenanstrengung bewältigt. Dies muß nicht Entwerfen durch Komitees bedeuten. Denn wenn es auch viele sind, die zum Entwurfsvorgang beitragen und ihn stützen, so muß nach meiner Auffassung immer noch eine einzige zentrale Autorität für den Entwurf da sein.

Damit soll gesagt werden, daß Architekten im allgemeinen sehr unterschiedliche Talente und Interessen aufweisen, aber dennoch gute Arbeit in der Praxis leisten, wenn sie entsprechend ihrem Spezialgebiet eingesetzt werden. Ja, es mag sogar ein hohes Maß an Spezialisierung in der Entwurfspraxis notwenig und praktisch sein, doch diese umfassende Aufgliederung in die Ausbildung und die schulische Erziehung des einzelnen hineinzutragen, ist eine ganz andere Sache. Während der Schulausbildung ist die Entwicklung des jungen Verstandes noch nicht so weit fortgeschritten, daß er feststellen könnte, wo sein hauptsächliches Talent liegt. Erziehung kann nicht all ihre Produkte genau festgelegten Formen anpassen. Daraus folgt, daß das Allgemeine dem Besonderen vorangehen und das Augenmerk auf Grundlagen und Methodik gerichtet sein muß.

Ausbildung: Beschäftigung mit dem Einzelmenschen

Schulische Ausbildung des Architekten ist ein Vorgang, der zweierlei berücksichtigen muß. Einerseits ist es notwendig, eine groß angelegte, wohl durchdachte Haltung zum Bauen zu formulieren – eine architektonische Überzeugung –, die sich den hohen Zielen und Möglichkeiten unserer Zeit als würdig erweist; andererseits ist es notwendig, die vielen Fertigkeiten und Werkzeuge zu entwickeln – die detaillierte und technische Kenntnis –, die notwendig sind, um das koordinierte Gesamtprodukt zu erreichen.

Grundlegend für die Ausbildung ist die Einsicht, daß wir nicht völlige Gewißheit über die Endlichkeit von irgendwelchem Wissen oder von Tatsachen haben können und daß es keine absoluten Antworten auf jede Frage gibt. Auch Architektur, veranlaßt und erfüllt von den Problemen der Menschheit, wird selten nur eine Schwarzweiß-Lösung zu einer bestimmten umweltlichen Situation bieten. Vielmehr gibt es den großen Reichtum der gesamten Farbenpalette, der eigentlich nur durch angeborene oder erworbene Eigenschaften des Architekten begrenzt wird.

Grundsätzlich ist Ausbildung mit dem Individuum beschäftigt; sie muß Initiative und intellektuelle Fähigkeiten des einzelnen entwickeln. Es gibt drei breite Phasen in diesem Vorgang: erstens muß der Verstand lernen, klar und logisch zu analysieren oder schöpferisch zu denken; zweitens muß der Verstand die Fähigkeit entwickeln, Kenntnis mit Vernunft anzuwenden oder schöpferisch zu gebrauchen; und drittens muß der Verstand immer wach und beweglich bleiben, damit er die Fähigkeit zu fragen und zu lernen nicht verliert.

Vollständiges Begreifen dieses Lernvorganges ist wesentlich. Schöpferisches Denken ist weder ein mystisches noch ein isoliertes Phänomen; es kann nur Ergebnis systematischer Wissensaneignung von Tatsachen sein, die der weitgefaßten Zielsetzung zugrundeliegen.

Diese Disziplin ist Grundlage der Erziehung ungeachtet der Tatsache, daß die Entscheidung, wieviel fachliches Wissen nun ausgewählt werden und von welcher Art es sein soll, doch recht kritisch ist. Vertraute Gewohnheiten und Tätigkeiten und bekannte Antworten lassen oftmals keinen Raum mehr für Zweifel, und ohne den Zweifel ist einer der starken Beweggründe zum Lernen nicht mehr vorhanden. Auch hinter dem sich mehrenden Wissens- und Erfahrungsschatz, gesammelt aus vorangegangenen erfolgreichen Lösungen, lauert die allgegenwärtige Gefahr, daß die frische Vorstellungskraft lahmgelegt wird.

Gründlichkeit ist eine wesentliche Eigenschaft, ohne die der Architekt nicht auskommt. Erziehung muß dem Studenten ordentliche Gewohnheiten des Suchens und Vorgehens beibringen, Gewohnheiten, die ihn im späteren Leben befähigen, alle die Kenntnisse, die sich auf die jeweilige Aufgabe beziehen, mit Verstand zu erwerben, zu verarbeiten und anzuwenden.

Inspiration: Harte, geliebte Arbeit

Schöpferische Synthese ist vornehmlich das Lebensblut architektonischer Ausbildung und architektonischer Praxis. Die Fähigkeit, erworbenes Wissen mit Phantasie und Intelligenz anzuwenden, ist Voraussetzung für jeden schöpferischen Architekten. Es herrscht betrachtliche Verwirrung und wenig wirkliches Verständnis in bezug auf den schöpferischen Akt. Allgemein betrachtet, scheint mir schöpferisches architektonisches Wirken auf der Fähigkeit zu beruhen, breite und volle geistige Verbindung mit dem Gesamtgefüge erworbenen Wissens aufrechtzuerhalten.

Intuition oder Inspiration ist ein wesentlicher Faktor im schöpferischen Gestalten. Jedoch ist Inspiration nicht müßiges Träumen, wie viele sich einbilden; vielmehr ist es harte, geliebte Arbeit. Intuitives Handeln mag zwar manchmal keinen offensichtlichen Grund haben, vollzieht sich jedoch bestimmt niemals ohne Führung. Diese Führung erfährt der Architekt durch jenes Rahmenwerk, das aus Erziehung und erworbenen Kenntnissen, aus kulturellem Hintergrund und Elternhaus, aus Geschmack und Verstand, aus Weltanschauung und Ethik gebildet wird.

Ist auch die Aneignung von Kenntnissen wichtig, so ist doch Ausbildung nicht vornehmlich das Erwerben von Fakten und Daten; vielmehr muß Erziehung den Intellekt anstacheln und entflammen, den Horizont weiten und dem einzelnen das Denken lehren. Dabei soll Erziehung den Verstand bereichern und fördern, denn vieles von der dynamischen Qualität, die wir dem Verstand einträufeln möchten, wird nur dadurch erreicht, daß der Lernprozeß zu einem aufregenden Abenteuer gemacht wird – zu einer dauernden Suche nach dem Neuen und Unbekannten, die für den Architekten in schöpferischer Synthese gipfelt.

Architekt: Lehrer für Tragkonstruktionen

Als praktizierender Architekt und als Lehrer der Architektur bin ich mit Theorie und Praxis gleichermaßen verbunden. Schon seit langem habe ich festgestellt, daß die üblichen Methoden, den jungen Architekten in das Gebiet der architektonischen Tragwerke einzuführen, weit davon entfernt sind, um als zufriedenstellend zu gelten; sie sind viel zu kompliziert und verwirrend und fehlorientiert. Sie sind ungeeignet, eindeutige Beziehungen zum Gesamtakt des Bauentwerfens herzustellen, und sind nicht von einer Art, die eine schöpferische Anwendung von konstruktiven Prinzipien beim jungen Entwerfer anregen oder fördern könnte.

In der Überzeugung, daß die aktive Beteiligung am eigentlichen Bauen starke Impulse gerade für den Unterricht in irgendeinem spezifischen Fach des architektonischen Lehrstoffes bereithält, scheint mir der praktizierende Architekt, sofern er fortschrittlich eingestellt ist und Interesse und Talent in dem betreffenden Sondergebiet aufweist, am besten geeignet, spezialisierte Wissensgebiete dem jungen Architekten nahezubringen.

Aus diesem Grund bat ich 1959 Heino Engel, der damals schon seit drei Jahren an der Fakultät für Architektur lehrte, Vorlesungen und Übungen im Fach für architektonische Tragwerke vorzubereiten und abzuhalten, mit dem Ziel, die Grundsätze, die dem Entwickeln und Erfinden von Tragkonstruktionen zugrunde liegen, klarzustellen und die Gestaltungsmöglichkeiten der Tragsysteme aufzuzeigen.

Es ist höchst erfreulich, daß der brillante Vorlesungs- und Übungsstoff, den Heino Engel erarbeitete, die Grundlage für diesen neuen und originellen Weg zum Verständnis und zur Anwendung von architektonischen Tragwerken schuf.

Dieses Buch wird also jeden interessieren, der sich mit dem Entwerfen von Bauten befaßt: dem Studenten wird es eine positive Methode bieten, durch die er sich schnell umfassendes und sachdienliches Wissen über alle Tragwerke aneignen kann; dem Architekten wird es eine Fülle von Anregungen geben und neue Möglichkeiten für den Entwurf seiner Bauten aufzeigen; dem Lehrer wird es zusammengefaßtes Material vorweisen über ein Fachgebiet, das in der Architekturliteratur so weit verstreut ist, und wird ihm helfen, seine Untersuchungen zu programmieren.

Das Buch wird das Vorurteil beseitigen, daß ein höchst technisches Thema nicht auch mit bildlichen Mitteln gründlich und erschöpfend behandelt werden kann. Da es sich nur mit Systemen befaßt und daher die vielen Details ausschließt, die nur zu oft das eigentliche Problem verschleiern, ist es ein Prototyp seiner Art und mag daher ähnliche Systemuntersuchungen in den anderen vielen Spezialgebieten anregen, die alle das architektonische Gestalten in unserem modernen Zeitalter bestimmen.

1997

Seit TRAGSYSTEME vor 30 Jahren zum ersten Mal erschienen ist, hat der Tätigkeitsbereich Umweltgestaltung viele Veränderungen erfahren. Die verschiedenen Entwicklungen in Wissenschaft, Technologie und Kommunikation zusammen mit den gesellschaftlichen, wirtschaftlichen und politischen Umwälzungen auf globaler Ebene haben den Gestaltungsprozeß immer komplexer werden lassen. Der Umfang der einbezogenen Bearbeitungsbereiche ist scheinbar endlos geworden. Zwar ist es richtig, daß der Fortschritt im computerunterstützten Entwerfen und Zeichnen (CADD) ein völlig neues Potential von Gestaltungsmöglichkeiten eröffnet hat, doch hat diese Entwicklung aber auch – und nur zu oft – zu groben Fehlanwendungen in den Disziplinen der Technologie geführt.

In diesem Entwicklungsstadium ist Heino Engels TRAGSYSTEME von besonderer Bedeutung. Es bestätigt nämlich, daß es Leitgrundsätze für das Entwerfen gibt, die unabhängig von Änderungen und Strömungen der Zeit sind. Hier ist ein Buch, das ein Ordnungssystem von praktisch zeitlosen, prinzipiellen Kenntnissen präsentiert, die für Architekt und Ingenieur absolut erforderlich sind. Tatsächlich halte ich Idee und Substanz des Buches heute für grundlegender und aktueller, als sie es je zuvor waren.

Die grundsätzliche Argumentationslinie in Engels Arbeit bezeugt auch meine eigenen Vorstellungen über die Lehre der Architektur, wie ich sie als Leiter der Schule für Architektur und Landschaftsarchitektur an der Universität von Minnesota von 1954 bis 1984 in die Praxis umgesetzt hatte. Diese Ideen habe ich bereits in meinem vorangestellten Vorwort 1967 umrissen. Mit Befriedigung darf ich feststellen, daß nicht nur meine Überzeugungen von damals auch jetzt noch Bestand haben, sondern daß sie in Heino Engels ausgezeichneten Arbeiten über fast vier Jahrzehnte so sehr lebendig geblieben sind.

Doch abgesehen vom universellen Wert dieses prototypischen Werkes darf diese überarbeitete Ausgabe durchaus als neu gelten: Nicht nur liefert sie eine Fülle neuer Informationen und kreativer Vorschläge zum Thema selbst, sondern begründet erstmalig auch eine umfassende Ordnung der Tragwerke. Neu ist die vorliegende Ausgabe aber auch, indem sie das strenge „Skelett" der ursprünglichen Ausgabe zum gegliederten, kompletten „Gebäude" einer Formensprache der Tragkonstruktionen im Bauen entwickelt hat. Dabei erweisen sich die von Heino Engel entwickelten Mittel zur Darstellung von Ideen und Systemen nicht nur als äußerst klares und eingängiges Instrumentarium, sondern sie zeichnen sich auch durch ihre ästhetische Brillanz aus.

Kurz gesagt, was ich vor 30 Jahren empfohlen habe, gilt auch und sogar noch mehr für diese erweiterte Ausgabe: TRAGSYSTEME gehört in die Hände aller Architekten, Ingenieure und Gestalter!

Ralph Rapson

Foreword
by Ralph Rapson

1967

With the rapidly expanding scope and complexity of architectural practice, the architect today is faced, more so than at any other time in history, with the staggering problem of assimilating the many scientific and technological advances into the art of architecture. One main aspect of this intricate problem is the integration of creative, imaginative and economically pure structure into the design process.

In this thoughtful and provocative book Architect Heino Engel adresses himself to this most critical problem and advances a unique and challenging process to bridge the gap between structural theory and structural reality.

While this book concerns itself with the systems of architectural structures, it is clearly focused on what is the prime reason for such systems: the creation of architectural form and space. By explaining the mechanisms of architectural structures primarily through pictorial means and suggesting their vast potential for architectural design, one complex factor of the many that shape environment is effectively brought to the understanding of the architect; one inexhaustible body of knowledge of the many that may spark design imagination is brought clearly into focus and within reach of the architect.

This is the significance of this book. This is also acknowledgement of the architectural philosophy and the architectural program of the University of Minnesota that I have developed over the past years and to which Heino Engel in his eight years as a visiting professor made a significant and lasting contribution.

Stating this philosophy in this foreword is but to set the book into proper perspective and to describe the intellectual environment within which the idea of this book was conceived and its groundwork laid.

Design: Creative synthesis

Architectural design is physical art and the act of resolving the conflict of man and his environment. Design is a complex and intricate process, yet deep within any given environmental situation there lies a natural or organic solution. There are many factors and components – such as historical continuity, regional and specific site conditions, physical and psychological needs of society, structural innovations and technological advantage, expressive form and creative space – that shape our environment. Only by careful and sensitive analysis and by diligently sifting all factors within the framework of our times does the creative synthesis evolve.

The multi-faceted duties and responsibilites of total environmental design today require a comprehensiveness of the architect as never before imagined. If he hopes to produce significant solutions commensurate with the great potential of our times, he must recognize that architecture, while primarily an art, has become an extremely precise science that is based on coordinated application of the most varied fields of knowledge.

Today any given environmental situation may involve the architect in a wide range of activities – from promotion and programming to reserach and statistical evaluation, from large scale urban and regional planning to detailed design and construction supervision. The architect may be expected to be both a generalist and a specialist, or at least he must be sufficiently knowledgeable in economics and sociology, aesthetics and engineering, planning and design to enable him to integrate all into creative synthesis.

Practice: Varying talents

In the reality of architectural practice, however, such a specification is seldom realized in any one individual. More often this overwhelming task is accomplished in varying degrees by coordinated group effort. This must not imply design by committees, for while many contribute and reinforce the design process, there still must be, in my judgement, only one central design authority.

That is to say that there are architects of varying talent and interest who do a fine job in practive if engaged in their special capacity. In fact, there even may be a high degree of specialization necessary and practical in the practice of architecture. However, to fill this comprehensive specification in the education and formal training of the individual, is quite another thing. In school education it is far too early in the development of the young mind to determine where his prime talent lies. Education cannot mold all its products to a narrow specification. It follows, then, that the general must precede the specific, with concern for basic principles and procedure.

Education: Concern with the individual

Formal education of the architect is a two-fold process. On the one hand it is necessary to have the broad, mature philosophy – an architectural concept and conviction –, worthy of the aspirations and capacities of our times; on the other hand it is necessary to develop the many skills and tools – the detailed and technical knowledge – necessary to achieve the coordinated whole product.

Basic to education is the understanding that we cannot have full assurance of the finality of any knowledge or facts and that there are no absolute answers to any question. Architecture concerned and motivated as it is with the problems of humanity, very seldom provides a black and white solution to any environmental situation. Rather there is the geat richness of the entire palette limited basically only by the architect's inherent and developed qualities.

Fundamentally education is concerned with the individual; it must develop the individual initiative and intellectual powers. There are three broad phases to this process: first, the mind must learn to

analyse clearly and logically, or to think creatively, second, the mind must develop the ability to employ knowledge with judgement, or to apply it creatively; and third, the mind must forever remain alert and fluid to continue the capacity to question and learn.

Complete understanding of this learning process is essential. Creative thinking is neither a mystical nor an isolated phenomenon; it can only be the result of orderly acquisition of factual knowledge basic to the broad objective.

This discipline is fundamental to education although just how much factual knowledge should be selected and of what quality it should be is a critical decision. Normal habits and practice and known answers often leave no room for doubt anymore, and without doubt one of the strong inducements for learning is no longer present. As more and more information and knowledge of previously successful solutions is acquired, there is the ever present danger of stultifying the imagination.

Thoroughness is a basic characteristic necessary to the architect; education must instill orderly habits of search and procedure into the student, habits that will in later life enable him to acquire wisely, digest and employ all the information relative to the particular assignment at hand.

Inspiration: Hard loving work

Creative synthesis is preeminently the life blood of architectural education and architectural practice. The ability to apply acquired knowledge with imagination and judgement is necessary to every creative architect. There is considerable confusion and little real understanding relative to the creative act. Broadly speaking it seems to me, creative architectural action is based upon the ability to maintain broad and full mental association within the framework of acquired knowledge.

Intuition, or inspiration, is a major factor in creative architecture. However, inspiration is not idle dreaming as many imagine; rather it is hard, loving work. Intuitive action, while sometimes without apparent reason, is certainly never without guidance. The architect is guided within the framework of his training and acquired knowledge, his cultural background and upbringing, his taste and judgement, his values and ethics.

While the acquisition of knowledge is important, education is not primarily the acquisition of facts and data; rather education must excite and inflame the intellect, widen horizons, and teach the individual to think. To this end it is imperative that education stimulate and nourish the mind, for much of the dynamic quality that we wish to instill in the mind is the result of making the learning process an exciting adventure – a continuous search for the new and unknown, culminating, for the architect, in creative synthesis.

Architect: Teacher on structures

As a practicing architect and as an architectural educator, I have been concerned with both theory and reality. I have long found that the normal methods of introducing and teaching architectural structures to the young architect have been far from satisfactory, overly complicated, and generally confusing and misguided. They fail to establish clear relationships to the total act of architectural design, and are not of a kind which stimulates creative application of structural basics on the part of the young designer.

In the conviction that active participation in actual building holds strong impulses expecially for the teaching of any specific subject of architectural training, I consider the practicing architect, progressive in conception and with particular interest and talent in the given subject, most qualified to introduce a specialized subject matter to the young architect.

Therefore in 1959 I encouraged Heino Engel, then already teaching for three years at the School of Architecture, to develop course work in architectural structures that would clarify basic principles underlying the invention of structures and would show the design possibilities of structural systems.

It is most gratifying that the brilliant course work that Heino Engel developed has provided the basis for this highly creative and original approach to the understanding and use of architectural structures.

This book will interest everyone engaged in the design of buildings: the architectural student, the practicing architect, the architectural teacher and scholar. To the student it will provide a positive method, by which he may rapidly acquire comprehensive and competent knowledge on all structures; to the architect it will give a rich stimulus and show new possibilities for the design of his buildings; to the teacher and scholar it will present collective materials on a subject so widely scattered in architectural literature and will aid him in programing his research.

The book will dissolve the preconception that a highly technical matter cannot be treated with thoroughness and depth by pictorial means. Being concerned only with systems and hence excluding the many details that only too often obscure the basic problem, the book is a prototype of its kind and thus may well encourage similar system research of the other and many specialized fields that determine architectural design in this modern age.

1997

Since STRUCTURE SYSTEMS was first published some thirty years ago, the design of the human environment has undergone many changes. The different developments in science, technology and communication together with the societal, economical and political transformations on global scale have made the process of design more and more complex. The scope of concern has expanded to seemingly no end. Certainly, the advancement of computer graphics in design (CADD) has opened vast new potentials in design options, but this development has also and only too often led to gross misuses of the disciplines of technology.

At this stage of development, Heino Engel's STRUCTURE SYSTEMS is of particular significance. It confirms that there are guiding principles in environmental design that are beyond the changes and trends of the time. Here is a book that presents a body of practically timeless principal knowledge absolutely essential for architect and engineer. In fact, I find the idea and substance of the book even more basic and relevant today than ever before.

The fundamental line of argument in Engel's work also attests to my own philosophy on the teaching of architecture which I put into practice as Head of the School of Architecture and Landscape Architecture at the University of Minnesota from 1954 until 1984. I have already outlined these convictions in the preceding 1967 Foreword of the book. I am gratified to find that the thoughts of then not only are still valid now, but that in Heino Engel's excellent elaborations, they have remained alive for almost four decades.

But aside from the universal worth of this prototypical accomplishment, this revised edition must be ranked novel. It not only contains a wealth of new information and creative proposals to the subject itself, but also substantiates, for the first time, a comprehensive order of structures. But this revised edition is also novel in that the stringent 'skeleton' of the original version has been implemented to now exhibit an articulated, complete 'edifice' of form language for structures in architecture. To this end the pictorial media, developed by Heino Engel for presenting ideas and systems, not only prove to be eminently clear and understandable, but also excel in their aesthetic brilliance.

In all, what I stated thirty years ago can be re-confirmed, and even more so, for this enlarged edition: STRUCTURE SYSTEMS should be in the hands of all architects, engineers and designers!

Ralph Rapson

Vorwort des Verfassers
zur überarbeiteten Auflage

Bei seinem Erscheinen 1967 hat das Buch TRAGSYSTEME ein zwiespältiges Echo in der Fachwelt-Leserschaft hervorgerufen:
- Anerkennung für den unkonventionellen Versuch, die Domäne des Tragwerkentwurfes wieder in die Hand des Architekten zurückzugeben,
- Kritik an dem unkonventionellen Anspruch, Tragwerklehre nicht über rechnerische Analyse, sondern über simple Bildsprache vermitteln zu können.

Von seiten der „reinen" Statiklehre wurde sogar die Befürchtung gehegt, das Buch könne zum Verführer für den entwerfenden Architekten werden!

Angesichts solch gegensätzlicher Beurteilung ist schon von Interesse zu erfahren, welches Ergebnis das Buch nach insgesamt 30jähriger ununterbrochener Folge vorzuweisen hat:
- Das Buch wurde insgesamt 6mal in unveränderter Form neu aufgelegt, zuletzt 1990 (und nochmals in Japan 1994).
- Das Buch wurde in mehrere Fremdsprachen übersetzt und in anderen Ländern aufgelegt:

USA	Spanien	Taiwan	Brasilien
England	Japan	Portugal	Saudi-Arabien
			(in Vorbereitung)

- (Nur vollständigkeitshalber erwähnt:)
  Das Buch wurde auf der Internationalen Frankfurter Buchmesse 1967 in den Kreis der 10 schönsten Bücher gewählt.

Qualität und Nutzwert eines Fachbuches werden jedoch nicht nach diesen eher äußerlichen Daten gemessen, sondern nach dem Maße, wie sich die darin vertretenen Thesen auch durchsetzen. Hierzu ist festzustellen: Die in diesem Buch entwickelte Ordnung der Tragwerke im Bauen wurde für viele nachfolgende und weiterführende Studien als Richtschnur zugrunde gelegt; die hier vorgestellten Thesen, Analysen und Formentwicklungen haben in Schule und Praxis, wenn nicht uneingeschränkte Akzeptanz, so doch kontinuierliche Diskussion erfahren.

Auch die besondere Methodik der bildlichen Darstellung mechanischer Vorgänge hat in einer Reihe von anderen Fachbüchern ihre Nachahmer gefunden. Und nicht nur das: Seit seinem Erscheinen 1967 wurden Teile des Buches – übrigens unautorisiert – in anderen Schriften abgedruckt oder in leicht geänderter Form publiziert. An einer deutschen Technischen Hochschule wurde sogar in jüngster Zeit das Buch Seite für Seite in 2 Bänden nachgedruckt und an Studenten verkauft: ein kompletter Raubdruck!

Unter diesen Bedingungen bestand zunächst keine Veranlassung, eine Überarbeitung zu erwägen. Daß diese dennoch erfolgte, hat ihre Ursache in der Grundsätzlichkeit und Wichtigkeit, die neuem Material zum Thema TRAGSYSTEME beizumessen sind. Dieses Material hat der Verfasser als Hochschullehrer und Chef seines Büros für Architektur und Stadtplanung über die Jahre in Form von Arbeitsblättern für seine Studenten bzw. für seine Büromitarbeiter angefertigt. Er stellt es hiermit einer breiteren Öffentlichkeit zur Diskussion.

Das neue Material betrifft als erstes den Versuch, die theoretischen Grundlagen der Tragwerke im Bauen, ihre Bedeutung, ihren Zusammenhang mit der Umwelt und der Architektur (als Prozeß und Gegenstand) sowie Umfang und Ordnung ihrer Lehre als Gesamtheit einmal zu erfassen und in einem besonderen Eingangskapitel bildlich-diagrammatisch darzustellen:
- Grundlagen / Systematik

Als zweites sind – neben den üblichen Fortschreibungen und Korrekturen des Stoffes der ursprünglichen Fassung – Neubearbeitungen bzw. Neuaufnahmen der folgenden Tragsysteme erfolgt:
- Pneumatische Systeme
- Stützgitter-Systeme
- Hochwerke
- Hybride Systeme

Schließlich sind für jeden Tragwerktyp in der Kapiteleinleitung Entwurfsorientierungen ausgewiesen, die die praktische Handhabung des Buches erleichtern sollen:
- Definitionen / Merkmale
- System-Bestandteile
- Typen- und Formenkatalog
- Baustoff / Spannweiten

Durch diese Hinzunahmen wurde allerdings der Gesamtumfang des Buches derart erweitert, daß zwecks Beibehalt seines Handbuchcharakters Einschränkungen an anderer Stelle geboten erschienen:
- Wegfall der Fotodokumentation über die exemplarischen Anschauungsmodelle, die in der Erstausgabe 1967 noch einen ganz wesentlichen Teil des Buches bildeten
- Herauslösung aller vornehmlich mit geometrischen Grundlagen befaßten Untersuchungen aus ihrem nur auf eine Tragwerkgattung beschränkten Bezug und ihre Zusammenfassung als Anhang „Geometrie und Strukturform"

Diese neuen Inhalte und Überarbeitungen bezeugen den Leitgedanken, der das Buch in seiner Entstehung begründet hat: Erst wenn Wesen und Kausalität der Tragwerke im Bauen erkannt sind, erst wenn die Gesamtheit der Tragwerke ermessen wird, und erst wenn ihre Wirkungs- und Strukturformen vertraut sind, erst dann kann der Planer von Bauwerken – Architekt oder Ingenieur – die Tragwerklehre entsprechend ihrem Anspruch in die Gestaltung von Bauwerken und in die Entwicklung der Architektur einbringen.

Der Verfasser   1997

Author's Foreword
to the Revised Edition

When the book STRUCTURE SYSTEMS was first published in 1967, it encountered a divided echo in the profession:
- commendation for the unconventional approach to return the domain of structural design back into the hands of the architect
- critique on the unconventional claim to be able to convey the theory of structures not through mathematical analysis, but through the simple language of pictures

From the faction of 'pure' structural engineering fear was even voiced that the book may lead the designing architect astray!

In the light of such contradictory reaction it will be of interest to learn what results has the book to exhibit after altogether 30 years of uninterrupted sequence:
- The book has been reprinted altogether 6 times without any change, last time in 1990 (and again in Japan 1994).
- The book has been translated into several languages and has been printed in other countries:

  | USA | Spain | Taiwan | Brazil |
  | England | Japan | Portugal | Saudi-Arabia (in preparation) |

- (And just to be complete:)
  The book was elected into the circle of the 10 best designed books at the International Book Fair 1967 in Frankfurt.

Quality and utility of a technical book, however, are not measured along these more external data, but by the degree to which the main ideas brought forth have gained ground. Here it is to be stated: The systematics of structures in building, as elaborated in this book, has served for many subsequent and related studies as a guideline; the statements, analyses, and form developments presented here were met in school and practice, if not with outright acceptance, with continuous dialogue.

Also the particular methods of presenting structural behaviour through pictorial means have found their followers in a number of technical books. And not only that: Since its first publication in 1967, parts of the book – incidently without permission – were literally copied in other writings or were published in slightly changed appearance. Very recently at a German University the whole book was xeroxed in 2 volumes and sold to students: a complete pirated edition!

Under these circumstances there was no real motive for considering a revised edition. That it materialized nevertheless, is due to the fundamental and conducive quality to be attributed to new materials on the subject STRUCTURE SYSTEMS: The author, as University teacher and head of a private office for architecture and city planning, has put together this material over the years in the form of instruction papers for his students and the professionals in his office. He makes them now accessible for wider discussion.

The new material concerns, in the first place, the attempt to identify the theoretical basics of structures in building and presents them through pictures and diagrams in a separate introductory chapter: their meaning, their relationship with environment and architecture (as process and object), the volume and order of their systematics as a whole
- Basics / Systematics

Secondly, – in addition to the usual actualizations and corrections of materials presented in the original edition – the following structure systems have been basically revised and enlarged or have been introduced for the first time:
- Pneumatic Systems
- Thrust lattice Systems
- Highrise Systems
- Hybrid Systems

Finally, as an introduction to each chapter design orientations for the specific structure type are spelled out in order to facilitate the practical function of the book
- Definitions / Characteristics
- Systems Components
- Catagorized Types and Forms
- Material / Spans

Due to these additions, though, the total volume of the book expanded to an extent that, in order to maintain its quality as manual, limitations in other contents seemed necessary
- elimination of the photographic materials on the exemplary model constructions that in the original 1967 version had occupied an essential part of the book
- delegation of all studies dealing with geometric basics from the context of but one structure family and their compilation as appendix 'geometry and structure form'

These new contents and revisions will attest to the guideline of the book that has been fundamental to its inception: Only when the essence and causality of structures in building is realized, only when the full scope of structures is measured, and only when the features of their behaviour and of their structure forms are understood, only then can the planner of building – architect or engineer – creatively bring the potential of structures to bear in the development of architectural ideas of today.

The author   1997

Inhalt

Einführung

(1) Thesen und Anspruch

Die Thesen, die diese Arbeiten begründen und ihren Anspruch rechtfertigen, sind kategorisch:

1. Das Tragwerk besetzt in der Architektur eine existenz-stiftende und form-tragende Position
2. Die verantwortliche Instanz für Architektur, ihre Gestaltung und Verwirklichung, ist der Architekt
3. Der Architekt entwickelt das Konzept des Tragwerkes für seine Bauplanung in ureigener Zuständigkeit

Unter den Grundbedingungen für die Existenz materieller Formen wie Haus, Maschine, Baum oder Lebewesen, ist das Tragwerk die wichtigste. Ohne Tragwerk kann materielle Form nicht gewahrt werden, und ohne Wahrung der Form kann sich der Sinn des Form-Gegenstandes nicht verwirklichen. Es gilt also: ohne materielles Tragwerk kein Wirkungskomplex, ob belebt oder unbelebt.

Besonders in der Architektur kommt dem Tragwerk grundsätzliche Bedeutung zu

- Das Tragwerk ist primäres und solitäres Instrument zur Erzeugung von Form und Raum. Durch diese Funktion wird das Tragwerk zum grundlegenden Mittel für die Gestaltung der materiellen Umwelt.
- Das Tragwerk beruht auf der Konsequenz naturwissenschaftlicher Gesetze. Dementsprechend kommt dem Tragwerk unter den gestaltgebenden Kräften der Architekturplanung der Rang einer absoluten Norm zu.
- Das Tragwerk verfügt gleichwohl in seinem Bezug zur Baugestalt über einen unbegrenzten Interpretationsspielraum. Das Tragwerk kann durch Bauform komplett verborgen werden; es kann ebenso auch zur Bauform selbst, d. h. zur Architektur werden.
- Das Tragwerk verkörpert den Gestaltungswillen des Planers, Form, Materie und Kräfte zu vereinen. Das Tragwerk liefert somit ein ästhetisches, kreatives Medium in der Gestaltung und Erfahrung von Bauwerken.

Hieraus wird gefolgert: Tragwerke bestimmen Bauwerke in grundsätzlicher Weise: ihre

Entstehung, ihr Dasein, ihre Wirkung. Das Entwickeln der Tragsystem-Vorstellung, d. h. die Tragwerk-Konzeptplanung ist daher unabdingbarer Bestandteil des eigentlichen Architekturentwurfes. Folglich ist die übliche Differenzierung der Tragwerkplanung von der Architekturplanung – bezüglich Inhalte, Vorgehensweise, Wertbeimessung und nicht zuletzt bezüglich ihrer Ausführenden – unbegründet und steht im Widerspruch zur Sache und Idee der Architektur.

Die Differenzierung Architekturentwurf und Tragwerkentwurf ist aufzuheben.

(2) Das Problem

Der Verwirklichung des hier formulierten Anspruches stehen erhebliche Hindernisse entgegen. Die einen liegen im Wissensgebiet selbst; die anderen mehr in dem Trägheitsprinzip von Gewohnheiten zu finden; beide bedingen einander.

Zunächst einmal: Das Wissensgebiet „Tragwerklehre" hat sich durch Vielfalt und Umfang der Teilgebiete längst dem ganzheitlichen Verständnis entzogen. Schon die verbindliche Erfassung bloßer thematischer Inhalte des Wissensgebietes, und damit seine Lehrbarkeit, ist zum Problem geworden, erst recht die Vermittlung seiner kreativen Anwendung. Selbst für den Tragwerksspezialisten, den Bauingenieur, ist die kompetente Nutzung aller Zweige des Gebietes nicht mehr gegeben, noch weniger für denjenigen, der daneben noch andere Wissensgebiete zur Grundlage seines Handelns hat: den Architekten.

Die Problematik gewinnt noch an Tragweite durch den traditionellen, gleichwohl irrationalen Argwohn des gestaltenden Architekten gegenüber allen Vorgaben, die wegen ihrer wissenschaftlichen Grundlage berechnet bzw. logisch abgeleitet werden können. Anwendung von normativen Grundlagen – ob inhaltlich, instrumental oder prozessual – gilt allgemein als Behinderung der kreativen Entfaltung. Unbewußt werden somit Kenntnismängel in Grunddisziplinen, wie die Tragwerklehre eine ist, legitimiert und ein Unvermögen stillschweigend zur Tugend gemacht.

Hinzu kommt schließlich, daß hinsichtlich des Stellenwertes des Tragwerkentwurfes im Gesamtvorgang der Architekturplanung eine weit verbreitete Fehleinschätzung besteht und zwar nicht nur in der Öffentlichkeit, sondern viel unverständlicher noch in der Fachwelt mit ihren institutionalisierten Gleisen wie Studienpläne, Berufsverbände, Honorarordnungen usw. Hier wird die Formulierung einer Tragwerkidee nicht als integraler Teil ursprünglicher Ideenerzeugung für das Bauwerk verstanden, sondern als Vorgang, der dem kreativen Bauentwurf nachgeordnet ist: inhaltlich, rangmäßig, zeitlich.

Das Problem hat also zwei Seiten: Die Architekten, infolge Unkenntnis oder Abneigung, entwerfen Bauwerke jenseits der Poesie struktureller Formen. Mißachtung oder sogar völliges Fehlen von Schönheit und Disziplin der Tragkonstruktion in moderner Architektur ist allzu offensichtlich. Die Ingenieure in ihrer eingeschränkten Funktion, vorgegebene Architekturformen durchführbar, standsicher und haltbar zu machen, können ihr kreatives Potential nicht in das Baugeschehen einbringen, sei es im Entwurf von Bauwerken, sei es in der Erfindung neuer prototypischer Tragsysteme.

(3) Lösungsansatz: Systematik

Wie können diese Probleme angegangen und gelöst oder wenigstens in ihren Auswirkungen gemildert werden?

Komplexe Sachgebiete werden am besten über eine Systematisierung ihrer Inhalte erschlossen. Systematisierung bedeutet Identifizierung, Gliederung und Aufschließung der Inhalte unter einem bestimmenden Ordnungsprinzip. Das Ordnungsprinzip ist schlüssig, wenn es vom Wesen des Sachgebietes selbst und seiner Nutzanwendung abgeleitet ist.

Das Ordnungsprinzip für die vorliegenden Studien wird im Einführungsteil „Grundlagen / Systematik" mit der Sequenz von 4 Argumenten begründet:

1. Das Anliegen der Architektur – einst und jetzt – ist es, Raum für menschliches Dasein und Wirken zu schaffen und zu deuten;

dies erfolgt durch Gestaltung von materieller Form.
2. Die materielle Form ist Kräften ausgesetzt, die das Bestehen von Form bedrohen und somit auch ihren Sinn und Zweck gefährden.
3. Die Bedrohung wird abgewendet, indem die Angriffskräfte in Richtungen gelenkt werden, die Form und Raum nicht beeinträchtigen.
4. Der Mechanismus, der dies bewirkt, heißt Tragwerk: Umlenkung der Kräfte ist Kausalität und Wesen der Tragwerke.

Dies also ist der Schlüssel zur Erschließung der Gesamtheit der existierenden und möglichen Tragwerke für die kreative Handhabung durch die Planer, Architekten ebenso wie Bauingenieure:
eine Systemtheorie für Tragwerke, aufgebaut auf deren grundlegenden Funktion, Kräfte umzulenken, bildlich vermittelt durch die Systemmerkmale
– mechanische Wirkungsweise
– Form- und Raumgesetze
– Gestaltungspotential

(4) Thema-Erschließung / Gliederung

In Natur und Technik gibt es 4 typische Mechanismen, mit angreifenden Kräften fertig zu werden, d.h. sie umzuleiten. Sie sind grundsätzlich; sie besitzen eigene Merkmale; sie sind dem Menschen im täglichen Umgang mit Krafteinwirkungen und ihrer Austarierung vertraut.

---

1 ANPASSUNG an die Kräfte
Tragwerke, die hauptsächlich durch materielle Form wirksam sind:
● FORMAKTIVE TRAGSYSTEME
Systeme im einfachen Spannungszustand: Druck- <u>oder</u> Zugkräfte

---

2 AUFSPALTUNG der Kräfte
Tragwerke, die hauptsächlich durch Verknüpfung von Druck- und Zugstäben wirksam sind:
● VEKTORAKTIVE TRAGSYSTEME
Systeme im kooperativen Spannungszustand: Druck- <u>und</u> Zugkräfte

---

3 EINSPERRUNG der Kräfte
Tragwerke, die hauptsächlich durch Querschnitt und Kontinuierlichkeit der Materie wirksam sind:
● SCHNITTAKTIVE TRAGSYSTEME
Systeme im Biegezustand: Schnittkräfte

---

4 ZERSTREUUNG der Kräfte
Tragwerke, die hauptsächlich durch Flächenausdehnung und Flächenform wirksam sind:
● FLÄCHENAKTIVE TRAGSYSTEME
Systeme im Flächenspannungszustand: Membrankräfte (Zug, Druck, Scher)

Hinzu kommt ein fünfter Mechanismus. Dieser durch die Höhenentwicklung von Bauwerken bedingte Mechanismus hat zwar schon in allen vier zuvor erwähnten Systemen der Kraftumlenkung eine Rolle gespielt, muß aber wegen seiner besonderen Funktion als eigenständiges Tragsystem gelten.

---

5 SAMMLUNG und ERDUNG der Kräfte
Tragwerke, die hauptsächlich als vertikale Lastableiter wirksam sind:
● HÖHENAKTIVE TRAGSYSTEME
(Systeme ohne typischen Spannungszustand)

Das Kriterium für die Unterscheidung der Systeme ist also jeweils das Hauptmerkmal der Kraftumlenkung. Hauptmerkmal soll heißen, daß in jedem Tragsystem außerdem noch Wirkungsformen stattfinden, die für andere Systeme charakteristisch sind. Wird jedoch die Haupttragwirkung, d.h. der vorherrschende Umlenkungsmechanismus betrachtet, so kann jedes Tragwerk ohne weiteres einer der 5 Tragwerk-Familien zugeordnet werden.

Diese Vereinfachung hat noch eine weitere Berechtigung. Form und Raum im Bauwerk werden weniger durch Tragwerke für sekundäre Lastableitungen beeinflußt, sondern erlangen Charakter und Qualität vornehmlich durch das System, welches die hauptsächliche Tragfunktion ausübt. Es ist daher legitim, nicht nur bei der theoretischen Aufschließung des Gebietes Tragwerklehre, sondern ebenso auch bei der praktischen Entwicklung einer Tragwerkidee diese Sekundärfunktionen außer acht zu lassen.

Andererseits ist es auch nur konsequent, Hochwerke in eine eigenständige Kategorie „höhenaktive Tragsysteme" einzuordnen. Denn die primäre Aufgabe dieser Konstruktion besteht in der Lastenübermittlung von der Höhe auf die Erde, – analog zur Elektrotechnik kurz „Erdung" genannt – und wird durch die Systeme der Lastensammlung, des Lastentransportes und der Stabilisierung gekennzeichnet. Dabei ist es unerheblich, weil nicht gestalt-bedeutsam, daß diese Systeme sich zwangsläufig eines Umlenkungsmechanismus bedienen müssen, der einem oder mehreren der vier zuvor erwähnten angehört.

(5) Thema-Vermittlung / Einschränkungen

Die Wahl von Methode und Mittel, wie das Gebiet Tragwerklehre am besten für die Anwendung im Architektur- und Tragwerkentwurf zu erschließen sei, hat sich an den für diese Aufgabe typischen Umständen orientiert
– die ausgeprägt bildliche Vorstellungswelt und Verständigungsweise des Architekten und Planers
– das körperhaft-apparatmäßige Wesen der Tragsysteme und ihrer Wirkungsmerkmale
– die Vorzüge von Isometrie und Perspektive für die Erklärung von mechanischen Vorgängen und räumlichen Konstellationen

Diese Umstände sind der Anlaß, Ursachen und Wirkungen der Tragsysteme, ihre Ordnungen und Zusammenhänge und natürlich die hieraus abgeleiteten Strukturformen mit zeichnerisch-bildlichen Mitteln darzustellen und auf textliche Erläuterungen weitgehend zu verzichten.

Dies betrifft sogar die Erörterung abstrakter Sachverhalte oder gedanklicher Vorgänge, deren Darstellung über sinnbildhafte, diagrammatische oder tabellarischer Grafiken hier versucht wird.

Aber die eindeutige Darstellung und Hervorhebung des Wesentlichen verlangt auch noch dies: Ausscheidung des Unwesentlichen

– Mathematik

Mathematische Berechnungen sind für die

Entwicklung von Tragwerkkonzepten ohne Bedeutung. Sie sind auch nicht erforderlich, um Verständnis für das komplexe Verhalten von Tragsystemen zu gewinnen oder um konstruktiven Erfindergeist anzuregen.

Mathematik im Sinne von einfacher Algebra ist hilfreich für das Verständnis von statischen Grundbegriffen und mechanischen Zuständen wie Gleichgewicht, Widerstand, Hebelarm, Trägheitsmoment usw., doch ist sie für die Erzeugung von Tragwerkkonzepten unbrauchbar. Erst wenn das Konzept in seinen wesentlichen Gliedern feststeht, kommt die mathematische Analyse zum Tragen für Systemprüfung und Optimierung, Vordimensionierung von Traggliedern oder Nachweis von Sicherheit und Wirtschaftlichkeit.

– Material

Die grundsätzliche Wirkungsweise eines Tragsystems ist – abgesehen von konstruktiv ungeeigneten Baustoffen – nicht vom Material abhängig. Es ist richtig, daß je nach Belastungseigenschaft des Konstruksionsmaterials auch Eignungen für Systeme und Spannweiten zwangsläufig sind, doch sind die mechanischen Vorgänge selbst, die Einsicht in diese Vorgänge wie auch ihre Anwendung beim Entwerfen grundsätzlich unabhängig vom Baustoff.

– Maßstab

Für das Verständnis der Tragmechanik eines bestimmten Systems ist eine Betrachtung der absoluten Größe unnötig. Die für das einzelne System typischen Vorgänge zur Erreichung von Gleichgewichtszuständen sind grundsätzlich nicht von der Größenordnung, dem Maßstab, abhängig.

Gleichwohl ist unstreitig, daß Maßstabsfragen bei der Entwicklung von Tragwerkkonzepten eine bedeutende Rolle spielen, jedenfalls eine bedeutendere, als dies bei anderen, unberücksichtigt gebliebenen Einflußfaktoren der Fall ist. Denn die Entwicklung einer Tragwerkidee setzt in jedem Einzelfall eine konkrete Form/Raumvorstellung und damit auch das Bewußtsein einer bestimmten Größenordnung der Spannweiten voraus.

Aus diesem Grunde wird in der überarbeiteten Ausgabe dem verständlichen Anliegen des Tragwerkplaners insofern Rechnung getragen, als im Zusammenhang mit der Definition der einzelnen Tragsystem-Gattung jeweils eine Übersicht über den Bereich wirtschaftlicher Spannweiten für jeden Tragwerk-Typ, bezogen auf die gängigen Baustoffe, gegeben wird.

Hiervon abgesehen wird aber eine grundsätzliche Erörterung der Thematik „Spannweiten" bzw. „Maßstab" nicht weiter angegangen. Auch die in verschiedenen Zeichnungen dargestellten menschlichen Figuren dienen nicht der Vermittlung eines bestimmten Maßstabbereiches, sondern sollen lediglich die Vorstellung von Raum und Bauwerk erleichtern.

– Stabilisierung

Stabilisierung, im Sinne einer Aussteifung gegen seitliche und unsymmetrische Belastungen (Wind, Schnee, Erdbeben, Temperatur usw.), oder auch zur Kontrolle von labilen Gleichgewichtszuständen, sind nur im Abschnitt „Höhenaktive Tragsysteme" als eigene Thematik der Kraftumlenkung angesprochen. Es ist nämlich vornehmlich die Höhenentwicklung eines Bauwerkes, die seine Stabilisierung erfordert. Das geht so weit, daß ab einer bestimmten Höhe die Umlenkung horizontaler Kräfte und die Ableitung von Höhenlasten sogar formprägend und typenbildend wird.

Bei den übrigen Tragsystemen wird auf Erörterung und Darstellung von Stabilisierungsmaßnahmen verzichtet, sofern sie nicht schon integraler Bestandteil des Tragmechanismus selbst sind. Allgemein ist bei den üblichen Bauwerkshöhen ihr Einfluß auf die grundsätzliche Tragwerkform und somit auf die Entwicklung eines Tragwerkkonzeptes gering. Erst nach der Ideenfindung wird in den meisten Fällen eine Lösung der Stabilisierungsprobleme überhaupt erst möglich.

(6) Gestaltungsgrundlagen

Die hier vorgestellten Untersuchungen zeigen die Tragwerklehre in ihrer Gesamtheit

unter einem einzigen Ordnungsprinzip. Durch die absichtlich „ein-dimensionale" Aufschließung des Gebietes (mit Folge einer Vernachlässigung von Sekundärbelangen) wird die Ordnung dieser Lehre in Kriterien erschlossen, die für den Tragwerkplaner beim Entwickeln von Ideen und Konzepten entscheidend sind:
– Mechanische Wirkungsweise
– Form- und Raumgesetze
– Gestaltungspotential

Nicht gebunden an die vielen praktischen, physikalischen oder analytischen Erwägungen, aber in Kenntnis mechanischer Logik und der hieraus entspringenden Formen und Möglichkeiten, also souverän in der Handhabung von echten Strukturformen, kann der Planer sich seiner Intuition und Vorstellungskraft hingeben. Solches Wissen wird es auch erlauben, über die Grenzen erprobter Konstruktionen in ihrer Vielfalt hinauszublicken und neue, unkonventionelle Formen abzuleiten.

Diese Formen repräsentieren keine TRAGWERKE, die ohne weiteren Test in Grundriß oder Schnitt des Entwurfes übernommen werden können, sondern sind TRAG-SYSTEME. Trag-WERKE sind Beispiele und daher Entwurfs-VORLAGEN; Trag-SYSTEME sind Ordnungen und daher Entwurfs-GRUNDLAGEN.

Als Systeme erheben sich die Mechanismen der Kraftumlenkung über die individuelle Form des Tragwerkes, das nur für eine einzige Aufgabe entworfen ist, und werden zum Gestaltungsprinzip. Als Systeme sind sie weder an den gegenwärtigen Stand der Kenntnis von Material und Konstruktion gebunden, noch an die besonderen örtlichen Gegebenheiten, sondern behalten Gültigkeit unabhängig von Zeit und Raum.

Als Systeme schließlich sind sie Teil eines größeren Sicherheitssystems, das der Mensch für die Erhaltung seiner Art geschaffen hat, wie dieses wiederum eingebettet ist in jenes System, dem die Bewegung der Gestirne ebenso untergeordnet ist wie die Bewegung der Atome.

Introduction

(1) Argument and Postulation

The arguments, being cause of this work and substantiating its postulations, are categorical.

1. Structure occupies in architecture a position that does both, bestows existence and sustains form
2. The agency responsible for architecture, its design and its realization, is the architect
3. The architect develops the structure concept in his designs out of professional propriety

Amongst the basic conditions contributing to the existence of material forms such as house, machine, tree or animate beings structure is most essential. Without structure, material forms cannot be preserved, and without preservance of form, the very destination of the form object cannot assert itself. Hence, it is a fact: without material structure no performing complex, animate or inanimate.

Especially in architecture, structure assumes a fundamental part

– Structure is the primary and solitary instrument for generating form and space in architecture. Owing to this function, structure becomes the essential means for shaping the material environment of man
– Structure relies on the discipline exerted by the laws of natural sciences. Consequently, amongst the formative forces of architectural design, structure ranks as an absolute norm
– Structure in its relationship to architectural form nevertheless commands an infinite scope for interpretation. Structure can completely be hidden by the building form; it can as well become the building form itself, architecture
– Structure personifies the creative intent of the designer to unify form, material and forces. Structure thus presents an aesthetic, inventive medium for both shaping and experiencing buildings

From this is to infer: Structures determine buildings in fundamental ways: their origination, their being, their consequence.

Thus, developing structure concepts, i.e. basic structural design, is an integral component of genuine architectural design. Hence, the prevalent differentiation of structural design from architectural design – as to their objectives, their procedures, their ranking and, for that matter, as to their performers – is unfounded and in contradiction to cause and idea of architecture.

The differentiation of architectural design and structural design has to be dissolved.

(2) The Problem

In materializing the claims stated before, considerable obstacles stand in the way. Some of them are to be found in the subject matter itself, others are more a product of the inertia principle resting on old habits. Both affect each other.

To begin with: The subject 'theory of structures', through diversity and volume has long since eluded a total comprehension. Already the systematic and conclusive identification of mere subject contents, and hence its teachability, has become a problem; all the more so, the transmission of their creative application. Even for the structure specialist, the structural engineer, the competent utilization of all branches of the field no longer is possible, even less for the one who, in addition, has yet to command a number of other fields of knowledge basic to his performance, the architect.

The problems are further aggravated by the traditional though irrational mistrust of the creative architect toward all design directives that, having a scientific basis, can be calculated or logically derived. Application of normative essentials – the analytical, the instrumental, the process-methodical – generally are considered an impediment to the creative unfolding. Subconsciously, lacking knowledge in basic disciplines, as theory of structures unquestionably is, will thus be legitimized and insufficiency is tacitly turned to virtue.

Moreover, there exists a widely accepted misjudgement as to the ranking of structural design within the total process of architectural planning, and that not only in public opinion, but also – and even less understandably – in the profession itself with its institutionalized tracks such as training curricula, professional societies, fee ordinances etc. Here, the formulation of a structure idea is understood not as an integral part of primary idea generation for the building, but as an act following behind the creative architectural design: in substance, in importance and in time.

The problem, then, is twofold: The architects, due to either ignorance or antipathy, design buildings in aloofness of the poetry of structural forms. Disregard for, or even outright absence of, the beauty and discipline of structures in modern architecture is only too obvious. The engineers, being confined to the task of making given architectural forms stand, hold and last, cannot bring their creative potential to any architectural bearing on both, the design of modern architecture or the invention of new prototypical structural systems.

(3) Approach: Systematics

How can these problems be handled, resolved or at least alleviated in their effects?

Complex subject fields can best be made accessible through classification of their contents: Systematics. Systematization means identification, articulation and disclosure of contents under a governing principle of order. Such a principle is conclusive if derived from the very essence of subject matter itself and from its application.

For the studies presented here, the ordering principle, as explained in the introductory part 'Basics / Systematics', is based upon a four-arguments line:

1 The cause of architecture – past and present – is to provide and interpret space for man's being and acting; this is achieved through the shaping of material form.

2 The material form is subjected to forces that challenge the endurance of form and thus threaten its very purpose and meaning.

3 The threat will be warded off in that the acting forces are redirected into courses that don't encroach upon form and space.

4 The mechanism effectuating this is called structure: Redirection of forces is cause and essence of structure.

This, then, is the key for disclosing the total range of existing and potential structures for the creative application by the planner, both architect and engineer:
A systems theory for structures, built upon their essential function of redirecting forces, pictorially analyzed by the systems characteristics of
– mechanical behaviour
– form and space geometry
– design potential

(4) Subject Disclosure / Articulation

In nature and technique there are 4 typical mechanisms to deal with acting forces, i.e. to redirect them. They are basic; they possess intrinsic characteristics; they are familiar to man in his daily encounter with forces, how to bear them, and how to react.

```
1  ADJUSTMENT to the forces
   Structures acting mainly through material
   form:
   ● FORM-ACTIVE
                    STRUCTURE SYSTEMS
   Systems in single stress condition:
   Compressive or tensile forces
```

```
2  DISECTION of forces
   Structures acting mainly through compo-
   sition of compressive and tensile mem-
   bers:
   ● VECTOR-ACTIVE
                    STRUCTURE SYSTEMS
   Systems in coactive stress condition:
   Compressive and tensile forces
```

```
3  CONFINEMENT of forces
   Structures acting mainly through cross
   section and continuity of material:
   ● SECTION-ACTIVE
                    STRUCTURE SYSTEMS
   Systems in bending stress condition:
   Sectional forces
```

```
4  DISPERSION of forces
   Structures acting mainly through exten-
   sion and form of surface
   ● SURFACE-ACTIVE
                    STRUCTURE SYSTEMS
   Systems in surface stress condition:
   Membrane forces
```

To these four a fifth mechanism is to be added. This kind, which is necessitated by the vertical extension of buildings and as such is of concern in all four systems of force redirection named before, because of its particular function ranks as a structure system all its own.

```
5  COLLECTION and GROUNDING of forces
   Structures acting mainly as vertical load
   transmitter:
   ● HEIGHT-ACTIVE
                    STRUCTURE SYSTEMS
   (Systems without typical stress condition)
```

The criterium of systems distinction, thus, is in each case the dominant characteristic of force redirection. Dominant characteristic will say that within each structure further operational forces will be active that are descriptive of other systems. However, if the major spanning action, i.e. the domineering mechanism for redirection of forces is considered, each structure easily can be classified into one of the five 'families' of structure systems.

Such systems simplification has further justification. Form and space in the building are less influenced by structures for secondary load transmission but receive character and quality predominantly by the system that performs the major spanning function. Therefore it is legitimate to ignore these secondary functions not only in the theoretical treatment of the subject structure systems but also when in practice developing a structure concept.

On the other hand, it is only consistent to put the highrise structures into the separate category of 'height-active structures'. For, the primary task of these constructions is the load transfer from the heights to the ground – in short 'grounding' in analogy to electrical engineering – consisting of the particular systems of load collection, load transmittance and lateral stabilization. Thereby it is irrelevant, since not form-determinant, that these systems necessarily have to employ, for redirection of forces, a mechanism belonging to one or several of the preceding four.

(5) Subject Mediation / Limitations

The choice of method and means of how the knowledge of structure systems can best be made accessible for the use in architectural or structural design follows conditions that are typical for this objective
– the predominantly pictorial media through which architects and planners formulate ideas and communicate
– the corporeal, apparatus-like nature of structure systems and their behavioural features
– the merits of isometry and perspective drawing for explaining mechanical processes and spatial constellations

These circumstances are incentive to presenting causes and consequences of structure systems, their systematics and interrelationships and, of course, their structural forms, through graphic-pictorial means while largely to refraining from verbal explanations. This even includes abstract matters or processes in thought that – as an attempt – are here shown by means of charts, graphs or diagrams.

However, a definite representation and accentuation of the essentials require something else yet: exclusion of the non-essential

– Mathematics

Mathematical calculations have little meaning for the development of structure concepts. In fact, they are not required to gain insight into the complex behaviour of structure systems or to inspire the creative spirit for structural invention.

Mathematics, in the form of simple algebra is helpful for the understanding of basic concepts of structures and of mechanical conditions such as equilibrium, resistance, lever arm, moment of inertia etc., but is of no use for the generation of concepts. Only after the concept is determined in its essential elements, the mathematical analysis fulfills its real function of checking and optimizing the system, dimensioning its components and securing safety and economy.

– Material

The basic behaviour of a structure system is – apart from materials unfit for any structural application – not dependent on material. It is true that the stressing property of the structural material necessarily also is criterion of qualification for system and span of structure, but the mechanical behaviour, the comprehension of it as much as its application for design are independent from the material.

– Scale

For understanding the structural mechanics of a certain system consideration of the absolute scale is not needed. The actions typical for the single system in order to attain states of equilibrium are basically not dependent on the size category, the scale.

Nevertheless, it is incontestable that, in developing structural concepts, the scale plays a major part, at least a part more important as is the case with other factors of influence that, for reason of topic profile, have been left out. For, developing a structure image requires in each case a concrete vision of form and space, i.e. awareness of a definite dimension range for span.

For this reason, in the revised edition the understandable interest of the structure planner has been considered in so far as in context with the definition of individual families of structure systems, a survey on the range of reasonable (economical) spans for each structure type related to the well used structural materials is listed.

But aside from that, a basic discussion on the subject 'span' or 'scale' is not attempted here. Also, the human figures as delineated in some of the drawings don't serve to suggesting a definite range of scale, but are meant to facilitate the imagination of space and building.

– Stabilization

Stabilization in the meaning of bracing against lateral and asymmetrical loading (wind, snow, earthquake, temperature etc.) or for controlling unstable states of equilibrium are treated only in the chapter 'Height-active structure systems'. For, predominantly it is the height extension of a building that necessitates its stabilization. This becomes so influential, that from a certain height on the redirection of horizontal forces and the grounding of height loadings will be the prime generator of form and type.

For all the other structure systems, a discourse and presentation of stabilizing measures has been omitted in as much as they are not already an integral part of the structure mechanism itself. For normal building heights, their influence upon the basic structure form, and thus upon the development of a structure concept, remains minor. In fact, it is only after the concept has been developed that, in most cases, a resolution of the stabilization problems is possible at all.

(6) Design Basics

The studies presented here show the field of architectural structures to its full extent under a single guiding principle. Due to the deliberately 'one-dimensional' disclosure of the field (accompanied by neglection of secondary concerns) the contents of this field of knowledge are made accessible in criteria decisive for the planner of structures when developing ideas and concepts:
– mechanical behaviour
– form and space geometry
– design potential

Not being bound by the many practical, physical or analytical considerations, but familiar with the mechanical logic and with the forms and possibilities arising from them, i.e. sovereign in the handling of true structure forms, the planner can submit to his intuition and imaginative power. Such knowledge also will qualify to look beyond the boundaries of well tested structures in their diversity and deduce novel, unconventional forms.

These forms do not represent STRUCTURES that without further test can be incorporated into the plan or section of a design, but are structure SYSTEMS. STRUCTURES are examples and hence design IMPLEMENTS; structure SYSTEMS are orders and hence design PRINCIPLES.

As systems, the mechanisms for redirection of forces rise above the individuality of a structure designed only for one specific task and become a design principle. As systems they are neither bound to the present state of knowledge on material and construction, nor to the particular local conditions, but maintain validity independent of time and space.

As systems, finally, they are part of a larger security system that man has devised for the survival of his kind, as this again is imbedded in the very system that governs the movement of the stars as much as the movement of the atoms.

Grundlagen / Systematik
Basics / Systematics

0

Die Bedeutung des Tragwerkes: Erhaltung der Objektfunktionen

Die materielle Umwelt des Menschen setzt sich zusammen aus Objekten, einzeln und im Zusammenhang, belebt und unbelebt, gewachsen und gebaut. Entsprechend ihrer Entstehung ist zwischen den natürlichen und den technischen Objekten zu unterscheiden.

Auch die Elemente, aus denen das Einzelobjekt zusammengesetzt ist, sind Objekte ebenso wie umgekehrt jenes übergeordnete System als Objekt gilt, in dem mehrere Einzelobjekte als Einheit zusammenwirken. Das heißt, daß materielle Objekte zu keiner bestimmten Größenordnung gehören. Sie sind Bestandteile des Makrokosmos ebenso wie solche des Mikrokosmos. Als Begriff umfassen sie alle definierbaren Körper der materiellen Umwelt.

Alle materiellen Objekte in Natur und Technik stellen sich durch die ihnen eigene Form dar. Form im Bereich des Gegenständlichen ist die kennzeichnende Anordnung der Objektmaterie in 3 Dimensionen. Sie ist geometrisch.

Die materiellen Formen in Natur und Technik wirken jede auf eine bestimmte Weise; sie erfüllen Funktionen. Als Funktionen gelten dabei nicht nur die mechanischen und instrumentalen, sondern auch die biologischen, semantischen und psychologischen oder die rein substanz-erhaltenden Ursachen und Wirkungen.

Die spezifische Funktion ist an die spezifische Form gebunden. Wird also die Form gestört oder zunichte gemacht, werden auch die Funktionen in gleicher Weise betroffen. Die Erhaltung von Form ist daher Voraussetzung für die Bewahrung der Funktionen der materiellen Umwelt.

Jede materielle Form, d. h. das Objekt, das durch Form dargestellt wird, ist grundsätzlich der Einwirkung von Schwerkräften (Gewicht) ausgesetzt. Andere Krafteinwirkungen ergeben sich erstens aus der Funktion des Objektes, zweitens aus den Eigenschaften und der Gliederung der Materie und

schließlich aus den Bedingungen des Umfeldes.

Das heißt, die Existenz eines Objektes und seiner Form setzt voraus, daß das Objekt diese Kräfte aushalten kann. Sie beruht auf seiner Fähigkeit, unterschiedliche Kräfte zu er-tragen. Die Konsistenz, die diese Fähigkeit verleiht, ist das Tragwerk.

Daher gilt die Feststellung: Nur durch ihre Tragwerke können die materiellen Formen der Umwelt sie selbst bleiben und damit ihre Funktion erfüllen. Tragwerke sind die eigentlichen Bewahrer der Funktionen der materiellen Umwelt in Natur und Technik.

Aktion des Tragwerkes: Kräftefluß und Kraftumlenkung

Tragwerke in Natur und Technik haben die Aufgabe, nicht nur das eigene Objektgewicht zu kontrollieren, sondern darüberhinaus zusätzliche Lasten (Kräfte) zu übernehmen. Dieser Vorgang wird als Tragen bezeichnet.

Das Wesentliche des Trage-Vorganges ist aber nicht die leicht vorstellbare Aktion einer Aufnahme von Lasten, sondern der sich intern vollziehende Prozeß der Lastenübermittlung. Ohne das Vermögen, eine Last weiter- und abzugeben, kann ein Körper nicht tragen, nicht sein Eigengewicht und schon gar nicht fremde Lasten.

Das Tragwerk arbeitet also in 3 aufeinanderfolgenden Vorgängen:
1. Lastaufnahme
2. Lastübermittlung
3. Lastabgabe

Dieser Ablauf wird als KRÄFTEFLUSS bezeichnet. Er ist das grundsätzliche Vorstellungsmuster für den Tragwerkentwurf, seine Grundidee. Als Kräfteweg ist er auch Gradmesser für die Wirtschaftlichkeit des Tragwerkes.

Der Kräftefluß ist unproblematisch, solange sich die Objektform der Richtung der einwirkenden Kräfte anpaßt. Im Falle der

Schwerkräfte wäre eine solche Situation gegeben, wenn Materie auf direkte und kürzeste Weise mit der Erde, dem Lastabgabepunkt, verbunden ist. Ein Problem entsteht aber, wenn der Kräftefluß nicht so direkt erfolgen kann und Umwege in Kauf nehmen muß.

Dies aber ist der normale Fall in der Technik, nämlich daß Form gebildet wird, um eine bestimmte Funktion zu erfüllen, und zwar zunächst unabhängig vom natürlichen Kräftefluß, häufig sogar im Gegensatz zu ihm. Die so entstandenen Funktionsformen sind daher originär nicht in der Lage, auftretende Kräfte zu kontrollieren, außer wenn die Objektfunktion eben diese Kräftesteuerung ist.

Das Entwerfen von Tragwerken in der Technik hat also die Aufgabe, im Nachhinein ein System des Kräfteflusses zu entwickeln, das einem bereits vorgegebenen Funktionsbild entspricht oder ihm doch sehr nahekommt. Es gilt, mittels Materie – sei es durch Abwandlung der Funktionsform selbst, sei es durch Verstärkung der Formmaterie, oder sei es durch zusätzliche Konstruktion – das Bild der äußeren Kräfte in ein neues Kräftebild mit gleicher Gesamtwirkung umzuwandeln.

Nun wird aber solch ein neues Kräftebild weniger durch Änderung der Kraft<u>größen</u> als durch Neuorientierung von Kraft<u>richtung</u> im Raum geschaffen. Tatsächlich ist letztere, die sich bestimmend für die Größe der im Objekt auftretenden Kräfte auswirkt.

Änderung von Kraftrichtungen ist also die Voraussetzung, unter denen neue Kräftebilder zustande kommen. Mit anderen Worten: der Transport der Kräfte muß über neue Wege geführt, muß umgelenkt werden. KRAFTUMLENKUNG ist daher das Prinzip zur Steuerung des Kräfteflusses im Objekt.

Daraus ist zu folgern: Kenntnis der bekannten Mechanismen, Kräfte in eine andere Richtung zu lenken, ist Grundvoraussetzung, um neue Kraftbilder zu entwickeln. Die Lehre von den Möglichkeiten der Kraftumlenkung ist der Kern der Tragwerklehre und Grundlage für eine Ordnung der Tragsysteme.

Die Bedeutung der Tragwerke der materiellen Umwelt

The significance of structures in the material environment

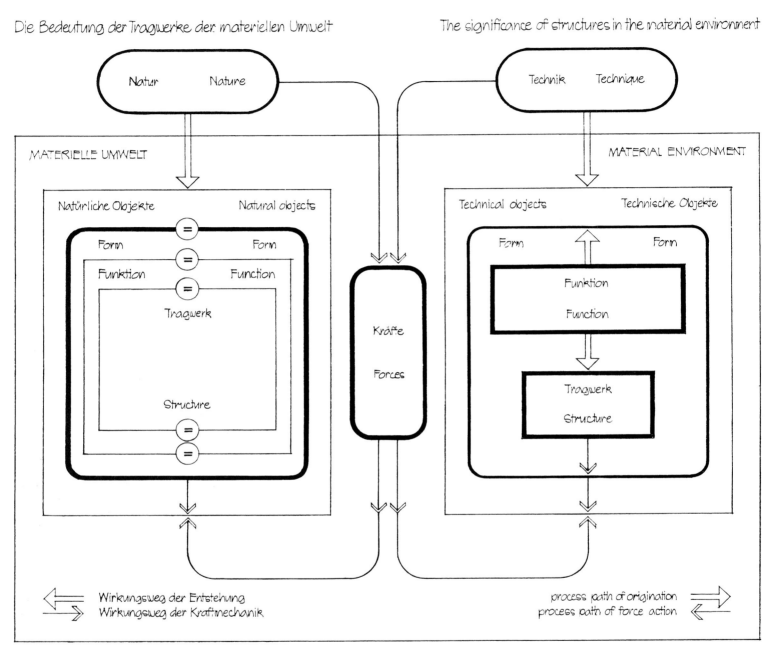

Wirkungsweg der Entstehung
Wirkungsweg der Kraftmechanik

process path of origination
process path of force action

Die materielle Umwelt setzt sich zusammen aus OBJEKTEN, einzeln und im Zusammenhang, makrokosmisch und mikrokosmisch, belebt und unbelebt, gewachsen und gebaut. Entsprechend ihrer Entstehung gibt es zwei Arten: Die NATÜRLICHEN Objekte und die TECHNISCHEN Objekte

Objekte wirken vermittels ihrer FORM. Daher hat Form immer FUNKTION, d.h., Beibehaltung der Form ist Voraussetzung für Fortdauer der Funktion

Alle Objekte sind Kräften ausgesetzt. Die Konsistenz, die den Fortbestand der Objektform gegenüber Kräften sicherstellt, heißt TRAGWERK. Daher gilt: Tragwerke sind Strukturen zur Erhaltung von Objekt-Funktionen in der natürlichen und technischen Umwelt des Menschen

The material environment consists of OBJECTS, single and in conjunction, macrocosmic and microcosmic, animate and unanimate, grown and built. According to the source of their origination there exist two categories of them: the NATURAL objects and the TECHNICAL objects

Objects operate through their FORM. Hence, form always has FUNCTION, i.e., preservation of the form is prerequisite to perpetuation of function

All objects are exposed to forces. The consistency securing the perpetuation of the object form against forces is called STRUCTURE. From that follows: Structures are material patterns for the preservation of object functions in the natural and technical environment of man

Tragwerke der Natur und der Technik

unterscheiden sich nicht in ihrer Wirkungsmechanik, sondern in ihrem Bezug zur Objektform einerseits und zur Objektfunktion andererseits. In der Natur sind die Tragwerke in jene beiden Objektinhalte integriert und können daher nicht - anders als in der Technik - als eigenständige Tragwerke verstanden werden

Structures of nature and technique

don't differ in the mechanics of their actions, but in their relationship with the object form on the one hand and with the object function on the other. In nature structure is integrated in those two object contents and therefore - contrary to technical structures - cannot be distinguished as an entity on its own

The significance of structure: Preservation of object functions

The material environment of man is composed of objects, single and in conjunction, animate and inanimate, grown and built. According to their origination, there are two categories: the natural objects and the technical objects.

Also the elements, of which the single object is composed, are objects just like in reverse that greater system again figures as object, in which several single objects coact as one. That is to say, the material objects don't belong to a particular magnitude. They are components of both, macrocosm and microcosm. As a notion they comprehend all definable solids of the material environment.

All material objects in nature and technique manifest themselves through the form specific to them. Form in the realm of the corporeal is the distinctive distribution of the object substance in 3 dimensions. It is geometric.

The material forms in nature and technique perform each in a distinct manner; they fulfill functions. Functions in this context are not only the mechanical and instrumental, but also the biological, semantic and psychological or simply the substance-preserving causes and effects.

The specific function is tied to the specific form. Thus, if form is encroached upon or annihilated, the functions too will be afflicted likewise. The preservation of form, therefore, is prerequisite for the perpetuation of functions in the material environment.

Each material form, i.e. the object as represented by that form, is inevitably exposed to the action of gravitational forces (weight). Other force actions originate first from the function of the object, second from the characteristics and articulation of the substance and finally from the conditions of the surroundings.

That is to say, for the existence of an object and of its form, it is prerequisite that the object can bear those forces. It rests upon its capability to cope with forces of various kinds, to 'bear' them. The consistency that confers this capability is structure.

Therefore, the statement is valid: Only through their structures will the material forms of the environment remain themselves, and thus, can fulfill their functions. Structures are the very preserver of the functions of the material environment in nature and technique.

Action of structure: Flow of forces / Redirection of forces

Structures in nature and technique serve the purpose of not only controlling their own object weight but also of receiving additional loads (forces). This mechanical action is what is termed 'bearing'.

The essence of the bearing process, however, is not the rather overt action of receiving loads, but the internally operating process of transmitting them. Without the capability of transferring and discharging loads, a solid cannot bear, not its own (dead) load, and even less additional (live) loads.

The structure, thus, functions in altogether three subsequent operations:
1. Load reception
2. Load transfer
3. Load discharge

This process is called the FLOW OF FORCES. It is the basic conceptual image for the design of a structure, it is its basic idea. As path of forces, it is also yardstick for the economy of the structure.

The flow of forces does not pose problems as long as the object form follows the direction of the acting forces. In the case of gravitational loads, such a situation would exist if substance is connected in the most direct and shortest route with the point of load discharge, the Earth. A problem, however, will arise, when the flow of forces does not take such a direct route but has to accept detours.

But exactly this is the normal situation in technique, namely, that form is delineated in order to serve a particular function, initially independent of, and frequently contrary to, the natural flow of forces. Hence, the functional forms thus generated do not possess the faculty of controlling forces in development, except when that controlling is meant to be the object's function.

Thus, the design of structures in the realm of technique is committed to develop – as a subsequent act – a system for the flow of forces that matches with, or at least comes close to, a function image already delineated. The task is to convert the 'picture' of acting forces through material substance into a new 'picture' of forces with equal overall potency, be it through alteration of the functional form itself, be it through reinforcement of the form substance, or through additive structure.

But then, such a new 'picture' of forces will be generated less by changing the magnitude of forces than by laying out anew the direction of forces. In fact, it is the latter measure that will determine the magnitude of forces acting within the object.

Changing the direction of forces, then, is the very precondition under which new 'pictures' of forces will emerge. In other words, the transport of forces has to be led along novel routes, has to be redirected. REDIRECTION OF FORCES, thus, is the principle for steering the flow of forces in the object.

The conclusion is this: Knowledge of the known mechanisms for directing forces in other directions is the basic requisite for developing new 'pictures' of forces. The theory underlying the possibilities of how to redirect forces is the core of the knowledge on structures and is the basis for a systematics in architectural structures.

Gemeinsamkeiten und Verschiedenheiten der natürlichen und der technischen Tragwerke

Tragwerke	1	Aufgabe	2	Entstehung	3	Wirkungsweise	4	Bezug zum Objekt
NATUR		– Absicherung der Objektform gegen angreifende Kräfte – (als Folge hiervon:) Erhaltung der Objektfunktion		– Bestandteil der ganzheitlichen Objektwerdung – Autogener Prozeßvollzug – Unterschiedliche Prozeßlinien, ungegliedert, stufenlos		– Umlenkung der angreifenden Kräfte nach den Gesetzen der mechanischen Physik – Herstellung von Gleichgewicht – Steuerung des Kräfteflusses im Objekt bis zur Abgabe		– Bestandteil der Objektmaterie – Teil-Inhalt der Objektfunktion und daher: Komponente der Objektform – Existenz nur als Begriff, nicht als abgrenzbare Materie
TECHNIK		– desgl. ↓		– Separatvorgang nach Entwurf der Funktions- (= Objekt-) form – Heterogener, instrumentaler Prozeßvollzug – Einachsiger Prozeß unterteilt in eindeutige Aufbaustufen		– desgl. ↓		– Beifügung zur Objektmaterie – Zwangsfolge aus Objektfunktion und daher: Untergeordnetes Attribut der Objektform – Selbständiger, abgrenzbarer Körper

Natürliche und technische Tragwerke: Übereinstimmungen

Technische Tragwerke weisen Analogien, Parallelen oder Ähnlichkeiten zu den Tragwerken im Bereich der Natur auf. Dies scheint folgerichtig: Schon immer hat sich der Mensch in dem Bestreben, die Umwelt nach seinen Vorstellungen umzuformen, die Natur als Vorbild genommen. Wissenschaft und Technik sind aus der Erforschung der Natur entstanden.

Der Zusammenhang der natürlichen und technischen Tragwerke beruht aber weniger auf der lokalen Nähe von Mensch und Natur, sondern vielmehr auf zwei grundlegenden Übereinstimmungen:
– Beide Tragwerkgattungen haben die Aufgabe, materielle Formen gegen angreifende Kräfte in ihrem Bestand zu sichern
– Beide Tragwerkgattungen erfüllen diese Aufgabe nach den gleichen physikalischen Gesetzen der Mechanik

Als mechanischer Vorgang ausgedrückt: Die Tragwerke in Natur und Technik bewirken beide eine Umlenkung von einwirkenden Kräften, um eine bestimmte Form zu erhalten, die einen bestimmten Bezug zur Funktion hat. Beide besorgen dies nach den gleichen zwei Grundprinzipien: Kräftefluß und Gleichgewichtszustand.

Aufgrund dieser kausalen und instrumentalen Übereinstimmung sind die Tragwerke der natürlichen Objekte legitime Vergleichsbilder für die Entwicklung von technischen Tragwerken. Sie sind vor allem wichtige Erkenntnisquellen für den Zusammenhang von Funktion, Form und Tragwerk.

Natürliche und technische Tragwerke: Unterschiedlichkeiten

Der wesentliche Grund für die Unterscheidung der beiden Tragwerkgattungen – als materielle Wirklichkeit ebenso wie als Begriff – ist durch die Verschiedenheit ihres Zustandekommens gegeben:

Natur: Wachstum – Mutation – Spaltung –
Fusion – Evolution – Verfall
= aus sich heraus stattfindende, eigenständige Vorgänge, zeitlich andauernd oder periodisch

Technik: Entwurf – Berechnung – Konkretisierung – Produktion – Abbruch
= instrumental stattfindende, unabdingbare Einzelvorgänge, voneinander abhängig, zeitlich abgeschlossen (d. h. momentan)

Die originären Unterschiedlichkeiten der beiden Tragwerkgattungen – gesteigert noch durch die ebenfalls prägende Andersartig-

keit der Aufbaustoffe – führen zu folgender Feststellung: Natürliche Strukturformen bieten zwar unerschöpfliches Anschauungsmaterial für die vielfältigen Wirkungsweisen von Tragwerken und zeigen Wege für ihre Optimierung. Sie eignen sich aber nicht für eine „wörtliche" Nachahmung als technisches Tragwerk.

Als integrierte Formen für Objektfunktion und Kräftekontrolle jedoch liefern die Strukturformen der Natur klassische Ansätze und ideale Anschauungsbeispiele für Bemühungen in der Bauentwicklung, die bestehende Trennung der technischen Systeme Konstruktion, Raumabschluß, Versorgung, Entsorgung und Kommunikation aufzuheben. Sie zeigen vor allem das große Gestaltungspotential auf, das in der Entwicklung synergetischer Strukturformen liegt.

Equalities and diversities of the natural and of the technical structures

Structures	1	Function	2	Origination	3	Action	4	Relation to object
NATURE		– Protection of the object form against acting forces – (as consequence:) Preservation of the object function		– Component of the integral object genesis – Autogenous performance – Different process routes void of operational stages		– Redirection of active forces subjected to the principles of the mechanical physics – Establishment of equilibrium – Control of flow of forces in the object down to their discharge		– Component of the object fabric – Constituent part of the object function, hence: ingredient of the object form – Existence only as a notion, not as a definable material entity
TECHNIQUE		– ditto　↓		– Separate process subjected to the design of functional form – Heterogenous, instrumental performance – One process route subdivided into specific operational stages		– ditto　↓		– Addition to the object fabric – Consequence out of the object function, hence: subordinate element in the object form – Independent, definable solid

Natural and technical structures: Equalities

Technical structures provide analogies, parallels and similarities with the structures in the realm of nature. This seems rational: In his endeavour to mould the environment to suit his aims, man has forever used nature as model. Science and technology are offspring from the exploration of nature.

The correlation of the natural and technical structures, however, is based less upon the local proximity of man and nature, but rather upon two basic identities:
– both structure families serve the purpose of safeguarding material forms in their continuance against acting forces
– both structure families fulfill that purpose on the basis of the identical physical laws of mechanics

In terms of the mechanical process: The structures in nature and technique both effect a redirection of oncoming forces in order to preserve a definite form that stands in a definite relation to the function. Both execute this identically on the basis of the two principles: flow of forces and state of equilibrium.

Due to this causal and instrumental identity, the structures of the natural objects are legiti-
mate model comparatives in the development of technical structures. They are, foremost, important sources for learning about the linkage of function, form and structure.

Natural and technical structures: Diversities

The essential cause for discerning between the two structure families, both as corporeality and as notion, is given by the disparity of their origination:

Nature:　growth – mutation – fissure – fusion – evolution – decay
= separate individual processes, out of itself occuring, temporally continuous or periodical

Technique:　design – analysis – implementation – production – demolition
= indispensable process constituents, instrumentally occuring, interdependent, temporally finite (i. e. momentous)

The rudimentary divergences of the two structure families – intensified still by the heteronomy of the constituent fabric – lead to the following conclusions: The structural forms in nature, although presenting inexhaustible illustrative material for the multiple ways of structural behaviour and showing
ways for the optimization, are not apt to be 'literally' adopted as technical structure.

However, as integrated forms for both, the object's function and the management of forces, the structures of nature present classical directives and ideal examples for efforts in the building development to resolve the existing separation of the technical systems: building structure, space enclosure, services, communication. Foremost they show the great design potential contained in the development of synergetic structure forms.

Deutung der Architektur als Teil der Umwelt · Interpretation of architecture as part of the environment

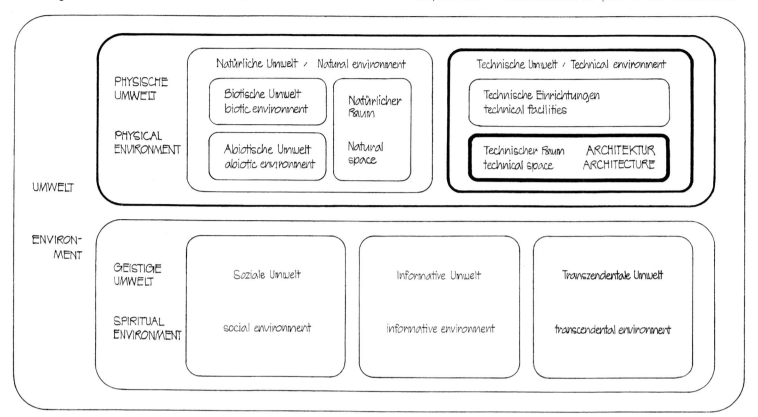

Definition 'Architektur' · Architektur ist der TECHNISCHE RAUM, der physischen Umwelt. 'Technisch' bedeutet dabei die Eigenschaft des 'Vom-Menschen-Geformten', d.h. des 'Nicht-aus-sich-selbst-Entstandenen'

definition 'architecture' · Architecture is the TECHNICAL SPACE of the physical environment. 'Technical' in this context means the quality of 'being-shaped-by-man', i.e. of 'not-having-originated-out-of-itself'

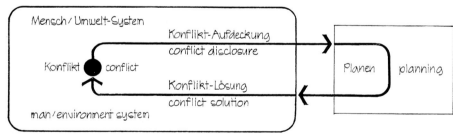

Kausalität der Architektur-Planung · Causality of planning in architecture

Aufdeckung eines MENSCH/UMWELT-KONFLIKTES ist die Ursächlichkeit der Planung allgemein. Für den Bereich der Architektur besteht ein Konflikt, wenn die gestaltete Umwelt, der 'technische Raum' bestimmte Bedürfnisse des Menschen nicht oder nur unvollkommen erfüllt

Disclosure of a MAN/ENVIRONMENT CONFLICT is the causality of planning in general. In the case of architecture a conflict exists, if the built environment, the 'technical space', does not comply, or merely incompletely so, with certain wants of man

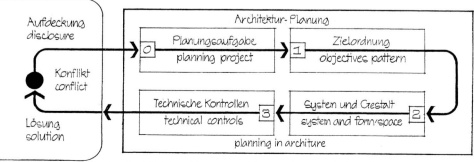

Hauptphasen der Architektur-Planung / Major phases of planning in architecture

Architektur-Planung wird eingeleitet durch Identifizierung der PLANUNGSAUFGABE. Sie vollzieht sich in 3 aufeinander folgenden Hauptphasen
1 Aufstellen der ZIELORDNUNG
2 Entwurf von SYSTEM und FORM/RAUM-GESTALT
3 Entwicklung der TECHNISCHEN KONTROLL-SYSTEME

Planning in architecture is initiated through the definition of the PLANNING PROJECT. It manifests itself as a sequence of 3 major phases
1 Construe of the OBJECTIVES PATTERN
2 Design of SYSTEM and FORM/SPACE CONFIGURATION
3 Development of the TECHNICAL CONTROL SYSTEMS

Ablauf des Planungsprozesses im Bauen

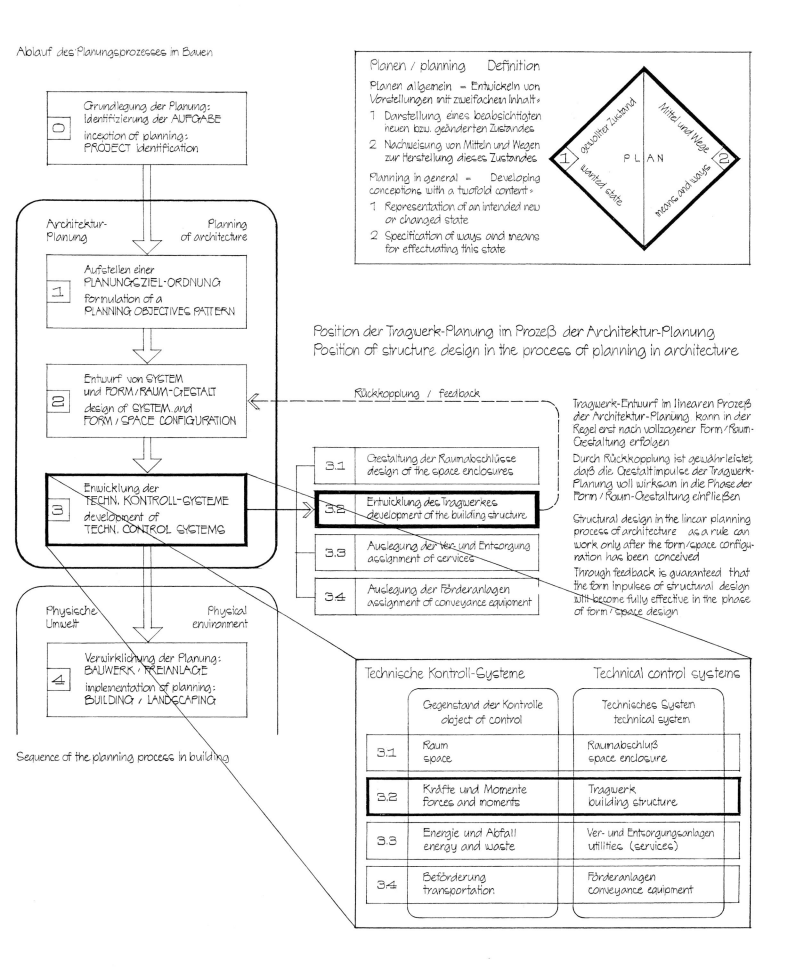

| 0 | Grundlegung der Planung: Identifizierung der AUFGABE
inception of planning: PROJECT identification |

Architektur-Planung / Planning of architecture

| 1 | Aufstellen einer PLANUNGSZIEL-ORDNUNG
formulation of a PLANNING OBJECTIVES PATTERN |

| 2 | Entwurf von SYSTEM und FORM/RAUM-GESTALT
design of SYSTEM and FORM/SPACE CONFIGURATION |

| 3 | Enwicklung der TECHN. KONTROLL-SYSTEME
development of TECHN. CONTROL SYSTEMS |

Physische Umwelt / Physical environment

| 4 | Verwirklichung der Planung: BAUWERK/FREIANLAGE
implementation of planning: BUILDING/LANDSCAPING |

Sequence of the planning process in building

Planen / planning   Definition

Planen allgemein = Entwickeln von Vorstellungen mit zweifachem Inhalt:

1 Darstellung eines beabsichtigten neuen bzw. geänderten Zustandes
2 Nachweisung von Mitteln und Wegen zur Herstellung dieses Zustandes

Planning in general = Developing conceptions with a twofold content:

1 Representation of an intended new or changed state
2 Specification of ways and means for effectuating this state

gewollter Zustand / wanted state — 1
P L A N
Mittel und Wege / means and ways — 2

Position der Tragwerk-Planung im Prozeß der Architektur-Planung
Position of structure design in the process of planning in architecture

Rückkopplung / feedback

3.1	Gestaltung der Raumabschlüsse design of the space enclosures
3.2	Entwicklung des Tragwerkes development of the building structure
3.3	Auslegung der Ver- und Entsorgung assignment of services
3.4	Auslegung der Förderanlagen assignment of conveyance equipment

Tragwerk-Entwurf im linearen Prozeß der Architektur-Planung kann in der Regel erst nach vollzogener Form/Raum-Gestaltung erfolgen

Durch Rückkopplung ist gewährleistet, daß die Gestaltimpulse der Tragwerk-Planung voll wirksam in die Phase der Form/Raum-Gestaltung einfließen

Structural design in the linear planning process of architecture as a rule can work only after the form/space configuration has been conceived

Through feedback is guaranteed that the form impulses of structural design will become fully effective in the phase of form/space design

Technische Kontroll-Systeme   Technical control systems

	Gegenstand der Kontrolle object of control	Technisches System technical system
3.1	Raum space	Raumabschluß space enclosure
3.2	Kräfte und Momente forces and moments	Tragwerk building structure
3.3	Energie und Abfall energy and waste	Ver- und Entsorgungsanlagen utilities (services)
3.4	Beförderung transportation	Förderanlagen conveyance equipment

Funktion und Bedeutung der Tragwerke / Function and significance of structures

Tragwerk und Systeme

Tragwerke in Natur und Technik dienen allgemein der Erhaltung von stofflichen Formen. Beibehalt der Form ist Voraussetzung für die Zweckerfüllung der Systeme: Maschine / Haus / Baum / Mensch

+ ohne Tragwerk kein System

Tragwerk und Bauwerk

Die Funktion des sozio-technischen Systems 'Bauwerk' beruht auf Existenz von definiertem Raum. Raum wird definiert durch seine Abschlüsse. Urheber von Raumabschlüssen ist das Tragwerk

+ ohne Tragwerk, kein Bauwerk

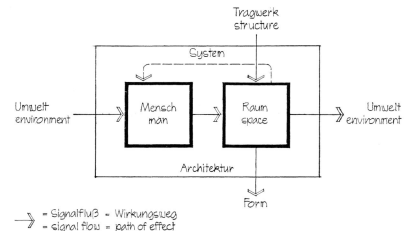

⇒ = Signalfluß = Wirkungsweg
⇒ = signal flow = path of effect

Structure and systems

Structures in nature and technique essentially serve the function of sustaining physical form. Preservation of form is prerequisite to the performance of systems: engine / house / tree / man

+ without structure no system

Structure and buildings

The function of the socio-technical system 'building' basically rests upon existence of defined space. Space is defined by its enclosures. Author of space enclosures is the structure

+ without structure no building

Hauptphasen der Tragwerk-Planung / Vergleich der Ansätze — Major phases of structural design / Comparison of concepts

#		Ambrose	Büttner / Hampe	HOAI (fee ordinance)
1	Kriterien-Definition / criteria definition	Programm-Aufstellung / programming	Aufgaben-Präzisierung / project definition	Aufgabenstellung-Klärung / project clarification
2	Modell-Entwicklung / model development	Planung (Tragwerk-Typ) / planning (structure type)	Entwickl. prinzip. Lösungen / developm. of basic solutions	Konzept-Erarbeitung / concept development
3	Tragsystem-Entwurf / structure system design	Statische Berechnung / structural analysis	Entwurf-Konkretisierung / design consolidation	Entwurfsplanung / design delineation
4	Tragwerk-Berechnung / structural analysis	Endgültige Bemessung / definitive design	Analytische Bewertung / analytical evaluation	Statische Berechnung / structural analysis
5	Konstruktions-Planung / construction planning	Konstruktion-Detailplanung / construction detailing	Tragstruktur-Festlegung / determination of struct. form	Ausführungsplanung / performance planning

Prozeß-begleitende Routine-Funktionen der Planung — Routine functions accompanying the planning process

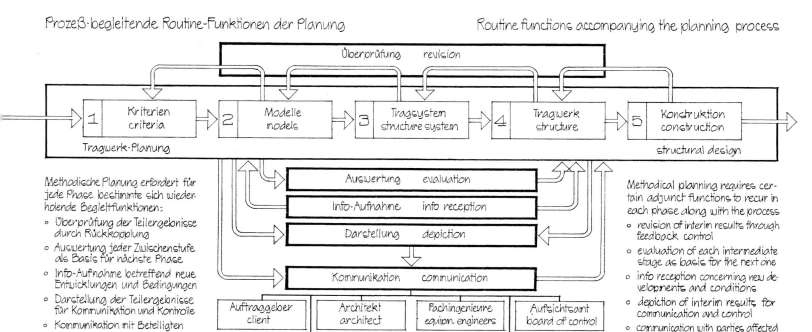

Methodische Planung erfordert für jede Phase bestimmte sich wiederholende Begleitfunktionen:

- Überprüfung der Teilergebnisse durch Rückkopplung
- Auswertung jeder Zwischenstufe als Basis für nächste Phase
- Info-Aufnahme betreffend neue Entwicklungen und Bedingungen
- Darstellung der Teilergebnisse für Kommunikation und Kontrolle
- Kommunikation mit Beteiligten

Methodical planning requires certain adjunct functions to recur in each phase along with the process

- revision of interim results through feedback control
- evaluation of each intermediate stage as basis for the next one
- info reception concerning new developments and conditions
- depiction of interim results for communication and control
- communication with parties affected

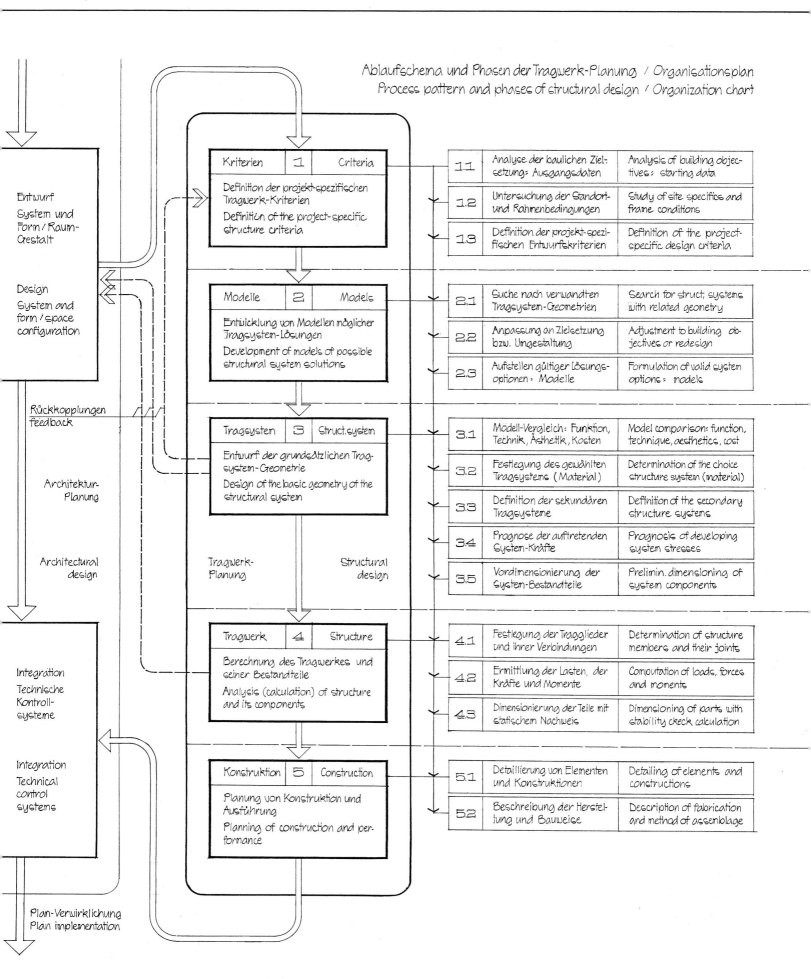

Ablaufschema und Phasen der Tragwerk-Planung / Organisationsplan
Process pattern and phases of structural design / Organization chart

Entwurf
System und
Form / Raum-
Gestalt

Design
System and
form / space
configuration

Rückkopplungen
feedback

Architektur-
Planung

Architectural
design

Integration
Technische
Kontroll-
systeme

Integration
Technical
control
systems

Plan-Verwirklichung
Plan implementation

Kriterien	1	Criteria

Definition der projekt-spezifischen
Tragwerk-Kriterien
Definition of the project-specific
structure criteria

1.1	Analyse der baulichen Ziel-setzung: Ausgangsdaten	Analysis of building objec-tives: starting data
1.2	Untersuchung der Standort- und Rahmenbedingungen	Study of site specifics and frame conditions
1.3	Definition der projekt-spezi-fischen Entwurfskriterien	Definition of the project-specific design criteria

Modelle	2	Models

Entwicklung von Modellen möglicher
Tragsystem-Lösungen
Development of models of possible
structural system solutions

2.1	Suche nach verwandten Tragsystem-Geometrien	Search for struct. systems with related geometry
2.2	Anpassung an Zielsetzung bzw. Umgestaltung	Adjustment to building ob-jectives or redesign
2.3	Aufstellen gültiger Lösungs-optionen: Modelle	Formulation of valid system options: models

Tragsystem	3	Struct. system

Entwurf der grundsätzlichen Trag-
system-Geometrie
Design of the basic geometry of the
structural system

3.1	Modell-Vergleich: Funktion, Technik, Ästhetik, Kosten	Model comparison: function, technique, aesthetics, cost
3.2	Festlegung des gewählten Tragsystems (Material)	Determination of the choice structure system (material)
3.3	Definition der sekundären Tragsysteme	Definition of the secondary structure systems
3.4	Prognose der auftretenden System-Kräfte	Prognosis of developing system stresses
3.5	Vordimensionierung der System-Bestandteile	Prelimin. dimensioning of system components

Tragwerk-
Planung

Structural
design

Tragwerk	4	Structure

Berechnung des Tragwerkes und
seiner Bestandteile
Analysis (calculation) of structure
and its components

4.1	Festlegung der Tragglieder und ihrer Verbindungen	Determination of structure members and their joints
4.2	Ermittlung der Lasten, der Kräfte und Momente	Computation of loads, forces and moments
4.3	Dimensionierung der Teile mit statischem Nachweis	Dimensioning of parts with stability check calculation

Konstruktion	5	Construction

Planung von Konstruktion und
Ausführung
Planning of construction and per-
formance

| 5.1 | Detaillierung von Elementen und Konstruktionen | Detailing of elements and constructions |
| 5.2 | Beschreibung der Herstel-lung und Bauweise | Description of fabrication and method of assemblage |

Allgemeine Prinzipien für das Entwerfen von Tragsystemen | General principles for the design of structure systems

Zusammenhang der hauptsächlichen Determinanten im Planungsprozeß | Interrelationship of major determinants in the design process

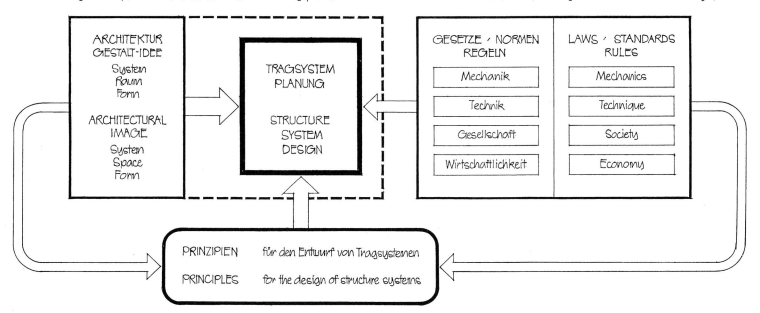

Aus dem Zusammenhang der Hauptbelange, die System, Form und Funktion des Tragwerkes bestimmen, lassen sich allgemeingültige Prinzipien für das Entwerfen von Tragsystemen ableiten | From the interrelationship of major agents that determine system, form and function of structures, universally valid principles for the design of structure systems can be derived

Entwurfsprinzipien = Qualitätskriterien der Tragsysteme | Design principles = Criteria for quality of structure systems

GESTALTERISCHE Prinzipien	Gleichklang mit der übergeordneten Architektur-Entwurfsidee und Eignung für deren Profilierung	1	Compatibility with, and qualification for enhancement of, the prime idea of the architectural design	FORM DESIGN principles
	Angemessenheit der Gewichtung im Konzert der formgebenden Gestaltungskräfte	2	Appropriateness of ranking within the concert of architectural form generators	
	Optimierungs- bzw. Umgestaltungspotential für die Ausprägung des Baukörpers	3	Potential for optimization or re-evaluation in the design of the building shape	
STATISCHE Prinzipien	Dreidimensionale Wirklichkeit von Tragwerk-Verhalten und Tragwerk-Gestaltung	4	Three-dimensional reality of structural behaviour and structural design	STRUCTURAL principles
	Geradlinigkeit und Logik des Lastenflusses von Lastannahme bis Lastabgabe	5	Straightness and logic of the flow of forces from load reception to load discharge	
	Identifizierung des Systems zur Stabilisierung gegen horizontale und asymmetrische Lastangriffe	6	Identification of system for stabilization against horizontal and asymmetrical loading	
	Bevorzugung von statisch unbestimmten Systemen (gegenüber statisch bestimmten Systemen)	7	Preference of statically indeterminate systems (versus determinate systems)	
WIRTSCHAFTLICHE Prinzipien	Regelmäßigkeit der Tragwerk-Gliederung und Symmetrie der Tragwerk-Teilfunktionen	8	Regularity of structural articulation and symmetry of structural component functions	ECONOMICAL principles
	Ausgewogenheit der Belastung einzelner Tragglieder mit gleichen oder verwandten Funktionen	9	Balanced stress distribution amongst members of equal or related structural functions	
	Belegung des einzelnen Traggliedes mit zwei oder mehreren Tragfunktionen	10	Imposition of two or more structural functions on the single component member	

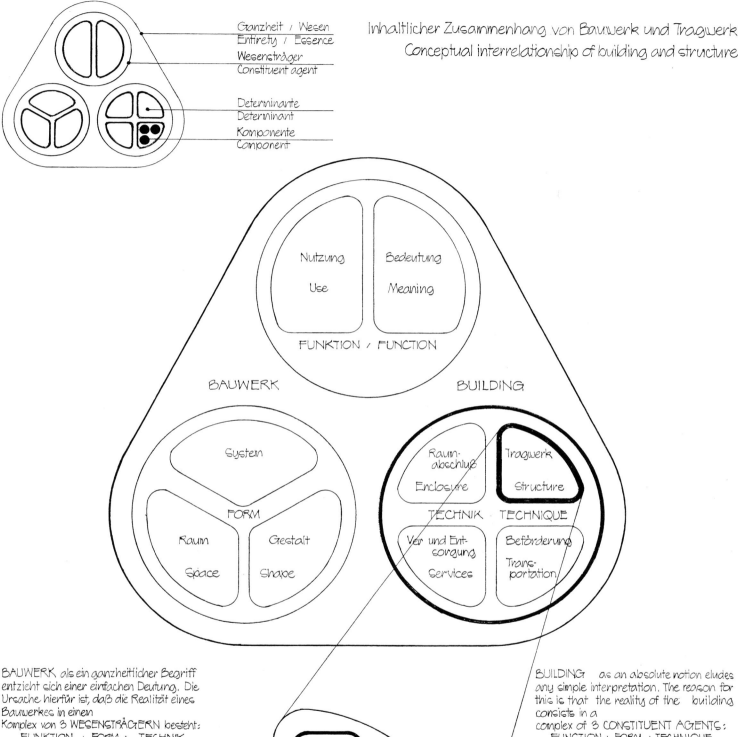

Ganzheit / Wesen
Entirety / Essence
Wesensträger
Constituent agent

Determinante
Determinant
Komponente
Component

Inhaltlicher Zusammenhang von Bauwerk und Tragwerk
Conceptual interrelationship of building and structure

Nutzung

Use

Bedeutung

Meaning

FUNKTION / FUNCTION

BAUWERK

BUILDING

System

FORM

Raum

Space

Gestalt

Shape

Raum-
abschluß

Enclosure

Tragwerk

Structure

TECHNIK   TECHNIQUE

Ver und Ent-
sorgung

Services

Beförderung

Trans-
portation

Kräftefluß
flow of forces

TRAGWERK   STRUCTURE

Geometrie   Material

BAUWERK als ein ganzheitlicher Begriff
entzieht sich einer einfachen Deutung. Die
Ursache hierfür ist, daß die Realität eines
Bauwerkes in einem
Komplex von 3 WESENSTRÄGERN besteht:
FUNKTION · FORM · TECHNIK

Die 3 Wesensträger sind zwar jeder für sich
abgrenzbar, bedingen sich aber gegenseitig,
indem jeder zu seiner Verwirklichung auf
die beiden anderen angewiesen ist

Jeder Wesensträger vermittelt sich durch
konkrete Inhalte: DETERMINANTEN. Ihre
Gesamtheit ist die Realität des Bauwerks.
Eine der Determinanten ist das TRAGWERK

Jedes einzelne Tragwerk wird durch seine
3 KOMPONENTEN eindeutig definiert:
KRAFTFLUSS · GEOMETRIE · MATERIAL

BUILDING   as an absolute notion eludes
any simple interpretation. The reason for
this is that the reality of the   building
consists in a
complex of 3 CONSTITUENT AGENTS:
FUNCTION · FORM · TECHNIQUE

The 3 constituent agents,   although each
having its separate identity, condition one
another, in that each for its materialization
depends on the other two.

Each constituent agent acts through a set of
concrete contents: DETERMINANTS.
Their sum total is the reality of the building.
One of the determinants is STRUCTURE

Each single structure is positively defined
through its 3 COMPONENTS: Flow of
FORCES · GEOMETRY · MATERIAL

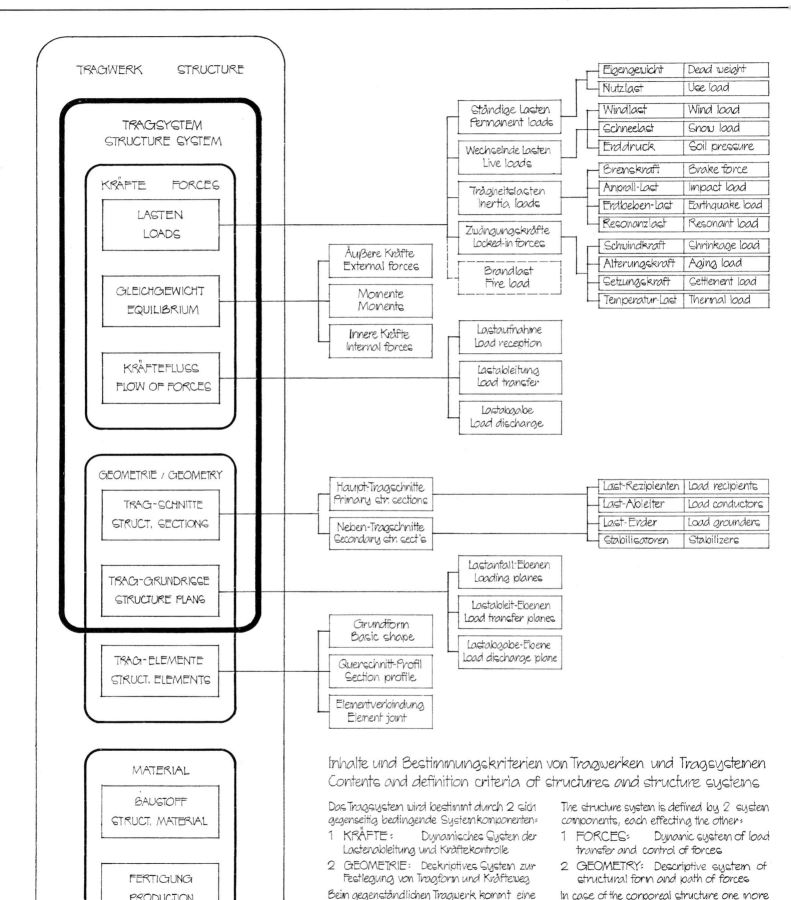

TRAGWERK   STRUCTURE

TRAGSYSTEM
STRUCTURE SYSTEM

KRÄFTE   FORCES

LASTEN	
LOADS	

GLEICHGEWICHT	
EQUILIBRIUM	

KRÄFTEFLUSS	
FLOW OF FORCES	

Ständige Lasten	Permanent loads
Wechselnde Lasten	Live loads
Trägheitslasten	Inertia loads
Zwängungskräfte	Locked-in forces
Brandlast	Fire load

Eigengewicht	Dead weight
Nutzlast	Use load
Windlast	Wind load
Schneelast	Snow load
Erddruck	Soil pressure
Bremskraft	Brake force
Anprall-Last	Impact load
Erdbeben-Last	Earthquake load
Resonanzlast	Resonant load
Schwindkraft	Shrinkage load
Alterungskraft	Aging load
Setzungskraft	Settlement load
Temperatur-Last	Thermal load

Äußere Kräfte	External forces
Momente	Moments
Innere Kräfte	Internal forces

Lastaufnahme	Load reception
Lastableitung	Load transfer
Lastabgabe	Load discharge

GEOMETRIE / GEOMETRY

TRAG-SCHNITTE	
STRUCT. SECTIONS	

TRAG-GRUNDRISSE	
STRUCTURE PLANS	

TRAG-ELEMENTE	
STRUCT. ELEMENTS	

Haupt-Tragschnitte	Primary str. sections
Neben-Tragschnitte	Secondary str. sect's

Last-Rezipienten	Load recipients
Last-Ableiter	Load conductors
Last-Erder	Load grounders
Stabilisatoren	Stabilizers

Grundform	Basic shape
Querschnitt-Profil	Section profile
Elementverbindung	Element joint

Lastanfall-Ebenen	Loading planes
Lastableit-Ebenen	Load transfer planes
Lastabgabe-Ebene	Load discharge plane

MATERIAL

BAUSTOFF	
STRUCT. MATERIAL	

FERTIGUNG	
PRODUCTION	

Inhalte und Bestimmungskriterien von Tragwerken und Tragsystemen
Contents and definition criteria of structures and structure systems

Das Tragsystem wird bestimmt durch 2 sich gegenseitig bedingende Systemkomponenten:

1 KRÄFTE: Dynamisches System der Lastenableitung und Kräftekontrolle

2 GEOMETRIE: Deskriptives System zur Festlegung von Tragform und Kräfteweg

Beim gegenständlichen Tragwerk kommt eine weitere Bestimmungskomponente hinzu:

3 MATERIAL: Stoffliches System zur Kräftekontrolle und Geometrie-Umsetzung

The structure system is defined by 2 system components, each effecting the other:

1 FORCES: Dynamic system of load transfer and control of forces

2 GEOMETRY: Descriptive system of structural form and path of forces

In case of the corporeal structure one more definition component is instrumental:

3 MATERIAL: Material system for control of forces and effectuation of geometry

Vielfalt der Kräfte im Tragwerk / Bezeichnungen   Diversity of forces in structures / Denominations

1 — ARTEN / KINDS

Äußere Kräfte	Innere Kräfte	Schnittkräfte	Aktionskräfte	Reaktionskräfte	Widerstands-K'e	Schwerkräfte
External forces	Internal forces	Sectional forces	Active forces	Reactive forces	Resistant forces	Gravity forces

2 — BELASTUNG / STRESS

Druckkräfte	Zugkräfte	Schubkräfte	Scherkräfte	Torsionskräfte	Biegekräfte	Reibungskräfte	Membrankräfte
Compress. f'es	Tensile forces	Thrust forces	Shear forces	Torsion forces	Bending forces	Friction forces	Membrane f'es

3 — RICHTUNG / DIRECTION

Horizontalkräfte	Vertikalkräfte	Schrägkräfte	Querkräfte	Normal-(Längs-) kräfte
Horizontal forces	Vertical forces	Oblique forces	Transverse forces	Normal forces

4 — VERTEILUNG / DISTRIBUTION

Punktkräfte	Strecken-(Linien-) Kräfte	Flächenkräfte	Volumenkräfte
Point forces	Linear forces	Planar forces	Spatial forces

5 — DAUER / DURATION

Statische Kräfte	Ständige Lasten	Verkehrslasten	Dynamische Kräfte	Bewegungskräfte	Resonanzkräfte
Static forces	Dead loads	Live loads	Dynamic forces	Moving forces	Resonant forces

6 — TRAGGLIED / STRUCT. MEMBER

Stabkräfte	Seilkräfte	Stützenkräfte	(Auf-)Lagerkräfte	Bogenkräfte	Ankerkräfte	(andere)
Bar forces	Cable forces	Post forces	Bearing forces	Arch forces	Anchor forces	(others)

7 — GEOMETRIE / GEOMETRY

Ringkräfte	Meridiankräfte	Scheitelkräfte	Randkräfte	Radialkräfte	(andere)
Hoop forces	Meridional forces	Crown forces	Edge forces	Radial forces	(orthers)

8 — VERANLASSUNG / INDUCEMENT

Eigengewicht	Verkehrslasten	Schneelasten	Windkräfte	Erd-/Wass.Druck	Massenkräfte	Zwängungs-Kr.
Dead loads	Live loads	Snow loads	Wind forces	Soil/water press.	Mass forces	Locked-in forces

Tragwerke sind Apparate zur Eingrenzung und Steuerung von Kräften. Diese Kräfte werden durch 4 für jedes Bauwerk typische Bedingungen bestimmt:
1 Gewicht des Bauwerkes und seiner Nutzlasten
2 Gebrauchsart (Auswirkung der Nutzung) des Bauwerkes
3 Eigenschaften und Gliederung der Bauwerk-Materie
4 Einwirkungen und Eigenschaften des Ortes und seines Umfeldes

Zwei Vorstellungen über die Kräftemechanik dirigieren den Tragwerk-Entwurf:
+ Kräfte 'FIESSEN' durch das Tragwerk und werden an die Erde ABGEGEBEN
+ Kräfte 'VERHARREN' durch Gegenkräfte in Gleichgewicht und sind STATISCH

Structures are devices for constraining and steering forces. These forces are determined by 4 conditions specific to each building:
1 Weight of the building and its live (utilitarian) loads
2 Kind of usage (consequences of operation) of the building
3 Properties and articulation of the building substance
4 Influences and conditions of the location and of its surroundings

Two conceptions about the operation of forces guide the design of structures:
+ forces 'FLOW' through the structure and are DISCHARGED to the Earth
+ forces 'STAY FIXED' in equilibrium through counter forces and are STATIC

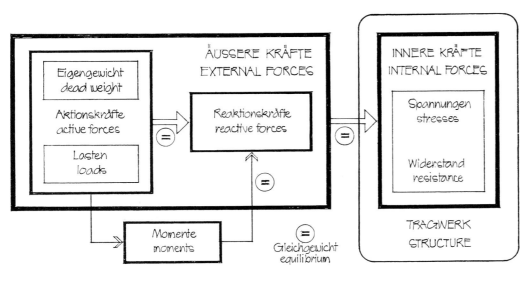

Voraussetzung der Tragwerklehre

Das Kern-Thema bei der Entwicklung und Dimensionierung von Tragwerken ist:
KRÄFTE im GLEICHGEWICHT
Eine Tragstruktur ist zu entwerfen, bzw. zu dimensionieren, die den angreifenden Kräften widersteht, d.h. Gegenkräfte mobilisiert, die das Gleichgewicht sicherstellen.

Prerequisite of Theory of Structures

The central subject in the creative design and analysis of structures is:
FORCES in EQUILIBRIUM
A structure image is to be designed and dimensioned that resists the active forces, i.e. mobilizes opposite forces which secure the equilibrium.

Wesentliche Begriffe in der Wirkungsweise der Tragwerke   Essential concepts in the behaviour of structures

	KRAFT ist eine Größe, die einen Körper dazu bringt, sich zu bewegen oder seinen Zustand (oder seine Form) zu verändern	**FORCE** is a quantity which induces a solid to move or to change its state (or its shape)	Kraft = Masse × Beschleunigung $$F = m \times a \quad N / kN$$ force = mass × acceleration
	LASTEN sind die auf einen Körper von außen einwirkenden Kräfte, ausgenommen die Reaktionskräfte über die Auflager des Körpers	**LOADS** are the forces that act upon a solid from the exterior, excepting the reactive forces emanating from the solid's bearings	Last = angreifende Kraft $$L = F_A = m_A \times a \quad N / kN$$ load = active force
10 kg × 9,81 = 98,1 N	**SCHWERKRAFT** ist die Kraft, mit der die Masse der Erde einen Körper anzieht im gleichen Verhältnis wie die Menge seiner Masse / = Gewicht	**GRAVITATIONAL FORCE** is the force by means of which the mass of the Earth pulls a solid commensurate to the quantity of its mass / = weight	Schwerkraft = Masse × Erdanziehung $$G = m \times 9,81 \, m/s^2 \quad N / kN$$ force of gravity = mass × gravitation
	MOMENT ist die Drehbewegung, die ein Kräftepaar bewirkt oder eine Kraft auf einen Körper ausübt, dessen Drehpunkt nicht in Kraftrichtung liegt	**MOMENT** is the turning motion induced by a couple or exerted by a force on a solid of which the center of motion lies outside the direction of force	Moment = Kraft × Hebelarm $$M = F \times \ell \quad (kN) \, Nm$$ moment = force × lever arm
	SPANNUNG ist die innere (Widerstands-) Kraft pro Flächeneinheit, die im Körper durch Einwirkung einer äußeren Kraft mobilisiert wird	**STRESS** is the internal (resistant) force per unit area which is mobilized in a solid through the action of an external force	Spannung = Kraft ÷ Fläche $$\sigma = F \div A \quad (kN) \, N/cm^2$$ stress = force ÷ area
	WIDERSTAND ist die Kraft, mit der sich ein Körper einer Bewegung oder Verformung, bewirkt durch äußeren Kraftangriff, widersetzt / = Gegenkraft	**RESISTANCE** is the force by means of which a solid withstands a deformation or motion induced by the action of an external force / = resistant force	Widerstand = Gegenkraft $$R = F_A = m \times a \quad N / kN$$ resistance = resistant force
	GLEICHGEWICHT ist der Zustand, in dem die Summe der auf einen Körper einwirkenden Kräfte zu keiner Bewegung führt, gleich Null ist	**EQUILIBRIUM** is the state in which the sum total of forces acting upon a solid does not produce any motion, meaning that it is equal zero	Summe der Kräfte und Momente = 0 $$\Sigma F + M = 0$$ sum total of forces and moments = 0

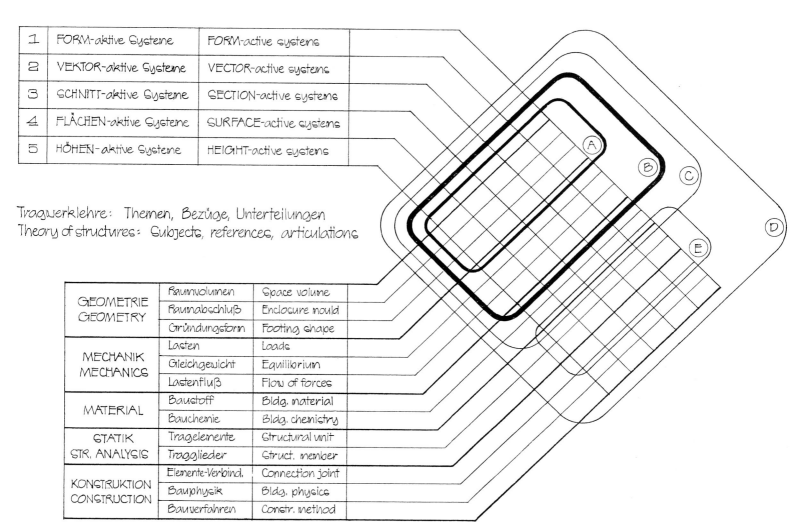

1	FORM-aktive Systeme	FORM-active systems
2	VEKTOR-aktive Systeme	VECTOR-active systems
3	SCHNITT-aktive Systeme	SECTION-active systems
4	FLÄCHEN-aktive Systeme	SURFACE-active systems
5	HÖHEN-aktive Systeme	HEIGHT-active systems

Tragwerklehre: Themen, Bezüge, Unterteilungen
Theory of structures: Subjects, references, articulations

GEOMETRIE GEOMETRY	Raumvolumen	Space volume
	Raumabschluß	Enclosure mould
	Gründungsform	Footing shape
MECHANIK MECHANICS	Lasten	Loads
	Gleichgewicht	Equilibrium
	Lastenfluß	Flow of forces
MATERIAL	Baustoff	Bldg. material
	Bauchemie	Bldg. chemistry
STATIK STR. ANALYSIS	Tragelemente	Structural unit
	Tragglieder	Struct. member
KONSTRUKTION CONSTRUCTION	Elemente-Verbind.	Connection joint
	Bauphysik	Bldg. physics
	Bauverfahren	Constr. method

Tragwerk-Begriffsebenen: Definitionen

(A) Tragstruktur 1 = Chakterform der gestalt-bildenden und gestalt-erhaltenden Substanz des Bauwerks
= Bestimmende Geometrie der Materialisierung von architektonischer Form-/Raumvorstellung

(B) Tragsystem = Wirkungs- und Ordnungsschema für Umlenkung und Ableitung der Kräfte des Bauwerks
= Grundlegende Geometrie für die Mechanik des Kräfte-Gleichgewichts innerhalb des Bauwerks

(C) Tragwerk = Gesamtheit der Teile eines Bauwerks, die eine tragende Funktion ausüben
= Konkretisiertes Tragsystem (bzw. Tragstruktur)
= Wesensträger des Bauwerks, der Formerhaltung und somit Funktionserfüllung sicherstellt

(D) Tragkonstruktion = Technologische Wirklichkeit des Tragwerks als eigenständiges Ingenieur-Bauwerk
= Technisches Gefüge zur Kontrolle der auf das Bauwerk einwirkenden Kräfte, als Komplex von Einzelteilen und als ganzheitlicher Mechanismus

(E) Tragstruktur 2 = Innere Gliederung der Tragkonstruktion
= Ordnungsmuster für den Zusammenhang der einzelnen Tragglieder eines Bauwerks

Levels of structure concepts: Definitions

(A) Structure image = Characteristic form of that building substance which grants and preserves the building shape
= Determinant geometry that renders material the architectural form/space concept

(B) Structure system = Operational and pictorial scheme for redirection and transmission of forces in the building
= Basic geometry for the mechanics of equilibrium of forces within the building

(C) Structure = Sum total of all parts of the building, that peform bearing functions
= Substantiated structure system (or str. image)
= One agent of the building's essence that grants preservation of form and fulfillment of function

(D) Structure fabric = Technological reality of the building structure as autonomous engineering construction
= Technical fabric for controlling forces that act on the building, functioning as both, complex of individual parts and integral mechanism

(E) Structure pattern = Internal articulation of the structure fabric
= Ordering disposition for the interconnection of individual structural members of the building

Kausalität und Funktion der Tragwerke im Bauen
als Grundlage
für eine systematische Gliederung und gestalterische Ordnung der Tragsysteme

Causality and function of structures in building
as a basis
for a stringent classification and inspiring order of structure systems

Grundlegung / Inception

Die Tätigkeiten der Menschen vollziehen sich grundsätzlich auf horizontaler Ebene und erfordern für den umschlossenen Raum vorrangig die horizontale Ausdehnung

The activities of man essentially unfold upon horizontal plane and therefore predominantly require for the enclosed space the horizontal extension

Die Tätigkeiten der Menschen erfordern räumliche Höhe nicht nur für Bewegungsfreiheit sondern insbesondere zur Vermehrung der horizontalen Nutzflächen auf der Erde

The activities of man require spatial height not only for freedom of movement, but especially for the increase of use area on the planet

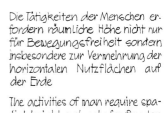

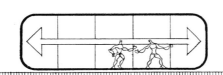

Problem

Die Substanz der Raumhülle entwickelt mit jedem Teilstück infolge der Erdanziehung eine vertikale Dynamik, die das Raumvolumen annullieren will

The substance of the space enclosure due to gravitational pull develops vertical dynamics for each component part tending to efface the spatial extension

Die Höhenentwicklung setzt die Raumhülle infolge zunehmender Windlast einer horizontalen Dynamik aus, welche die Geometrie des Raumvolumens verändern will

The vertical extension due to the increasing wind load exposes the space enclosure to horizontal dynamics that tend to change the geometry of the space volume

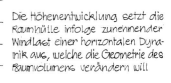

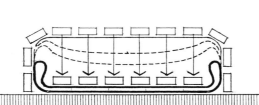

Konflikt / Conflict

Der Konflikt der beiden Richtungen von Schwerkraft und Tätigkeitsdynamik des Menschen ist primäre Ursache für die Notwendigkeit von Tragwerken im Bauen

The conflict of the two directions of gravitational pull and activity dynamics of man is primary cause for the necessity of structures in building

Der Konflikt der beiden Richtungen von Windkraft und räumlicher Höhenentwicklung ist die zweite Ursache für die Notwendigkeit von Tragwerken im Bauen

The conflict of the two directions of wind load and height extension of enclosed space is the second cause for the necessity of structures in building

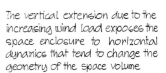

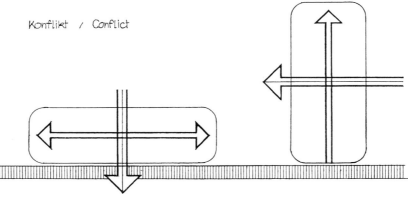

Funktion / Function

Durch Tragwerke werden die angreifenden Schwerkräfte in die horizontale Richtung umgelenkt und nach den Erfordernissen des Raumvolumens geerdet

Through structures the acting gravitational forces will be redirected into horizontal direction and, according to the requirements of the space volume, will be grounded

Durch Tragwerke werden die angreifenden Windkräfte in die vertikale Richtung umgelenkt und nach den Erfordernissen des Raumvolumens geerdet

Through structures the acting wind forces will be redirected into vertical direction and, according to the requirements of the space volume, will be grounded

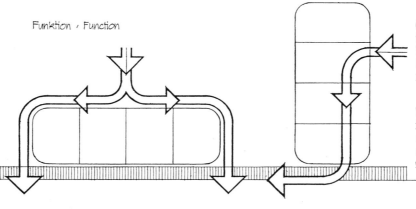

Grundgedanke und Kriterium zum Aufbau einer Tragwerke-Systematik

Komplexe Sachgebiete sind am besten über eine Systematisierung ihrer Inhalte faßbar zu machen: SYSTEMATIK

Die Systematik eines Sachgebietes ist schlüssig, wenn sie abgeleitet ist vom eigentlichen WESEN DER SACHE selbst

Das Wesen des Tragwerks ist seine Funktion: UMLENKUNG VON KRÄFTEN

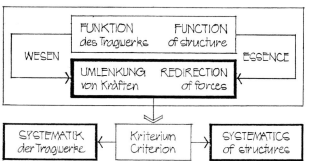

Central idea and criterion for the formation of a structures systematics

Complex subject fields are best made accessible through classification of their contents: SYSTEMATICS

The systematics of a subject field is rational if it is derived from the very ESSENCE OF THE SUBJECT itself

The essence of structure is its function: REDIRECTION OF FORCES

Systematik der Tragwerke im Bauen

Für die Umlenkung von angreifenden Kräften durch Materie gibt es in Natur und Technik 4 typische Mechanismen:

1 Anpassung an die Kräfte → FORM - Aktion
2 Aufspaltung der Kräfte → VEKTOR - Aktion
3 Einsperrung der Kräfte → QUERSCHNITT - Aktion
4 Zerstreuung der Kräfte → FLÄCHEN - Aktion

Im Bauen kommt als übergreifender -atypischer- Mechanismus hinzu:

5 Sammlung und Erdung der Lasten → HÖHEN - Aktion

Systematics of structures in building

For the redirection of acting forces through substance nature and technique hold 4 distinct mechanisms:

1 Adjustment to the forces → FORM action
2 Dissection of the forces → VECTOR action
3 Confinement of the forces → CROSS SECTION action
4 Dispersion of the forces → SURFACE action

In building is to be added as a diametrical - atypical - mechanism:

5 Collection and grounding of loads, → HEIGHT action

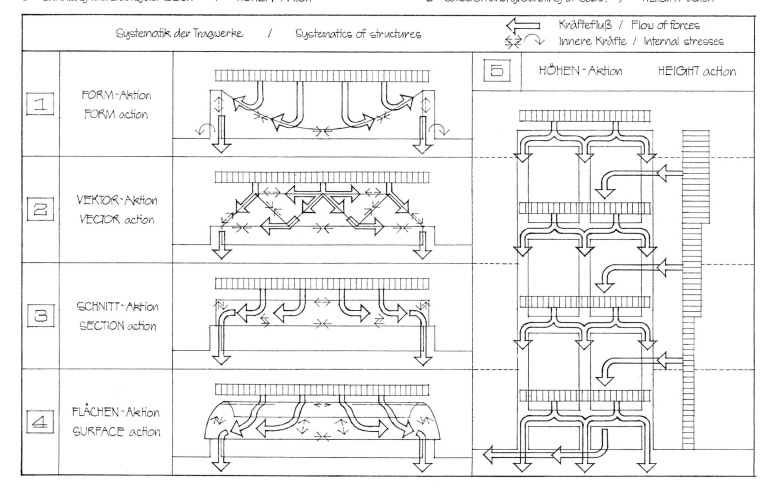

Die Erschließung der Tragwerklehre und die kreative Anwendung ihrer Formen- und Raumsprache in der Architektur-Planung setzen daher voraus:
- Kenntnis der Mechanismen, die Kräfte in andere Richtungen umlenken
- Kenntnis gültiger Tragwerk-Geometrien zur Erzeugung von Form und Raum

The seizure of the domain of structures and the creative application of their formal and spatial idioms in architectural design therefore require
- knowledge of the mechanisms that make forces change their directions
- knowledge of valid structure geometries for generation of form and space

Einteilung der Tragsysteme im Bauen   Classification of structure systems in building

Kriterium Criterion		Prototyp prototype		Kräfte forces	Merkmal feature	Mechanik der Kraftumlenkung mechanics of redirection of forces
1	FORM		Stützbogen funicular arch Hängeseil suspension cable Kreisring circular ring Ballon balloon	Druck oder Zug compression or tension	Stützlinie thrust line Kettenlinie catenary Kreis circle	formaktiv form-active
2	VEKTOR VECTOR		Dreieckbinder triangular truss Fachwerkträger trussed beam	Druck und Zug compression and tension	Dreieck-verband triangu-lation	vektoraktiv vector-active
3	QUER-SCHNITT CROSS SECTION		Balken beam Rahmen frame Platte flat slab	Biegung Schnittkräfte bending section forces	Querschnitt-profil sectional profile	schnittaktiv section-active
4	FLÄCHE SURFACE		Scheibe plate gefaltete Platte folded slab Zylinderschale cylindrical shell	Membran-kräfte membrane stresses	Flächen form surface shape	flächenaktiv surface-active
5	HÖHE HEIGHT		Scheibe slab Turm tower	(Komplexe Be-dingungen) (complex conditions)	Lasten-Erdung Stabili-sierung load grounding stabili-zation	höhenaktiv height-active

Einteilung der Tragsysteme im Bauen · Classification of structure systems in building

Tragwerk-Familie Structure family	Definition	Tragwerk-Typ	Structure type
1 FORMAKTIVE Tragsysteme FORM-ACTIVE structure systems	.... sind Systeme aus flexibler, nicht-steifer Materie, in denen die Kraftumlenkung durch geeignete FORM-Gebung und charakteristische FORM-Stabilisierung erfolgt .... are systems of flexible, non-rigid matter, in which the redirection of forces is effected by particular FORM design and characteristic FORM stabilization	1.1 SEIL-Tragwerke 1.2 ZELT-Tragwerke 1.3 PNEU-Tragwerke 1.4 BOGEN-Tragwerke	CABLE structures TENT structures PNEUMATIC structures ARCH structures
2 VEKTORAKTIVE Tragsysteme VECTOR-ACTIVE structure systems	.... sind Systeme aus kurzen, festen, geraden Linienelementen (Stäben), in denen die Kraftumlenkung durch eine geeignete VEKTOR-Teilung, d.h. mehrgliedrige Spaltung in Einzelkraftrichtungen (Druck bzw. Zug) erfolgt .... are systems of short, solid, straight lineal members (bars), in which the redirection of forces is effected by VECTOR partition, i.e. by multi-directional splitting of single forces (compressive or tensile bars)	2.1 Ebene Fachwerkbinder 2.2 Übertragene ebene Fachwerke 2.3 Gekrümmte Fachwerke 2.4 Raumfachwerke	flat trusses transmitted flat trusses curved trusses space trusses
3 SCHNITTAKTIVE Tragsysteme SECTION-ACTIVE structure systems	.... sind Systeme aus steifen, massiven Linienelementen – einschließlich deren Verdichtung als Platte –, in denen die Kraftumlenkung durch Mobilisierung von SCHNITT-Kräften erfolgt .... are systems of rigid, solid, linear elements – including their compacted form as slab –, in which the redirection of forces is effected by mobilization of SECTIONAL (inner) forces	3.1 BALKEN-Tragwerke 3.2 RAHMEN-Tragwerke 3.3 BALKENROST-Tragwerke 3.4 PLATTEN-Tragwerke	BEAM structures FRAME structures BEAM GRID structures SLAB structures
4 FLÄCHENAKTIVE Tragsysteme SURFACE-ACTIVE structure systems	.... sind Systeme aus biegeweichen, jedoch druck-, zug- und scherfesten Flächen, in denen die Kraftumlenkung durch FLÄCHEN-Widerstand und geeignete FLÄCHEN-Form erfolgt .... are systems of flexible, but otherwise rigid planes (= resistant to compression, tension, shear), in which the redirection of forces is effected by SURFACE resistance and particular SURFACE form	4.1 SCHEIBEN-Tragwerke 4.2 FALTWERKE 4.3 SCHALEN-Tragwerke	PLATE structures FOLDED PLATE structures SHELL structures
5 HÖHENAKTIVE Tragsysteme HEIGHT-ACTIVE structure systems	.... sind Systeme, in denen die durch Höhenausdehnung bestimmten Kraftumlenkungen, d.i. Sammlung und Erdung von Geschoß- und Windlasten, durch geeignete HÖHEN-sichere Tragwerke, HOCHWERKE, erfolgen .... are systems, in which the redirection of forces necessitated by height extension, i.e. collection and grounding of storey loads and wind loads, is effected by typical HEIGHT-proof structures, HIGHRISES	5.1 RASTER-Hochwerke 5.2 MANTEL-Hochwerke 5.3 KERN-Hochwerke 5.4 BRÜCKEN-Hochwerke	BAY-TYPE highrises CASING highrises CORE highrises BRIDGE highrises

Leitprinzipien zur Klassifizierung der Tragwerke　　　　Guide principles to the classification of structures

Einstufung Disposition		Leitprinzip Guide principle	Beispiele Examples					
Ebene 1	Tragwerk-FAMILIE	Mechanismus der Umlenkung und Ableitung von Kräften	z.B. FORM-aktive Tragwerke		z.B. SCHNITT-aktive Tragwerke		z.B. HÖHEN-aktive Tragwerke	
Ebene 2	Tragwerk-TYP	Erscheinungsbild bzw. übliche Objekt-Bezeichnung	BOGEN-Tragwerke	ZELT-Tragwerke	RAHMEN-Tragwerke	BALKENROST-Tragwerke	KERN-Hochwerke	BRÜCKEN-Hochwerke
Ebene 3	Tragwerk-SINGLE	Geometrisches bzw. konstruktives Merkmal	Stützgitter	Hochpunkt-zelte	Geschoß-rahmen	Abgestufte Roste	Indirekte Lastkerne	Geschoß-brücken
Level 1	Structure FAMILY	Mechanism of redirection and transfer of forces	e.g. FORM-active structures		e.g. SECTION-active structures		e.g. HEIGHT-active structures	
Level 2	Structure TYPE	Configuration or common object denomination	ARCH structures	TENT structures	FRAME structures	BEAM GRID structures	CORE highrises	BRIDGE highrises
Level 3	Structure SINGLE	Geometric or constructional feature	thrust lattice	peak tents	storey frames	gradated grids	indirect load cores	storey bridges

1. Ebene:　　　　5 Tragwerk-FAMILIEN

Die charakteristischen Mechanismen der Umlenkung und Ableitung von Kräften bilden die Grundlage für die Hauptgliederung der Tragwerke in 5 System-'Familien' (mit neuen Bezeichnungen für jede 'Familie')

2. Ebene:　　　　19 Tragwerk-TYPEN

Die weitere Untergliederung in Tragwerktypen bedient sich der geläufigen Tragwerkbezeichnungen, die vom Erscheinungbild, dem technischen Aufbau oder dem charakteristischen Bauelement abgeleitet sind

3. Ebene:　　　　70-80 Tragwerk-SINGLES

Die letzte Differenzierung beruht auf dem bestimmenden geometrischen bzw. konstruktiven Merkmal des Tragkörpers. Sie liefert eine übersichtliche Ordnung von Mustertragwerken, die eine wesentliche Formendisziplin in Entwerfen bilden

1st level:　　　　5 structure FAMILIES

The characteristic mechanisms of redirection and transfer of forces form the basis for the major subdivision of structures into 5 system 'families' (with new denominations for each 'family')

2nd level:　　　　19 structure TYPES

The subsequent subdivision into structure types makes use of the conventional denominations of structures that are derived from the configuration, from the technical composition or from the characteristic structural element

3rd level:　　　　70-80 structure SINGLES

The final differentiation rests upon the dominant geometric or constructional feature of the structure body. It presents a comprehensive order of model structures that constitute an essential forms discipline in the design

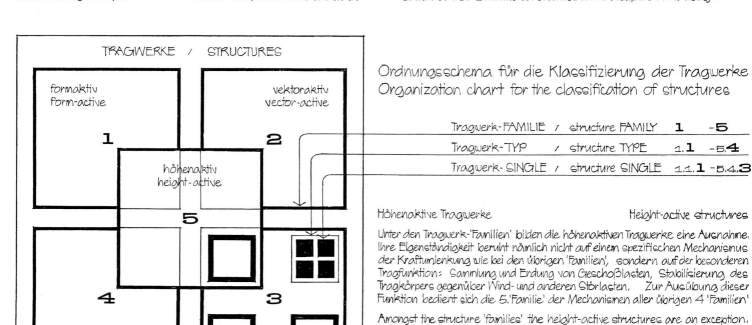

TRAGWERKE / STRUCTURES

formaktiv / form-active **1**

vektoraktiv / vector-active **2**

höhenaktiv / height-active **5**

flächenaktiv / surface-active **4**

schnittaktiv / section-active **3**

Ordnungsschema für die Klassifizierung der Tragwerke
Organization chart for the classification of structures

Tragwerk-FAMILIE / structure FAMILY **1 -5**

Tragwerk-TYP / structure TYPE 1.**1 -5.4**

Tragwerk-SINGLE / structure SINGLE 1.1.**1 -5.4.3**

Höhenaktive Tragwerke　　　　Height-active structures

Unter den Tragwerk-'Familien' bilden die höhenaktiven Tragwerke eine Ausnahme. Ihre Eigenständigkeit beruht nämlich nicht auf einem spezifischen Mechanismus der Kraftumlenkung wie bei den übrigen 'Familien', sondern auf der besonderen Tragfunktion: Sammlung und Erdung von Geschoßlasten, Stabilisierung des Tragkörpers gegenüber Wind- und anderen Störlasten. Zur Ausübung dieser Funktion bedient sich die 5.'Familie' der Mechanismen aller übrigen 4 'Familien'

Amongst the structure 'families' the height-active structures are an exception. For, their distinction does not rest on a specific mechanism of redirecting forces as is the case with all the other 'families', but on the particular structural function: Collection and grounding of storey loads, stabilization of the structure body against wind and other deranging loads. For the performance of this function the 5th 'family' makes use of the mechanisms of all the other 4 'families'

Tragsysteme in Zusammenwirkung: Hybride Tragwerke   Structure systems in coaction: Hybrid structures

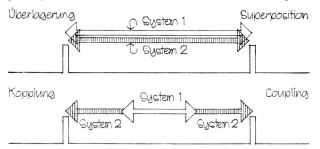

Definition

Hybride Tragwerke sind Systeme, in denen die Kraftumlenkung durch Zusammenwirkung von zwei oder mehreren - in ihrer Tragfunktion prinzipiell gleichrangigen - Konstruktionen aus verschiedenen Tragwerk-'Familien' erfolgt.

Die Zusammenwirkung wird erreicht durch zwei mögliche Formen der Systemverknüpfung: ÜBERLAGERUNG oder KOPPLUNG

Definition

Hybrid structures are systems, in which the redirection of forces is effected through the coaction of two or several different - but in their efficacy basically equipotent - systems from different structure 'families'

The coaction is gained by two possible forms of systems linkage: SUPERPOSITION or COUPLING

Unrichtige 'Hybrid'-Bezeichnung

Unter hybriden Tragsystemen sind NICHT diejenigen Systeme zu verstehen, in denen Einzelfunktionen des Tragwerkes wie z.B. Lastaufnahme, Lastableitung, Lastabgabe, Windversteifung oder andere Stabilisierungen von Konstruktionen aus unterschiedlichen Tragwerk-'Familien' wahrgenommen werden.

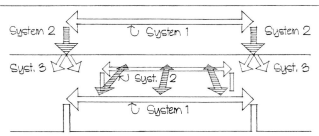

Incorrect 'hybrid' denomination

Hybrid structure systems are NOT to be understood as those systems, in which component bearing functions such as load reception, load transfer, load discharge, wind bracing or other stabilizations are performed by constructions each belonging to a different structure 'family'

Potential hybrider Tragwerke

☐1 Wechselseitige Kompensierung bzw. Minderung von kritischen Kräften

Beispiel: Entgegengesetzte Horizontalkräfte von Stützbogen und Tragseil am Auflager

☐2 Statische Doppel- bzw. Multifunktion von einzelnen Traggliedern

Beispiel: Funktion des Obergurts bzw. des Sparrens als Tragbalken und Druckstab

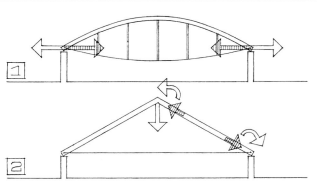

Potential of hybrid structures

☐1 Mutual compensation or reduction of critical forces

Example: Opposite horizontal forces at bases of funicular arch and suspens. cable

☐2 Twofold or multifold structural function of single structure members

Example: Function of upper chord resp. of rafter as beam and as compression bar

Beispiele hybrider Tragwerke / Examples of hybrid structures

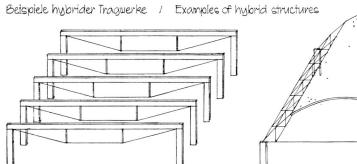
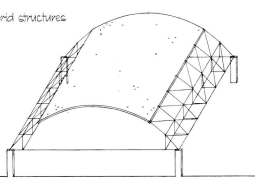
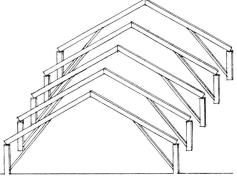

Unterspannter Balken: Überlagerung von SCHNITT-aktiven und FORM-aktiven Systemen

Cable-supported beam: Superposition of SECTION-active and FORM-active systems

Schale mit Fachwerksegment: Kopplung von FLÄCHEN-aktiven und VEKTOR-akt. Systemen

Shell with trussed segment: Coupling of SURFACE-active and VECTOR-active systems

Abgestrebter Sparrenbinder: Überlagerung von SCHNITT-aktiven und VEKTOR-aktiven Systemen

Braced rafter framing: Superposition of SECTION-active and VECTOR-active systems

Fehleinstufung hybrider Tragsysteme als eigenständige Tragwerk-GATTUNG

Hybride Tragsysteme können NICHT als eine eigenständige Tragwerk-'FAMILIE' oder als ein strukturell bestimmbarer Tragwerk-'TYP' gelten:

1. Sie haben keinen typischen Mechanismus der Kräfte-Umlenkung
2. Sie entwickeln keinen spezifischen Kräfte- bzw. Spannungszustand
3. Sie verfügen nicht über kennzeichnende Strukturmerkmale

Misinterpretation of hybrid structure systems as autonomous structure CLASS

Hybrid structure systems do NOT qualify as a separate structure 'FAMILY' or as a structure 'TYPE' definable by specific structure characteristics:

1. They do not possess an inherent mechanism for the redirection of forces
2. They do not develop a specific condition of acting forces or stresses
3. They do not command structural features characteristic to them

'Stammbaum' der Tragwerke im Bauen

	1.1	Seil-Tragwerke / cable structures
FORM-aktive Tragsysteme	1.2	Zelt-Tragwerke / tent structures
1 FORM-active structure systems	1.3	Pneumatische Tragwerke / pneumatic structures
	1.4	Bogen-Tragwerke / arch structures
	2.1	Ebene Fachwerkbinder / flat trusses
VEKTOR-aktive Tragsysteme	2.2	Übertragene ebene Fachwerke / transmitted flat trusses
2 VECTOR-active structure systems	2.3	Gekrümmte Fachwerke / curved flat trusses
	2.4	Raumfachwerke / space trusses

TRAGSYSTEME

STRUCTURE SYSTEMS

Genealogy of structures in building

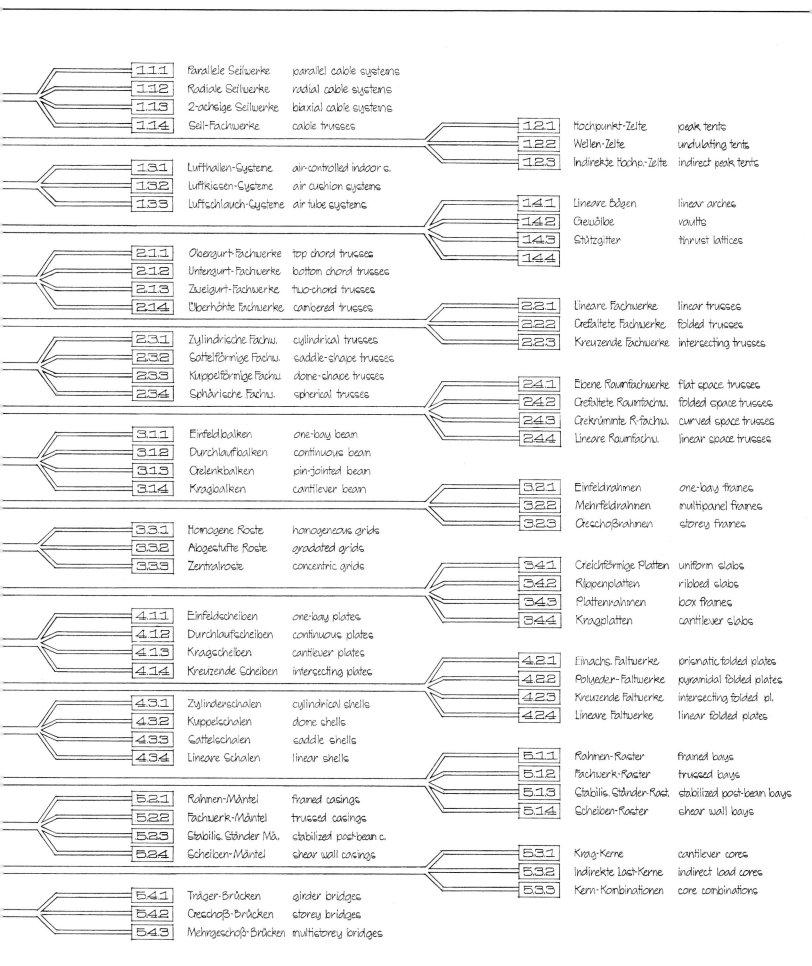

1.1.1	Parallele Seilwerke	parallel cable systems
1.1.2	Radiale Seilwerke	radial cable systems
1.1.3	2-achsige Seilwerke	biaxial cable systems
1.1.4	Seil-Fachwerke	cable trusses
1.2.1	Hochpunkt-Zelte	peak tents
1.2.2	Wellen-Zelte	undulating tents
1.2.3	Indirekte Hochp.-Zelte	indirect peak tents
1.3.1	Lufthallen-Systeme	air-controlled indoor s.
1.3.2	Luftkissen-Systeme	air cushion systems
1.3.3	Luftschlauch-Systeme	air tube systems
1.4.1	Lineare Bögen	linear arches
1.4.2	Gewölbe	vaults
1.4.3	Stützgitter	thrust lattices
1.4.4		
2.1.1	Obergurt-Fachwerke	top chord trusses
2.1.2	Untergurt-Fachwerke	bottom chord trusses
2.1.3	Zweigurt-Fachwerke	two-chord trusses
2.1.4	Überhöhte Fachwerke	cambered trusses
2.2.1	Lineare Fachwerke	linear trusses
2.2.2	Gefaltete Fachwerke	folded trusses
2.2.3	Kreuzende Fachwerke	intersecting trusses
2.3.1	Zylindrische Fachw.	cylindrical trusses
2.3.2	Sattelförmige Fachw.	saddle-shape trusses
2.3.3	Kuppelförmige Fachw.	dome-shape trusses
2.3.4	Sphärische Fachw.	spherical trusses
2.4.1	Ebene Raumfachwerke	flat space trusses
2.4.2	Gefaltete Raumfachw.	folded space trusses
2.4.3	Gekrümmte R-fachw.	curved space trusses
2.4.4	Lineare Raumfachw.	linear space trusses
3.1.1	Einfeldbalken	one-bay beam
3.1.2	Durchlaufbalken	continuous beam
3.1.3	Gelenkbalken	pin-jointed beam
3.1.4	Kragbalken	cantilever beam
3.2.1	Einfeldrahmen	one-bay frames
3.2.2	Mehrfeldrahmen	multipanel frames
3.2.3	Geschoßrahmen	storey frames
3.3.1	Homogene Roste	homogeneous grids
3.3.2	Abgestufte Roste	gradated grids
3.3.3	Zentralroste	concentric grids
3.4.1	Gleichförmige Platten	uniform slabs
3.4.2	Rippenplatten	ribbed slabs
3.4.3	Plattenrahmen	box frames
3.4.4	Kragplatten	cantilever slabs
4.1.1	Einfeldscheiben	one-bay plates
4.1.2	Durchlaufscheiben	continuous plates
4.1.3	Kragscheiben	cantilever plates
4.1.4	Kreuzende Scheiben	intersecting plates
4.2.1	Einachs. Faltwerke	prismatic folded plates
4.2.2	Polyeder-Faltwerke	pyramidal folded plates
4.2.3	Kreuzende Faltwerke	intersecting folded pl.
4.2.4	Lineare Faltwerke	linear folded plates
4.3.1	Zylinderschalen	cylindrical shells
4.3.2	Kuppelschalen	dome shells
4.3.3	Sattelschalen	saddle shells
4.3.4	Lineare Schalen	linear shells
5.1.1	Rahmen-Raster	framed bays
5.1.2	Fachwerk-Raster	trussed bays
5.1.3	Stabilis. Ständer-Rast.	stabilized post-beam bays
5.1.4	Scheiben-Raster	shear wall bays
5.2.1	Rahmen-Mäntel	framed casings
5.2.2	Fachwerk-Mäntel	trussed casings
5.2.3	Stabilis. Ständer Mä.	stabilized post-beam c.
5.2.4	Scheiben-Mäntel	shear wall casings
5.3.1	Krag-Kerne	cantilever cores
5.3.2	Indirekte Last-Kerne	indirect load cores
5.3.3	Kern-Kombinationen	core combinations
5.4.1	Träger-Brücken	girder bridges
5.4.2	Geschoß-Brücken	storey bridges
5.4.3	Mehrgeschoß-Brücken	multistorey bridges

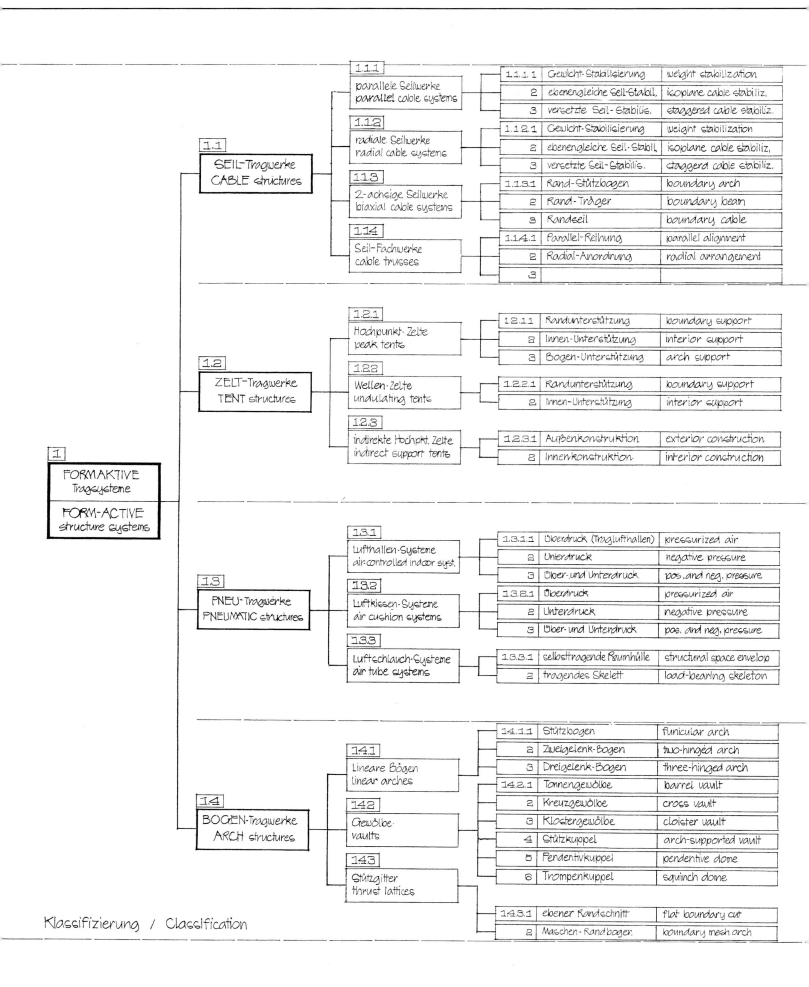

			1.1.1.1	Gewicht-Stabilisierung	weight stabilization
		1.1.1 parallele Seilwerke parallel cable systems	2	ebenengleiche Seil-Stabil.	isoplane cable stabiliz.
			3	versetzte Seil-Stabilis.	staggered cable stabiliz.
		1.1.2 radiale Seilwerke radial cable systems	1.1.2.1	Gewicht-Stabilisierung	weight stabilization
			2	ebenengleiche Seil-Stabil.	isoplane cable stabiliz.
	1.1 SEIL-Tragwerke CABLE structures		3	versetzte Seil-Stabilis.	staggerd cable stabiliz.
		1.1.3 2-achsige Seilwerke biaxial cable systems	1.1.3.1	Rand-Stützbogen	boundary arch
			2	Rand-Träger	boundary beam
			3	Randseil	boundary cable
		1.1.4 Seil-Fachwerke cable trusses	1.1.4.1	Parallel-Reihung	parallel alignment
			2	Radial-Anordnung	radial arrangement
			3		

			1.2.1.1	Randunterstützung	boundary support
		1.2.1 Hochpunkt-Zelte peak tents	2	Innen-Unterstützung	interior support
			3	Bogen-Unterstützung	arch support
	1.2 ZELT-Tragwerke TENT structures	**1.2.2** Wellen-Zelte undulating tents	1.2.2.1	Randunterstützung	boundary support
			2	Innen-Unterstützung	interior support
		1.2.3 indirekte Hochpkt. Zelte indirect support tents	1.2.3.1	Außenkonstruktion	exterior construction
			2	Innenkonstruktion	interior construction

			1.3.1.1	Überdruck (Traglufthallen)	pressurized air
		1.3.1 Lufthallen-Systeme air-controlled indoor syst.	2	Unterdruck	negative pressure
			3	Über- und Unterdruck	pos. and neg. pressure
	1.3 PNEU-Tragwerke PNEUMATIC structures	**1.3.2** Luftkissen-Systeme air cushion systems	1.3.2.1	Überdruck	pressurized air
			2	Unterdruck	negative pressure
			3	Über- und Unterdruck	pos. and neg. pressure
		1.3.3 Luftschlauch-Systeme air tube systems	1.3.3.1	selbsttragende Raumhülle	structural space envelop
			2	tragendes Skelett	load-bearing skeleton

			1.4.1.1	Stützbogen	funicular arch
		1.4.1 Lineare Bögen linear arches	2	Zweigelenk-Bogen	two-hinged arch
			3	Dreigelenk-Bogen	three-hinged arch
	1.4 BOGEN-Tragwerke ARCH structures	**1.4.2** Gewölbe vaults	1.4.2.1	Tonnengewölbe	barrel vault
			2	Kreuzgewölbe	cross vault
			3	Klostergewölbe	cloister vault
			4	Stützkuppel	arch-supported vault
			5	Pendentivkuppel	pendentive dome
		1.4.3 Stützgitter thrust lattices	6	Trompenkuppel	squinch dome
			1.4.3.1	ebener Randschnitt	flat boundary cut
			2	Maschen-Randbogen	boundary mesh arch

1 FORMAKTIVE Tragsysteme / FORM-ACTIVE structure systems

Klassifizierung / Classification

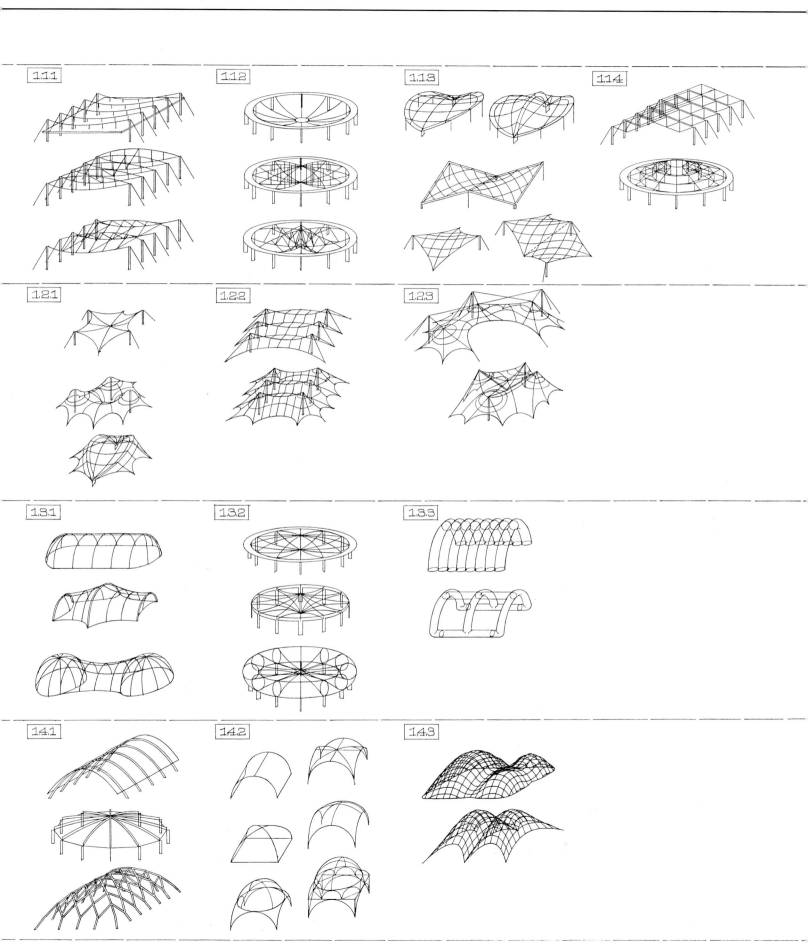

1.1.1

1.1.2

1.1.3

1.1.4

1.2.1

1.2.2

1.2.3

1.3.1

1.3.2

1.3.3

1.4.1

1.4.2

1.4.3

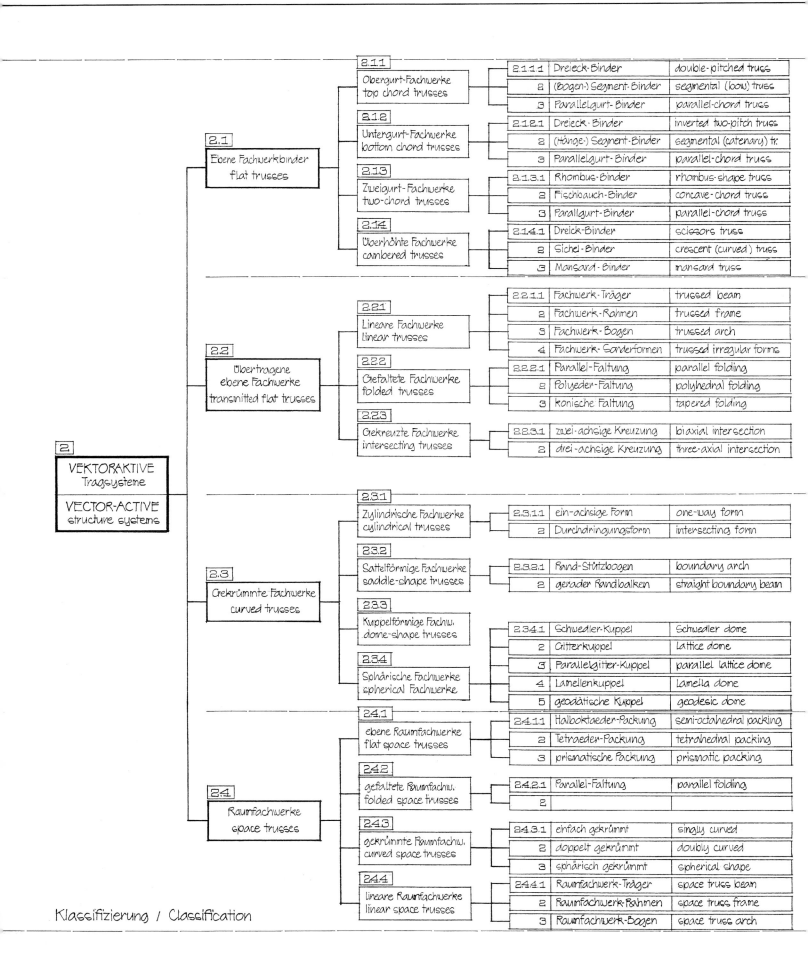

2.1.1 Obergurt-Fachwerke / top chord trusses		2.1.1.1	Dreieck-Binder	double-pitched truss
		2	(Bogen-) Segment-Binder	segmental (bow) truss
		3	Parallelgurt-Binder	parallel-chord truss
2.1.2 Untergurt-Fachwerke / bottom chord trusses		2.1.2.1	Dreieck-Binder	inverted two-pitch truss
		2	(Hänge-) Segment-Binder	segmental (catenary) tr.
		3	Parallelgurt-Binder	parallel-chord truss
2.1.3 Zweigurt-Fachwerke / two-chord trusses		2.1.3.1	Rhombus-Binder	rhombus-shape truss
		2	Fischbauch-Binder	concave-chord truss
		3	Parallgurt-Binder	parallel-chord truss
2.1.4 Überhöhte Fachwerke / cambered trusses		2.1.4.1	Dreieck-Binder	scissors truss
		2	Sichel-Binder	crescent (curved) truss
		3	Mansard-Binder	mansard truss

2.1 Ebene Fachwerkbinder / flat trusses

2.2.1 Lineare Fachwerke / linear trusses		2.2.1.1	Fachwerk-Träger	trussed beam
		2	Fachwerk-Rahmen	trussed frame
		3	Fachwerk-Bogen	trussed arch
		4	Fachwerk-Sonderformen	trussed irregular forms
2.2.2 Gefaltete Fachwerke / folded trusses		2.2.2.1	Parallel-Faltung	parallel folding
		2	Polyeder-Faltung	polyhedral folding
		3	konische Faltung	tapered folding
2.2.3 Gekreuzte Fachwerke / intersecting trusses		2.2.3.1	zwei-achsige Kreuzung	biaxial intersection
		2	drei-achsige Kreuzung	three-axial intersection

2.2 Übertragene ebene Fachwerke / transmitted flat trusses

2.3.1 Zylindrische Fachwerke / cylindrical trusses		2.3.1.1	ein-achsige Form	one-way form
		2	Durchdringungsform	intersecting form
2.3.2 Sattelförmige Fachwerke / saddle-shape trusses		2.3.2.1	Rand-Stützbogen	boundary arch
		2	gerader Randbalken	straight boundary beam
2.3.3 Kuppelförmige Fachw. / dome-shape trusses				
2.3.4 Sphärische Fachwerke / spherical Fachwerke		2.3.4.1	Schwedler-Kuppel	Schwedler dome
		2	Gitterkuppel	lattice dome
		3	Parallelgitter-Kuppel	parallel lattice dome
		4	Lamellenkuppel	lamella dome
		5	geodätische Kuppel	geodesic dome

2.3 Gekrümmte Fachwerke / curved trusses

2.4.1 ebene Raumfachwerke / flat space trusses		2.4.1.1	Halboktaeder-Packung	semi-octahedral packing
		2	Tetraeder-Packung	tetrahedral packing
		3	prismatische Packung	prismatic packing
2.4.2 gefaltete Raumfachw. / folded space trusses		2.4.2.1	Parallel-Faltung	parallel folding
		2		
2.4.3 gekrümmte Raumfachw. / curved space trusses		2.4.3.1	einfach gekrümmt	singly curved
		2	doppelt gekrümmt	doubly curved
		3	sphärisch gekrümmt	spherical shape
2.4.4 lineare Raumfachwerke / linear space trusses		2.4.4.1	Raumfachwerk-Träger	space truss beam
		2	Raumfachwerk-Rahmen	space truss frame
		3	Raumfachwerk-Bogen	space truss arch

2.4 Raumfachwerke / space trusses

2 VEKTORAKTIVE Tragsysteme / VECTOR-ACTIVE structure systems

Klassifizierung / Classification

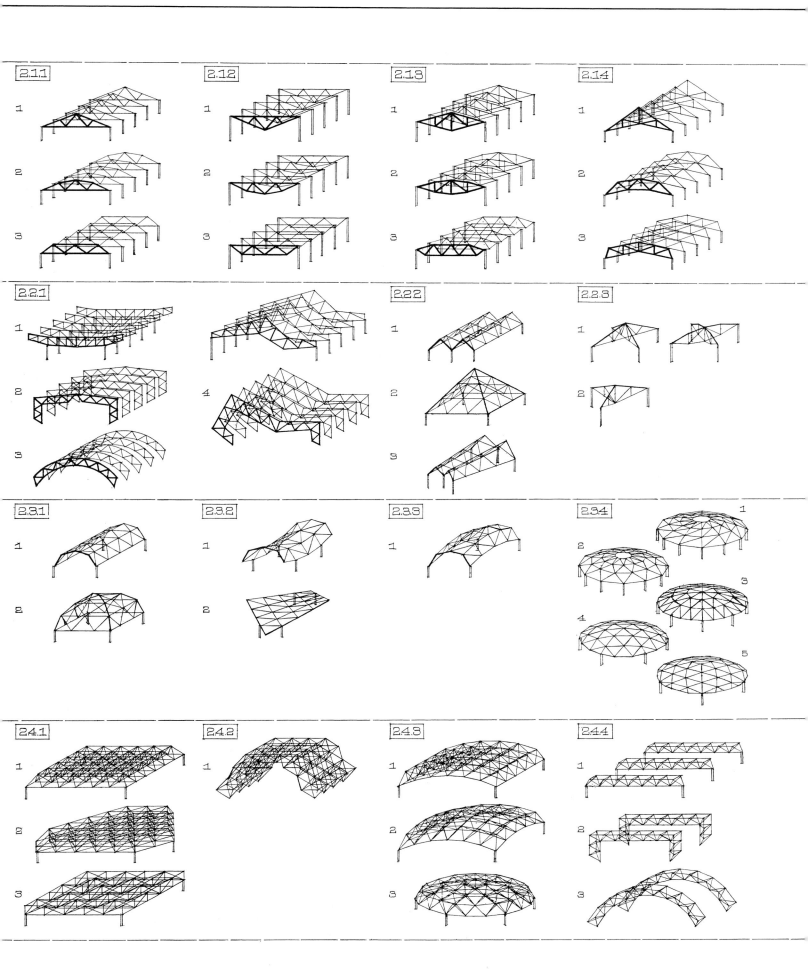

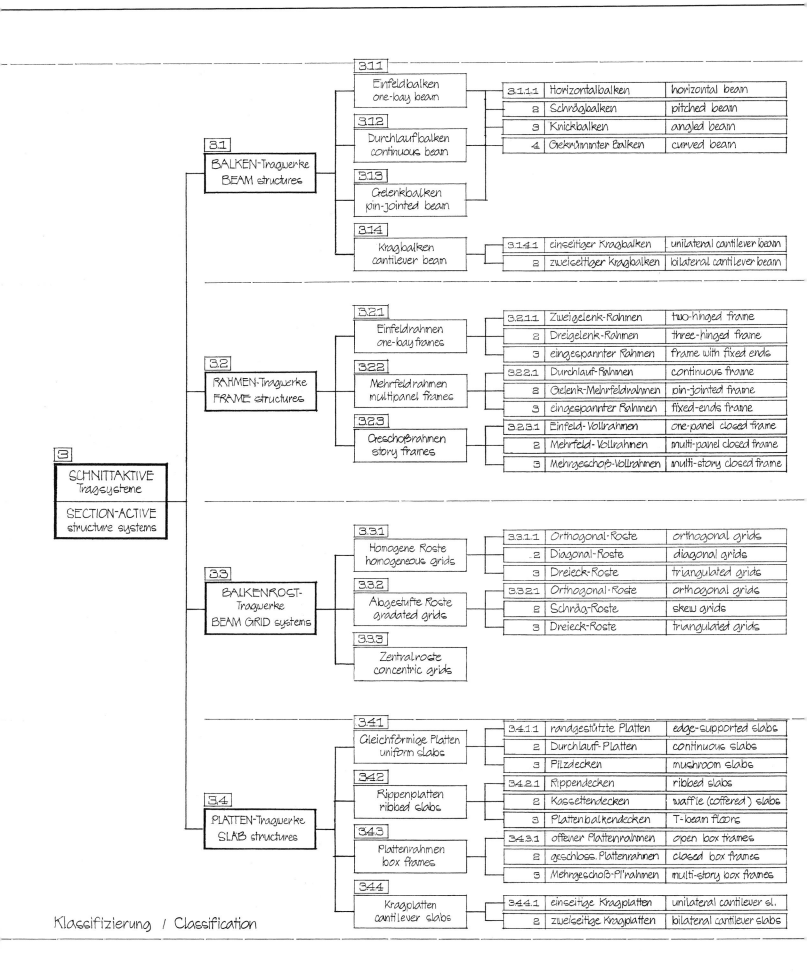

3.1.1		
Einfeldbalken one-bay beam		

3.1.1.1	Horizontalbalken	horizontal beam
2	Schrägbalken	pitched beam
3	Knickbalken	angled beam
4	Gekrümmter Balken	curved beam

3.1.2		
Durchlaufbalken continuous beam		

3.1		
BALKEN-Tragwerke BEAM structures		

3.1.3		
Gelenkbalken pin-jointed beam		

3.1.4		
Kragbalken cantilever beam		

3.1.4.1	einseitiger Kragbalken	unilateral cantilever beam
2	zweiseitiger Kragbalken	bilateral cantilever beam

3.2.1		
Einfeldrahmen one-bay frames		

3.2.1.1	Zweigelenk-Rahmen	two-hinged frame
2	Dreigelenk-Rahmen	three-hinged frame
3	eingespannter Rahmen	frame with fixed ends

3.2		
RAHMEN-Tragwerke FRAME structures		

3.2.2		
Mehrfeldrahmen multipanel frames		

3.2.2.1	Durchlauf-Rahmen	continuous frame
2	Gelenk-Mehrfeldrahmen	pin-jointed frame
3	eingespannter Rahmen	fixed-ends frame

3.2.3		
Geschoßrahmen story frames		

3.2.3.1	Einfeld-Vollrahmen	one-panel closed frame
2	Mehrfeld-Vollrahmen	multi-panel closed frame
3	Mehrgeschoß-Vollrahmen	multi-story closed frame

3		
SCHNITTAKTIVE Tragsysteme		
SECTION-ACTIVE structure systems		

3.3.1		
Homogene Roste homogeneous grids		

3.3.1.1	Orthogonal-Roste	orthogonal grids
2	Diagonal-Roste	diagonal grids
3	Dreieck-Roste	triangulated grids

3.3		
BALKENROST- Tragwerke BEAM GRID systems		

3.3.2		
Abgestufte Roste gradated grids		

3.3.2.1	Orthogonal-Roste	orthogonal grids
2	Schräg-Roste	skew grids
3	Dreieck-Roste	triangulated grids

3.3.3		
Zentralroste concentric grids		

3.4.1		
Gleichförmige Platten uniform slabs		

3.4.1.1	randgestützte Platten	edge-supported slabs
2	Durchlauf-Platten	continuous slabs
3	Pilzdecken	mushroom slabs

3.4.2		
Rippenplatten ribbed slabs		

3.4.2.1	Rippendecken	ribbed slabs
2	Kassettendecken	waffle (coffered) slabs
3	Plattenbalkendecken	T-beam floors

3.4		
PLATTEN-Tragwerke SLAB structures		

3.4.3		
Plattenrahmen box frames		

3.4.3.1	offener Plattenrahmen	open box frames
2	geschloss. Plattenrahmen	closed box frames
3	Mehrgeschoß-Pl'rahmen	multi-story box frames

3.4.4		
Kragplatten cantilever slabs		

3.4.4.1	einseitige Kragplatten	unilateral cantilever sl.
2	zweiseitige Kragplatten	bilateral cantilever slabs

Klassifizierung / Classification

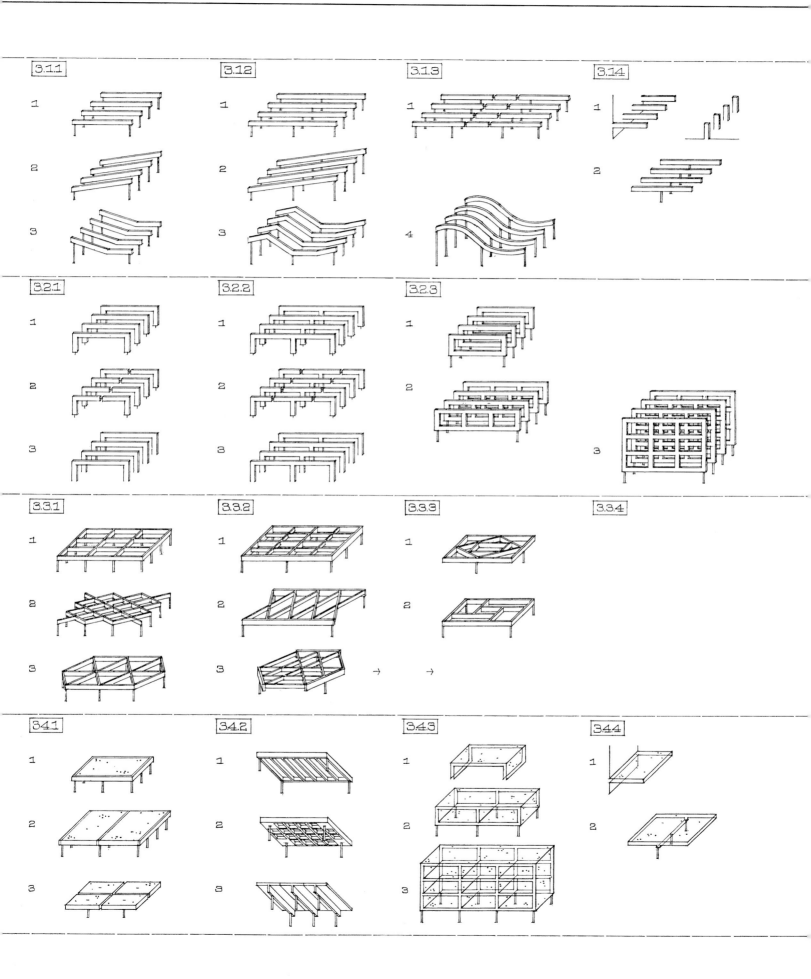

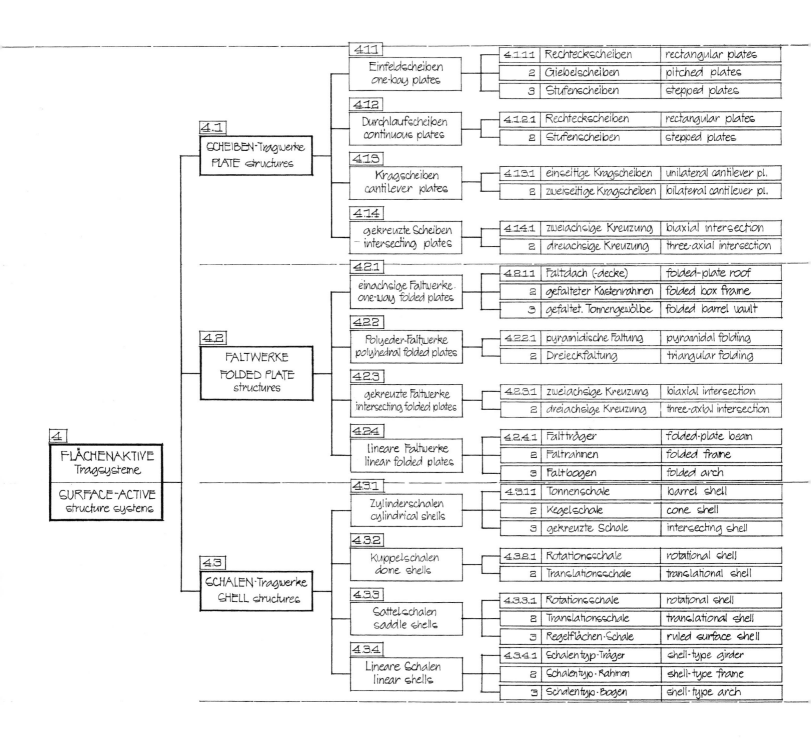

4 FLÄCHENAKTIVE Tragsysteme SURFACE-ACTIVE structure systems	**4.1** SCHEIBEN-Tragwerke PLATE structures	**4.1.1** Einfeldscheiben one-way plates	4.1.1.1 Rechteckscheiben	rectangular plates
			2 Giebelscheiben	pitched plates
			3 Stufenscheiben	stepped plates
		4.1.2 Durchlaufscheiben continuous plates	4.1.2.1 Rechteckscheiben	rectangular plates
			2 Stufenscheiben	stepped plates
		4.1.3 Kragscheiben cantilever plates	4.1.3.1 einseitige Kragscheiben	unilateral cantilever pl.
			2 zweiseitige Kragscheiben	bilateral cantilever pl.
		4.1.4 gekreuzte Scheiben intersecting plates	4.1.4.1 zweiachsige Kreuzung	biaxial intersection
			2 dreiachsige Kreuzung	three-axial intersection
	4.2 FALTWERKE FOLDED PLATE structures	**4.2.1** einachsige Faltwerke one-way folded plates	4.2.1.1 Faltdach (-decke)	folded-plate roof
			2 gefalteter Kastenrahmen	folded box frame
			3 gefaltet. Tonnengewölbe	folded barrel vault
		4.2.2 Polyeder-Faltwerke polyhedral folded plates	4.2.2.1 pyramidische Faltung	pyramidal folding
			2 Dreieckfaltung	triangular folding
		4.2.3 gekreuzte Faltwerke intersecting folded plates	4.2.3.1 zweiachsige Kreuzung	biaxial intersection
			2 dreiachsige Kreuzung	three-axial intersection
		4.2.4 lineare Faltwerke linear folded plates	4.2.4.1 Faltträger	folded-plate beam
			2 Faltrahmen	folded frame
			3 Faltbogen	folded arch
	4.3 SCHALEN-Tragwerke SHELL structures	**4.3.1** Zylinderschalen cylindrical shells	4.3.1.1 Tonnenschale	barrel shell
			2 Kegelschale	cone shell
			3 gekreuzte Schale	intersecting shell
		4.3.2 Kuppelschalen dome shells	4.3.2.1 Rotationsschale	rotational shell
			2 Translationsschale	translational shell
		4.3.3 Sattelschalen saddle shells	4.3.3.1 Rotationsschale	rotational shell
			2 Translationsschale	translational shell
			3 Regelflächen-Schale	ruled surface shell
		4.3.4 Lineare Schalen linear shells	4.3.4.1 Schalentyp-Träger	shell-type girder
			2 Schalentyp-Rahmen	shell-type frame
			3 Schalentyp-Bogen	shell-type arch

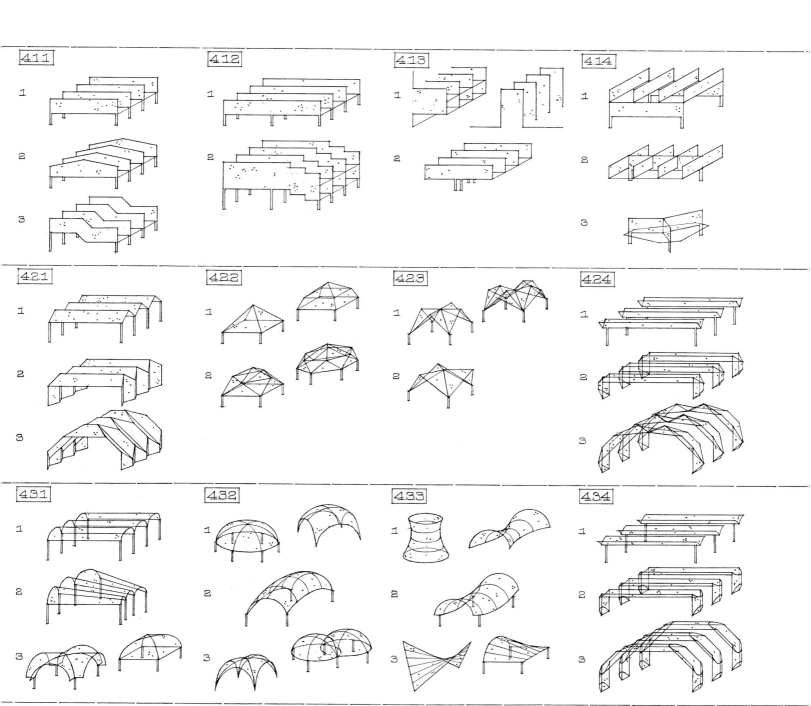

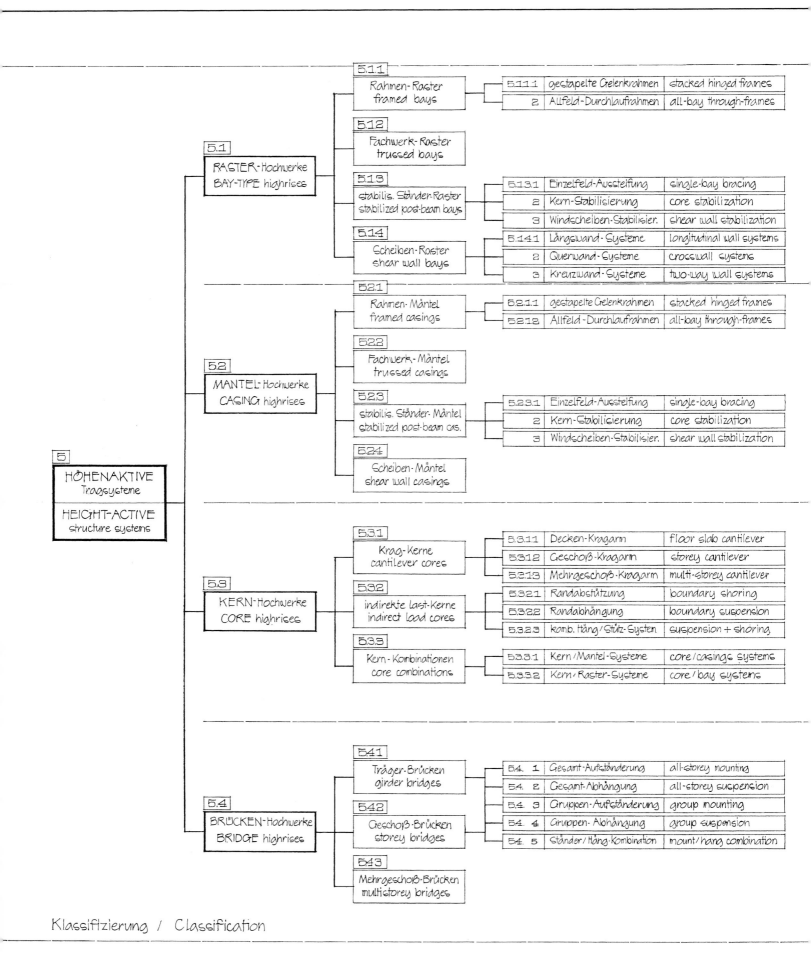

5.1.1 Rahmen-Raster framed bays	**5.1.1.1**	gestapelte Gelenkrahmen	stacked hinged frames
	2	Allfeld-Durchlaufrahmen	all-bay through-frames
5.1.2 Fachwerk-Raster trussed bays			
5.1.3 stabilis. Ständer-Raster stabilized post-beam bays	**5.1.3.1**	Einzelfeld-Aussteifung	single-bay bracing
	2	Kern-Stabilisierung	core stabilization
	3	Windscheiben-Stabilisier.	shear wall stabilization
5.1.4 Scheiben-Raster shear wall bays	**5.1.4.1**	Längswand-Systeme	longitudinal wall systems
	2	Querwand-Systeme	crosswall systems
	3	Kreuzwand-Systeme	two-way wall systems

5.1 RASTER-Hochwerke BAY-TYPE highrises

5.2.1 Rahmen-Mäntel framed casings	**5.2.1.1**	gestapelte Gelenkrahmen	stacked hinged frames
	5.2.1.2	Allfeld-Durchlaufrahmen	all-bay through-frames
5.2.2 Fachwerk-Mäntel trussed casings			
5.2.3 stabilis. Ständer-Mäntel stabilized post-beam cas.	**5.2.3.1**	Einzelfeld-Aussteifung	single-bay bracing
	2	Kern-Stabilisierung	core stabilization
	3	Windscheiben-Stabilisier.	shear wall stabilization
5.2.4 Scheiben-Mäntel shear wall casings			

5.2 MANTEL-Hochwerke CASING highrises

5.3.1 Krag-Kerne cantilever cores	**5.3.1.1**	Decken-Kragarm	floor slab cantilever
	5.3.1.2	Geschoß-Kragarm	storey cantilever
	5.3.1.3	Mehrgeschoß-Kragarm	multi-storey cantilever
5.3.2 indirekte Last-Kerne indirect load cores	**5.3.2.1**	Randabstützung	boundary shoring
	5.3.2.2	Randabhängung	boundary suspension
	5.3.2.3	komb. Häng/Stütz-System	suspension + shoring
5.3.3 Kern-Kombinationen core combinations	**5.3.3.1**	Kern/Mantel-Systeme	core/casings systems
	5.3.3.2	Kern/Raster-Systeme	core/bay systems

5.3 KERN-Hochwerke CORE highrises

5.4.1 Träger-Brücken girder bridges	**5.4. 1**	Gesamt-Aufständerung	all-storey mounting
	5.4. 2	Gesamt-Abhängung	all-storey suspension
5.4.2 Geschoß-Brücken storey bridges	**5.4. 3**	Gruppen-Aufständerung	group mounting
	5.4. 4	Gruppen-Abhängung	group suspension
	5.4. 5	Ständer/Häng-Kombination	mount/hang combination
5.4.3 Mehrgeschoß-Brücken multistorey bridges			

5.4 BRÜCKEN-Hochwerke BRIDGE highrises

5 HÖHENAKTIVE Tragsysteme / HEIGHT-ACTIVE structure systems

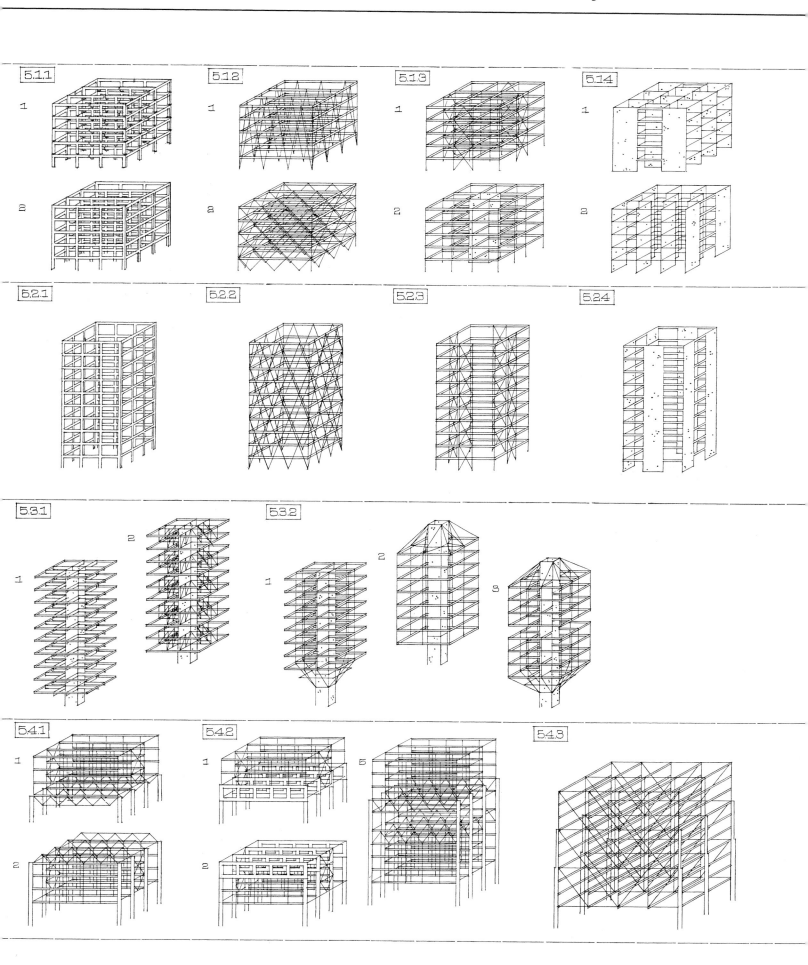

Formaktive Tragsysteme
Form-active Structure Systems

1

Nicht-steife, flexible Materie, in bestimmter Weise geformt und durch feste Endpunkte gesichert, kann sich selbst tragen und Raum überspannen: formaktive Tragsysteme.

Vorgänger der formaktiven Tragsysteme sind das senkrechte Hängeseil, das die Last direkt zum Aufhängepunkt abträgt, und die senkrechte Stütze, die in umgekehrter Richtung die Last direkt zum Fußpunkt weiterleitet.

Senkrechte Stütze und senkrechtes Hängeseil sind Prototypen der formaktiven Tragsysteme. Sie übertragen Lasten nur durch einfache Normalkräfte, d. h. entweder durch Druck oder durch Zug.

Durch Zusammenknüpfen zweier Hängeseile mit verschiedenen Aufhängepunkten entsteht das Tragseil, das sich selbst über freien Raum spannen und Lasten durch reine Zugkräfte seitlich abtragen kann.

Die Umkehrform des Tragseiles ist der Stützbogen. Die ideale Form eines Stützbogens für eine bestimmte Belastung ist die entsprechende Hängelinie für die gleiche Belastung.

Kennzeichen der formaktiven Tragsysteme ist also, daß sie die äußeren Kräfte durch einfache Normalkräfte umlenken: der Stützbogen durch Druck, das Tragseil durch Zug.

Formaktive Tragsysteme entwickeln an ihren Festpunkten horizontale Kräfte. Die Aufnahme dieser Kräfte ist ein wesentliches Problem des Entwurfes formaktiver Tragsysteme.

Der Tragmechanismus der formaktiven Systeme beruht vorherrschend auf stofflicher Form. Abweichung von der richtigen Form, wenn ausführbar, stellt die Wirkungsweise des Systems in Frage oder erfordert zusätzliche Umlenkungsmechanismen, die die Abweichung kompensieren.

Die Strukturform der formaktiven Tragsysteme entspricht im Idealfalle genau dem Kräfteverlauf. Formaktive Tragsysteme sind daher stoffgewordene Folge „natürlicher" Kraftrichtungen.

Die „natürliche" Kräftelinie des formaktiven Drucksystems ist die Stützlinie, die des formaktiven Zugsystemes die Hängelinie. Stützlinie und Hängelinie sind Ergebnis der auf das System einwirkenden Kräfte einerseits und der Pfeilhöhe und des Abstandes der Festpunkte andererseits.

Stützlinie oder Hängelinie sind also zweites Kennzeichen der formaktiven Tragsysteme.

Jede Veränderung der Lasten- oder Auflagerbedingungen verändert die Form der Stütz- oder Hängelinie und bedingt eine neue Strukturform. Während das Tragseil als „nach-gebendes" System bei Lastenveränderung von selbst die neue Hängelinie einnimmt, muß der Stützbogen als „widerstrebendes" System durch Steifigkeit (Biegemechanismus) den Unterschied der veränderten Stützlinie aufnehmen.

Weil das Tragseil bei unterschiedlicher Belastung seine Form ändert, muß es immer die Hängelinie für die jeweilige Belastung sein. Demgegenüber kann der Bogen, weil er seine Form nicht ändern kann, nur für eine ganz bestimmte Belastung Stützlinie sein.

Formaktive Tragsysteme sind wegen ihrer Abhängigkeit vom Belastungszustand streng der Disziplin des „natürlichen Kräfteverlaufes unterworfen und entziehen sich daher der Willkür freier Formgebung. Bauform und Raumform sind Ergebnis der Tragmechanik.

Leichtigkeit des flexiblen Tragseiles und Schwere des gegen Lastenveränderung versteiften Stützbogens sind architektonische Nachteile formaktiver Tragsysteme. Sie können weitgehend durch Vorspannen der Systeme ausgeschaltet werden.

Ebenso wie das Tragseil durch Vorspannung so stabilisiert werden kann, daß es zusätzliche, auch aufwärts gerichtete Kräfte aufnehmen kann, ebenso kann der Stützbogen durch Zugglieder so weit vorkomprimiert werden, daß er ohne kritische Biegung asymmetrische Lasten umlenken kann.

Stützbogen und Tragseil sind aufgrund ihrer Beanspruchung durch einfachen Druck oder

Zug das materialwirtschaftlichste System der Raumüberspannung.

Wegen ihrer Identität mit dem „natürlichen" Kräfteverlauf sind formaktive Tragsysteme die geeigneten Mechanismen, um große Spannweiten zu erzielen und weite Räume zu bilden.

Da formaktive Tragsysteme die Lasten auf direktem Wege abtragen, sind sie in Wirkung und Wesen Linienträger. Das gilt auch für Seilnetze, Membranen oder Gitterkuppeln, bei denen die Lastabtragung zwar in mehr als einer Achse aber dennoch mangels Scherkraftmechanismus linear erfolgt.

Formaktive Tragelemente können zu Flächenstrukturen verdichtet werden. Soll der einfache Spannungszustand, das Kennzeichen formaktiver Systeme, erhalten bleiben, sind auch sie den Gesetzen von Stütz- oder Hängelinie unterworfen.

Stützbogen und Tragseil sind jedoch nicht nur Grundelemente formaktiver Tragsysteme, sondern sind elementare Idee für jeden Tragmechanismus und damit Symbol technischer Raumerschließung durch den Menschen schlechthin.

Formaktive Eigenschaften können in allen anderen Tragsystemen zum Einsatz gebracht werden. Besonders in flächenaktiven Tragsystemen sind sie wesentlicher Bestandteil für das Funktionieren des Tragmechanismus.

Formaktive Tragsysteme haben wegen ihrer weitspannenden Eigenschaften eine besondere Bedeutung für die Massenzivilisation mit ihrem Bedarf an Großräumen. Sie sind potentielle Tragformen für zukünftiges Bauen.

Kenntnis der Gesetzmäßigkeit formaktiver Kraftumlenkung ist Voraussetzung für die Entwicklung jedes Tragsystemes und ist daher primäre Wissengrundlage für den entwerfenden Architekten oder Ingenieur.

Non-rigid, flexible matter, shaped in a certain way and secured by fixed ends, can support itself and span space: form-active structure systems.

Predecessors of form-active structure systems are the vertical hanger cable that transmits the load directly to the point of suspension, and the vertical column that in reverse direction transfers the load directly to the base point.

Vertical column and vertical hanger cable are prototypes of form-active structure systems. They transmit loads only through simple normal stresses; i. e. either through compression or through tension.

Two cables with different points of supension tied together form a suspersion system that can carry itself clear over free space and transfer loads laterally by pure tensile stresses.

A suspension cable turned up forms a funicular arch. The ideal form of an arch for a certain load condition is the corresponding funicular tension line for the same loading.

Distinction of the form-active structure systems then is that they redirect external forces by simple normal stresses: the arch by compression, the suspension cable by tension.

Form-active structure systems develop at their ends horizontal stresses. The reception of these stresses constitutes a major problem in designing form-active structure systems.

The bearing mechanism of form-active systems rests essentially on the material form. Deviation from the correct form, if possible at all, jeopardizes the functioning of the system or requires additional mechanisms that compensate the deviation.

The structure form of form-active structure systems in the ideal case coincides precisely with the flow of stresses. Form-active structure systems therefore are the 'natural' path of forces expressed in matter.

The 'natural' stress line of the form-active compression system is the funicular pressure line, that of the form-active tension system the funicular tension line. Pressure line and tension line are determined by the forces working on the system on the one hand, and by the rise or sag and the distance of the ends on the other.

Funicular pressure line and tension line are then the second distinction of form-active structure systems.

Any change of loading or support conditions changes the form of the funicular curve and causes a new structure form. While the load cable as a 'sagging' system under new loads assumes by itself a new tension line, the arch as a 'humping' system must compensate the changed pressure line with stiffness (bending mechanism).

Since the suspension cable under different loading changes its form, it is always the funicular curve for the existing load. On the other hand the arch, since it cannot change its form, can be funicular only for one certain loading condition.

Form-active structure systems, because of their dependence on loading conditions, are strictly governed by the discipline of the 'natural' flow of forces and hence cannot become subject to arbitrary free form design. Architectural form and space are the result of the bearing mechanism.

Lightness of the flexible suspension cable and heaviness of the arch stiffened against a variety of additional loads are architectural demerits of form-active structure systems. They can be largely eliminated through prestressing the systems.

As the suspension cable can be stabilized by prestressing so that it can receive additional forces that also may be upward directed, so too the arch can be precompressed to a degree that it can redirect asymmetrical loading without critical bending.

Arch and suspension cable, because of their being stressed only by simple compression or tension, are with regard to weight/span ratio the most economical systems of spanning space.

Because of their identity with the 'natural' flow of forces the form-active structure systems are the suitable mechanisms for achieving long spans and forming large spaces.

Since form-active structure systems disperse loads in the direction of resultant forces they are in effect and essence linear girders. This is true also for cable nets, membranes or lattice domes in which the loads, though being dispersed in more than one axis, are still transferred in a linear way because of lack of shear mechanism.

Form-active structure elements can be condensed to form surface structures. If the single stress condition, the distinction of form-active systems, is to be maintained, they too are submitted to the rules of funicular pressure line and tension line.

Arch and suspension cable, however, are not only the material essence of form-active structure systems, but are the elementary idea for any bearing mechanism and consequently the very symbol of man's technical seizure of space.

Form-active qualities can be brought to bear on all other structure systems. Especially in surface-active structure systems they are an essential constituent for the functioning of the bearing mechanism.

Form-active structure systems, because of their longspan qualities, have a particular significance for mass civilization with its demand for large scale spaces. They are potential structure forms for future building.

Knowledge of the laws of form-active redirection of forces is requisite for the design of any structure system and hence is essential for the architect or engineer concerned with structural design.

Definition	FORMAKTIVE TRAGSYSTEME	FORM-ACTIVE STRUCTURE SYSTEMS	

Definition — FORMAKTIVE TRAGSYSTEME
sind Tragsysteme aus flexibler, nicht-steifer Materie, in denen die Kraftumlenkung durch geeignete FORMGEBUNG und durch chakteristische FORMSTABILISIERUNG erfolgt

FORM-ACTIVE STRUCTURE SYSTEMS
are structure systems of flexible, non-rigid matter, in which the rediretion of forces is effected through particular FORM DESIGN and characteristic FORM STABILIZATION

Kräfte / Forces — Die Systemglieder werden dabei primär nur durch gleichartige Normalkräfte belastet, d.h. entweder auf Druck oder auf Zug: SYSTEME IN EINFACHEM SPANNUNGSZUSTAND

Its basic components are primarily subjected to but one kind of normal stresses, i.e. either to compression or to tension: SYSTEMS IN SINGLE STRESS CONDITION

Merkmale / Features — Die typischen Struktur-Merkmale sind: KETTENLINIE (HÄNGELINIE) / STÜTZLINIE / KREIS

The typical structure features are: CATENARY / THRUST LINE (PRESSURE L.) / CIRCLE

Bestandteile und Bezeichnungen / Components and denominations

1.1 Seilsysteme / Cable systems

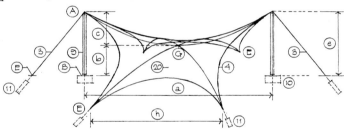

1.2 Zeltsysteme / Tent systems

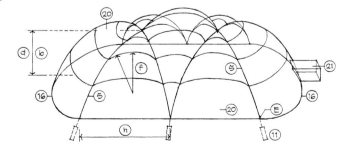

1.3 Pneusysteme / Pneumatic systems

1.4 Bogensysteme / Arch systems

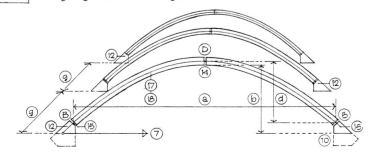

System-Glieder / System members

①	Tragseil, Lastseil	suspension cable, load cable
②	Stabilisierungsseil, Spannseil	stabilization cable, stress cable
③	Rückhalteseil, Abspannseil, Stag	retaining cable, stay, guy
④	Randseil	edge cable, boundary cable
⑤	Kehlseil	valley cable
⑥	Hängeseil	hanger
⑦	Zugband, Zuganker	tie rod, tieback
⑧	Druckstab, Spreizstab	compression rod (bar), spreader
⑨	Stütze, Pylon, Mast	column, pylon, mast, support
⑩	Fundament, Gründung	foundation, footing
⑪	Erdanker, Abspannanker	soil anchor, retaining anchor
⑫	Widerlager	abutment
⑬	Gelenk	pin joint, hinge
⑭	Scheitelgelenk	crown hinge, top hinge, key hi.
⑮	Fußgelenk, Kämpfergelenk	base hinge, impost hinge
⑯	Ankerring	anchor ring
⑰	Bogen, Stützbogen	arch, funicular arch
⑱	Gelenkbogen	joinned arch, hinged arch
⑲	Strebepfeiler	buttress
⑳	Tragmembrane	bearing membrane
㉑	Luftschleuse	air lock
㉒		
①-③	Funktionsseile	functional cables

Topografische Systempunkte / Topographical system points

Ⓐ	Aufhängepunkt	suspension point
Ⓑ	Fußpunkt, Basispunkt	base point
Ⓒ	Hochpunkt	peak, high point
Ⓓ	Scheitelpunkt	key, top, crown, vertex, apex
Ⓔ	Ankerpunkt, Abspannpunkt	anchor point, retaining point
Ⓕ	Auflagerpunkt	point of support, bearing point
Ⓖ	Tiefpunkt	low point
Ⓗ		
Ⓘ		

Systemabmessungen / System dimensions

ⓐ	Stützweite, Spannweite	span
ⓑ	Lichte Höhe	clear height, clearance
ⓒ	Durchhang, Pfeilhöhe	cable sag
ⓓ	Stich (-höhe), Pfeilhöhe	arch (cable) rise
ⓔ	Stützenhöhe	column height, support height
ⓕ	Krümmungsradius	radius of curvature
ⓖ	Binderabstand	spacing, frame distance
ⓗ	Ankerpunkt-Abstand	distance of anchor points
ⓘ		
ⓙ		

1.1　Seil-Tragwerke　/　Cable structures

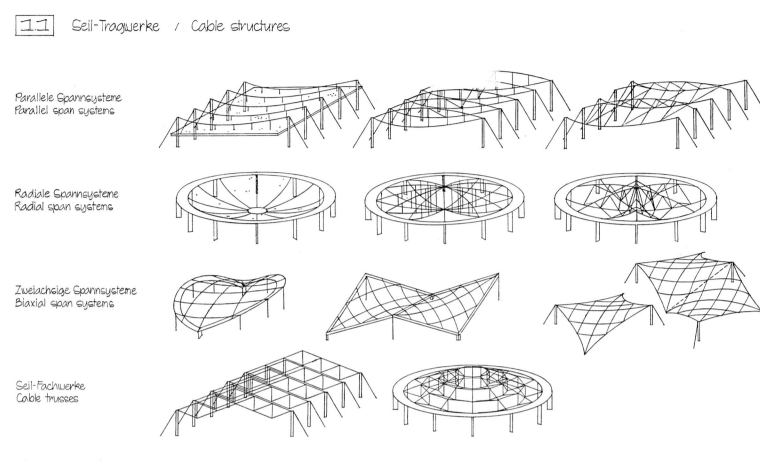

Parallele Spannsysteme
Parallel span systems

Radiale Spannsysteme
Radial span systems

Zweiachsige Spannsysteme
Biaxial span systems

Seil-Fachwerke
Cable trusses

1.2　Zelt-Tragwerke　/　Tent structures

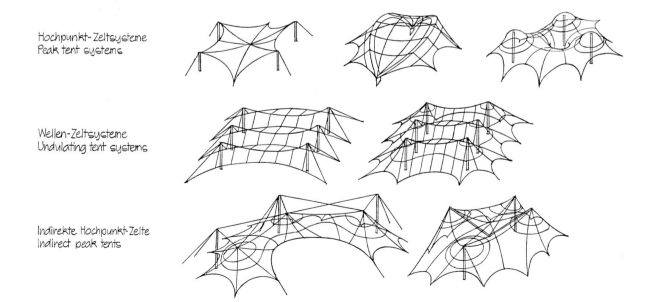

Hochpunkt-Zeltsysteme
Peak tent systems

Wellen-Zeltsysteme
Undulating tent systems

Indirekte Hochpunkt-Zelte
Indirect peak tents

1.3 Pneumatische Tragwerke / Pneumatic structures

Lufthallen-Systeme
Air-controlled indoor systems

Luftkissen-Systeme
Air cushion systems

Luftschlauch-Systeme
Air tube systems

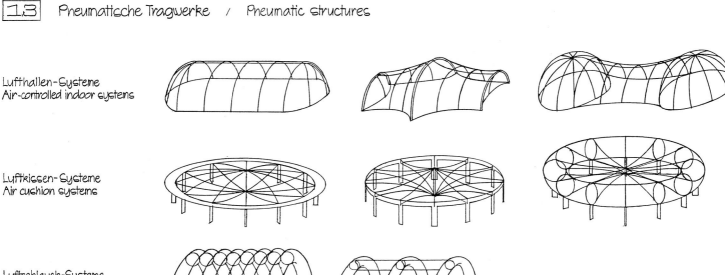

1.4 Bogen-Tragwerke / Arch structures

Lineare Systeme
Linear systems

Gewölbe-Systeme
Vault systems

Stützgitter-Systeme
Vaulted lattice systems

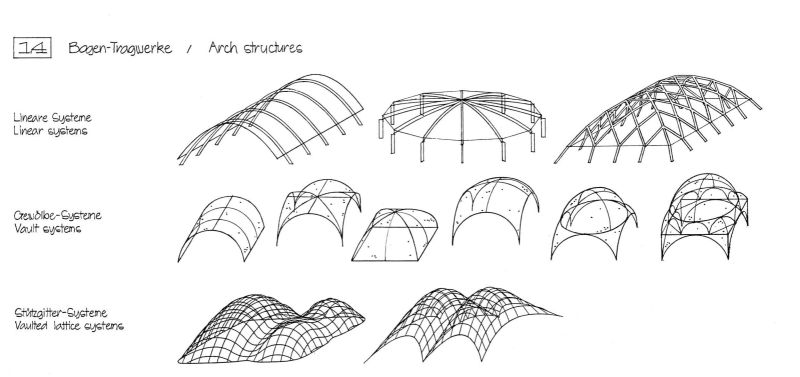

Anwendungen: Tragsystem - Baustoff - Spannweite   Applications: structure system - material - span

Tragsystem / Structure system		Primär-Baustoff	Primary material	Spannweiten in Metern / Spans in meters
SEIL-Tragwerke **1.1** CABLE structures		Ganzmetall / Metall + Stahlbeton	all metal / metal + reinf. concrete	50 · 80 · 500
		Ganzmetall / Metall + Stahlbeton	all metal / metal + reinf. concrete	30 · 60 · 200 · 250
		Ganzmetall / Metall + Stahlbeton /+ Holz	all metal / metal + reinf. concrete /+ wood	25 · 50 · 120 · 200
ZELT-Tragwerke **1.2** TENT structures		Textil + Metall/+Holz / Kunststoff + Metall/+Holz	textile + metal/+wood / plastics + metal/+wood	5 · 10 · 25 · 40
		Textil + Metall/+Holz / Kunststoff + Metall/+Holz	textile + metal/+wood / plastics + metal/+wood	20 · 30 · 70 · 100
		Kunststoff + Metall/+Sta. / Textil + Metall/+Sta.	plastics + metal/+concr. / textile + metal/+concr.	20 · 30 · 80 · 150
PNEU-Tragwerke **1.3** PNEUMATIC structures		Kunststoff + Metall	plastics + metal	10 · 40 · 50 · 70 · 90 · 220 · 300
		Kunststoff + Metall/+Holz /+ Stahlbeton	plastics + metal/+wood /+ concrete	20 · 70 · 120
		Kunststoff	plastics	10 · 50 · 70
BOGEN-Tragwerke **1.4** ARCH structures		Stahlbeton / (Schicht-)Holz / Metall	reinf. concrete / lamin. wood / metal	15 · 25 · 70 · 100
		Mauerwerk	masonry	4 · 8 · 20 · 50
		Metall / Holz	metal / wood	10 · 20 · 90 · 150

Jedem Tragwerk-Typ ist ein spezifischer Spannungszustand seiner Tragglieder zu eigen. Hieraus ergeben sich für den Entwurf zwangsläufige Bindungen in der Wahl des Primär-Baustoffes und in der Zuordnung von Spannweiten

To each structure type a specific stress condition of its members is inherent. This essential trait submits the design of structures to rational affiliations in the choice of primary structural fabric and in the attribution of span capacity

Beziehung zwischen Kraftrichtung und Tragwerkform des Seiles

relationship between stress direction and structure form of cable

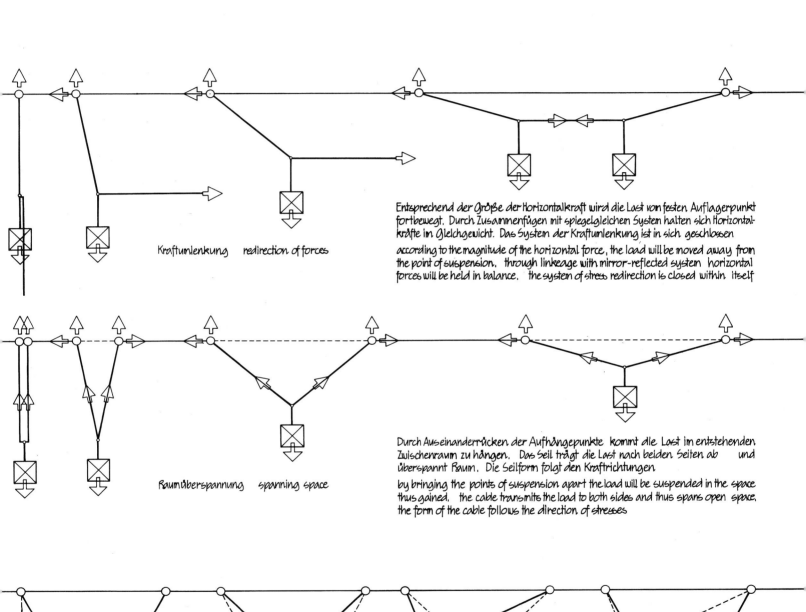

Kraftumlenkung   redirection of forces

Entsprechend der Größe der Horizontalkraft wird die Last von festen Auflagerpunkt fortbewegt. Durch Zusammenfügen mit spiegelgleichem System halten sich Horizontalkräfte im Gleichgewicht. Das System der Kraftumlenkung ist in sich geschlossen

according to the magnitude of the horizontal force, the load will be moved away from the point of suspension, through linkeage with mirror-reflected system horizontal forces will be held in balance, the system of stress redirection is closed within itself

Raumüberspannung   spanning space

Durch Auseinanderrücken der Aufhängepunkte kommt die Last im entstehenden Zwischenraum zu hängen. Das Seil trägt die Last nach beiden Seiten ab und überspannt Raum. Die Seilform folgt den Kraftrichtungen

by bringing the points of suspension apart the load will be suspended in the space thus gained, the cable transmits the load to both sides and thus spans open space, the form of the cable follows the direction of stresses

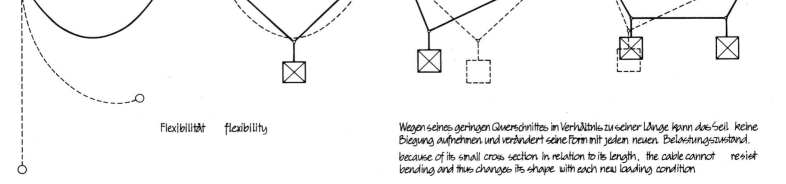

Flexibilität   flexibility

Wegen seines geringen Querschnittes im Verhältnis zu seiner Länge kann das Seil keine Biegung aufnehmen und verändert seine Form mit jedem neuen Belastungszustand.

because of its small cross section in relation to its length, the cable cannot resist bending and thus changes its shape with each new loading condition

Hebelmechanismus des Tragseiles / lever mechanism of suspension cable

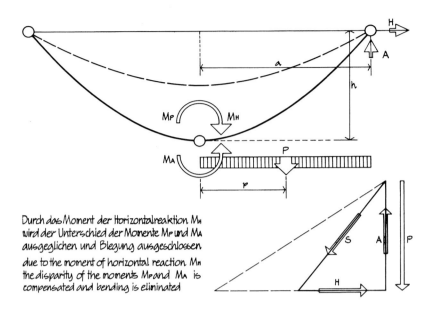

Durch das Moment der Horizontalreaktion M_H wird der Unterschied der Momente M_P und M_A ausgeglichen und Biegung ausgeschlossen

due to the moment of horizontal reaction M_H the disparity of the moments M_P and M_A is compensated and bending is eliminated

Einfluß der Pfeilhöhe auf Kraftverteilung / influence of sag on stress distribution.

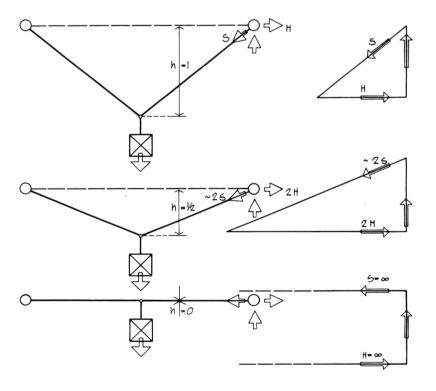

Seilkraft S und Horizontalschub H eines Tragseiles sind umgekehrt proportional zu seiner Pfeilhöhe h. Ist Pfeilhöhe gleich Null, so werden Seilkraft und Horizontalschub unendlich groß, d.h. das Tragseil kann die Last nicht aufnehmen.

cable stress S and horizontal thrust H of a suspension cable are inversely proportional to its sag h. if the sag is zero, cable stress and horizontal thrust will become infinite, i.e. the suspension cable cannot resist to the load

Geometrische Seillinien-Formen / geometric funicular forms

Kettenlinie
catenary

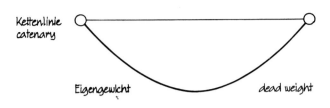

Eigengewicht   dead weight

Parabel
parabola

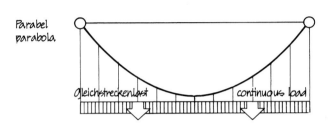

Gleichstreckenlast   continuous load

Ellipse
ellipse

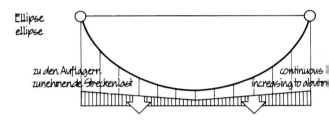

zu den Auflagern   continuous
zunehmende Streckenlast   increasing to abutm

Dreieck
triangle

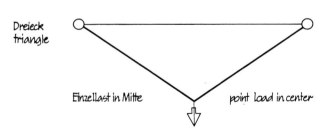

Einzellast in Mitte   point load in center

Trapezoid
trapezoid

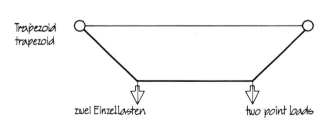

zwei Einzellasten   two point loads

Polygon
polygon

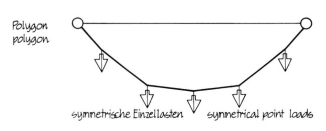

symmetrische Einzellasten   symmetrical point loads

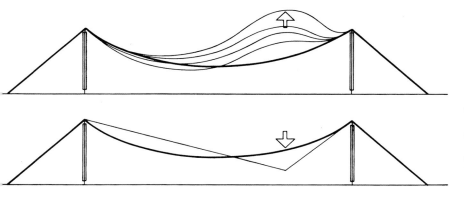

Kritische Verformungen des Tragseiles
critical deflections of the suspension cable

Wegen seines geringen Eigengewichtes im Verhältnis zur Spannweite und wegen seiner Flexibilität ist das Tragseil sehr anfällig für: Windsog, Schwingungen, antimetrische und bewegliche Lasten

due to its small dead weight in relation to its span and because of its flexibility, the suspension cable is very susceptible to: wind uplift, vibrations, asymmetrical and moving loads

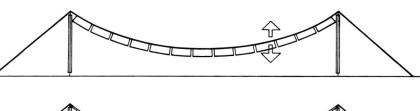

Stabilisierung des Tragseiles
stabilization of suspension cable

Erhöhung des Eigengewichtes   increase of dead weight

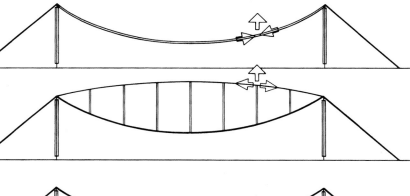

stiffening through construction as inverted arch (or shell)
Versteifung durch Ausbildung als umgekehrter Bogen (oder Schale)

spreading against cable with opposite curvature
Verspannung mit gegensinnig gekrümmten Seil

fastening with transverse cables anchored to ground
Verspannung mit bodenverankerten Querseilen

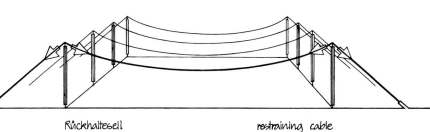

Rückhalte-Systeme für Parallel-Tragseile
Restraining systems for parallel suspension cables

Rückhalteseil   restraining cable

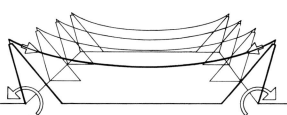

biegesteife Scheibe   buttress

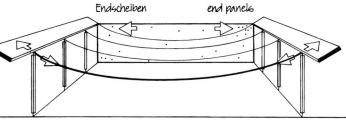

Endscheiben   end panels

Horizontalträger   horizontal beam

Rückhalte-Systeme zur Stabilisierung von Aufhängepunkten
Restraining systems for stabilization of suspension points

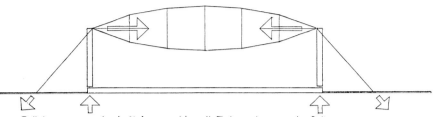

Seilabspannung der Aufhängepunkte mit Erdverankerung der Seile
Cable restraining of suspension points with soil anchorage of cables

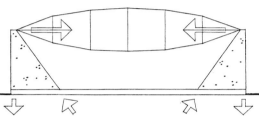

Kraftumlenkung in den Aufhängepunkten durch Pfeiler bzw. Streben
Redirection of forces in the suspension points through buttresses or bracings

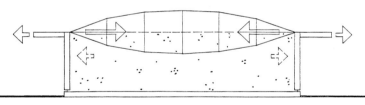

Kraftübertragung durch Horizontalträger auf Querwände bzw. Druckbalken
Force transfer by horizontal girders to transverse walls or compression beams

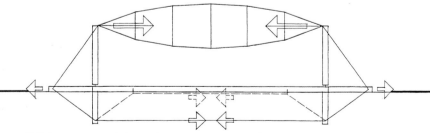

Seilabspannung mit Zuganker-Kräfteschluß unterhalb Bodenplatte
Cable restraining with balancing tie member connection beneath floor slab

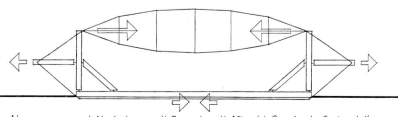

Abspannung und Abstrebung mit Zuganker-Kräfteschluß unter/in Bodenplatte
Restraining and bracing with tie member connection beneath/within floor slab

Konstruktionen für Aufhängepunkte
Structures for suspension points

formaktiv / form-active

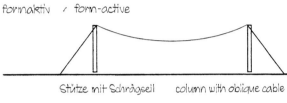

Stütze mit Schrägseil   column with oblique cable

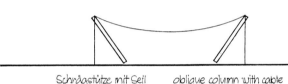

Schrägstütze mit Seil   oblique column with cable

vektoraktiv / vector-active

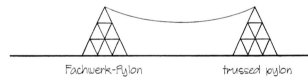

Fachwerk-Pylon   trussed pylon

schnittaktiv / section-active

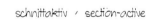

Eingespannte Stütze   fixed-end column

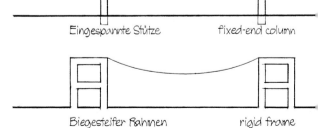

Biegesteifer Rahmen   rigid frame

flächenaktiv / surface-active

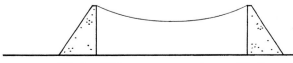

Scheiben-Pfeiler   shear wall buttress

Einfache Parallelsysteme mit Stabilisierung durch Dachlast

simple parallel systems with stabilization through roof weight

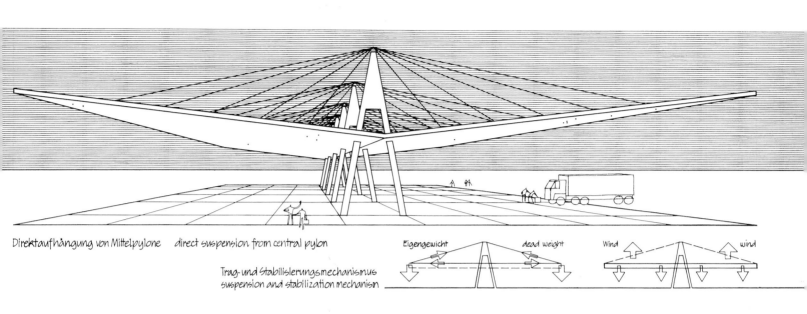

Direktaufhängung von Mittelpylone   direct suspension from central pylon

Trag- und Stabilisierungsmechanismus
suspension and stabilization mechanism

Eigengewicht   dead weight   Wind   wind

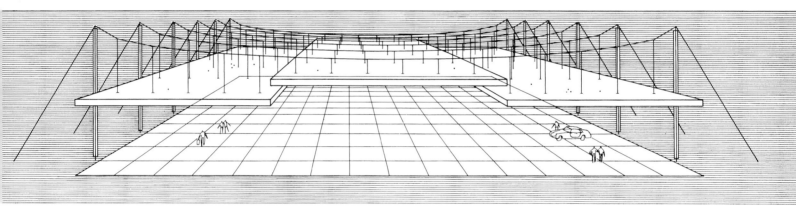

Dach von Tragseil abgehängt   roof suspended from cable

Trag- und Stabilisierungsmechanismus
suspension and stabilization mechanism

Eigengewicht   dead weight   Windsog   wind uplift

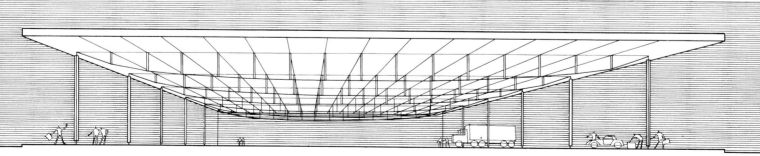

Dach auf Tragseil gestützt   roof stilted upon suspension cable

Trag- und Stabilisierungsmechanismus
suspension and stabilization mechanism

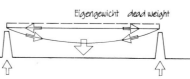
Eigengewicht   dead weight

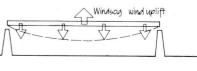
Windsog   wind uplift

Trag- und Stabilisierungsmechanismus der vorgespannten Systeme   bearing and stabilizing mechanism of prestressed systems

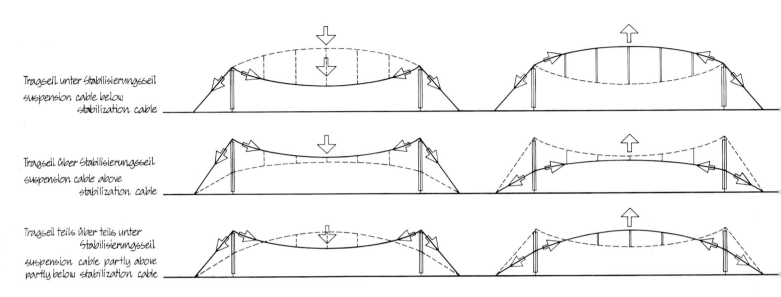

Tragseil unter Stabilisierungsseil
suspension cable below
    stabilization cable

Tragseil über Stabilisierungsseil
suspension cable above
    stabilization cable

Tragseil teils über teils unter
    Stabilisierungsseil
suspension cable partly above
partly below stabilization cable

Tragmechanismus / bearing mechanism   Stabilisierungsmechanismus / stabilizing mechanism

Systeme mit gleichgerichteten Trag- und Stabilisierungseilen
systems with suspension and stabilization in one direction

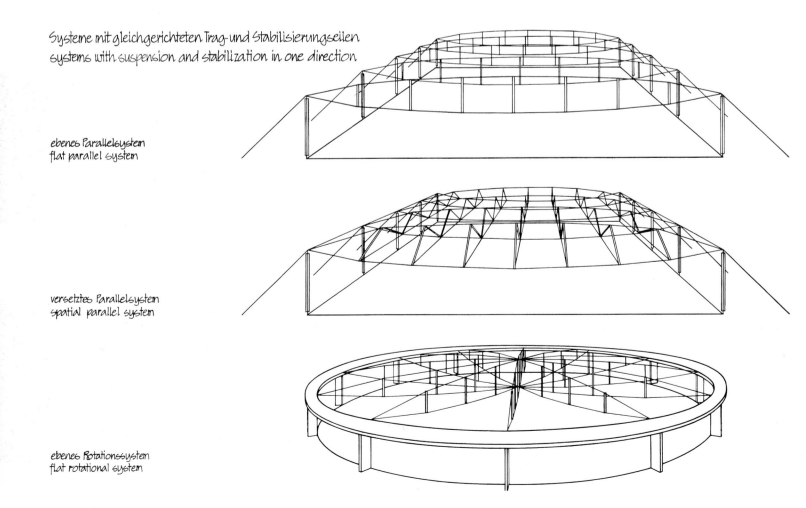

ebenes Parallelsystem
flat parallel system

versetztes Parallelsystem
spatial parallel system

ebenes Rotationssystem
flat rotational system

Ebene Parallelsysteme mit Stabilisierung durch Gegenseile

Tragseil und Stabilisierungsseil in einer Ebene

flat parallel systems with stabilization through counter cables

suspension cable and stabilization cable in one plane

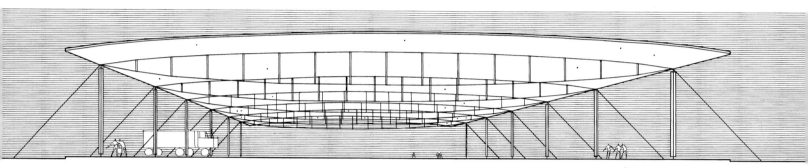

Stabilisierungsseil über Tragseil

stabilization cable above suspension cable

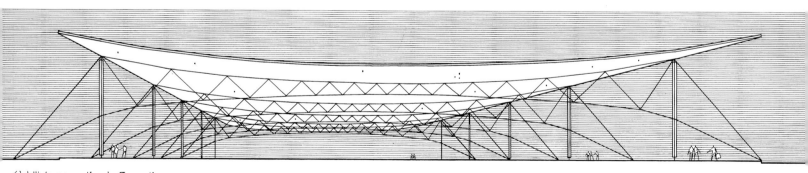

Stabilisierungsseil unter Tragseil

stabilization cable under suspension cable

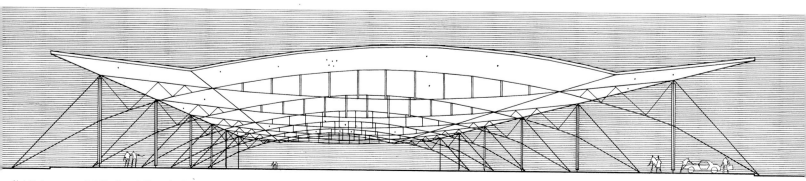

Stabilisierungsseil teils über teils unter Tragseil

stabilization cable partly above partly below suspension cable

Versetzte Parallelsysteme mit Stabilisierung durch Gegenseil

Tragseil und Stabilisierungsseil in verschiedenen Ebenen

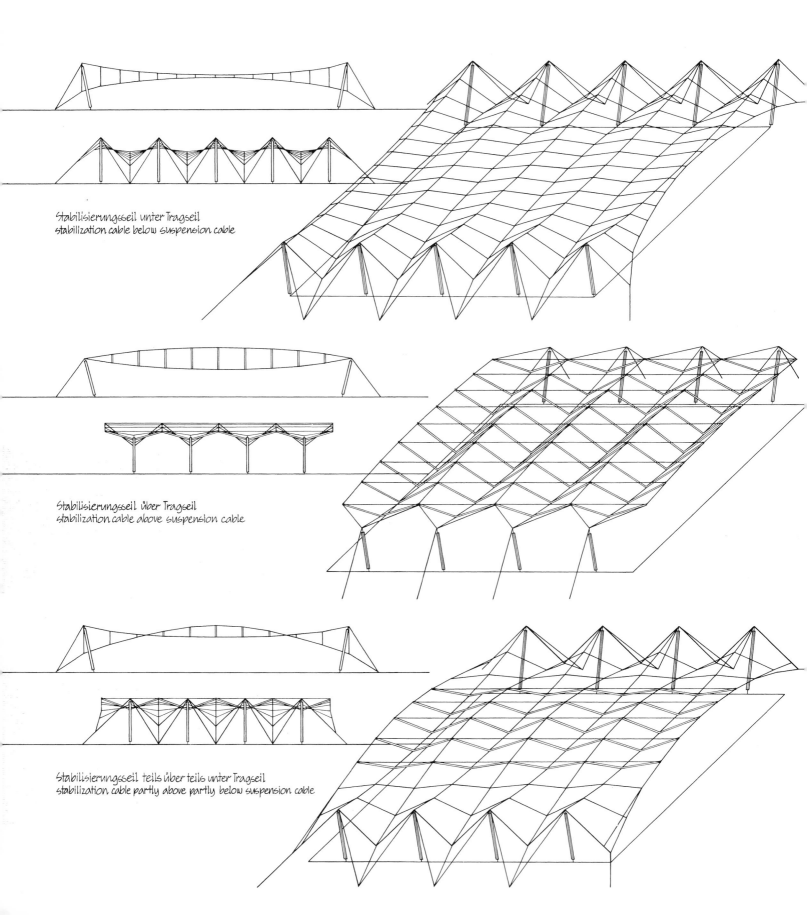

Stabilisierungsseil unter Tragseil
stabilization cable below suspension cable

Stabilisierungsseil über Tragseil
stabilization cable above suspension cable

Stabilisierungsseil teils über teils unter Tragseil
stabilization cable partly above partly below suspension cable

spatial parallel systems with stabilization through counter cables

suspension cable and stabilization cable in different planes

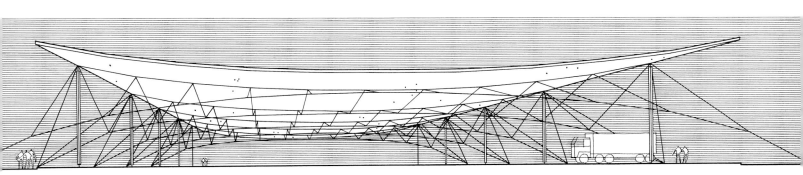

Stabilisierungsseil unter Tragseil

stabilization cable below suspension cable

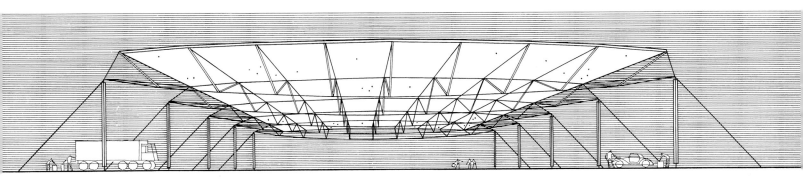

Stabilisierungsseil über Tragseil

stabilization cable above suspension cable

Ebene Rotationssysteme mit Stabilisierung durch Gegenseile

flat rotational systems with stabilization through counter cables

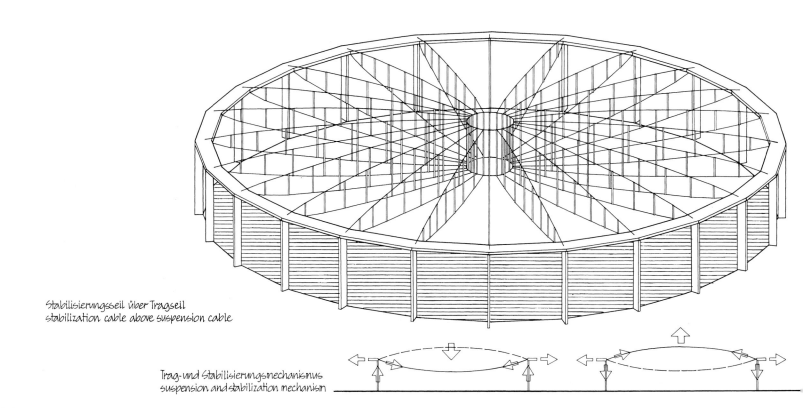

Stabilisierungsseil über Tragseil
stabilization cable above suspension cable

Trag- und Stabilisierungsmechanismus
suspension and stabilization mechanism

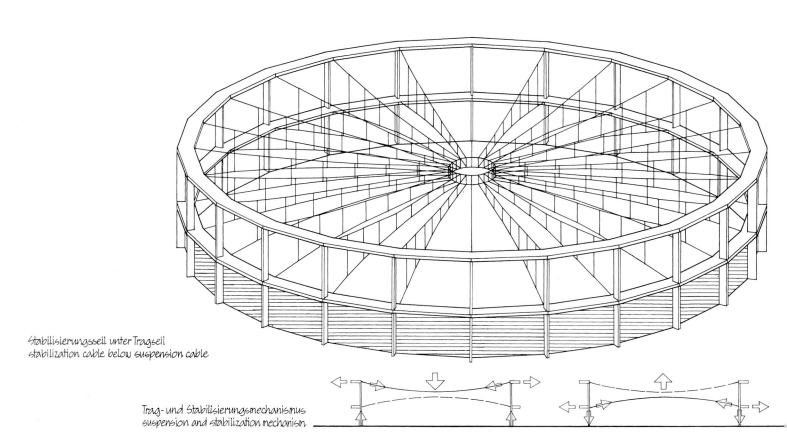

Stabilisierungsseil unter Tragseil
stabilization cable below suspension cable

Trag- und Stabilisierungsmechanismus
suspension and stabilization mechanism

Rotationssysteme mit wechselnden Verspannungstechniken / rotational systems with alternating techniques of stabilization

Kombination von Spreizstab- und Zugband-Stabilisierung

Combination of spreader-bar and tie-bar fastenings

Zentrale Spreiz-Stabilisierung mit Zugband-Verspannung
Central spreader stabilization with tie-bar fastenings

Durch Kombination von Zugband- und Spreiz-
Verspannung der beiden Funktionsseile wird
die eindeutige Zuordnung als Tragseil bzw. als
Stabilisierungsseil aufgelöst. Beide Funktionsseile werden an jedem Belastungsfall beteiligt

By combination of tie-bar and spreader-
bar fastenings the clear-cut distinction in either
suspension cable or stabilization cable will be
dissolved. Both functional cables will be active
in resisting the various loading conditions

Dreifache Spreiz-Stabilisierung mit Zugband-Verspannung
Triple spreader stabilization with tie-bar fastenings

Verspannungssysteme zur Stabilisierung der Funktionsseile
Zugband- und Spreizstab-Kombinationen

Fastening systems for stabilization of functional cables
Combinations of tie-bar and spreader-bar

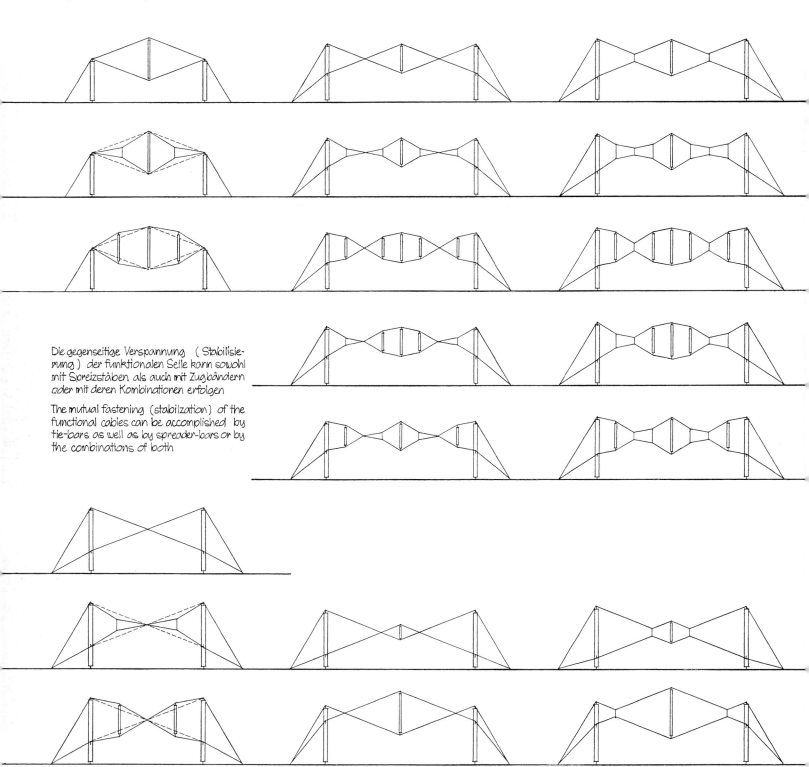

Die gegenseitige Verspannung (Stabilisierung) der funktionalen Seile kann sowohl
mit Spreizstäben als auch mit Zugbändern
oder mit deren Kombinationen erfolgen

The mutual fastening (stabilzation) of the
functional cables can be accomplished by
tie-bars as well as by spreader-bars or by
the combinations of both

Durch gemeinsame Verwendung von Zugbändern und Spreizstäben für die Verspannung wird die eindeutige Zuordnung zu Tragseil oder Stabilisierungsseil
aufgelöst. Beide Funktionsseile werden mit jedem Belastungsfall beansprucht

By jointly applying tie-bars and spreader-bars for stabilisation of functional cables the separate distinction of suspension cable and stabilization cable
is dissolved. Both functional cables are stressed with each loading condition

Parallelsysteme mit wechselnden Verspannungstechniken

Kombination von Spreizstab- und Zugband-Stabilisierung

Parallel systems with alternating techniques of stabilization

Combination of spreader-bar and tie-bar fastenings

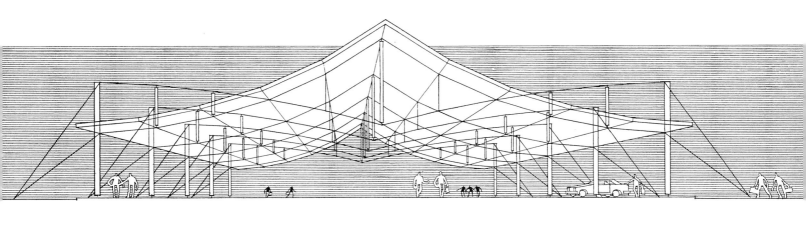

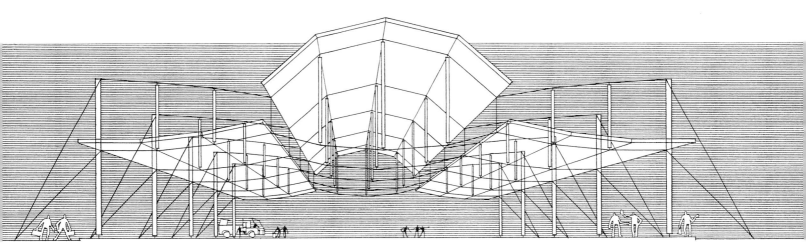

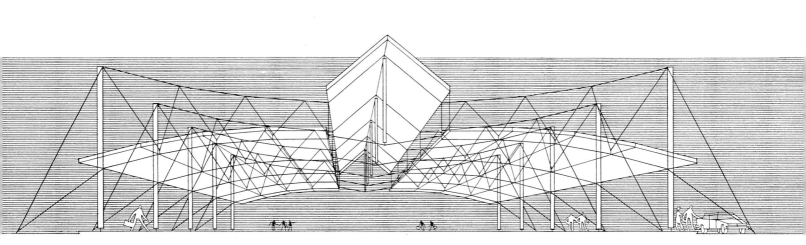

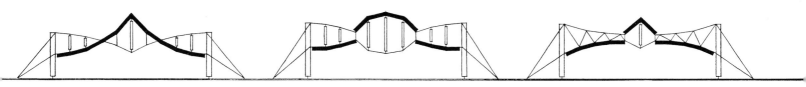

Enwicklung des Seilfachwerkes aus Rhombus-Fachwerk   Derivation of cable truss from rhombic truss

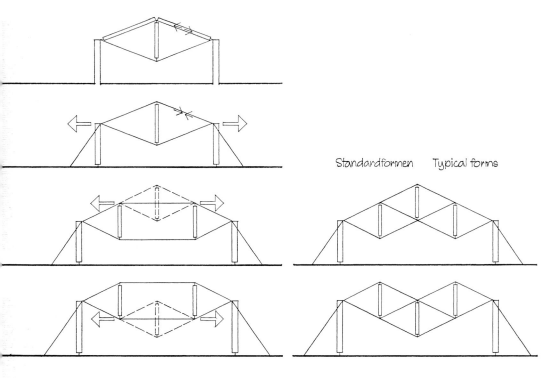

Standardformen   Typical forms

Durch Anbringung entgegengesetzter Horizontal-kräfte (z.B. durch Abspannungen) werden die Obergurte nicht mehr auf Druck, sondern auf Zug beansprucht. Sie können deshalb als Seile ausgebildet werden = SEILFACHWERKE

Die Tragmechanik beruht auf der Verknüpfung von einzelnen Lastaufhängungen, wodurch die Lasten stufenartig an die Auflager weitergegeben werden. Die Obergurte nehmen an diesem Vorgang nicht teil. Sie dienen nur der Verspannung und Stabilisierung

By applying two opposite horizontal forces (e.g. with restraining cables) the upper chords no longer are subjected to compressive but to tensile stresses. Hence they can be designed as cables = CABLE TRUSSES

The structure system rests upon the interlinkage of individual load suspensions that, step by step, transmits the loads to the end supports. The top chords do not participate in this action, but serve only to stress and stabilize the structure

Vergleich der Spannungsbilder   Comparison of stress distribution
von Rhombus-Fachwerk und Seil-Fachwerk   in rhombic truss and cable truss

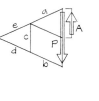

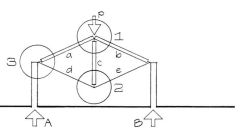

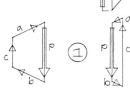

① ② ③

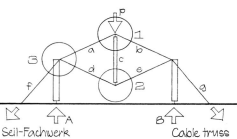

Rhombus-Fachwerk   Rhombic truss

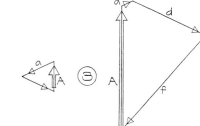

Seil-Fachwerk   Cable truss

Bei gleicher Neigung von Obergurten a/b und Untergurten c/d wird die Auflast P gleichmäßig von den Gurten aufgenommen. Aber auch bei unterschiedlichen Neigungen der Gurte bleiben die Spannungen in den Gliedern relativ gering

With equal pitch of top chords a/b and bottom chords c/d the load P will be evenly received by the chords. But even with differing pitches of chords the stresses in the truss members remain relatively minor

Selbst bei geringer Zugspannung der Obergurte a/b (= Stabilisierungsseile) werden beim Seil-Fachwerk unter gleicher Auflast P wesentlich höhere Spannungen in den Gliedern erzeugt als beim Rhombus-Fachwerk

Even with only lightly tensioning the top chords a/b (= stabilization cables) under equal top loading P the members in the cable truss will be subjected to essentially higher stresses than the the members in the rhombic truss

Ebene Seilfachwerk-Systeme in paralleler Anordnung   Flat cable truss systems in parallel spanning

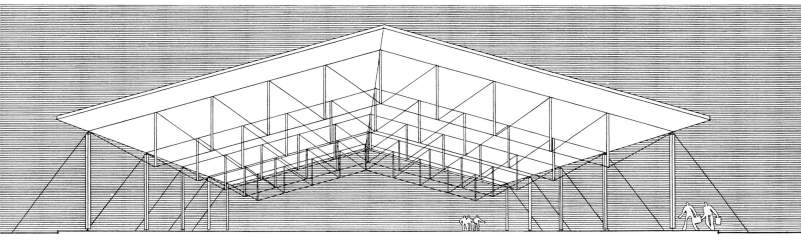

Ungebrochene einfache Satteldach-Form   Double-pitched roof in simple straight-line form

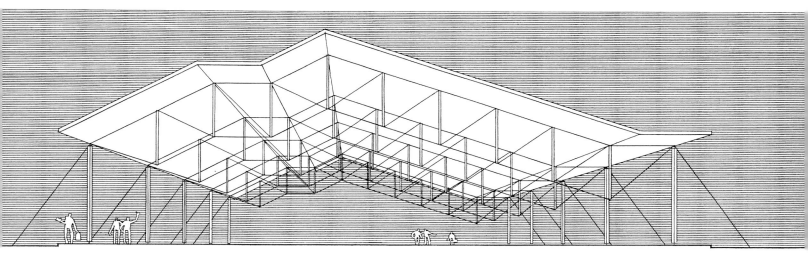

Asymmetrisch unterbrochene Satteldach-Form   Double-pitched roof form with asymmetrical line break

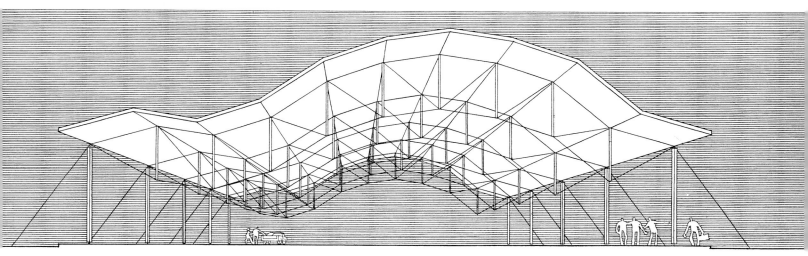

Polygonale, weitgehend freie Dachform   Polygonal, largely free-form design

Radiale Seilfachwerk-Systeme mit zentraler Überhöhung

radial cable truss systems rising toward center

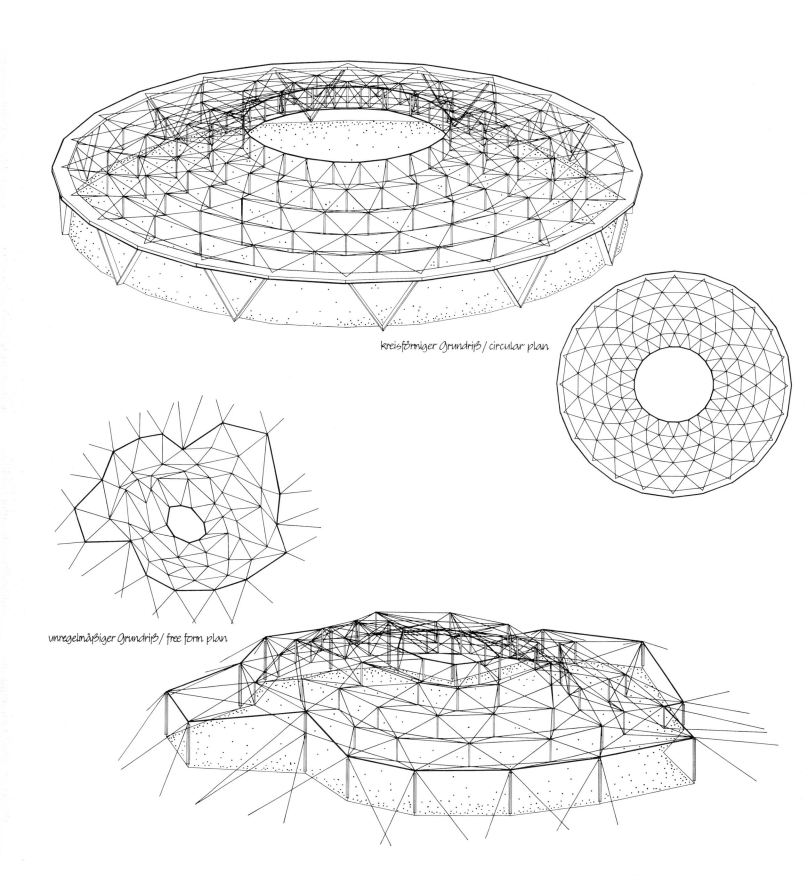

kreisförmiger Grundriß / circular plan

unregelmäßiger Grundriß / free form plan

Vorgespannte Systeme mit querlaufenden Stabilisierungsseilen

Entwicklung vom einfachen Tragseil zum gegensinnig gekrümmten Seilnetz

prestressed systems with transverse stabilization cables

development from simple suspension cable to the cable net with opposite curvature

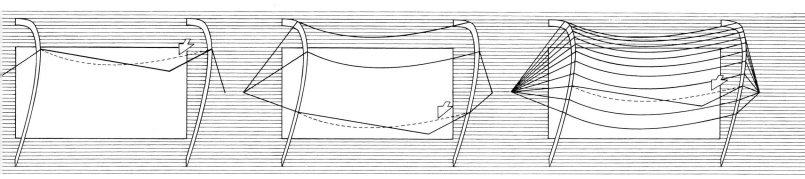

Einzellast verursacht größere Deformation, die sich nur auf betroffenes Seil erstreckt

single load causes major deflection that remains localized to the cable under load

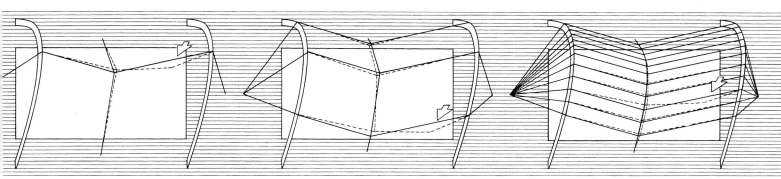

Querlaufendes Stabilisierungsseil spannt Tragseil und verhindert größere Deformation

transverse stabilization cable stresses suspension cable and resists deflection

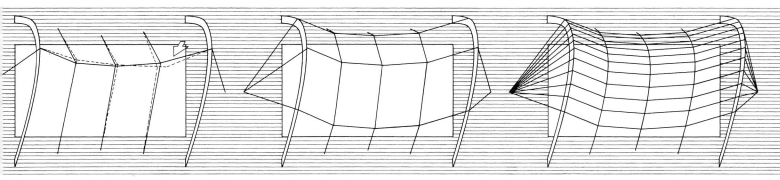

Vermehrung der Stabilisierungsseile verstärkt Widerstandskraft gegen Einzellasten

increase of stabilization cables strengthens resistance against point loads

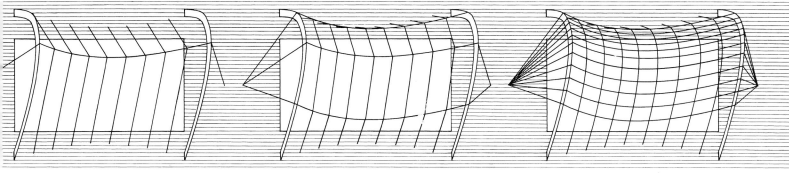

Sämtliche Seile sind am Widerstandsmechanismus gegen Verformung beteiligt

all the cables are participating in the mechanism of resisting single load deflection

Systeme der Randausbildung für gegensinnig gekrümmte Seilnetze

Ableitung von quadratischer Grundrißform

systems of edge design for cable nets with opposite curvatures

derivation from square floor plan

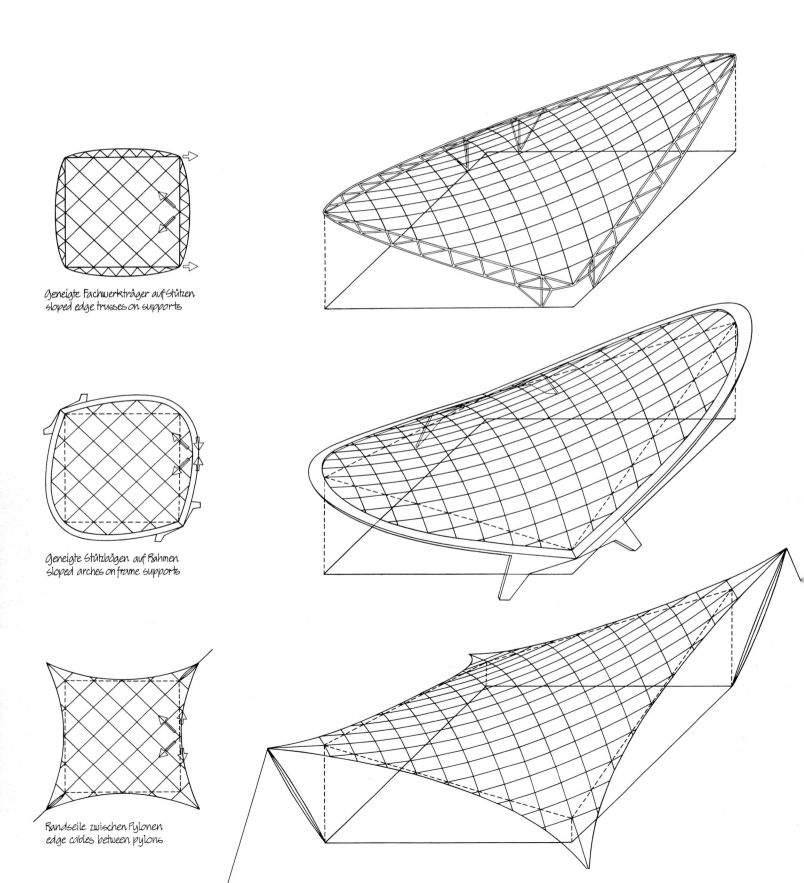

Geneigte Fachwerkträger auf Stützen
sloped edge trusses on supports

Geneigte Stützbögen auf Rahmen
sloped arches on frame supports

Randseile zwischen Pylonen
edge cables between pylons

Vorgespannte Systeme mit querlaufender Stabilisierung

prestressed systems with transverse stabilization

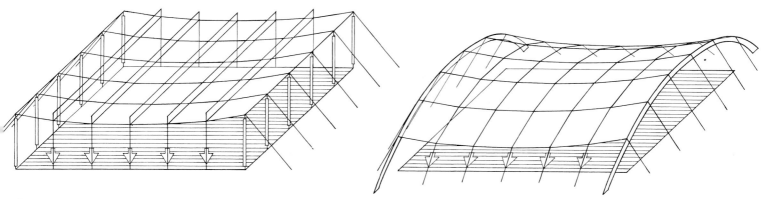

Stabilisierung durch bodenverankerte Biegeträger
stabilization through transverse beams tied to ground

Stabilisierung durch bodenverankerte Seile mit gegensinniger Krümmung
stabilization through transverse cables with opposite curvature

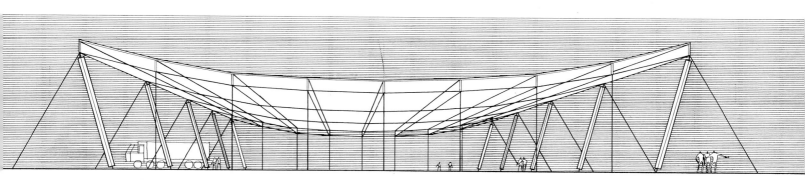

System mit querlaufenden Stabilisierungsbalken

system with transverse stabilization beams

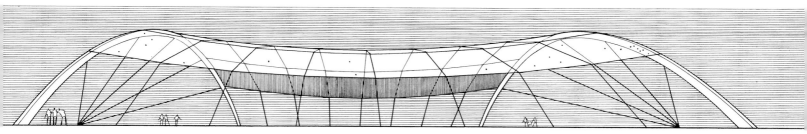

System mit querlaufenden Stabilisierungsseilen

system with transverse stabilization cables

Stützbogen-Systeme für gegensinnig gekrümmte Seilnetze

arch systems for cable nets with opposite curvatures

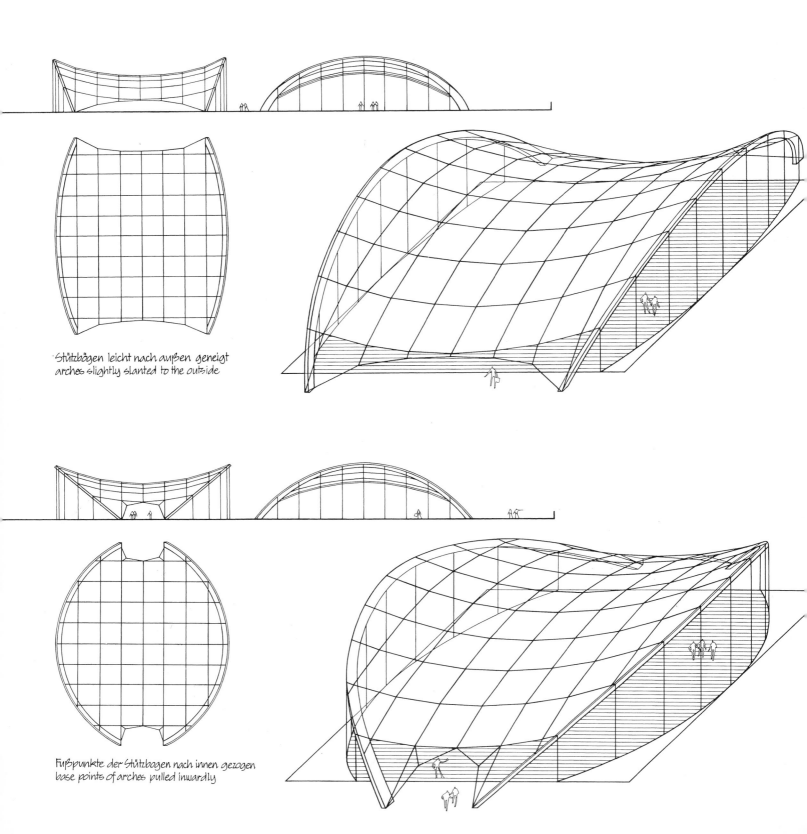

Stützbögen leicht nach außen geneigt
arches slightly slanted to the outside

Fußpunkte der Stützbogen nach innen gezogen
base points of arches pulled inwardly

Stützbogen-Systeme für gegensinnig gekrümmte Seilnetze

Übergang vom Stützbogen zum Ringträger

arch systems for cable nets with opposite curvature

transition from arch to base ring

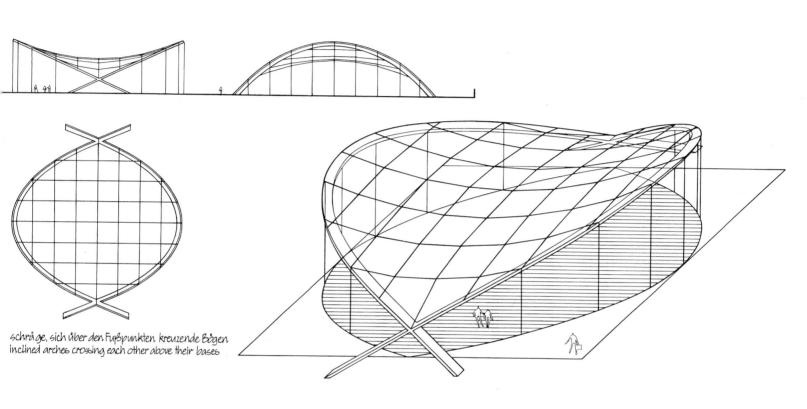

schräge, sich über den Fußpunkten kreuzende Bögen
inclined arches crossing each other above their bases

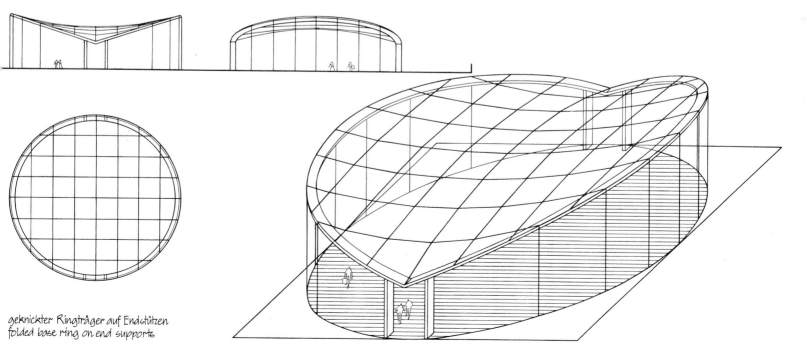

geknickter Ringträger auf Endstützen
folded base ring on end supports

Komposition von gegensinnig gekrümmten Seilnetzen mit geraden Rändern / combination of reversely curved cable nets with straight edges

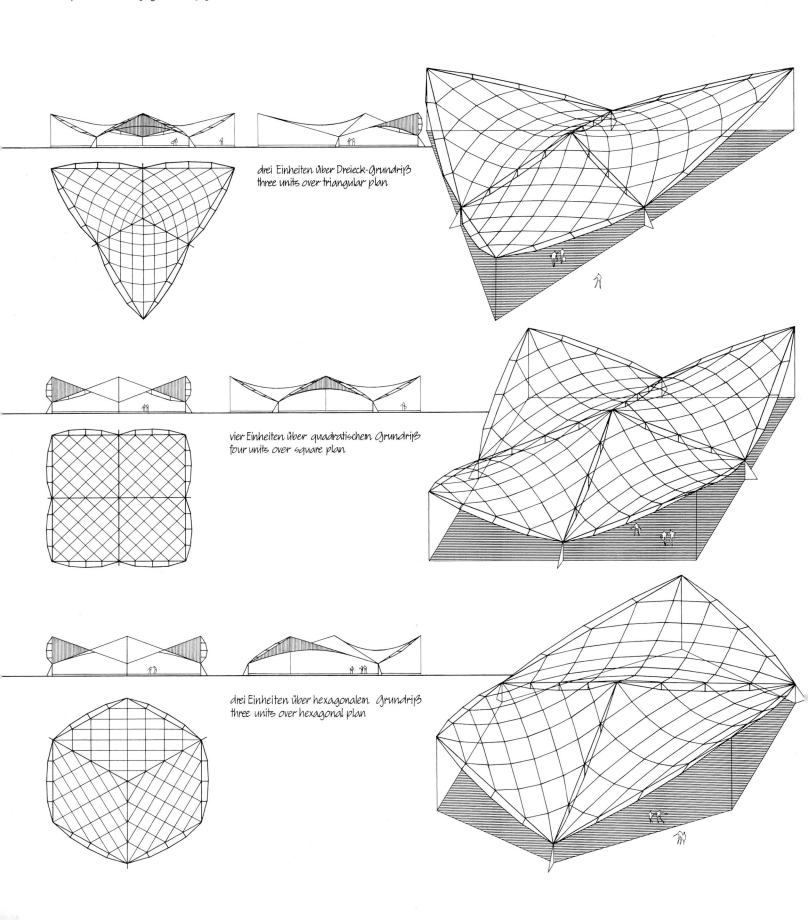

drei Einheiten über Dreieck-Grundriß
three units over triangular plan

vier Einheiten über quadratischem Grundriß
four units over square plan

drei Einheiten über hexagonalem Grundriß
three units over hexagonal plan

Komposition von gegensinnig gekrümmten Seilnetzen mit Randbögen / combination of reversely curved cable nets with boundary arches

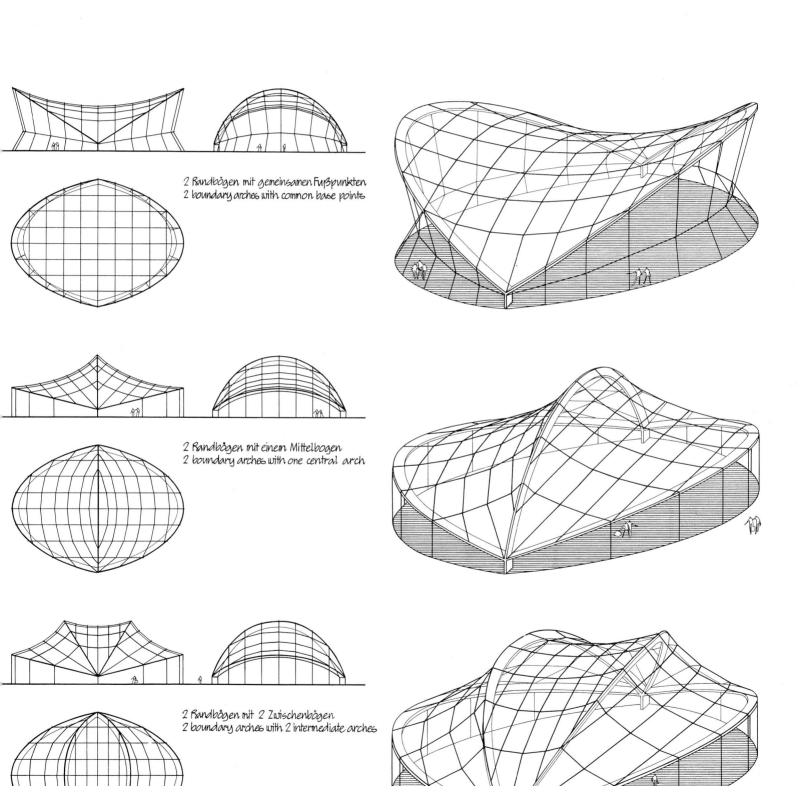

2 Randbögen mit gemeinsamen Fußpunkten
2 boundary arches with common base points

2 Randbögen mit einem Mittelbogen
2 boundary arches with one central arch

2 Randbögen mit 2 Zwischenbögen
2 boundary arches with 2 intermediate arches

Zeltsysteme mit äußerer Unterstützung durch Druckstäbe

Systeme mit einfachen Sattelflächen

tent systems with exterior support through compression members

systems with simple saddle surfaces

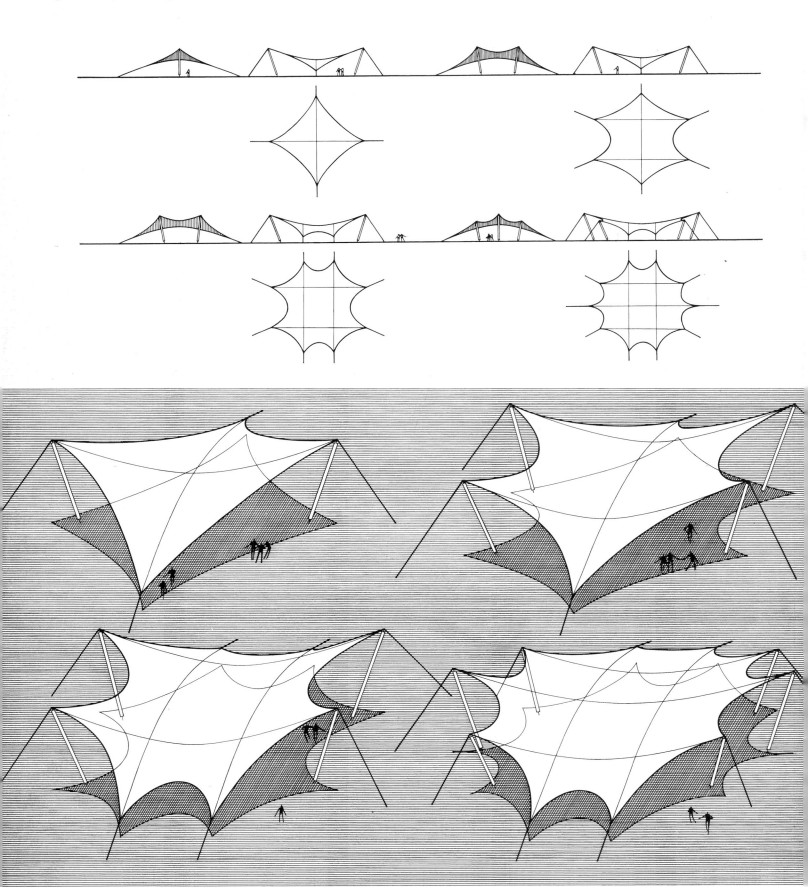

Zeltsysteme mit abwechselnden Unterstützungs- und Abspannpunkten

Systeme mit Wellenflächen

tent systems with supports and anchor points alternating

systems with undulating surfaces

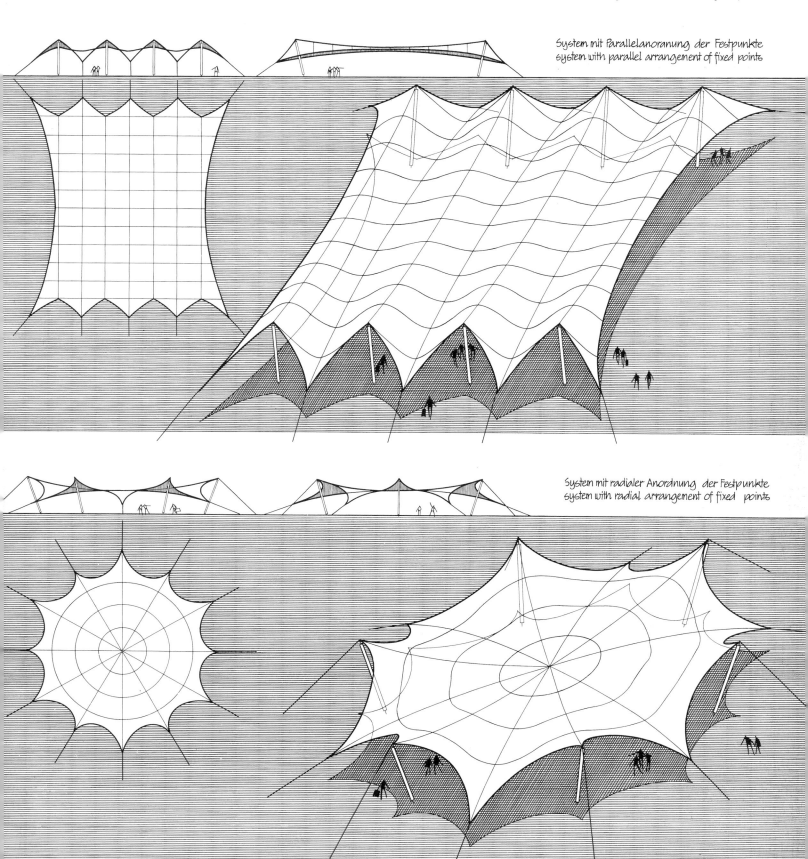

System mit Parallelanoranung der Festpunkte
system with parallel arrangement of fixed points

System mit radialer Anordnung der Festpunkte
system with radial arrangement of fixed points

Zeltsysteme mit innerer Unterstützung durch Druckstäbe

tent systems with interior support through compression members

Systeme mit Buckelflächen

systems with hunched surfaces

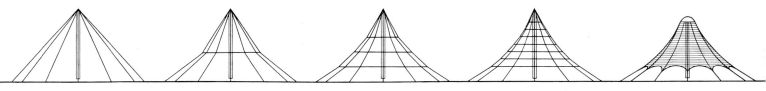

Ableitung der Buckelfläche vom kegelförmigen Seilnetz

derivation of hunched surface from cone-shaped cable net

Durch Einschnürung mit horizontalen Ringseilen wird Widerstandsfähigkeit gegen asymmetrische Lasten erhöht. Verdichtung der Ringseile und Meridianseile führt zur Zeltmembrane. Wegen Konzentration der Kräfte im Hochpunkt muß Fläche des Hochpunktlagers verbreitert werden. Es entsteht die Buckelfläche

through indentation with horizontal ring cables resistance against asymmetrical loads is increased. condensation of circular and meridional cables leads to the tent membrane. because of concentration of forces in the high point the top must be flattened for enlargement of surface. the form becomes hunched

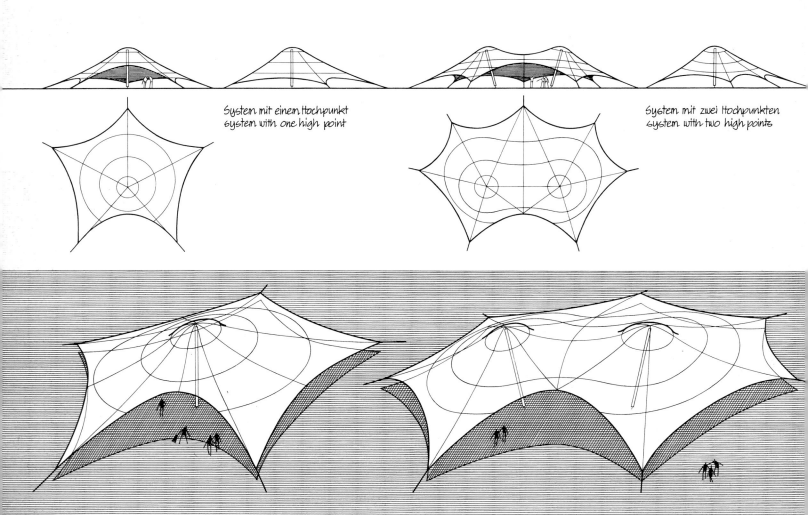

System mit einem Hochpunkt
system with one high point

System mit zwei Hochpunkten
system with two high points

Zeltsysteme mit innerer Unterstützung durch Druckstäbe   tent systems with interior support through compression members

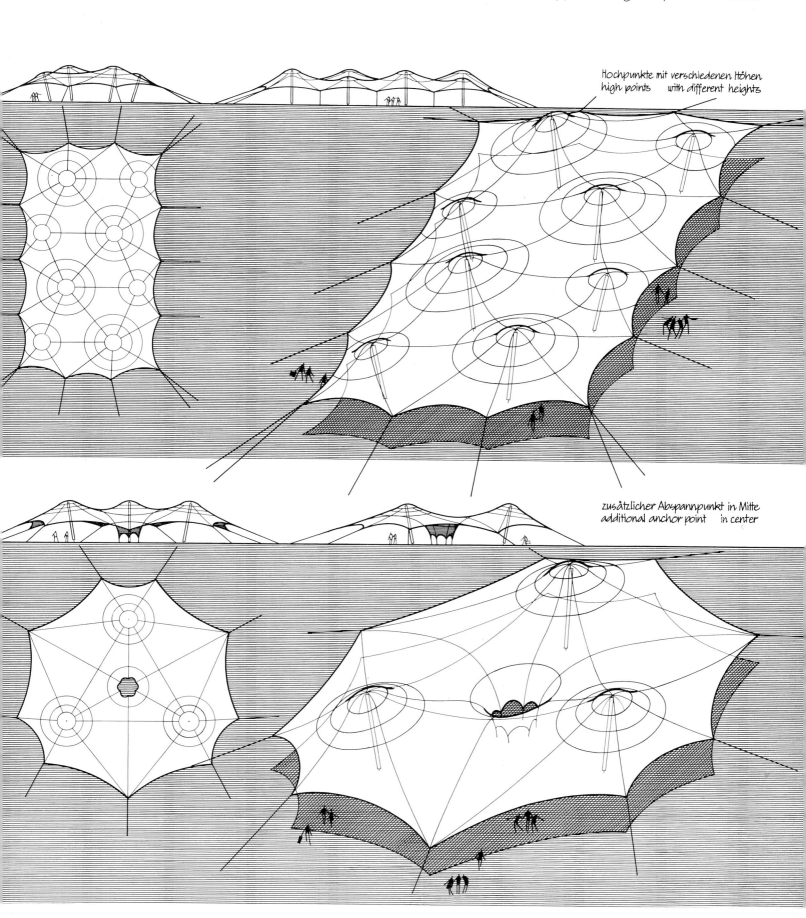

Hochpunkte mit verschiedenen Höhen
high points   with different heights

zusätzlicher Abspannpunkt in Mitte
additional anchor point   in center

Zeltsysteme mit innerem Stützbogen als Hochpunkt-Konstruktion   tent systems with interior arch for high point construction

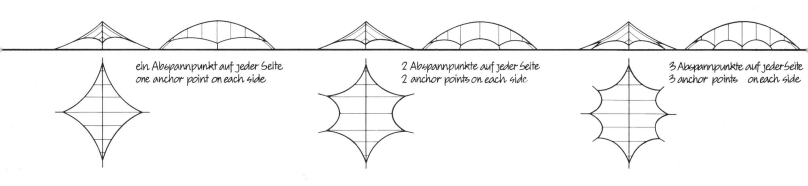

ein Abspannpunkt auf jeder Seite
one anchor point on each side

2 Abspannpunkte auf jeder Seite
2 anchor points on each side

3 Abspannpunkte auf jeder Seite
3 anchor points on each side

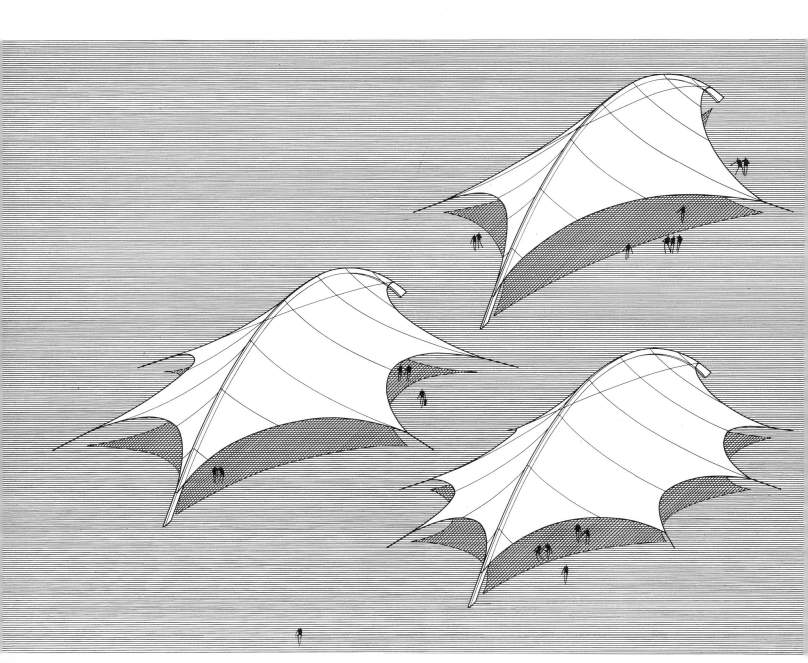

Zeltsysteme mit zwei inneren Stützbogen als Hochpunktkonstruktion / tent systems with two central arches for high point construction

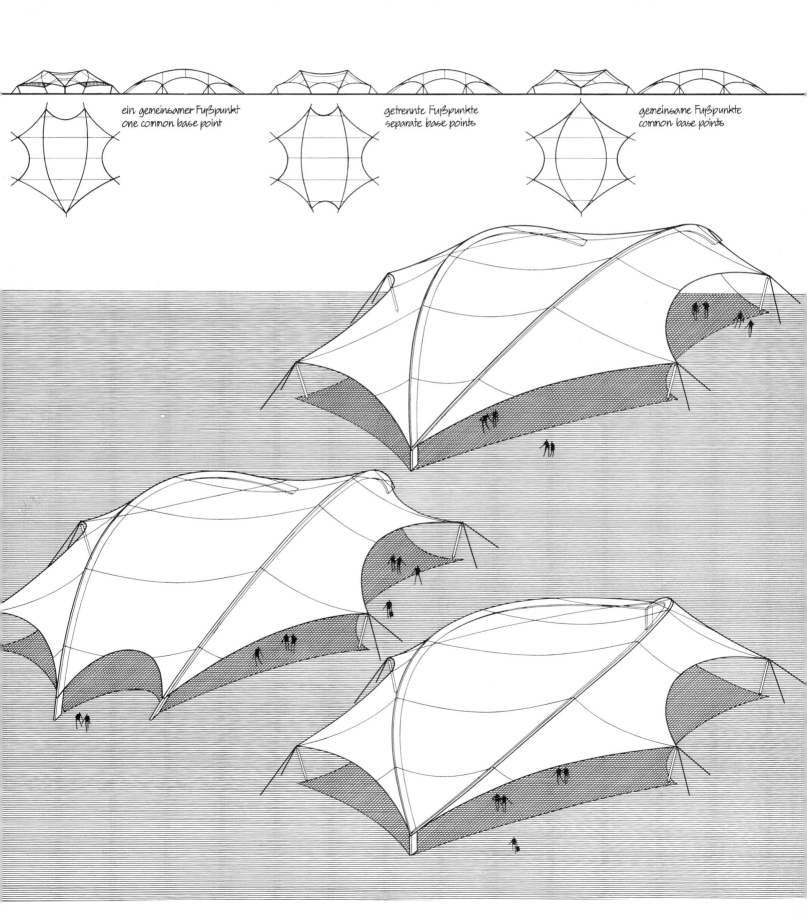

ein gemeinsamer Fußpunkt
one common base point

getrennte Fußpunkte
separate base points

gemeinsame Fußpunkte
common base points

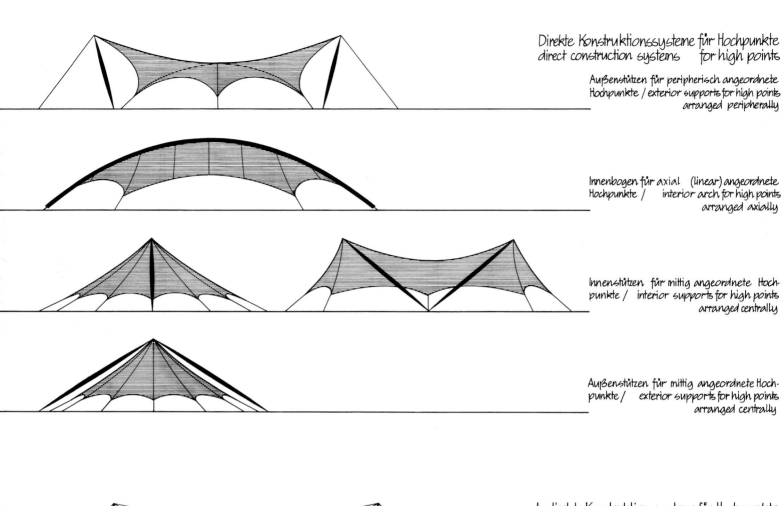

Direkte Konstruktionssysteme für Hochpunkte
direct construction systems for high points

Außenstützen für peripherisch angeordnete
Hochpunkte / exterior supports for high points
arranged peripherally

Innenbogen für axial (linear) angeordnete
Hochpunkte / interior arch for high points
arranged axially

Innenstützen für mittig angeordnete Hochpunkte / interior supports for high points
arranged centrally

Außenstützen für mittig angeordnete Hochpunkte / exterior supports for high points
arranged centrally

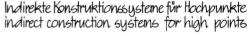

Indirekte Konstruktionssysteme für Hochpunkte
indirect construction systems for high points

Außenstützen mit Abspannseilen für mittig
angeordnete Hochpunkte / exterior supports
with hanger cables for high points arranged
centrally

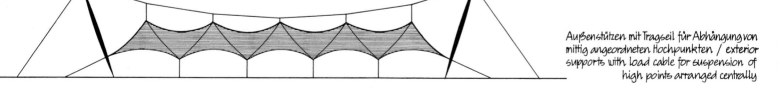

Außenstützen mit Tragseil für Abhängung von
mittig angeordneten Hochpunkten / exterior
supports with load cable for suspension of
high points arranged centrally

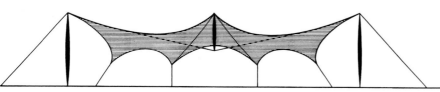

Innenstützen mit Tragseil für Unterstützung von
mittig angeordneten Hochpunkten / interior
supports with load cable for support of high
points arranged centrally

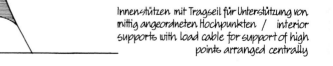

Außenstützen für peripherische Hochpunkte
mit Abspannseil für zusätzlichen mittig angeordneten Hochpunkt / exterior supports for
peripheral high points with hanger cable for
additional high point arranged centrally

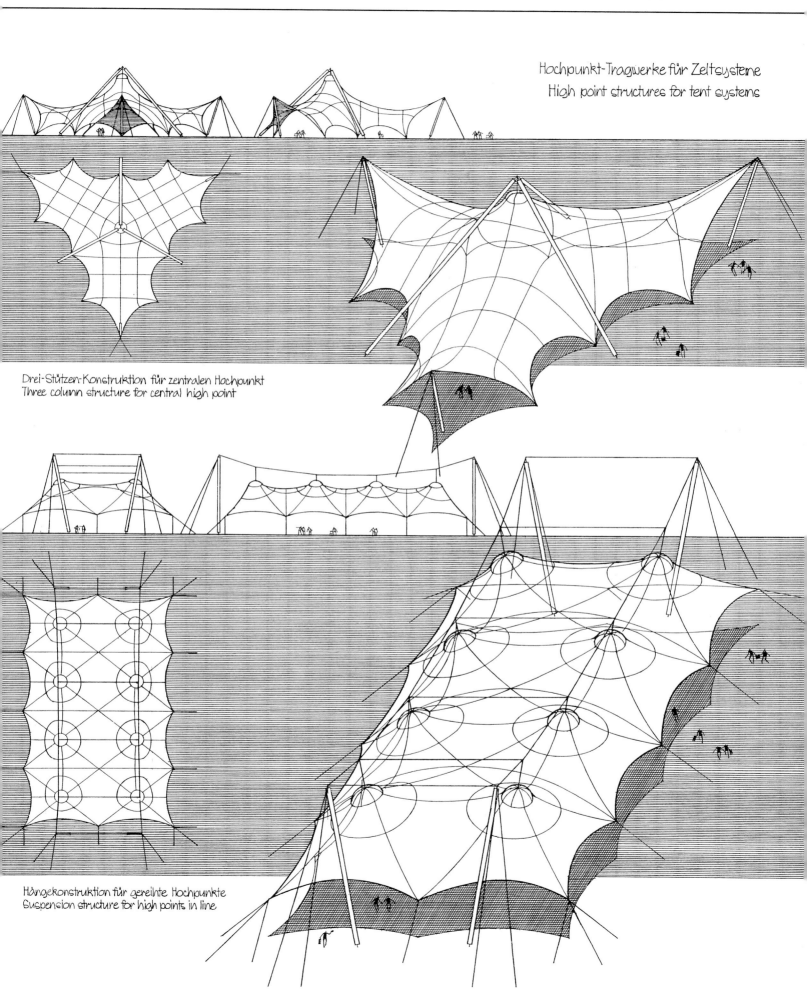

Hochpunkt-Tragwerke für Zeltsysteme
High point structures for tent systems

Drei-Stützen-Konstruktion für zentralen Hochpunkt
Three column structure for central high point

Hängekonstruktion für gereihte Hochpunkte
Suspension structure for high points in line

Hochpunkt-Konstruktionen für Zeltsysteme

High point structures for tent systems

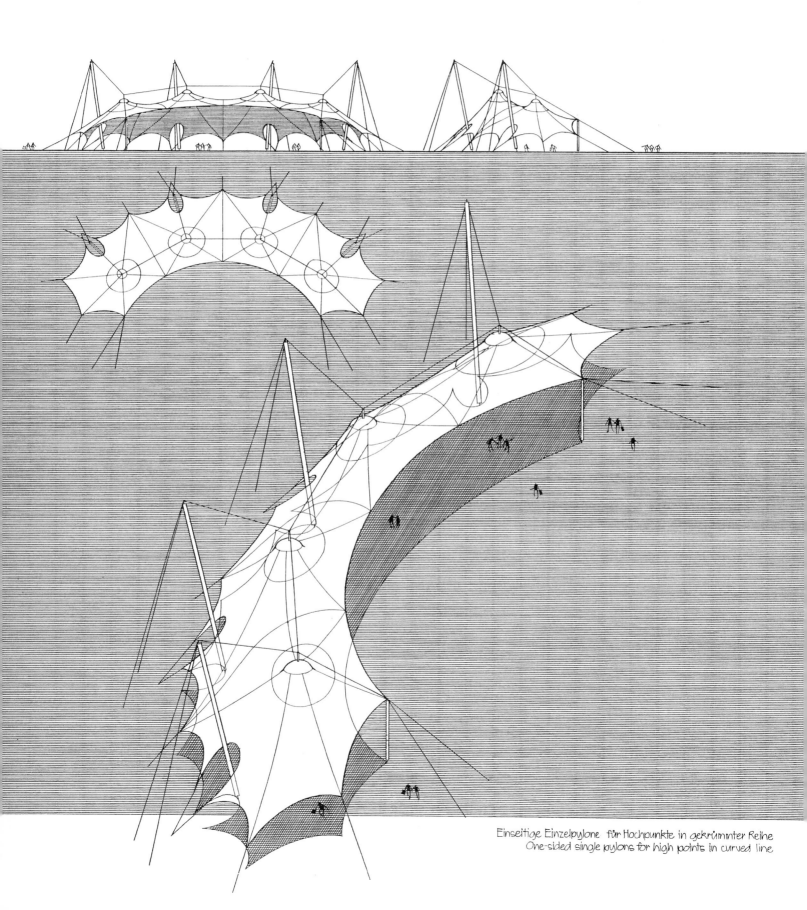

Einseitige Einzelpylone für Hochpunkte in gekrümmter Reihe
One-sided single pylons for high points in curved line

Zeltsysteme zur Überdachung von gradlinigen Massivbauten
Unterspannte Hochpunkt-Konstruktionen

Tent systems for spanning rectilinear solid substructures
Cable supported high-point constructions

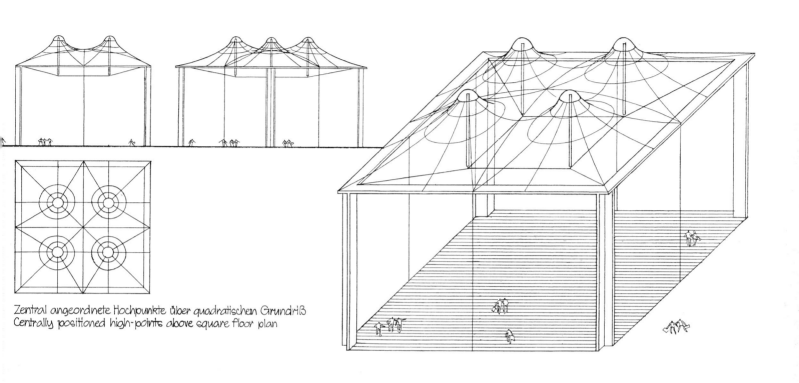

Zentral angeordnete Hochpunkte über quadratischem Grundriß
Centrally positioned high-points above square floor plan

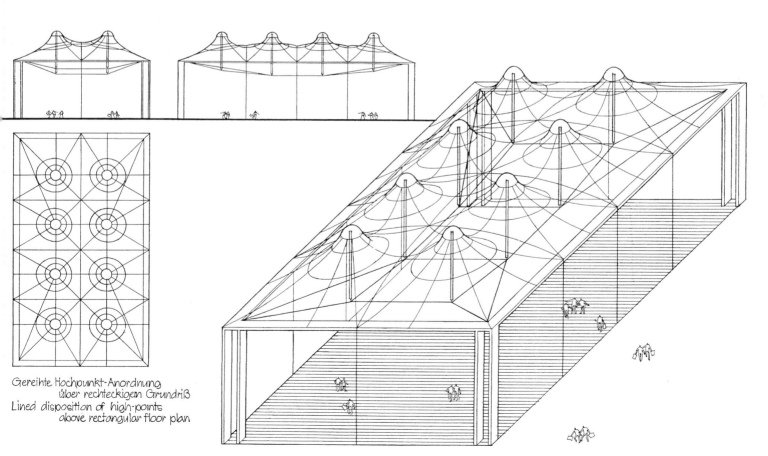

Gereihte Hochpunkt-Anordnung
über rechteckigem Grundriß
Lined disposition of high-points
above rectangular floor plan

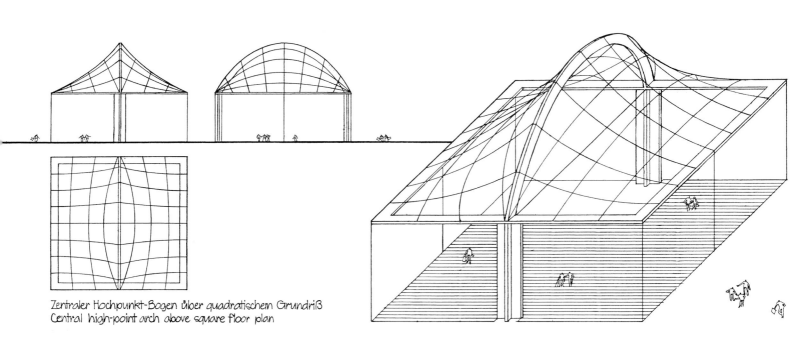

Zentraler Hochpunkt-Bogen über quadratischem Grundriß
Central high-point arch above square floor plan

Zeltsysteme zur Überdachung von geradlinigen Massivbauten
Innenbögen als Hochpunkt-Konstruktionen

Tent systems for spanning rectilinear solid substructures
Interior arches as high-point constructions

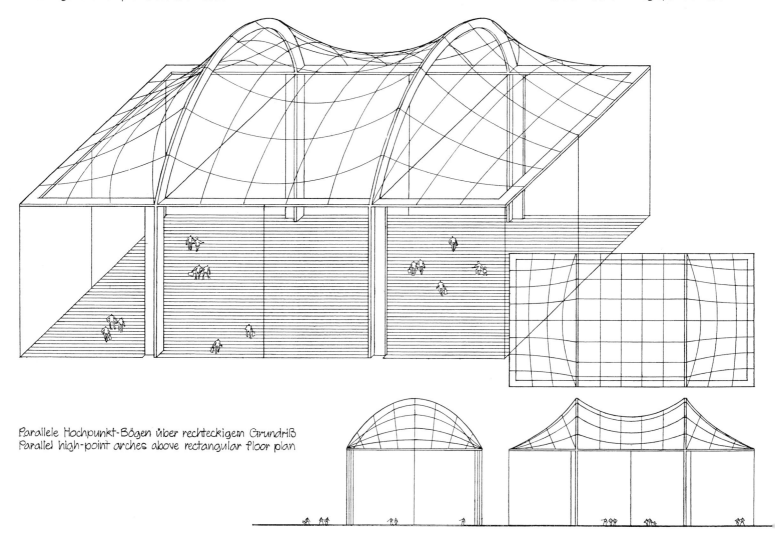

Parallele Hochpunkt-Bögen über rechteckigem Grundriß
Parallel high-point arches above rectangular floor plan

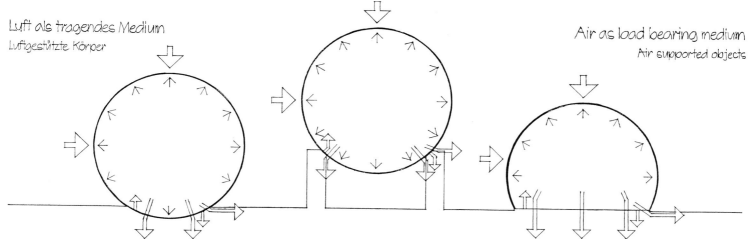

Luft als tragendes Medium
Luftgestützte Körper

Air as load bearing medium
Air supported objects

LUFTMENGE in einer zugfesten, flexiblen Hülle (= Membrane) eingeschlossen und gegenüber der umgebenden Luft verdichtet (= Überdruck) verhält sich wie ein homogener, elastischer KÖRPER. Als solcher kann Luftmenge äußere Kräfte aufnehmen, weiterleiten und abgeben = PNEUMATISCHE TRAGWERKE

Diese mechanische Eigenschaft einer Luftmenge beruht auf 3 Bedingungen =

1 Die umschließende Hülle muß zugfest und luft-undurchlässig sein
2 Der stabilisierende Innendruck der Luft muß dauerhaft sein und immer größer als alle von außen auf die Membrane einwirkenden Kräfte
3 Jede Veränderung der Hüllengestalt (bei gleicher Flächengröße) muß zu einer deutlichen Verringerung des eingeschlossenen Volumens führen

Zusammengefaßt: Die Tragmechanik der Luft beruht auf dem Widerstand der Pneu-Form gegenüber äußeren Kräften = FORMAKTIVE TRAGSYSTEME

AIR VOLUME locked into a tension-resistant, flexible envelope (= membrane) and pressurized versus the surrounding air (= overpressure) behaves like a homogeneous, resilient SOLID. As such, air volume can receive, transfer and discharge external forces = PNEUMATIC STRUCTURES

This mechanical quality of air acting like a solid rests upon 3 conditions =

1 The enclosing fabric must be tension-resistant and impermeable to air
2 The stabilizing indoor air pressure must be permanent and always be higher than all the forces acting upon the membrane from without
3 Each deflection of the envelope shape (with size of area unchanged) must lead to a definite reduction of the volume enclosed

Summarized: The structural mechanics of air rest upon the resistance of the pneumatic form against external forces = FORM-ACTIVE SYSTEMS

Grundform der Membrane

Basic shape of membrane

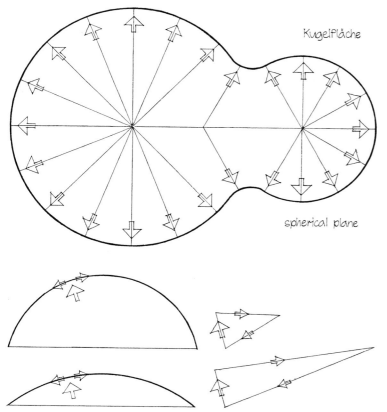

Kugelfläche

spherical plane

Die Kräfte eines eingeschlossenen Luftvolumens im Zustand des Überdruckes sind überall gleichgroß. Sie wirken zentrifugal in Richtung der umgebenden Hülle, d.h. in Richtung des möglichen Druckausgleiches

Die aus diesem Kräftezustand resultierende Membranform ist die Grundgeometrie pneumatischer Strukturen= KUGELFLÄCHEN

Die Kugelfläche umschließt Rauminhalt mit minimaler Oberfläche. Als solche ist sie eine Hüllenform, deren Volumen durch jede Formänderung maximal gemindert wird, d.h. sich optimal jeder Deformation widersetzt

Die homogene, gleichmäßige Membrane in Kugelform entwickelt unter Innen-Überdruck an jeder Stelle die gleichen Zugspannungen

The forces of an air volume, being locked in and pressurized, are equal throughout the volume. They act centrifugally in the direction of the enclosing membrane, i.e. in direction of possible pressure equalization

The membrane form resulting from this constellation of forces is the basic geometry of pneumatic structure patterns= SPHERICAL SURFACES

The spherical surface encloses space volume with a minimum of surface. As such it constitutes an envelope configuration, the volume of which at each deflection will be diminished maximum, i.e. will resist deflection optimum

Under indoor overpressure the homogeneous, uniform sphere membrane develops equal tensile stresses at each point.

Mit größer werdender Krümmung der Kugelfläche (= kleiner werdendem Radius) und gleichbleibendem Innenluft-Überdruck verringern sich die Membranspannungen. Die Wirksamkeit der Membrane zur Aufnahme von Innendruck-Kräften nimmt zu. Damit erhöhen sich auch die Widerstandskräfte gegenüber einer Verformung der Hüllengeometrie

With increasing curvature of the spherical plane (= decreasing radius) and with indoor air over-pressure remaining constant, the membrane stresses will decrease. The capacity of the membrane to receive indoor compressive forces will increase. Therefore, also the resistance capacity against the deflection of the envelope geometry will increase

Pneumatischer Tragmechanismus: Vergleich mit Membranbehälter / pneumatic structure mechanism: comparison with membrane container

Luftgestützte Tragsysteme   air-supported structure systems

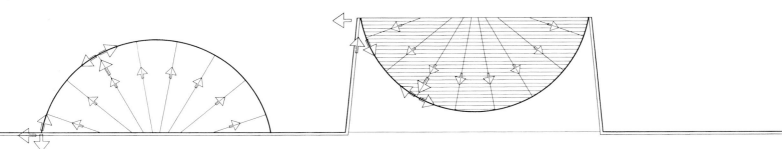

Durch Überhöhung des inneren Luftdruckes wird nicht nur das Eigengewicht der Raumhülle aufgewogen, sondern die Membrane so weit vorgespannt, daß sie durch asymmetrische Belastung nicht eingedrückt werden kann. Die Kraftumlenkung durch Membrane betrifft, also nur nach außen gerichtete Resultierende ähnlich der Wirkungsweise eines Membranbehälters, der nur dem Druck seines Inhaltes (Flüssigkeit, Schüttgüter) ausgesetzt ist.

through increasing the inside air pressure not only the dead weight of the space envelop is balanced, but the membrane is stressed to a point where it cannot be indented by asymmetrical loading. redirection of forces by the membrane therefore involves only centrifugal resultants, similar to the action of a membrane container that is exposed only to the pressure of its content (liquids, granular solids)

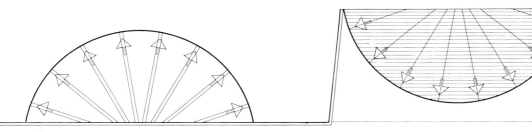

Der Innendruck wirkt sich wie eine fortlaufende elastische Unterstützung der Membrane an jeder Stelle aus. Ähnlich wird die Form eines Membranbehälters durch den zentrifugalen Druck seines Inhaltes stabilisiert. Der Vorteil der pneumatischen Stützung ist, daß sie die freie Nutzung des Raumes nicht beeinträchtigt.

the inside pressure functions like a continuous flexible support of the membrane at any point. similarly, the form of a membrane container is stabilized by the centrifugal pressure of its content. the advantage of the pneumatic support is that it does not encumber the free use of space.

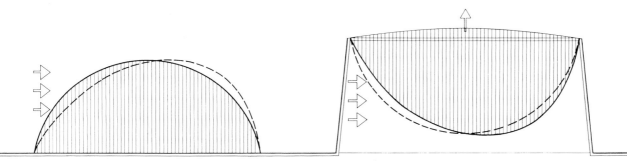

Der Widerstand gegen Deformation wird durch luftdichten Abschluß und Zugfestigkeit der Membrane gewährleistet. Nur unter Verlust des Volumens oder Flächenausweitung der Hülle kann sich die Tragform verändern im Gegensatz zum aufgehängten Membranbehälter, dessen Inhalt nach der offenen Seite (oben) ausweichen kann und Deformation zuläßt.

resistance against deflection is provided by the air-tight enclosure and the tensile strength of the membrane. the structure form can deflect only at a loss of volume or at an increase of surface, contrary to the hung membrane container in which the content can evade to the open (upper) side and thus allows deflection

Mechanismus der Pneu-Körper gegen Verformung

Mechanics of pneumatic figures against deformations

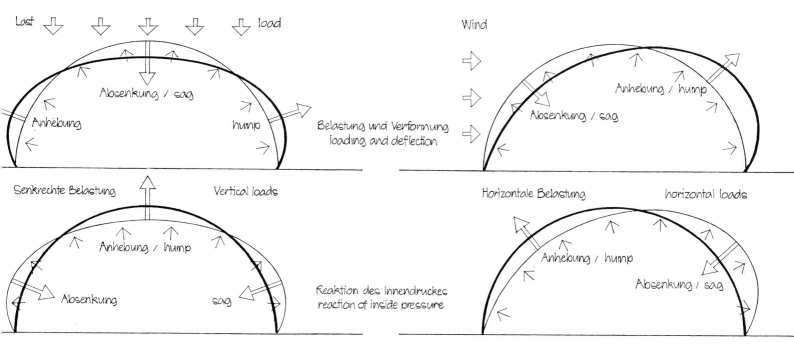

Last / load

Absenkung / sag

Anhebung

hump

Belastung und Verformung
loading and deflection

Senkrechte Belastung   Vertical loads

Anhebung / hump

Absenkung   sag

Reaktion des Innendruckes
reaction of inside pressure

Wind

Anhebung / hump

Absenkung / sag

Horizontale Belastung   horizontal loads

Anhebung / hump

Absenkung / sag

Zwei Widerstandsmechanismen gegen Verformung

1 Entgegensteuernde Wirkung der Innendruck-Kräfte auf die Hülle:
  Erhöhte Wirkung bei abnehmender Krümmung – Hüllenanhebung
  Reduzierte Wirkung bei zunehmender Krümmung – Hüllenabsenkung
2 Erhöhung der Membranspannungen insgesamt nach Ausdehnung der
  Oberfläche infolge Volumen-Umschichtung und damit Mobilisierung von
  Kräften zur Wiedergewinnung der pneumatischen Ausgangsform

Two mechanisms of resistance against deformation

1 Counter-acting effect of compressive indoor forces upon envelope:
  Increasing effect with receding curvature = arching of envelope
  Decreasing effect with progressing curvature = flattening of envelope
2 Overall increase of membrane stresses after extension of the membrane
  surface due to volume displacement, and consequently, mobilization
  of forces for regaining the original pneumatic shape

Zusammenwirkung von Überdruck-Luftmenge und Hüllenmembrane
Coaction of pressurized air volume and envelope membrane

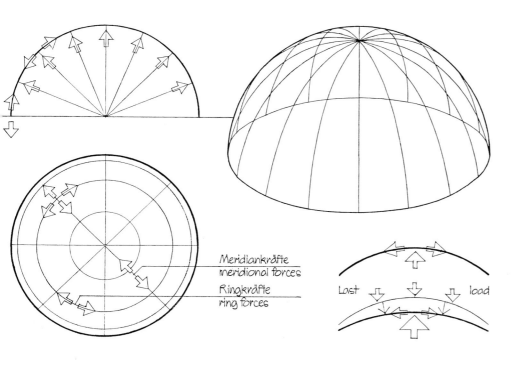

Meridiankräfte
meridional forces

Ringkräfte
ring forces

Last / load

Die Membranhülle (Eigengewicht) wird durch
die Druckdifferenz der Luft zwischen innen
und außen getragen und stabilisiert:
– LUFTGESTÜTZTE TRAGSYSTEME

Bei zusätzlichen Krafteinwirkungen gibt die
Hülle zunächst nach und bewirkt, daß die
eingeschlossene Luftmenge zusammengepreßt
und verschoben wird. Dadurch erhöht sich der
Differenzdruck nach außen bei gleichzeitiger
Veränderung der Hüllengestalt (-krümmung)

Beide Vorgänge verstärken den Widerstand
gegen Verformungen. D.h., erst durch die
eingeleitete Verformung werden die Kräfte zur
Herstellung des Gleichgewichtes mobilisiert.

The membrane envelope (dead weight) is carried
and stabilized by the air pressure differential
between inside and outside:
– AIR SUPPORTED STRUCTURE SYSTEMS –

Under the onset of additional loading, at first
the envelope gives way and causes the locked-
in air volume to become diminished and displaced,
Thereby the pressure differential directed to the
outside increases, while the shape (curvature)
of the envelope is changing its figure

Both actions intensify the resistance against
deformations. That is to say: Only through the
deflection in process are forces being mobilized
that will attain the state of equilibrium

Geometrie der pneumatischen Tragformen / geometry of pneumatic structure forms

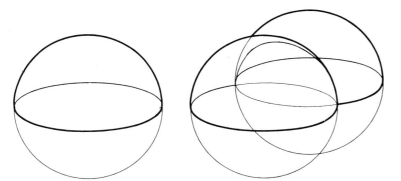

Addition von Kugelflächen / addition of spherical surfaces

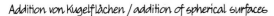

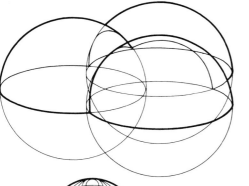

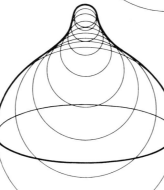

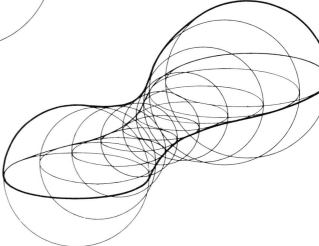

Fusion von Kugelflächen / fusion of spherical surfaces

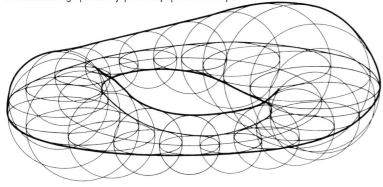

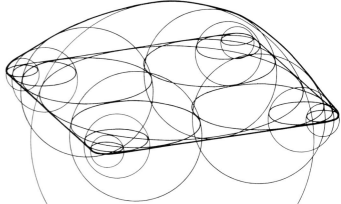

Ausgangspunkt für pneumatische Tragformen ist die Kugelfläche, bei der unter gleichmäßigem Innendruck die Membranspannungen überall gleich sind. Weitere Tragformen können durch Addition oder Fusion von Kugelflächen entwickelt werden

basic shape for all pneumatic structure forms is the sphere for which under uniform inside pressure the membrane stresses are equal at any point. other structure forms can be developed by addition or fusion of spherical surfaces

Prototypische Formen der pneumatischen Tragsysteme

Prototypical shapes of pneumatic structure systems

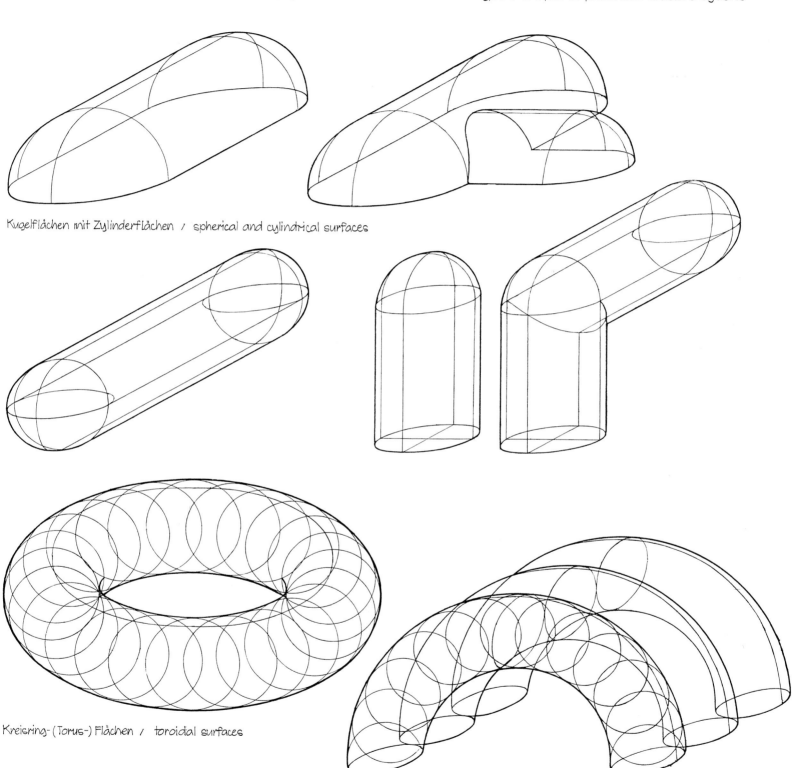

Kugelflächen mit Zylinderflächen / spherical and cylindrical surfaces

Kreisring- (Torus-) Flächen / toroidal surfaces

Da die Kugelfläche und ihre Addition oder Fusion hinsichtlich Herstellung und Grundrißgestaltung Nachteile aufweist, kommen aus Gründen der Vereinfachung (wenngleich nicht der Verbesserung der Tragmechanik) vornehmlich die Kombinationen von Kugelflächen mit Zylinderflächen, sowie die Torusflächen, als pneumatische Standardformen zur Anwendung.

Since the spherical surface and its addition or fusion evidence drawbacks concerning production and plan configuration, for reasons of simplification (although not of improvement of mechanical efficiency) preferably the combinations of spherical with cylindrical surfaces as well as toroidal surfaces are applied as standard forms of pneumatic structures.

Grundsysteme der pneumatischen Tragwerke
Überdruck-Systeme

Basic systems of pneumatic structures
Overpressure systems

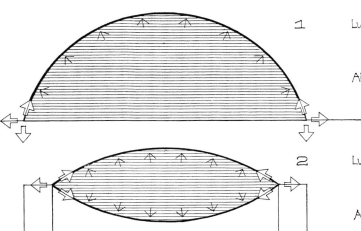

1

Lufthalle / Innendruck-Systeme
Der Luftüberdruck im umschlossenen Raum trägt die Raumhülle und stabilisiert sie gegen angreifende Kräfte. Der Überdruckraum ist gleichzeitig Nutzraum. Die Membrankräfte werden an den Rändern direkt abgegeben.

Air supported hall / pressurized indoor systems
The pressurized air in the locked-in volume supports the space envelope and stabilizes it against acting forces. The pressurized volume is the use space as well. The membrane forces are directly discharged at the boundaries.

2

Luftkissen / Doppelmembran-Systeme
Der Luftüberdruck im Kissen dient nur zur Stabilisierung der Tragmembrane und bildet zusammen mit der oberen Membrane einen Dachkörper. Die Aufnahme der Membrankräfte an den Rändern erfordert eine Rückhaltekonstruktion.

Air cushion / double membrane systems
The pressurized air within the cushion serves only to stabilizing the bearing membrane and, together with the upper membrane, forms a roof structure. The forces at the membrane edges require for reception a restraining construction.

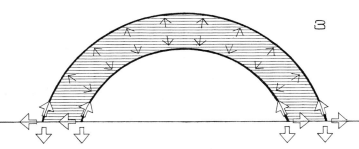

3

Luftschlauch / Lineare Hüllen-Systeme (Hochdruck-Systeme)
Der Luftüberdruck stabilisiert die Schlauchform und bildet somit lineare Tragkörper für unterschiedliche Konstruktionen zum Überspannen von Räumen. Die Membrankräfte werden wie bei der Lufthalle an den Rändern direkt abgegeben.

Air tube / linear envelope systems (high pressure systems)
The pressurized air stabilizes the tube shape and thus forms linear structure members for diverse frameworks of spanning spaces. The membrane forces will be discharged directly at the edges much like the air supported halls.

Ausnahme: Unterdruck-Systeme

Die Praxis, vom Prinzip der Luftüberdruck-Mechanik Tragsysteme auf der Grundlage von Luft-Unterdruck abzuleiten und als eigenständigen Tragwerk-Typ zu werten ist nicht einsichtig. Hier bleibt nämlich das KÖRPER-BILDENDE POTENTIAL 'Luft' ungenutzt und muß durch zusätzliche und vielfach aufwendige Stütz- bzw. Rahmenkonstruktionen ersetzt werden.
Unterdruck-Systeme sind kein Tragwerktyp für sich sondern KONSTRUKTIONEN ZUR STABILISIERUNG von tragenden (Hänge-) Membranen

Exception: Under-pressure systems

Deriving from the mechanical principle of positive air pressure also systems based on negative pressure and ranking them as a separate type of pneumatic structures is unfounded. For, the air's POTENTIAL OF MAKING UP SOLIDS cannot be activated and has to be replaced by additional, mostly laborious, supporting or framing constructions.
Negative pressure systems are not a separate type of structures but DEVICES FOR STABILIZATION of load bearing (suspended) membranes.

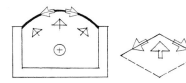

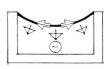

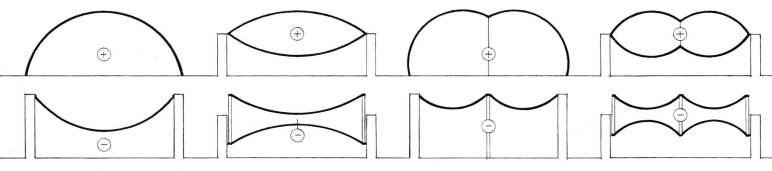

Struktur-Gegenüberstellung: Überdruck- und Unterdruck-Systeme

Structure comparison: positive-pressure and negative pressure systems

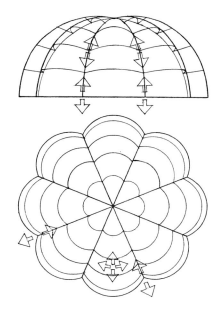

Lufthallen- (Innendruck-) Systeme mit Hauptlastabtragung durch Seile
Air-supported (indoor) systems with major load transfer through cables

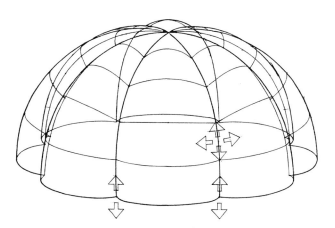

Die Form-Stabilisierung der Kugelhülle
wird durch Einbeziehung von einzelnen
Seilzügen und durch Ausgestaltung
der Einzelsegmente mit Membranen
größerer Krümmung stark verbessert.
Auf diese Weise werden Lufthallen mit
größten Spannweiten ermöglicht

The form stabilization of the sphere
envelope will be markedly improved by
introducing single cable strings and
furnishing the segmental units with
membranes of increased curvature.
By this method, air-supported halls
of largest spans can be made feasible

Durch Überspannen mit einzelnen Seilen kann Kuppelfläche
in Teilflächen mit kleinerem Krümmungsradius und daher
geringeren Membranspannungen aufgegliedert werden. Die
Seile tragen die Hauptkräfte ab, während die Membrane die
Funktion von Zwischenträgern ausübt

by means of spanning single cables the spherical surface
can be divided into sections with smaller radius of curvature
and therefore smaller membrane stresses. the cables
transfer the major forces while the membrane functions as
intermediate secondary structure

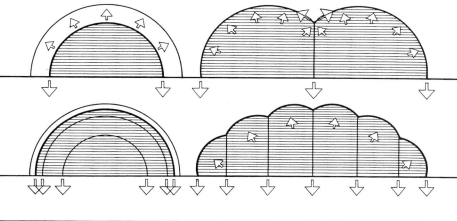

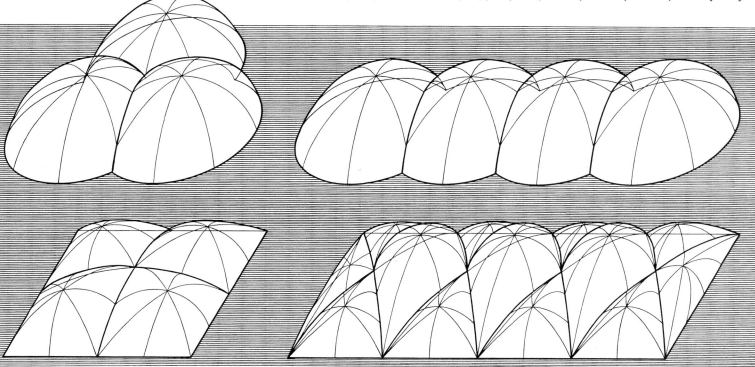

Innendruck-Systeme mit Tiefpunkten / inside pressure systems with interior anchor points

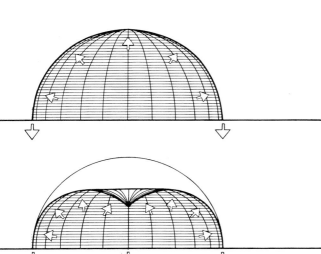

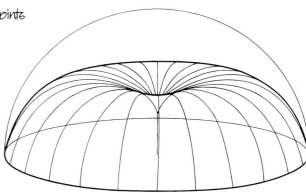

Durch Verankerung der Membrane nicht nur am Rande, sondern auch im mittleren Bereich werden der Krümmungsradius und damit auch die Membranspannungen reduziert. Dadurch ist die Überdeckung und Einschließung weiter Räume ohne größere Konstruktionshöhe möglich

through fastening the membrane not only along the edge but also in the central portion, the radius of curvature and thus also the membrane stresses are reduced. in this way the covering and enclosement of wide spaces is possible without increasing construction height

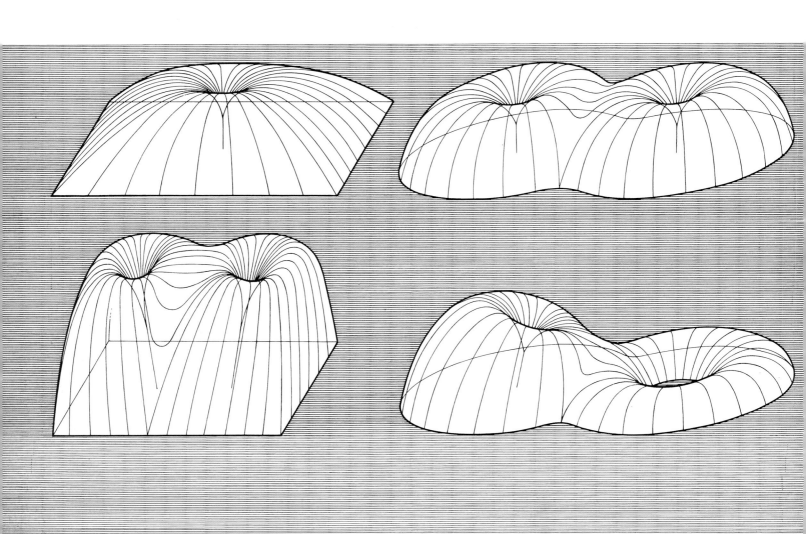

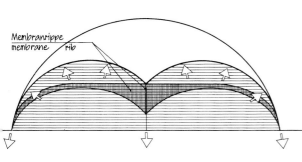

Membranrippe
membrane   rib

Pneumatische Innendruck-Systeme mit Hauptlastabtragung durch Membranrippen
pneumatic inside pressure systems with major load transfer through membrane ribs

Anstelle von einzelnen Seilen kann Kuppelfläche auch durch senkrechte, nach unten abgespannte Membranflächen (Membranrippen) in kleinere Teilflächen mit geringerem Krümmungsradius und demzufolge geringeren Membranspannungen aufgeteilt werden.   Da es auf diese Weise möglich ist, gerade Dachkehlen zu bilden , können sehr weite Räume überspannt werden.

not only by single cables but also by using vertical membranes (membrane ribs) and fastening them to the ground. the spherical surface can be subdivided into smaller sections with smaller radius of curvature and therefore smaller membrane stresses.   since it is possible by this way to form straight roof valleys, wide floor areas can be spanned

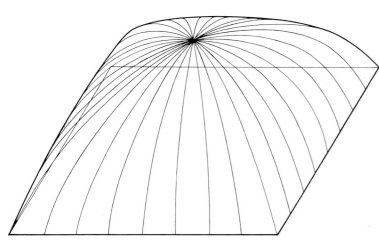

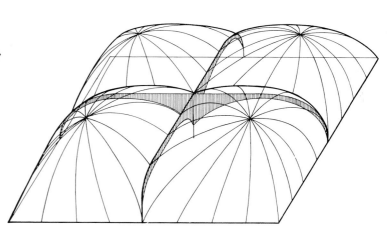

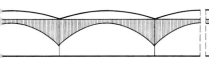 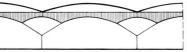 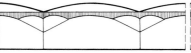 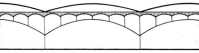

Ausbildung der Membranrippen / design of membrane ribs

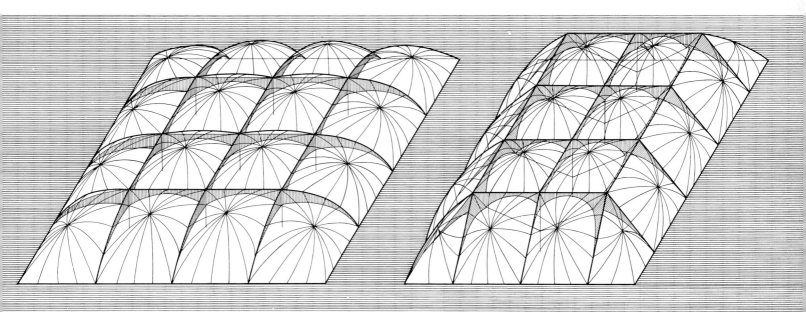

Lufthallen-Systeme / Air controlled indoor systems

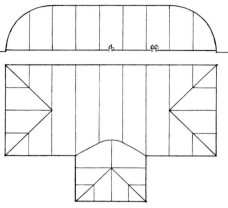

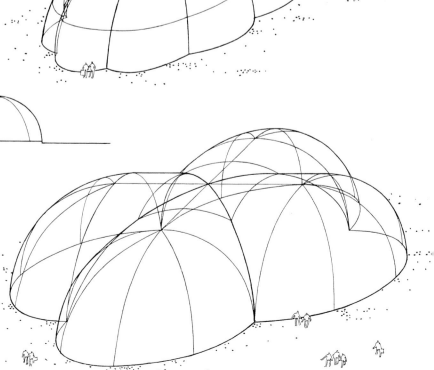

Zylindrische Membranen als primäre Tragelemente
Cylindrical membranes as primary structural elements

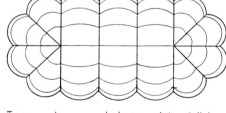

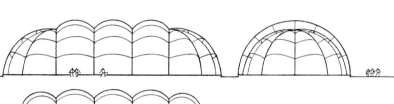

Torusmembranen zwischen gereihten Seilabspannungen
Torus membranes between load cables in row formation

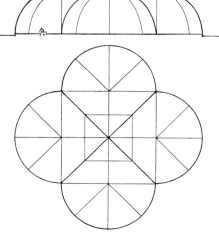

Gekreuzte zylindrische und sphärische Membranen
Crossed cylindrical and spherical membranes

Luftschlauch-Systeme / Air tube systems

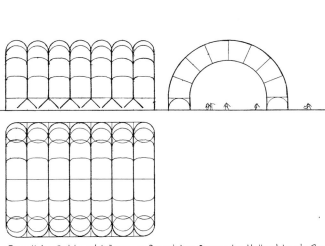

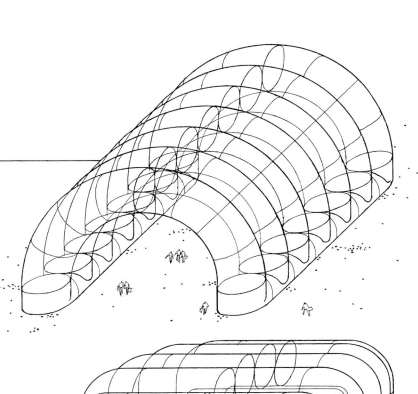

Gereihte Schlauchbögen aufgesetzt auf gerader Halbschlauch-Basis
Tube arches in row formation placed upon straight semi-tube basis

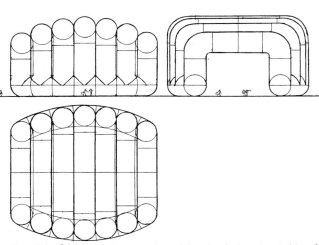

Gereihte Schlauchrahmen aufgesetzt auf gekrümmter Schlauch-Basis
Tube frames in row formation placed upon curved tube basis

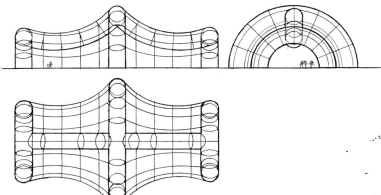

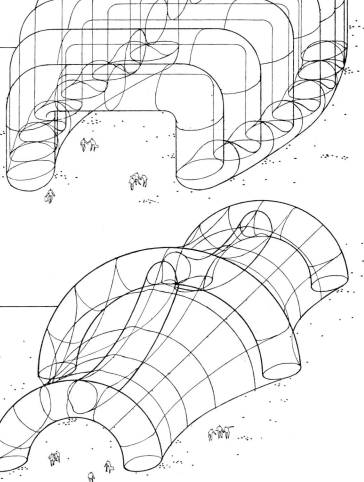

Gekrümmtes Schlauchskelett mit Seilnetz- oder Membran-Raumabschluß
Curved tube skeleton with cable net or membrane as space enclosure

Entwicklung der seilnetz-verspannten Flachkuppel-Lufthalle
aus Standardsystem der luftgestützten Hallen

Development of cable-restrained low-profile air halls
from standard system of air-supported halls

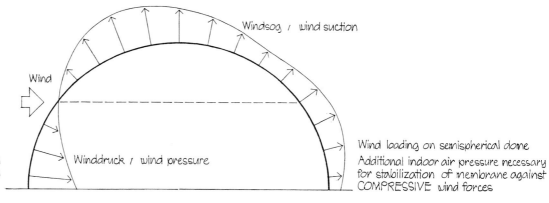

Windsog / wind suction

Wind

Winddruck / wind pressure

Windbelastung der Halbkreis-Kuppel
Zusätzlicher Luftinnendruck erforderlich
zur Stabilisierung der Membrane gegen
Wind-DRUCKkräfte

Wind loading on semispherical dome
Additional indoor air pressure necessary
for stabilization of membrane against
COMPRESSIVE wind forces

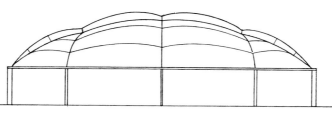

Wind

Profil-Reduzierung zum Flachsegment
Membrane nur von Wind-SOG belastet;
jedoch wegen reduzierter Membran-Krümmung zusätzlicher Innen-Überdruck zur
Stabilisierung der Membrane erforderlich

Profile reduction for low-rise segment
Membrane being stressed only by wind
SUCTION; but additional indoor-over-
pressure necessary for stabilization of
membrane due to reduced curvature

Haupt-Lastabtragung durch Seile
Membran-Entlastung durch Seilabspannung / wirksamere Stabilisierung durch
erhöhte Membran-Krümmung

Major load transfer through cables
Unloading of membrane through restraining
cables / improved stabilization due to
smaller radius of membrane curvature

Aufständerung der Flachkuppel
Erweiterung des Innen-Luftraumes durch
Aufständerung der Verankerungsebene
(anstelle der Erdverankerung wie bei der
Standard-Lufthalle)

Stilting of low-rise dome
Enlargement of indoor air space through
setting the plane of anchorage upon stilts
(instead of leaving it on level ground as
with the standard air-supported hall)

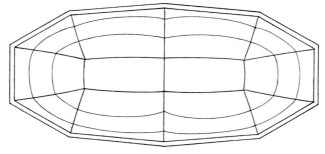

Formgebung des Ringträgers
Funikulare Formgebung des Ringträgers
(= horizontaler Stützbogen) entsprechend
den Seilkräften zwecks Reduzierung der
Biegespannungen

Configuration of ring girder
Funicular delineation of the ring girder
(= horizontal funicular arch) according
to the cable forces for the reduction of
bending stresses

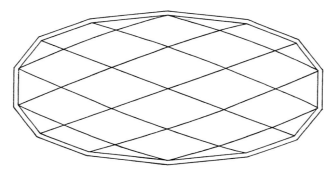

Abspann-Verdichtung durch Seilnetze
Stabilisierungszuwachs infolge Verbund-
Aktion des Seilnetzes, bei gleichzeitiger
Verkleinerung mit modularer Gliederung
der Membran-Segmente

Restraining extension by cable networks
Increase in stabilization owing to co-active
behaviour of cable net, together with size
reduction of, and modular subdivision
in, membrane segments

Seil-verspannte Flachkuppel-Großlufthallen

Cable-restrained low-profile air super-halls

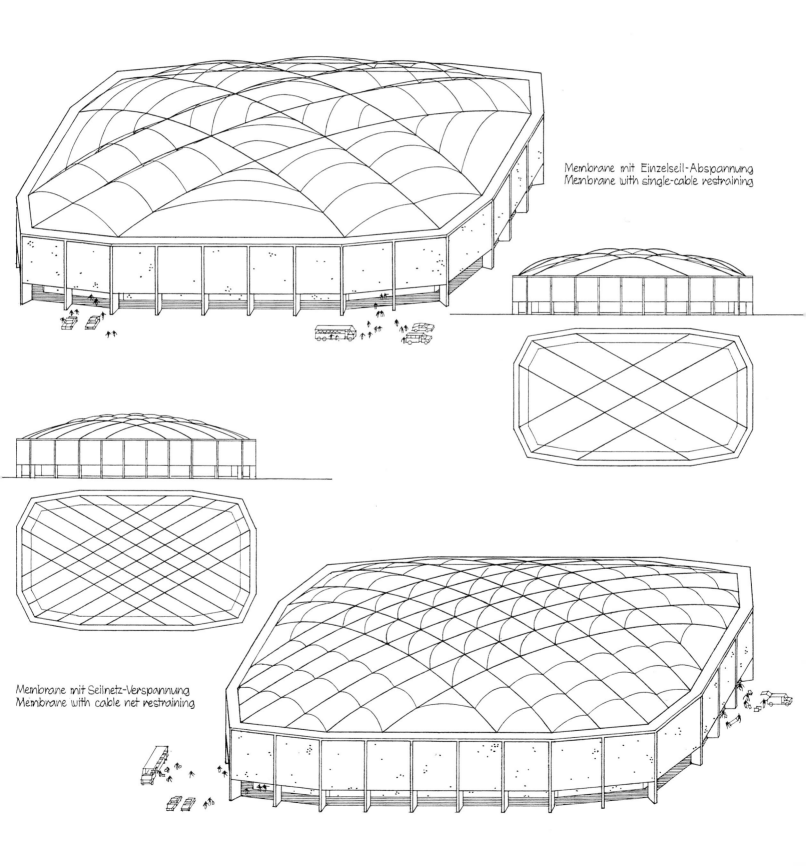

Membrane mit Einzelseil-Abspannung
Membrane with single-cable restraining

Membrane mit Seilnetz-Verspannung
Membrane with cable net restraining

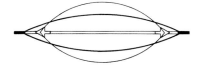

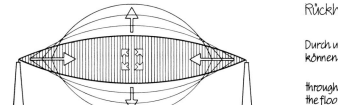

Rückhalte-Systeme der Luftkissen   restraining systems of air cushions

Durch unteren Abschluß des Überdruck-Raumes mit zweiter Membrane (statt Einbeziehung des Fußbodens) können Räume überspannt werden, die nach außen offen sind.   Voraussetzung für die Tragmechanik ist, daß kugelförmiges Aufbauchen der Mitte infolge Innendruck   verhindert wird

through closing the pressurized air space with another membrane underneath (instead of incorporating the floor) spaces can be spanned that are open to the outside.   prerequisite to the bearing mechanism is that the membrane is kept from bulging in its middle   toward a spherical   shape

Rückhalte-Systeme der Luftkissen   restraining systems of air cushions

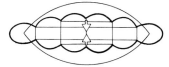

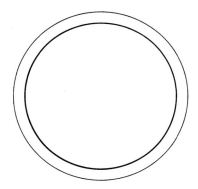

Randbefestigung mit Druckring
edge control with compression ring

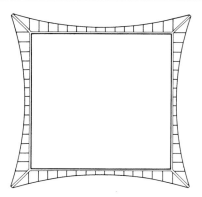

Randbefestigung mit Druckstab und Tragseil
edge control with compression members and suspension cables

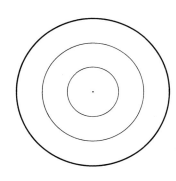

Höhenkontrolle durch innere Seile oder Rippen
height control   with inside cables or ribs

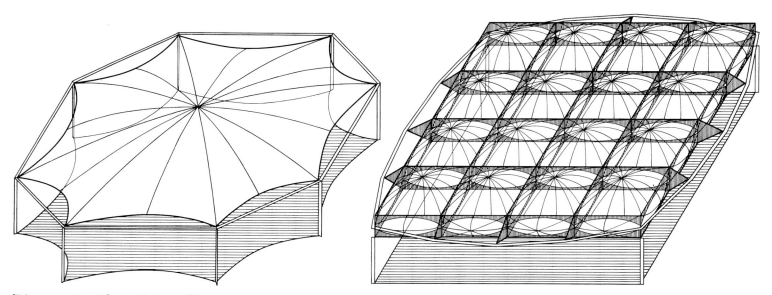

Einkammersystem mit Druckstabring als Rückhaltemechanismus
single chamber system with polygonal compression ring

Mehrkammersystem mit Membranrippen und Druckbögen als Rückhaltemechanismus
multichamber system with membrane ribs and arches   as restraining mechanism

Luftkissen-Systeme / Air cushion systems

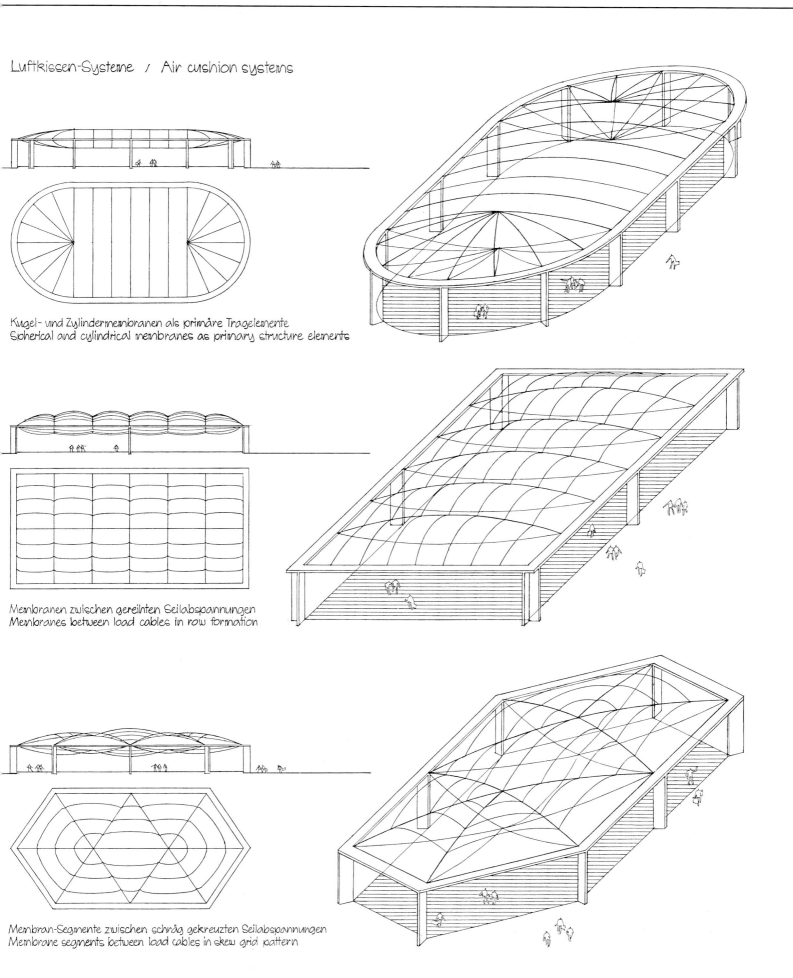

Kugel- und Zylindermembranen als primäre Tragelemente
Spherical and cylindrical membranes as primary structure elements

Membranen zwischen gereihten Seilabspannungen
Membranes between load cables in row formation

Membran-Segmente zwischen schräg gekreuzten Seilabspannungen
Membrane segments between load cables in skew grid pattern

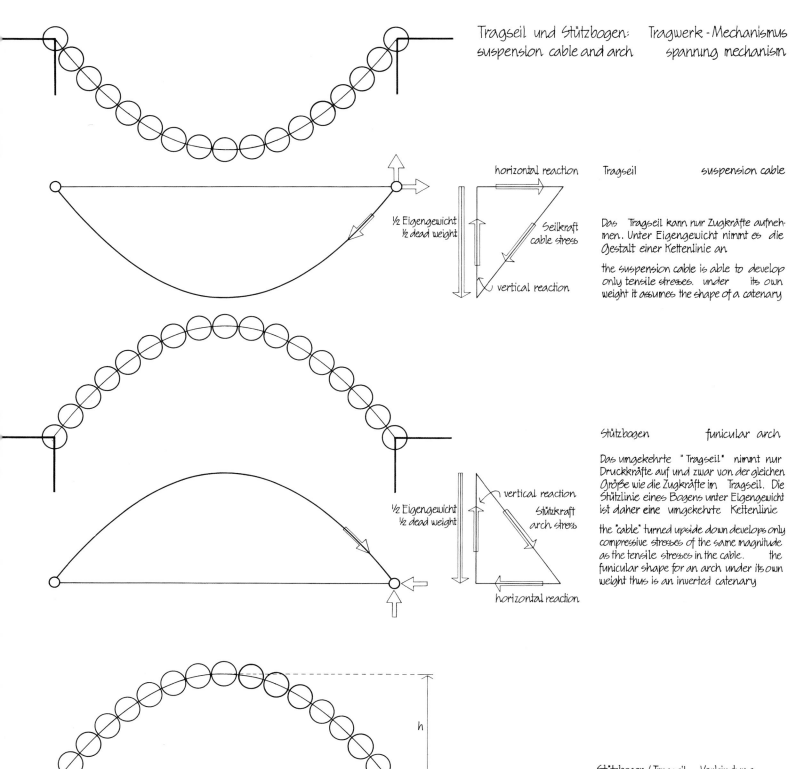

Tragseil und Stützbogen: Tragwerk - Mechanismus
suspension cable and arch   spanning mechanism

horizontal reaction

Tragseil   suspension cable

½ Eigengewicht
½ dead weight

Seilkraft
cable stress

vertical reaction

Das Tragseil kann nur Zugkräfte aufnehmen. Unter Eigengewicht nimmt es die
Gestalt einer Kettenlinie an

the suspension cable is able to develop
only tensile stresses. under its own
weight it assumes the shape of a catenary

Stützbogen   funicular arch

vertical reaction

Stützkraft
arch stress

½ Eigengewicht
½ dead weight

horizontal reaction

Das umgekehrte "Tragseil" nimmt nur
Druckkräfte auf und zwar von der gleichen
Größe wie die Zugkräfte im Tragseil. Die
Stützlinie eines Bogens unter Eigengewicht
ist daher eine umgekehrte Kettenlinie

the "cable" turned upside down develops only
compressive stresses of the same magnitude
as the tensile stresses in the cable. the
funicular shape for an arch under its own
weight thus is an inverted catenary

h

h

arch   cable
Bogen   Seil

vertical reaction

Stützbogen / Tragseil - Verbindung
    arch/suspension cable combination

Die Verbindung von Tragseil und Stützbogen
löst keine horizontale Reaktion aus, da die
horizontalen Komponenten beider entgegengesetzt sind und einander aufheben

the combination of suspension cable and arch
will not produce any horizontal reaction since
the horizontal components of both have opposite direction and nullify each other

Hebelmechanismus des Stützbogens · lever mechanism of funicular arch

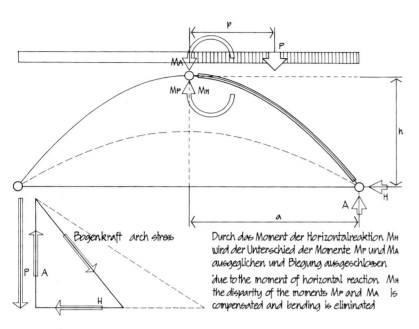

Bogenkraft · arch stress

Durch das Moment der Horizontalreaktion M_H wird der Unterschied der Momente M_P und M_A ausgeglichen und Biegung ausgeschlossen

due to the moment of horizontal reaction M_H the disparity of the moments M_P and M_A is compensated and bending is eliminated

Bogensysteme gekennzeichnet durch Art der Horizontalschub-Aufnahme · arch systems characterized by method of horizontal thrust resistance

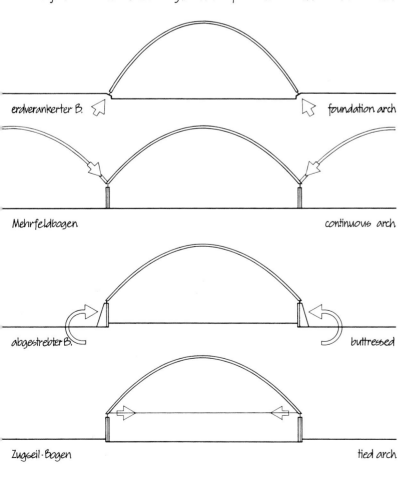

erdverankerter B. · foundation arch

Mehrfeldbogen · continuous arch

abgestrebter B. · buttressed

Zugseil-Bogen · tied arch

Geometrische Formen · geometrical forms
in Abhängigkeit von Belastungszustand / dependance on load condition

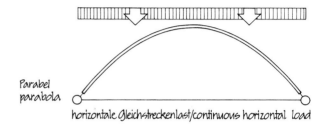

Kettenlinie · catenary

Eigengewicht · dead weight

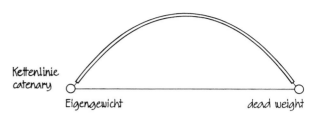

Parabel · parabola

horizontale Gleichstreckenlast/continuous horizontal load

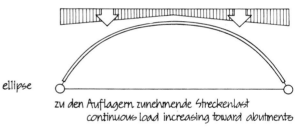

ellipse

zu den Auflagern zunehmende Streckenlast
continuous load increasing toward abutments

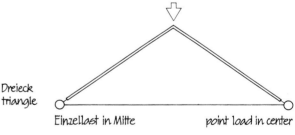

Dreieck · triangle

Einzellast in Mitte · point load in center

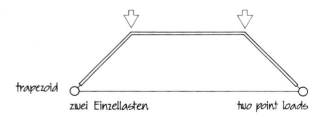

trapezoid

zwei Einzellasten · two point loads

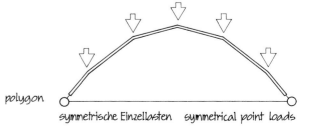

polygon

symmetrische Einzellasten · symmetrical point loads

Einfluß der Scheitelhöhe auf die Auflagerkräfte
influence of arch rise on hinge stresses

Der Horizontalschub eines Stützbogens ist umgekehrt proportional zu seiner Scheitelhöhe. Zur Schubminderung sollte die Scheitelhöhe so hoch wie möglich gewählt werden.

the thrust of an arch is inversely proportional to its rise. for reduction of thrust the arch rise should be as high as possible

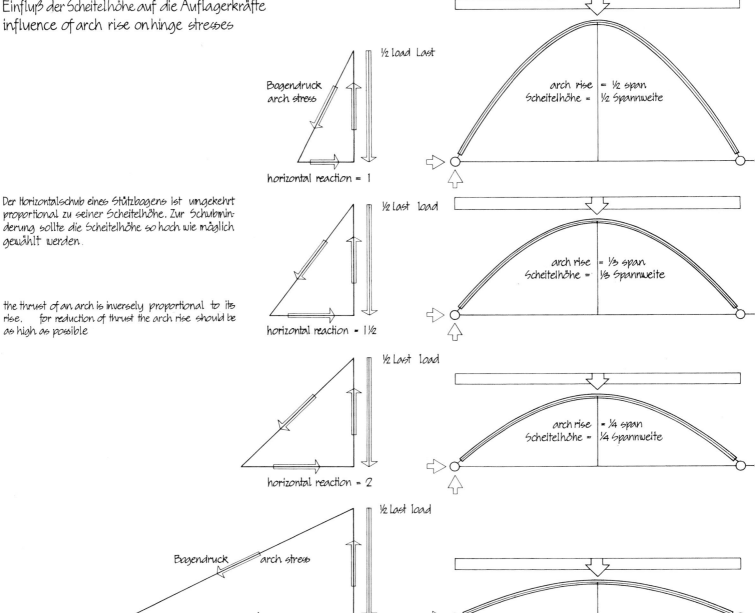

½ load Last

Bogendruck
arch stress

horizontal reaction = 1

arch rise = ½ span
Scheitelhöhe = ½ Spannweite

½ Last load

horizontal reaction = 1½

arch rise = ⅓ span
Scheitelhöhe = ⅓ Spannweite

½ Last load

horizontal reaction = 2

arch rise = ¼ span
Scheitelhöhe = ¼ Spannweite

½ Last load

Bogendruck   arch stress

horizontal reaction = 4

arch rise = ⅛ span
Scheitelhöhe = ⅛ Spannweite

Vergleich zwischen Balkenmechanismus und Bogenmechanismus
comparison between beam mechanism and arch mechanism

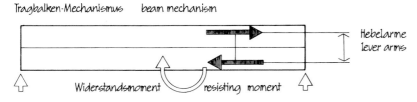

Tragbalken-Mechanismus   beam mechanism

Hebelarme
lever arms

Widerstandsmoment   resisting moment

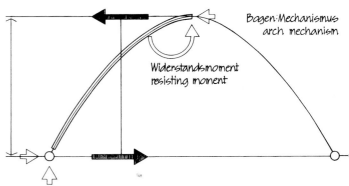

Bogen-Mechanismus
arch mechanism

Widerstandsmoment
resisting moment

Beziehung zwischen Tragseil und Stützbogen

relationship between suspension cable and funicular arch

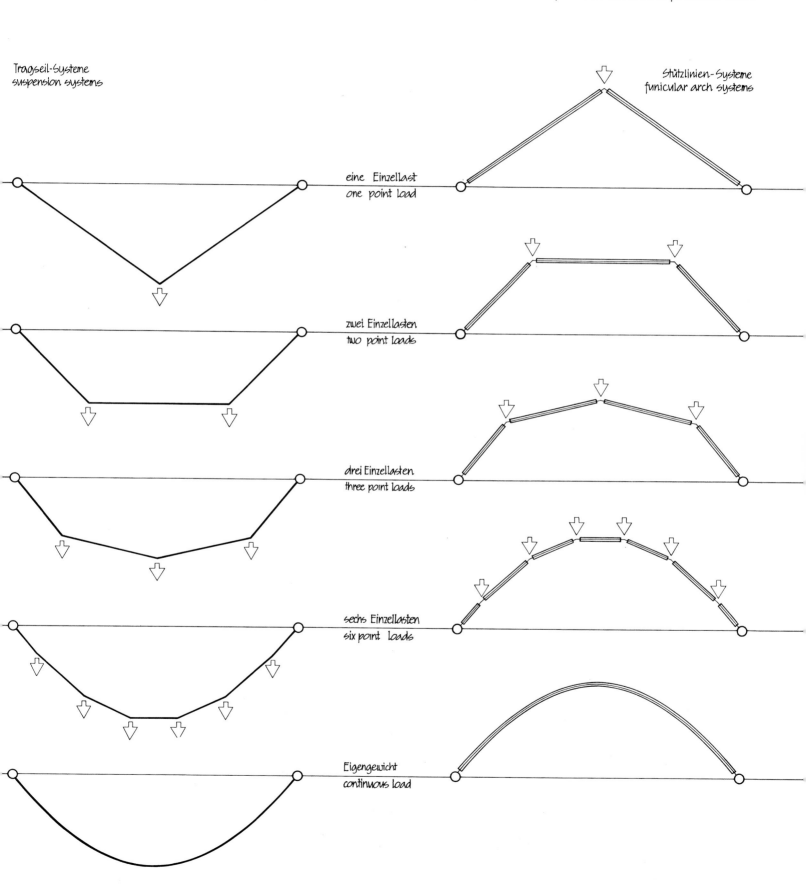

Tragseil-Systeme
suspension systems

Stützlinien-Systeme
funicular arch systems

eine Einzellast
one point load

zwei Einzellasten
two point loads

drei Einzellasten
three point loads

sechs Einzellasten
six point loads

Eigengewicht
continuous load

Biegung infolge Abweichung der Bogenmittellinie von der Stützlinie

bending due to deviation of center line from funicular curve

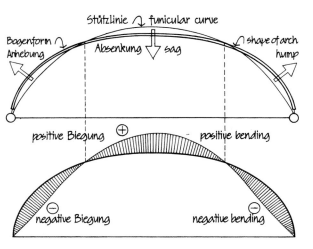

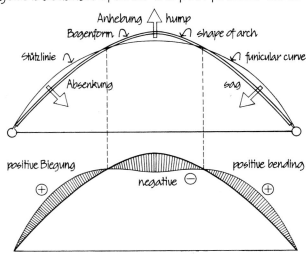

Jede Abweichung der Bogenmittellinie von der Stützlinie bewirkt, daß der Bogen sich entweder hebt oder senkt, und verursacht dadurch Biegung
any deviation of the arch center line from the funicular compression line will cause either hump or sag of the arch resulting in bending

Biegung infolge vertikaler oder horizontaler Zusatzlasten

bending due to additional vertical or horizontal loading

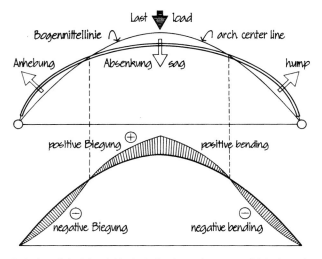

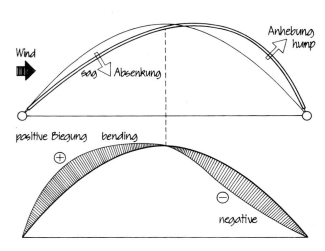

Jede Zusatzlast bewirkt, daß die Bogenform sich ändert und somit die Mittellinie von der Stützlinie abweicht. Es entsteht Biegung
any additional load will cause deflection of the arch and hence deviation from the funicular line of compression resulting in bending

Temperaturveränderungen   thermal changes

Fundamentsetzungen   foundation settings

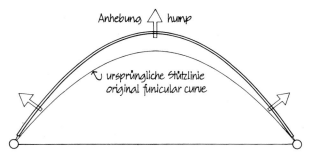

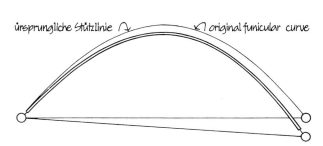

Ausdehnung (Kontraktion) durch Temp. Änderung verursacht Biegung
extension (contraction) due to thermal changes introduces bending

verschobene Belastung durch ungleiche Setzungen bewirkt Biegung
different loading caused by unequal setting   produces bending

Vergleich zwischen Zweigelenkbogen und Dreigelenkbogen

comparison between two-hinged arch and three-hinged arch

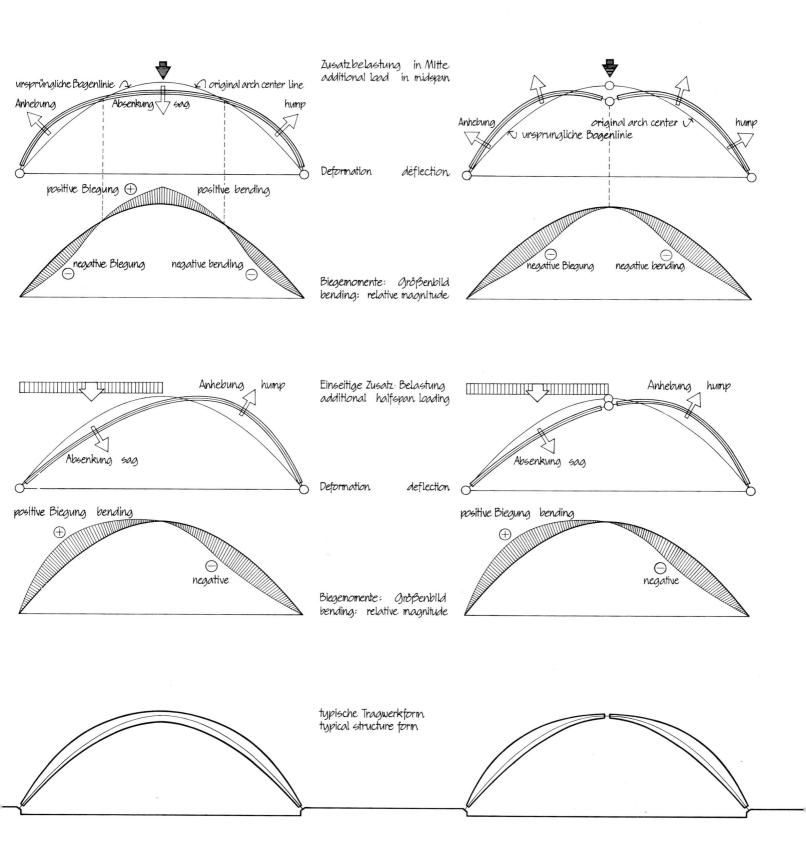

Zusatzbelastung in Mitte
additional load in midspan

Deformation   deflection

Biegemomente: Größenbild
bending: relative magnitude

Einseitige Zusatz·Belastung
additional halfspan loading

Deformation   deflection

Biegemomente: Größenbild
bending: relative magnitude

typische Tragwerkform
typical structure form

ursprüngliche Bogenlinie   original arch center line

Anhebung   Absenkung   sag   hump

positive Biegung ⊕   positive bending

negative Biegung   negative bending ⊖

Anhebung   hump

Absenkung   sag

positive Biegung   bending

⊕   negative ⊖

Anhebung   original arch center   hump

ursprüngliche Bogenlinie

negative Biegung ⊖   negative bending ⊖

Anhebung   hump

Absenkung   sag

positive Biegung   bending

⊕   negative ⊖

Weitgespannte Tragsysteme mit Zweigelenkbögen

longspan structure systems with two-hinged arches

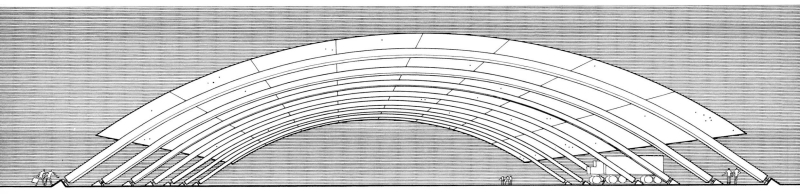

Erdverankerte Bögen mit aufliegender gewölbter Dachkonstruktion   Form der Stützlinie: Kettenlinie
foundation arches with curved roof structure on top   funicular curve: catenary

Scheitelhöhe= ⅕ Spannweite
arch rise= ⅕ span

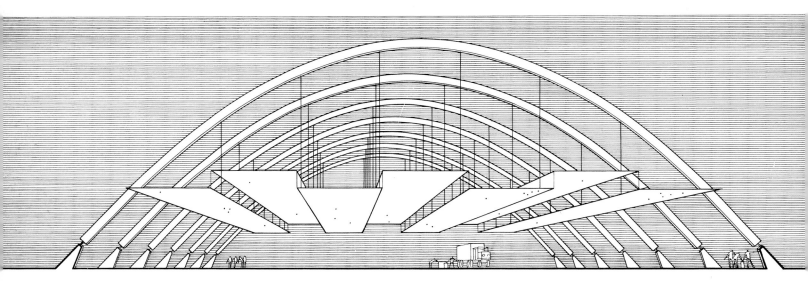

Abgestrebte Bögen mit abgehängter horizontaler Dachkonstruktion   Form der Stützlinie: parabolisches Polygon
buttressed arches with suspended horizontal roof structure   funicular curve: parabolic polygon

Scheitelhöhe= ⅓ Spannweite
arch rise= ⅓ span

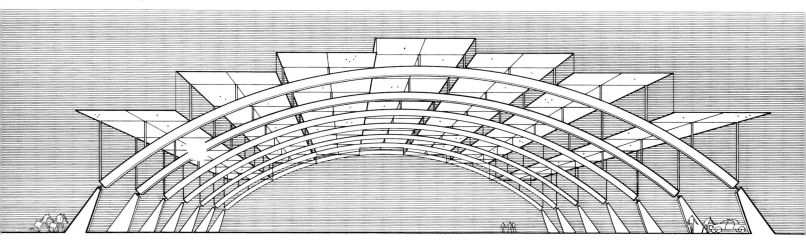

Abgestrebte Bögen mit aufgesetzter horizontaler Dachkonstruktion   Form der Stützlinie: parabolisches Polygon
buttressed arches supporting horizontal roof structure atop   funicular curve: parabolic polygon

Scheitelhöhe= ⅕ Spannweite
arch rise= ⅕ span

Weitgespannte Tragsysteme mit Dreigelenkbögen   longspan structure systems with three-hinged arches

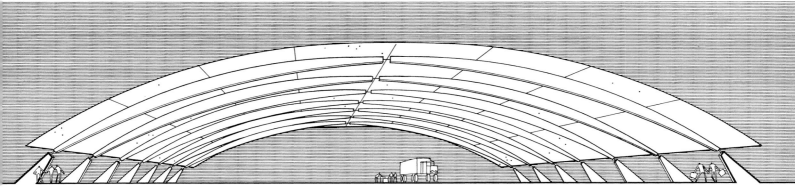

Abgestrebte Bögen mit aufliegender gewölbter Dachkonstruktion   Form der Stützlinie: Kettenlinie   Scheitelhöhe = ⅐ Spannweite
buttressed arches with curved roof structure atop   funicular curve: catenary   arch rise = ⅐ span

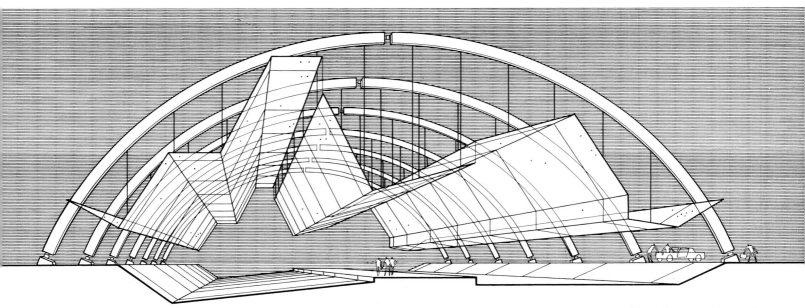

Kreisförmige erdverankerte Bögen mit abgehängter freigestalteter Dachkonstruktion   Form der Stützlinie: unregelmäßiges Polygon   Scheitelhöhe = ⅓ Spannweite
segmental foundation arches with suspended free-form roof structure   funicular curve: irregular polygon   arch rise = ⅓ span

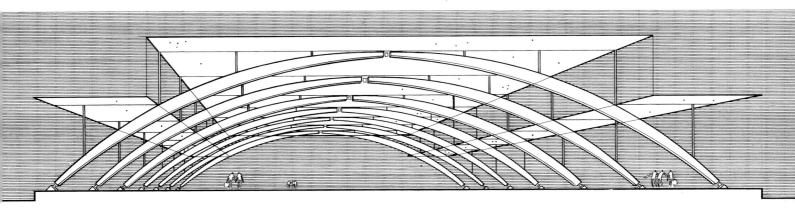

erdverankerte Bögen mit aufgesetzter horizontaler Dachkonstruktion   Form der Stützlinie: parabolisches Polygon   Scheitelhöhe = ⅕ Spannweite
foundation arches supporting horizontal roof structure atop   funicular curve: parabolic polygon   arch rise = ⅕ span

Grundlagen der räumlichen Stützgitter-Systeme
Tragmechanik und Tragwerkform als umgekehrtes Hängesystem

Basics of the 3-dimensional thrust lattice systems
Bearing mechanism and structure form as inverted suspension system

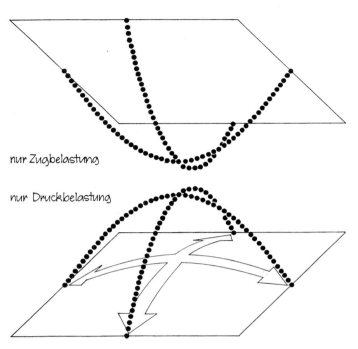

nur Zugbelastung

nur Druckbelastung

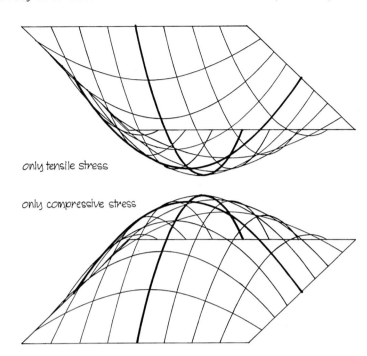

only tensile stress

only compressive stress

3-dimensionale Lastabtragung und Raumüberspannung durch Kreuzung zweier Stützbögen (bzw. Tragseile) in zwei Achsen

3-dimensional load transfer and space spanning through crossing two funicular arches (alternately suspension cables) in two axes

Bildung einer Viereck-Maschenstruktur durch Parallelreihung und gegenseitige Durchdringung der Bogen- (bzw. Hänge-) Linien

Formation of a quadrangular mesh pattern through parallel juxtaposition and interpenetration of arch (alternately suspension) lines

Auflagerkräfte im Hängenetz und Stützgitter
Forces at supports of suspension net and thrust lattice

Die optimale Bogenform unter Eigengewicht ist die Stützlinie (Drucklinie). Die Stützlinie ist die umgekehrte Kettenlinie (Hängelinie)

Die am Auflager entstehenden Kräfte des Stützgitters entsprechen den Kräften im Hängenetz. D.h., die Bogenkräfte und der Horizontalschub sind umgekehrt proportional zur Scheitelhöhe

The optimum arch form under dead load is the funicular line (thrust line). The funicular arch is the inverted catenary

The forces acting upon the supports of the thrust lattice match with the like forces in the suspension net. I.e., the arch force and the horizontal thrust are inversely proportional to the arch rise

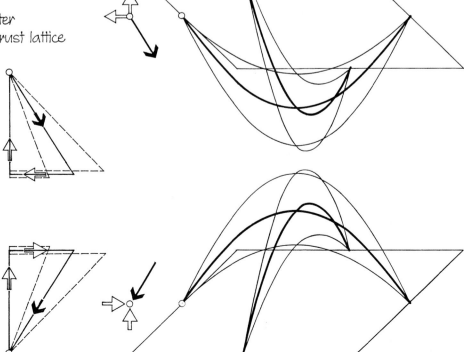

Biegebeanspruchung des Stützgitters

Abweichung von Stützlinie / Deviation from funicular thrust line

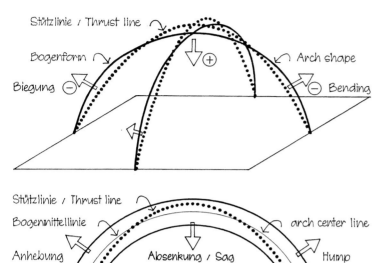

Stützlinie / Thrust line

Bogenform

Arch shape

Biegung ⊖ ⊕ ⊖ Bending

Stützlinie / Thrust line

Bogenmittellinie

arch center line

Anhebung Absenkung / Sag Hump

Abweichung der Bogenmittellinie von der Stützlinie erzeugt Kräfte quer zur Achse und damit Biegebeanspruchung des Querschnittes

Deviation of the arch center line from the funicular thrust line produces forces normal to the axis and thus bending stresses in the arch section

Bending stressing in the vaulted thrust lattice

Zusatz-Last / Additional load

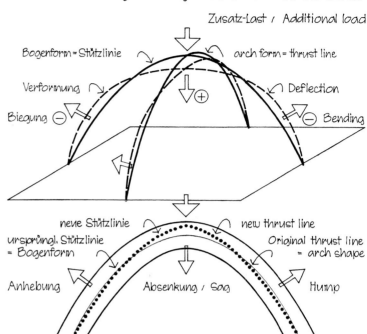

Bogenform = Stützlinie

arch form = thrust line

Verformung

Deflection

Biegung ⊖ ⊕ ⊖ Bending

neue Stützlinie

new thrust line

ursprüngl. Stützlinie = Bogenform

Original thrust line = arch shape

Anhebung Absenkung / Sag Hump

Bei zusätzlichen Lasten entspricht die Stützlinien-Bogenform nicht mehr dem neuen Belastungszustand. Im Bogen entsteht Biegung.

Under additional loading the funicular arch form no longer matches with the new load condition resulting in bending of the arch section

Widerstandsmechanik des Stützgitters bei Zusatzlasten / Resistance mechanics of thrust lattice under additional loading

Unterschied zwischen Parallelsystem und Gittersystem bei Punktbelastung
Difference between parallel system and lattice system under point loading

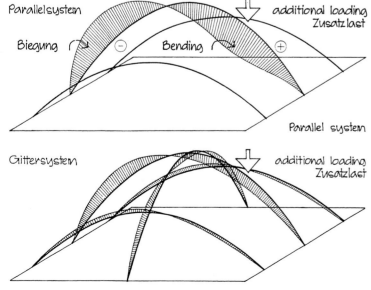

Parallelsystem

additional loading
Zusatzlast

Biegung ⊖ Bending ⊕

Parallel system

Gittersystem

additional loading
Zusatzlast

Durch kreuzweise Durchdringung mit steifen Verbindungen nehmen auch die unbelasteten Stützbögen an der Widerstandsmechanik gegen Verformungen teil

Due to crosswise interpenetration and rigid connection, also the arches without loading are drawn into the resistance mechanics against deformations

Widerstand des Gesamtsystems im Stützgitter bei zusätzlicher Belastung
Resistance of total system in the thrust lattice under additional loading

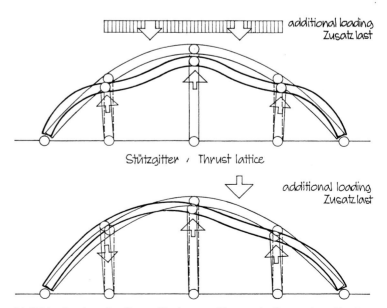

additional loading
Zusatzlast

Stützgitter / Thrust lattice

additional loading
Zusatzlast

Die Widerstandsmechanik resultiert aus: Biegung der Bogenachse, Torsion des Bogenquerschnittes, Verschiebung des Kreuzungs-(Maschen-) Winkels

The resistance mechanics results from: Bending of arch axis, torsion of arch cross section, wrenching of intersection angles (mesh angles)

Formentwicklungen von Hängeflächen und Stützflächen
Form developments of suspension surfaces and thrust surfaces

Mit einem Gitter ebenen quadratischen Zuschnittes (in orthogonaler Abwicklung) und gleicher Maschengröße lassen sich durch rhombische Verformung der Maschen analog zum Hängenetz Stützflächen mit unterschiedlichen Scheitelhöhen bilden

With a lattice of flat square geometry (as orthogonal development) and uniform mesh size, analogous to the suspension net, funicular thrust surfaces with varying rises can be generated by modifying the rhomb shape of the mesh

Stützgitter: Definition und Merkmale   Funicular thrust lattice: Definition and characteristics

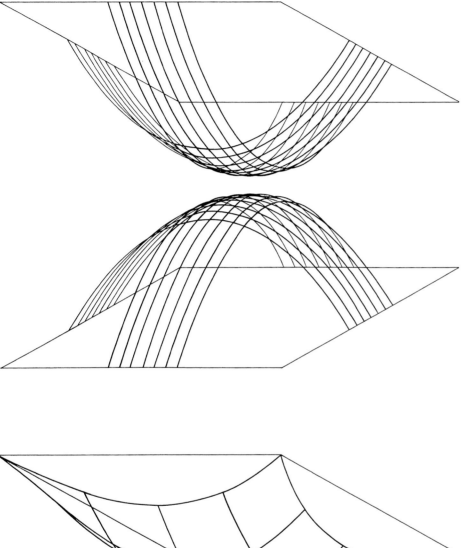

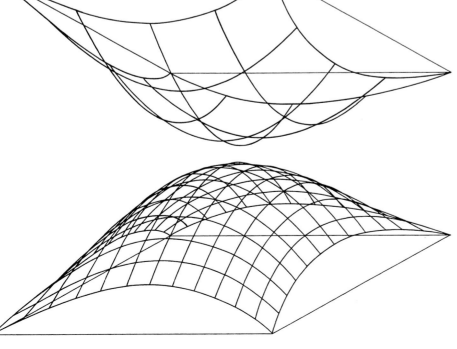

Definition

Das Stützgitter ist ein räumlich gekrümmtes flächiges Maschen-Tragwerk mit durchläufigen Linienelementen in dem die Lasten durch Stützmechanismus in zwei Achsen abgetragen werden

The funicular thrust lattice is a doubly curved planar mesh structure with continuous lineal members, in which the loads are transmitted into two dimensions through thrust mechanics

Merkmale

Zwei Scharen von Stützbögen

Das Tragsystem wird gebildet aus zwei Scharen einander durchdringender Stützbogen-Linien. Die Linienelemente müssen wie beim unabhängigen Stützbogen biegesteif gegenüber Sekundär-Lasten sein

Gleiche Maschengröße

Die Durchdringung der Bogenlinien muß so erfolgen, daß Maschen mit gleichen Seitenlängen (= gleichen Knotenabständen für alle Bogenlinien) entstehen

Unterschiedliche Maschenwinkel, fixiert

Die Gesamtform des Tragsystems wird, außer durch die Bogenkrümmungen, durch die einzelnen Maschenwinkel bestimmt. Zur Erhaltung der Strukturform muß daher die Fixierung der Maschenwinkel sichergestellt sein

Umgekehrte Hängeform

Die optimale Stützgitterform kann empirisch durch Umkehrung des entsprechenden Hängesystems mit gleichmaschigem Netz gewonnen werden

Characteristics

Two sheaves of funicular arches

The structure system is formed by two sheaves of funicular arch lines interpenetrating each other. The lineal members, as with the independant funicular arch, must be bending-resistant against secondary loads

Equal mesh size

The interpenetration of arch lines must be in such a way that meshes with equal side length (= equal knot distances in all arch lines) will result

Differing mesh angles, fixed

The overall shape of the structure is determined not only by the arch curvatures, but also by the individual mesh angles. Thus, for maintaining the structure form, the fixing of mesh angles is prerequisite

Inverted suspension shape

The optimum shape for the thrust lattice can be developed empirically by inverting the analogous suspension system with uniform meshes

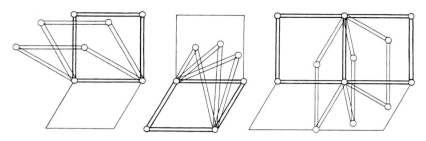

Formsteuerung durch Maschenwinkel / Form manipulation through mesh angle

Geometrie des gleichmaschigen Gitters
Geometry of the lattice with uniform meshes

Die gleichseitige Gittermasche ist das Grundelement der Stützgitter-Geometrie. Die (theoretisch) flexiblen Maschenknoten ermöglichen Gitterflächen jeder Formgebung

The equilateral lattice mesh is the basic element of the vaulted lattice geometry. The (theoretically) flexible knots allow for lattice surfaces of any shape

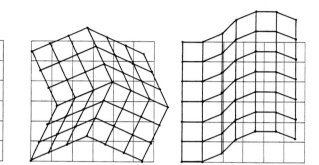
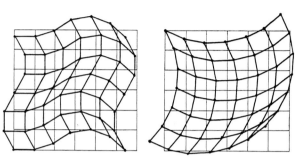

Flexibilität der gleichmaschigen Struktur im ebenen Gitter

Flexibility of the uniform mesh pattern in the plane lattice

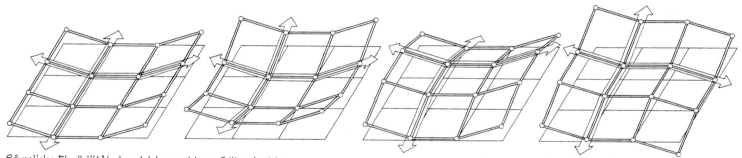

Räumliche Flexibilität der gleichmaschigen Gitterstruktur

3-dimensional flexibility of the uniform mesh lattice

Verschiebung der Maschenknoten im quadratischen Stützgitter

Dislocation of the mesh knots in the square thrust lattice

Doppelte Krümmung des Randbogens im Stützgitter: Ableitung vom Hängenetz
Double curving of boundary arch in thrust lattice: Derivation from suspension net

Zwei gegenüberliegende, einfach aufgehängte Randseile werden durch eingehängte Tragseile in Richtung der angreifenden Seilkräfte bewegt

Entsprechend dem abnehmenden Angriffswinkel entsteht eine Krümmung in Ebene der Tragseile

Analog wird das zweiseitig aufgehängte Randseil zusätzlich in Projektion der Tragseile gekrümmt

Two opposite, singly suspended edge cables, when interlocked with load cables, will follow the direction of acting cable forces

According to the decreasing angle of load onset a curving in the plane of load cables will develop

Analogously, an end-suspended edge cable will also be curved in projection of load cables

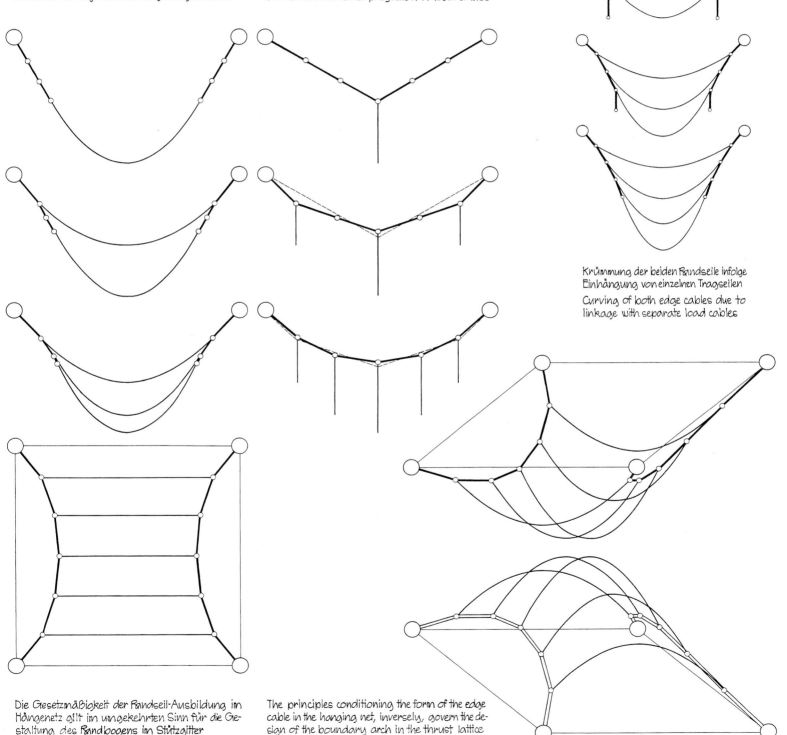

Krümmung der beiden Randseile infolge Einhängung von einzelnen Tragseilen

Curving of both edge cables due to linkage with separate load cables

Die Gesetzmäßigkeit der Randseil-Ausbildung im Hängenetz gilt im umgekehrten Sinn für die Gestaltung des Randbogens im Stützgitter

The principles conditioning the form of the edge cable in the hanging net, inversely, govern the design of the boundary arch in the thrust lattice

Hauptbogen
main arch

Maschenknoten
mesh knot

wahre Bogenform
true arch shape

Randbogen
edge arch

Angenäherte geometrische Formfindung für das gleichmaschige Stützgitter

Approximate geometric delineation of the thrust lattice with uniform meshes

Alle Bögen haben die gleiche Lauflänge. Die Stützlinienform wird zur Vereinfachung als Parabel konstruiert

Mit der Wahl der beiden sich kreuzenden senkrechten Hauptbögen werden Tragwerk-Grundform, Bogen-Lauflänge und Maschenteilung festgelegt

Die Randbögen werden in eine Ebene gelegt, deren Neigung größer ist als die Endtangente der Hauptbögen

All arches have the same lineal length. The funicular arch configuration, the thrust line, for simplicity will be delineated as a parabola

With the choice of the two main arches crossing each other the structural form basis, the lineal arch length and the mesh division are determined

The edge arches are laid out in a plane having an inclination larger than the final tangent of the main arches

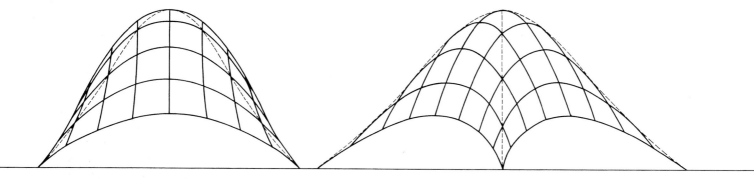

Vervollständigung des Maschengitters durch Einfügung von Zwischenbögen

Completion of the mesh lattice through insertion of intermediate arches

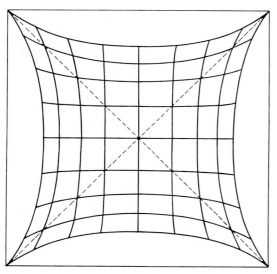

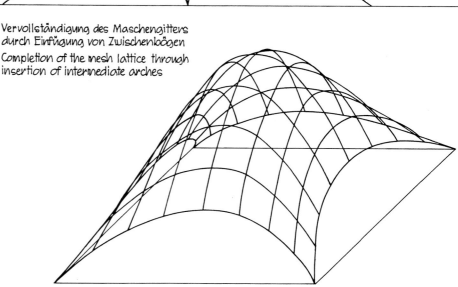

Haupttypen der Ausbildung des Stützgitter-Randes   Major types of boundary design in the funicular thrust lattice

Geschlossener ebener Randschnitt / Closed flat boundary cut

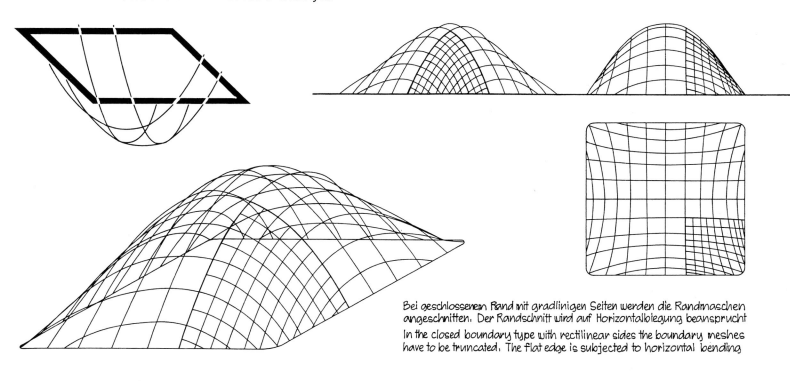

Bei geschlossenem Rand mit gradlinigen Seiten werden die Randmaschen angeschnitten. Der Randschnitt wird auf Horizontalbiegung beansprucht

In the closed boundary type with rectilinear sides the boundary meshes have to be truncated. The flat edge is subjected to horizontal bending

Offener Maschenbogen-Rand / Open mesh arch boundary

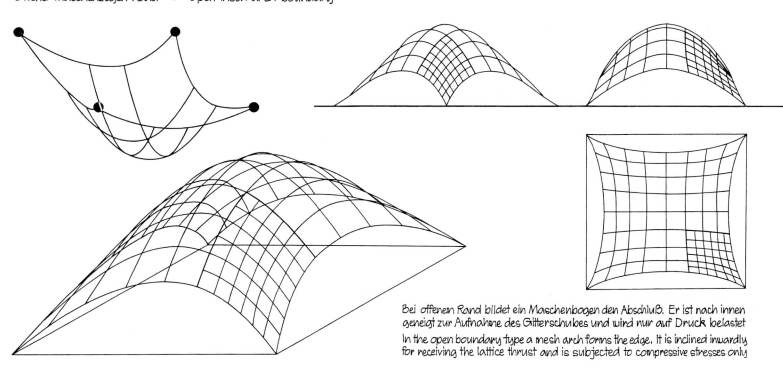

Bei offenem Rand bildet ein Maschenbogen den Abschluß. Er ist nach innen geneigt zur Aufnahme des Gitterschubes und wird nur auf Druck belastet

In the open boundary type a mesh arch forms the edge. It is inclined inwardly for receiving the lattice thrust and is subjected to compressive stresses only

Stützflächen-Geometrie bei veränderter Lastabtragung   Geometry of thrust surface with altered load transfer

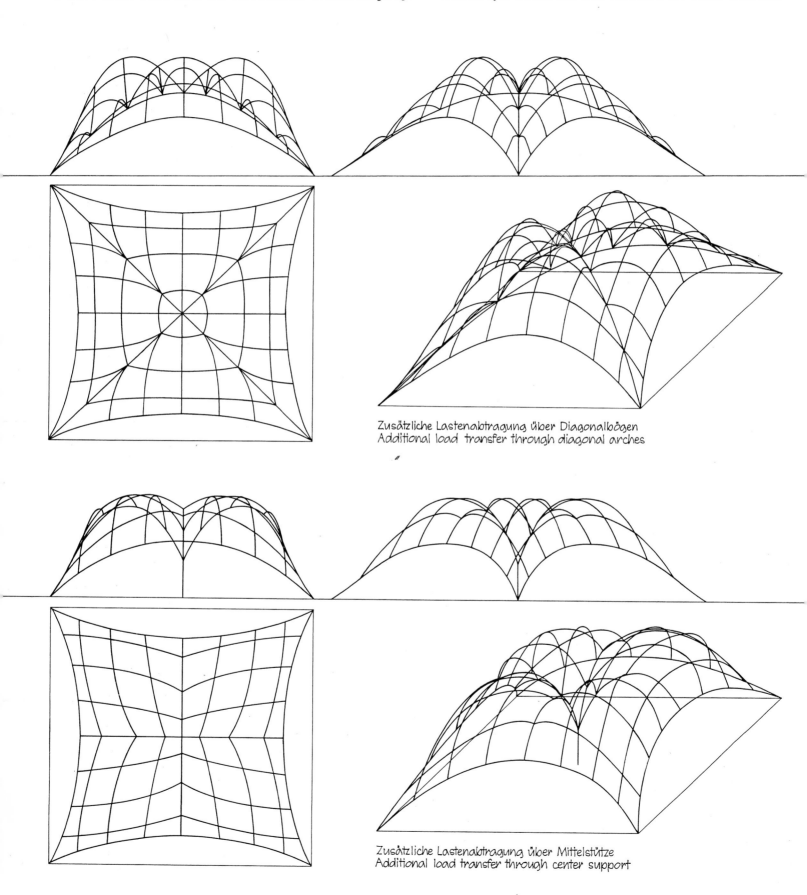

Zusätzliche Lastenabtragung über Diagonalbögen
Additional load transfer through diagonal arches

Zusätzliche Lastenabtragung über Mittelstütze
Additional load transfer through center support

Stützgitter-Systeme mit ebenem Randschnitt-Abschluß
gegliedert durch Flächen-Einschnürung

Thrust lattice systems with level-cut edge definition
articulated through surface indentation

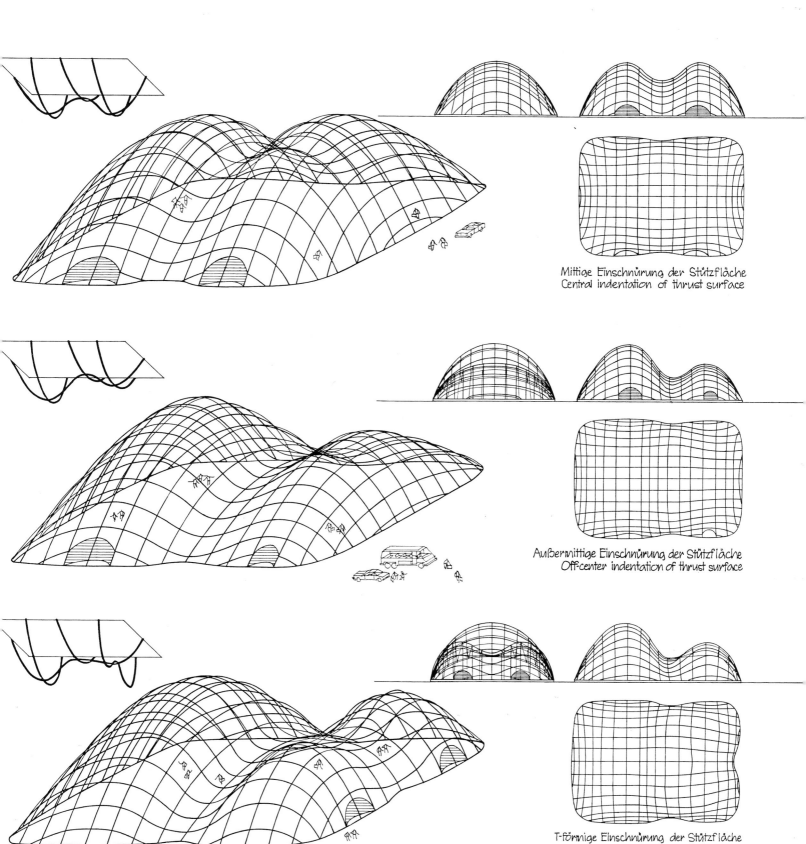

Mittige Einschnürung der Stützfläche
Central indentation of thrust surface

Außermittige Einschnürung der Stützfläche
Offcenter indentation of thrust surface

T-förmige Einschnürung der Stützfläche
T-shaped indentation of thrust surface

Stützgittersysteme mit Maschenbogen als Randabschluß
und als Gitter-Unterteilung

Thrust lattice systems with mesh arch as edge definition
and as lattice subdivision

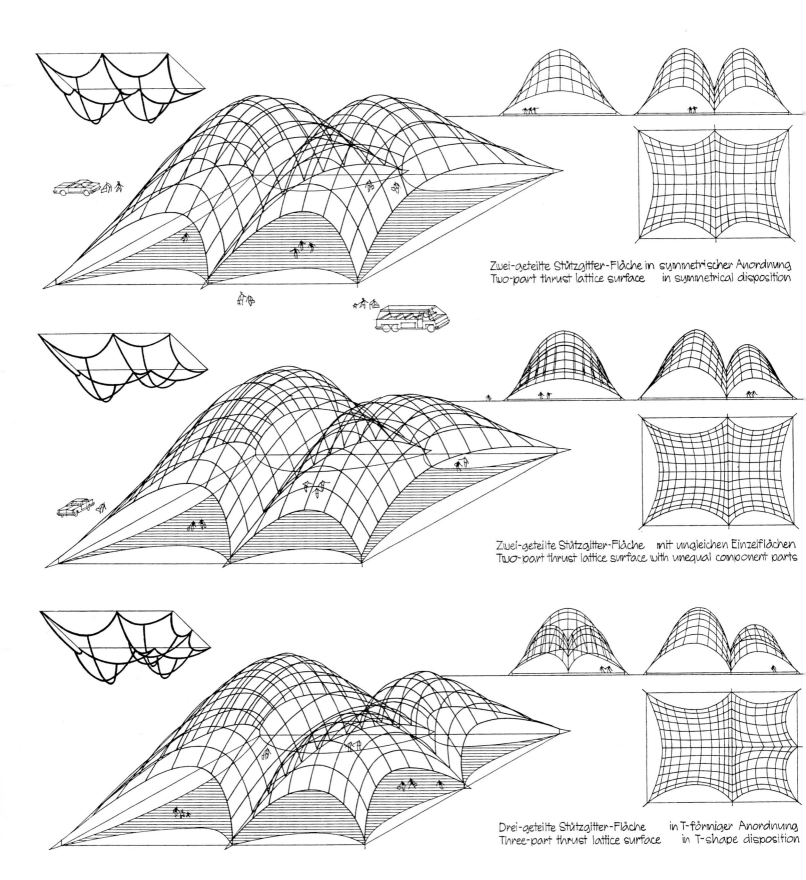

Zwei-geteilte Stützgitter-Fläche in symmetrischer Anordnung
Two-part thrust lattice surface   in symmetrical disposition

Zwei-geteilte Stützgitter-Fläche   mit ungleichen Einzelflächen
Two-part thrust lattice surface with unequal component parts

Drei-geteilte Stützgitter-Fläche   in T-förmiger Anordnung
Three-part thrust lattice surface   in T-shape disposition

Stützgitter-Systeme für unregelmäßige Grundrißgestaltung   Thrust lattice for free-form design of floor plan

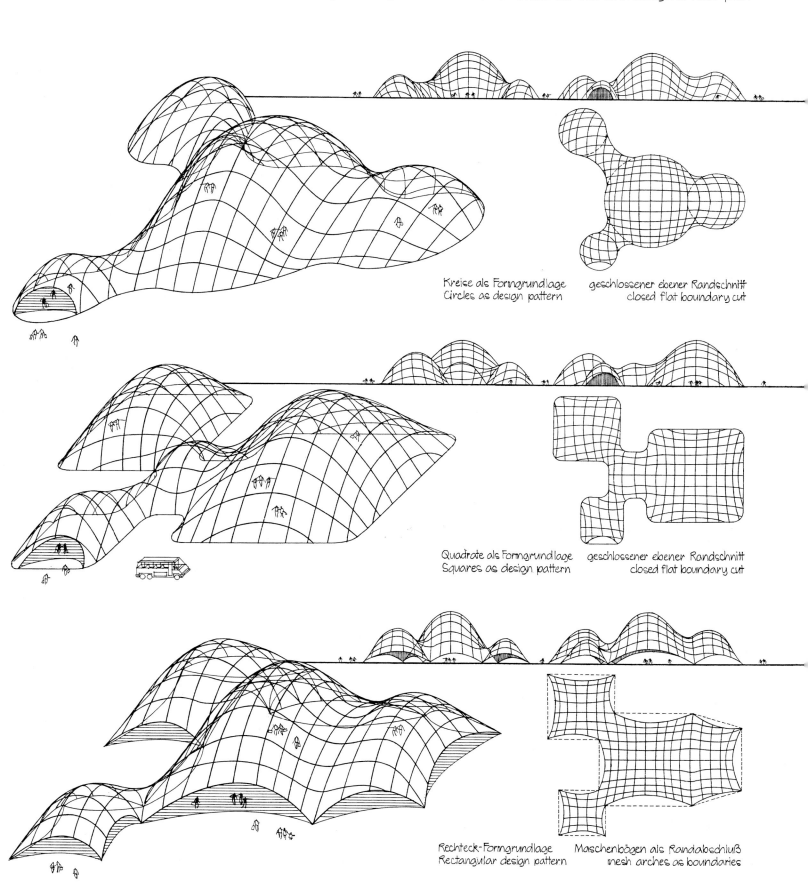

Kreise als Formgrundlage   geschlossener ebener Randschnitt
Circles as design pattern   closed flat boundary cut

Quadrate als Formgrundlage   geschlossener ebener Randschnitt
Squares as design pattern   closed flat boundary cut

Rechteck-Formgrundlage   Maschenbögen als Randabschluß
Rectangular design pattern   mesh arches as boundaries

Vektoraktive Tragsysteme
Vector-active Structure Systems

2

Kurze, feste, geradlinige Elemente, d. h. Stäbe, sind Konstruktionsglieder, die wegen ihres geringen Querschnittes im Verhältnis zur Länge nur Kräfte in Stabrichtung, d. h. Normalkräfte (Zug und/oder Druck) übertragen können: Druck- und Zugstäbe.

Druck- und Zugstäbe im Dreiecksverband bilden ein stabiles in sich geschlossenes Gefüge, das bei entsprechender Auflagerung unterschiedliche und asymmetrische Lasten an die äußeren Endpunkte abträgt.

Druck- und Zugstäbe, in bestimmter Weise geordnet und zusammengefügt zu einem System mit gelenkigen Knotenpunkten, bilden Mechanismen, die Kräfte umlenken und Lasten über weite Räume stützenfrei abtragen können: vektoraktive Tragsysteme (Vektor = Linie, die Größe und Richtung der Kraft darstellt).

Kennzeichen der vektoraktiven Tragsysteme ist der Dreiecksverband.

Vektoraktive Tragsysteme bewirken die Kraftumlenkung, indem sie die äußeren Kräfte mittels zweier oder mehrerer Stäbe in verschiedene Richtungen aufspalten und sie durch geeignete Gegenkräfte, Vektoren, im Gleichgewicht halten.

Die Stellung der Stäbe gegenüber der Richtung des äußeren Kraftangriffes in vektoraktiven Tragsystemen bestimmt die Größe der Vektorkräfte in den Stäben. Günstig ist ein Winkel von 45°–60° gegenüber der Kraftrichtung; er bewirkt eine wirksame Umlenkung mit geringen Vektorkräften.

Vektoraktive Tragsysteme sind Stabgefüge, deren Wirkungsweise auf einem vielgliedrigen Zusammenspiel von einzelnen Zug- und Druckelementen beruht.

Kenntnis, wie Kräfte durch Vektorenspaltung umgelenkt und Vektorkräfte selbst in ihrer Größenordnung kontrolliert werden können, ist unerläßliche Voraussetzung für die Entwicklung von Tragwerkideen auf vektoraktiver Grundlage.

Da Kräftezerlegung und Kräftezusammensetzung im Grund der Kern jeder physisch-mechanischen Umbildung und daher Wesen des Entwurfes jedes Tragmechanismus ist, betreffen die Grundlagen der vektoraktiven Mechanismen nicht nur Fachwerksysteme, sondern jedes Formgebilde, das die Aufgabe hat, Kräfte umzulenken, um Freiraum zu schaffen.

Kraftumlenkung durch Vektorenmechanismus muß nicht nur in einer Ebene und Lastabtragung nicht nur in einer Achse erfolgen. Kräftespaltung kann sich sowohl in gekrümmten Flächen als auch in dreidimensionaler Richtung vollziehen.

Durch Anordnung von Stäben in einfach oder doppelt gekrümmten Flächen wird der Vorteil der formaktiven Kraftumlenkung integriert und dadurch ein zusammenhängender Trag- und Widerstandsmechanismus geschaffen: gekrümmte Fachwerksysteme.

Durch zweiachsige Ausbreitung von Stabsystemen im Dreiecksverband entsteht das ebene Raumfachwerk.

Kenntnis der Raumgeometrie, der Systematik der Vielflächner und der Gesetzmäßigkeit der sphärischen Trigonometrie ist Voraussetzung für die Anwendung der vielfältigen Gestaltungsmöglichkeiten räumlicher Fachwerke.

Vektoraktiver Umlenkungsmechanismus kann auch auf andere Tragsysteme angewandt werden, besonders wenn diese wegen zu großen Eigengewichtes an die Grenzen der Unausführbarkeit gelangt sind. Stützbögen, Rahmen oder Schalen können also auch als Fachwerksystem ausgebildet werden.

Vektoraktive Tragsysteme können hinsichtlich ihrer Kräfteverteilung auch mit denjenigen kompakten Tragwerken verglichen werden, denen sie ihrer äußeren Form nach entsprechen: in einem beidseitig unterstützten Fachwerkträger mit Parallelgurten ähneln die Stabkräfte hinsichtlich Richtung und Größenrelation den inneren Kräften eines Balkenträgers auf zwei Stützen.

Wegen der hohen Wirksamkeit gegenüber wechselnden Lastbedingungen und wegen der Zusammensetzung aus kleimaßstäbli-chen, geradlinigen Elementen eignen sich vektoraktive Gefüge hervorragend als vertikale Tragsysteme für Hochhäuser.

Vektoraktive Systeme haben große Vorteile als senkrechte Tragsysteme für Hochhäuser. In geeigneter Zusammensetzung können sie die statischen Funktionen linearer Lastenbündelung, direkter Lastenabtragung und seitlicher Windaussteifung kombinieren.

Wegen ihrer unbegrenzten Möglichkeiten, mit standardisierten Elementen bei geringster Raumbehinderung sich in drei Dimensionen auszubreiten, sind vektoraktive Tragsysteme die geeignete Tragform für die dynamischen Stadtgebilde der Zukunft.

Vektoraktive Tragsysteme sind Voraussetzung für ein breites Eindringen des Städtebaues in die dritte Dimension der Höhe. Nur durch vektoraktive Raumtragwerke kann die technische Erschließung des dreidimensionalen Raumes im urbanen Maßstab erfolgen.

Kenntnis der vektoraktiven Tragsysteme ist also nicht nur Wissensgrundlage für den Entwerfer von Hochhäusern, sonder auch für den Planer zukünftiger dreidimensionaler Stadtstrukturen.

Vektoraktive Tragsysteme sind in ihrer skelettartigen Transparenz überzeugender Ausdruck des Erfindungsgeistes, Kräfte zu manipulieren und Schwerkraft zu meistern.

Wegen der bislang rein ingenieursmäßigen Behandlung der Fachwerke ist das ästhetische Potential der vektoraktiven Systeme bis heute ungenutzt geblieben. Ihre Anwendung im Hochbau ist daher gekennzeichnet durch hohes Leistungsvermögen einerseits und durch Vernachlässigung der gestalterischen Möglichkeiten andererseits.

Mit der Entwicklung klarer, akzentuierter Knotenpunkte und einfacher, schlanker Stabquerschnitte werden Dreiecksverband und Fachwerksystem im zukünftigen Bauen auch ästetisch gemeistert werden und jene formbestimmende Rolle spielen, die ihnen aufgrund von Gestaltungspotential und Leistungsfähigkeit zukommt.

Short, solid, straight-line elements, i. e. lineal members are structural components that because of their small section in comparison to their length can transmit only forces in direction of their length, i. e. normal stresses (tension and/or compression): compressive and tensile members.

Compressive and tensile members in triangular assemblage form a stable composition complete in itself, that, if suitably supported, receives asymmetrical and changing loads and transfers them to the ends.

Compressive and tensile members, arranged in a certain pattern and put together in a system with hinged joints, form mechanisms that can redirect forces and can transmit loads over long distances without intermediate supports: vector-active structure systems (Vector = line representing magnitude and direction of the force).

Distinction of vector-active structure systems is the triangulated assemblage of straight-line members: triangulation.

Vector-active structure systems effect redirection of forces in that external forces are split up into several directions by two or more members and are held in equilibrium by suitable counter forces.

The position of truss members in relation to the external stress direction determines in vector-active structure systems the magnitude of vector stresses in the members. Suitable is an angle between 45°–60° to the direction of force; it achieves effective redirection with relatively small vector forces.

Vector-active structure systems are multicomponent systems, the mechanism of which rests upon the concerted action of individual tensile and compressive members.

Knowledge of how forces can be made to change direction by means of vector fissure and how the magnitude of vector forces themselbes can be checked is indispensable prerequisite for the evolution of structure ideas on a vector-active basis.

Since resolution and combination of forces is basically the core of any physico-mechanical transformation and consequently the essence of the design of any bearing mechanism, the basics of the vector-active mechanisms concern not only the truss systems but any form creation that is intended to redirect forces in order to provide open space.

Redirection of forces through vector mechanism has not necessarily to occur in but one plane, nor load distribution in but one axis. Fissure of forces can be also accomplished both in curved planes or three-dimensional directions.

By arranging the members in singly or doubly curved planes the advantage of form-active redirection of forces is integrated and thus a cohesive load-carrying and stress resisting mechanism is set up: curved truss system.

Biaxial expansion of triangulated lattice girders leads to the planar space truss.

Knowledge of space geometry, the systematics of polyhedra and the laws of spherical trigonometry is prerequisite for utilizing the multiple design possibilities of space trusses.

The mechanism of vector-active redirection of forces can be applied also to other structure systems, especially if these, because of dead weight increase, have reached the limits of feasibility. Thus arches, frames, or shells can also be designed as trussed systems.

With regard to the distribution of stresses vector-active structure systems can be compared with those compact structures that have the same shape: in a simply supported trussed girder with parallel chords the member stresses with regard to direction and relative magnitude are similar to the inner stresses of a straight beam likewise supported at both ends.

Since vector-active compositions are very efficient with respect to changing load conditions and since they are composed of small-scale, straight-line elements, they are eminently suited to form vertical structure systems for highrise buildings.

Vector-active systems have great advantages as vertical structure systems for highrise buildings. Composed in a suitable pattern they can combine the structural functions of linear load collection, direct load transmission, and lateral wind stability.

Vector-active structure systems, because of their unlimited possibilitiy for three-dimensional expansion with standardized elements at a minimum of space obstruction, are the suitable structure form for the dynamic cities of the future.

Vector-active structure systems are prerequisite for a broad intrusion of city planning into the third dimension of height. Only through vector-active space structures can full technical seizure of three-dimensional space be achieved on urban scale.

Knowledge of vector-active structure systems therefore is not only basic to the designer of highrise buildings, but also for the planner of future three-dimensional city structures.

Vector-active structure systems in their skeletal transparency are convincing expression of man's inventive genius of manipulating forces and mastering gravity.

Because of the purely technical treatment of trusses to date, the aesthetic potential of vector-active systems has remained unused. The employment of vector-active structure systems in building construction therefore is characterized by high-level structural performance on the one hand and low-level aesthetic refinement on the other.

With the development of clean, accentuated joints and simple, lean member sections, triangulated structure and truss systems in future building will be also mastered aesthetically and will play that form-determining role which design potential and structural quality deserve.

Definition

VEKTORAKTIVE TRAGSYSTEME sind Tragsysteme aus festen, geraden Linienelementen (Stäben), in denen die Kraftumlenkung durch VEKTOR-TEILUNG, d.h. durch MEHRGLIEDRIGES AUFSPALTEN DER KRÄFTE bewirkt wird

VECTOR-ACTIVE STRUCTURE SYSTEMS are structure systems of solid straight line elements (bars, rods), in which the redirection of forces is effected through VECTOR PARTITION, i.e. through MULTI-DIRECTIONAL SPLITTING OF FORCES

Kräfte / Forces

Die Systemglieder (Gurte, Stäbe) werden dabei zu einem Teil auf Druck, zum anderen Teil auf Zug belastet: SYSTEME IM KOOPERATIVEN DRUCK- UND ZUGZUSTAND

The system members (chords, web members) are subjected with one part to compression, with the other part to tension: SYSTEMS IN COACTIVE COMPRESSION AND TENSION

Merkmale / Features

Die typischen Struktur-Merkmale sind: DREIECK-VERBAND und KNOTEN-VERBINDUNG

The typical structure features are: TRIANGULATION and POINT CONNECTION

Bestandteile und Bezeichnungen / Components and denominations

| 2.1 | Ebene Fachwerkbinder — Flat trusses

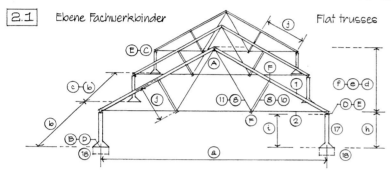

| 2.2 | Übertragene ebene Fachwerke — Transmitted flat trusses

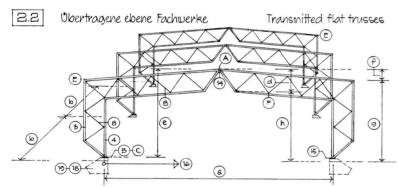

| 2.3 | Gekrümmte Fachwerke — Curved trusses

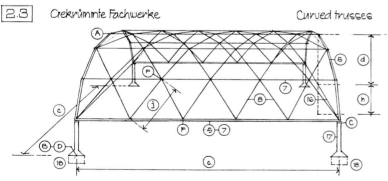

| 2.4 | Raumfachwerke — Space trusses

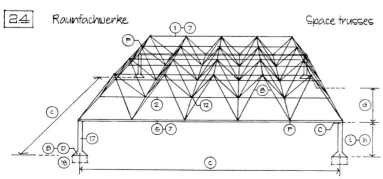

System-Glieder / System members

①	Obergurt	Top chord
②	Untergurt	Bottom chord
③	Außengurt	Outside chord
④	Innengurt	Inside chord
⑤	Randgurt	Edge chord, boundary chord
⑥	Quergurt	Cross chord
⑦	Längsgurt	Longitudinal chord
⑧	Gitterstab, Stab	Web member, bar, rod
⑨	Diagonalstab, Strebe	Diagonal (member), strut
⑩	Druckstab, Druckglied	Compression member (rod, bar)
⑪	Zugstab, Zugglied	Tension member (rod, bar)
⑫	Knoten, Knotenverbindung	Spot joint, point connection
⑬	Gelenk	Hinge, pin joint
⑭	Scheitelgelenk	Crown hinge, top hinge
⑮	Fußgelenk	Base hinge
⑯	Zuganker, Zuganker	Tie rod, tieback
⑰	Stütze	Column, support
⑱	Fundament, Gründung	Foundation, footing
⑲	Widerlager	Buttress
⑳	Auflager	Bearing, support
㉑	Einspann-Auflager	Fixed-end bearing
㉒		
㉓		

Topografische Systempunkte / Topographical system points

Ⓐ	Scheitelpunkt	Peak, top, crown
Ⓑ	Fußpunkt, Basispunkt	Base point
Ⓒ	Auflagerpunkt	Point of support, bearing point
Ⓓ	Einspannpunkt	Fixed-end point
Ⓔ	Traufpunkt	Eaves point
Ⓕ	Knotenpunkt	Connection point
Ⓖ		
Ⓗ		

Systemabmessungen / System dimensions

ⓐ	Stützweite, Spannweite	Span
ⓑ	Binderabstand	Spacing, frame distance
ⓒ	Stützenabstand	Column distance, c. spacing
ⓓ	Konstruktionshöhe	Depth (of construction)
ⓔ	Binderhöhe	Frame height
ⓕ	Neigungshöhe	Rise, pitch height
ⓖ	Traufhöhe	Eaves height
ⓗ	Lichte Höhe	Clear height, clearance
ⓘ	Stützenhöhe, Stützenlänge	Support height, column length
ⓙ	Stablänge	Rod length, bar length
ⓚ		
ⓛ		

2.1 Ebene Fachwerkbinder / Flat trusses

Obergurt-Systeme
Top chord systems

Untergurt-Systeme
Bottom chord systems

Zweigurt-Systeme
Two-chord systems

Überhöhte Systeme
Cambered systems

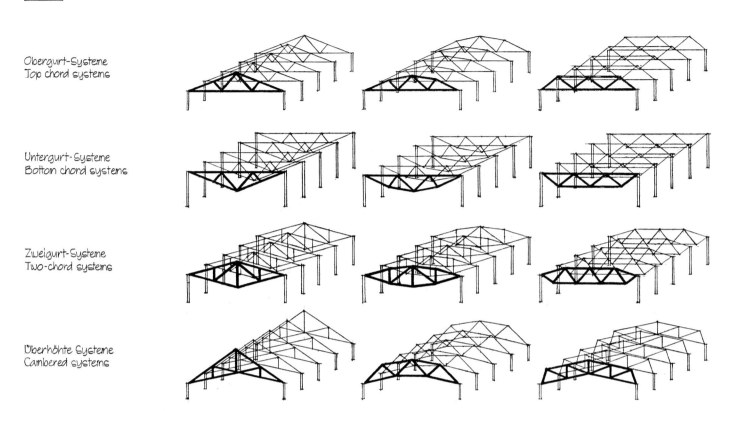

2.2 Übertragene ebene Fachwerke / Transmitted flat trusses

Lineare Systeme
Linear systems

Gefaltete Systeme
Folded systems

Durchdringungs-Systeme
Intersecting systems

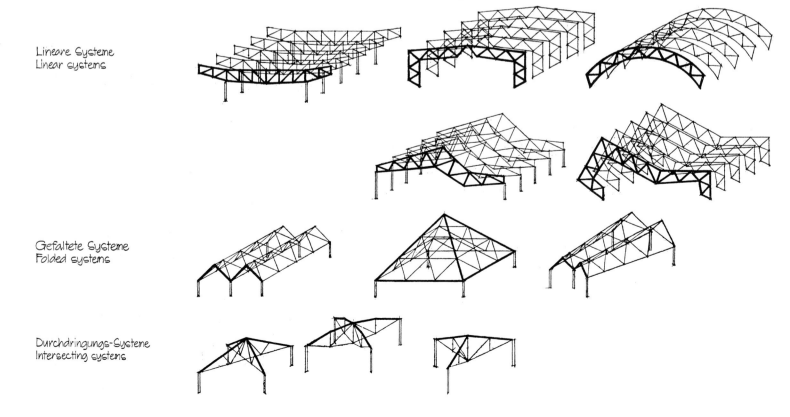

2.3 Gekrümmte Fachwerke / Curved trusses

Einfach gekrümmte Systeme
Singly curved systems

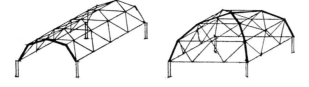

Sattelförmige Systeme
Saddle-shape systems

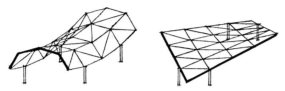

Kuppelförmige Systeme
Dome-shape systems

Sphärische Systeme
Spherical systems

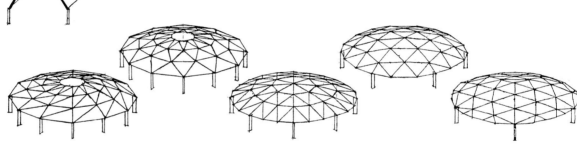

2.4 Raumfachwerke / Space trusses

Ebene Systeme
Flat systems

Gefaltete Systeme
Folded systems

Gekrümmte Systeme
Curved systems

Lineare Systeme
Linear systems

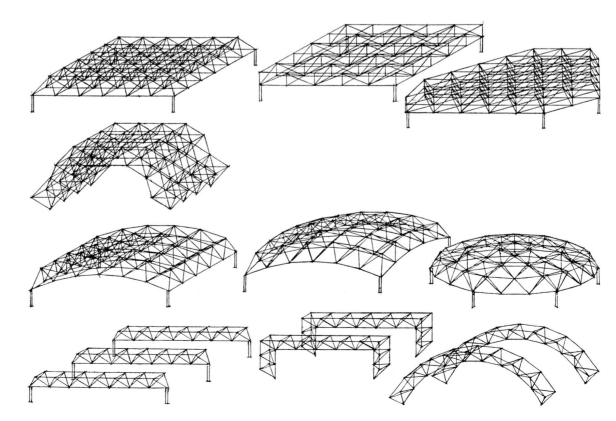

Anwendungen: Tragsystem - Baustoff - Spannweite   Applications: structure system - material - span

Tragsystem / Structure system	Primär-Baustoff / Primary material		Spannweiten in Metern / Spans in meters
Ebene Fachwerke **2.1** Flat trusses		Holz — wood	8 · 15 · 30 · 40
		Metall (Stahl) — metal (steel)	10 · 15 · 30 · 50
		Holz — wood	10 · 20 · 50 · 60
		Metall (Stahl) — metal (steel)	20 · 80 · 100
		Holz — wood	6 · 10 · 20 · 25
		Metall (Stahl) — metal (steel)	10 · 12 · 25 · 35
Umgesetzte ebene Fachwerke **2.2** Transmitted flat trusses		Holz — wood	15 · 20 · 50 · 60
		Metall (Stahl) — metal (steel)	15 · 25 · 100 · 120
		Holz — wood	8 · 12 · 25 · 40
		Metall (Stahl) — metal (steel)	10 · 20 · 80 · 130
		Holz — wood	8 · 15 · 35 · 45
		Metall (Stahl) — metal (steel)	15 · 60 · 80
Gekrümmte Fachwerke **2.3** Curved trusses		Holz — wood	8 · 12 · 25 · 30
		Metall (Stahl) — metal (steel)	10 · 20 · 80 · 90
		Holz — wood	8 · 12 · 25 · 30
		Metall (Stahl) — metal (steel)	10 · 20 · 80 · 90
		Holz — wood	20 · 40 · 60 · 200
		Metall (Stahl) — metal (steel)	20 · 50 · 120 · 500
Raum-fachwerke **2.4** Space trusses		Holz — wood	8 · 15 · 60 · 80
		Metall (Stahl) — metal (steel)	6 · 25 · 100 · 130
		Holz — wood	8 · 15 · 60 · 80
		Metall (Stahl) — metal (steel)	6 · 25 · 100 · 130
		Holz — wood	15 · 20 · 50 · 70
		Metall (Stahl) — metal (steel)	15 · 25 · 120 · 150

Span scale (meters): 0 · 5 · 10 · 15 · 20 · 25 · 30 · 40 · 50 · 60 · 80 · 100 · 150 · 200 · 250 · 300 · 400 · 500

Jedem Tragwerk-Typ ist ein spezifischer Spannungszustand seiner Tragglieder zu eigen. Hieraus ergeben sich für den Entwurf zwangsläufige Bindungen in der Wahl des Primär-Baustoffes und in der Zuordnung von Spannweiten

To each structure type a specific stress condition of its members is inherent. This essential trait submits the design of structures to rational affiliations in the choice of primary structural fabric and in the attribution of span capacity.

Fachwerkmechanismus   Vergleich mit anderen Mechanismen der Kraftumlenkung
truss mechanism   comparison with other mechanisms of redirecting forces

Fachwerksteifigkeit durch Dreiecksverband
truss rigidity   through triangulation of frame

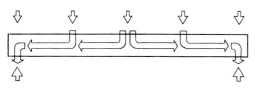

Umlenkung der Außenkräfte durch
steifen Materialquerschnitt

redirection of external forces through
rigid material section

Tragbalken-Mechanismus   beam mechanism

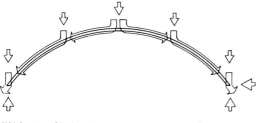

Umlenkung der Außenkräfte durch
geeignete Materialform

redirection of external forces through
suitable material form

Stützbogen-Mechanismus   arch mechanism

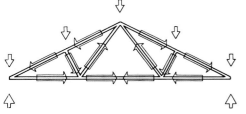

Umlenkung der Außenkräfte durch
geeignete Anordnung der Einzelstäbe

redirection of external forces through
suitable pattern of individual members

Fachwerk-Mechanismus   truss mechanism

Rahmen mit vier Eckgelenken ist nur
theoretisch im Gleichgewicht

frame with four corner hinges is only
theoretically in equilibrium

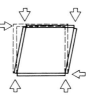

Unter einseitiger Belastung versagt das
System, wenn Ecken unversteift bleiben

under asymmetrical load the system will
fail as long as corners remain flexible

Diagonalstab verhindert Deformation.
Der Rahmen wird zum Fachwerk

diagonal member resists deflection.
the frame becomes a truss

Zweiter Diagonalstab erhöht Versteifung,
ist jedoch nicht nötig für Vektorwirkung

second diagonal member increases stiffness, but is not requisite for vector action

System der Vektorenspaltung   system of vector separation

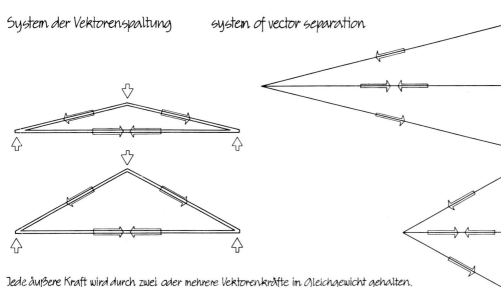

Konstruktionshöhe reduziert :
Die Stabkräfte werden größer, da ihre Komponente in Richtung der äußeren Kraft kleiner und wenlger wirksam wird

construction height reduced :
the member forces will increase because their
component in direction of external load will
decrease and become less efficient

Konstruktionshöhe vergrößert:
Die Stabkräfte werden geringer, da ihre
Komponente in Richtung der äußeren Kraft
größer und wirksamer wird

construction height increased:
the member forces will decrease because their
component in direction of external load will
increase and become more effective

Jede äußere Kraft wird durch zwei oder mehrere Vektorenkräfte im Gleichgewicht gehalten.
each external load will be held in balance by two or more vector forces

Einfluß der Konstruktionshöhe auf Belastung der Gitterstäbe   influence of construction height on stresses in web members

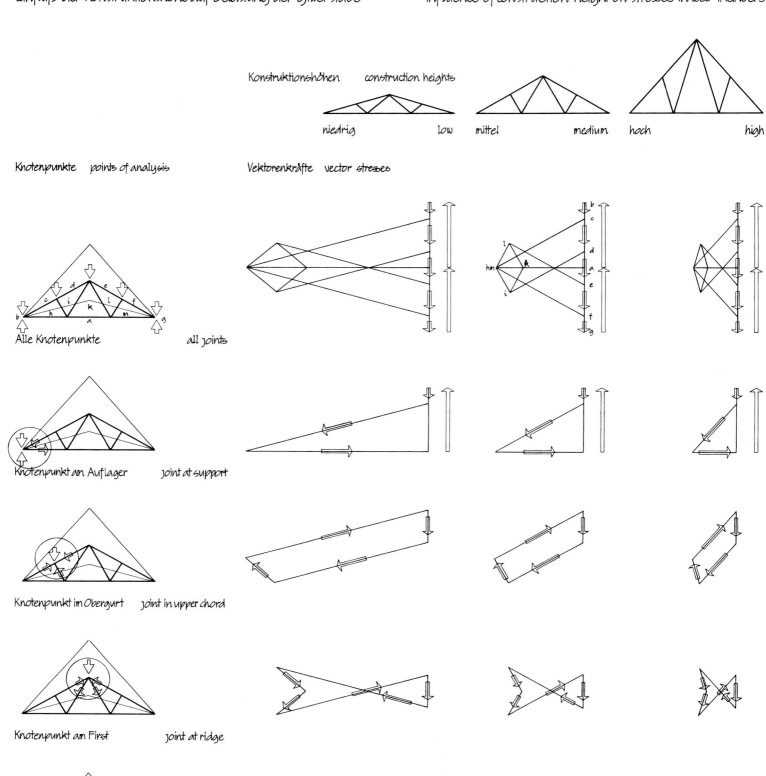

Konstruktionshöhen   construction heights

niedrig   low   mittel   medium   hoch   high

Knotenpunkte   points of analysis   Vektorenkräfte   vector stresses

Alle Knotenpunkte   all joints

Knotenpunkt am Auflager   joint at support

Knotenpunkt im Obergurt   joint in upper chord

Knotenpunkt am First   joint at ridge

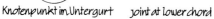

Knotenpunkt im Untergurt   joint at lower chord

Einfluß der Felderteilung auf das Spannungsbild
influence of panel division on stress distribution

Belgisches Fachwerk
Belgian truss

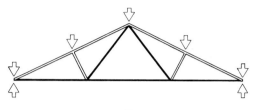

Aufteilung in 4 Felder
design with 4 panels

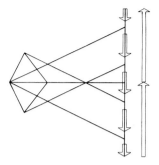

4 Felder   4 panels

Hauptspannungen (Druck) in Obergurtstäben
mit kritischen Knicklängen

main stressing (compression) in upper chord
members with critical buckling lengths

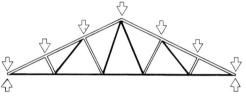

Aufteilung in 6 Felder
design with 6 panels

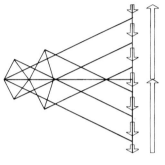

6 Felder   6 panels

Beträchtliche Verkürzung der Knicklängen
der Obergurtstäbe. Deutlicher Spannungs-
rückgang in den Diagonalstäben

considerable reduction of buckling length
in the upper chord. definite decrease of
stresses in diagonal members

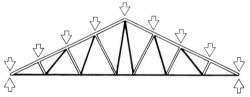

Aufteilung in 8 Felder
design with 8 panels

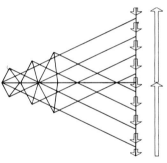

8 Felder   8 panels

Geringfügige Verkürzung der Knicklänge
der Obergurtstäbe. Kaum Spannungsrück-
gang in den Diagonalstäben

minor reduction of buckling length of upper
chord members. no sizeable decrease
of stresses in diagonal members

Vergleichsgrößen der einzelnen Stabspannungen
comparative stress magnitudes of members

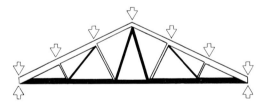

Einfluß der Gittergestaltung auf das Spannungsbild in den Knotenpunkten
influence of web design on stress distribution at joints

Gleichmäßige Belastung des Fachwerkes
uniform loading of truss

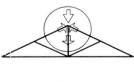
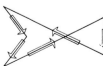
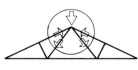
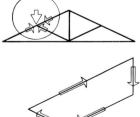
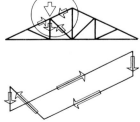

Trotz eines zusätzlichen Stabes erhöhen sich die Stabspannungen am
First wegen der unwirksameren Winkel der Zwischenstäbe

inspite of an additional web member the stresses at the ridge joint will
increase because of the less effective angle of web members

Trotz Vermehrung der Felder gehen die Stabspannungen am Knotenpunkt
kaum zurück wegen der Winkelveränderung der Zwischenstäbe

inspite of increase of panels the stresses in the members at the joint will
hardly decrease because of the different angle of web members

Einfluß des Binderprofiles auf Spannungsverteilung in den Gurten und Stäben

Influence of truss profile upon stress distribution in the chords and web members

Analog zur Kettenlinie kennzeichnet die Stützlinie den natürlichen, weil durch Schwerkraft bestimmten Verlauf von Druckkräften zu den Auflagern innerhalb homogener Tragmaterie. Durch Vergleich mit dem Binderprofil lassen sich daher Rückschlüsse auf die Belastungen innerhalb eines Binders ziehen

Allgemein gilt: Je größer der Abstand der Tragmaterie von der Stützlinie, desto geringer die Wirksamkeit der Kraftumlenkung und die Wirtschaftlichkeit

Analogously to the catenary, the funicular thrust line delineates the natural (i.e. determined by gravity) path of compressive forces to the supports within homogeneous structural fabric. From comparing it with the truss profile conclusions can be drawn regarding the stress distribution within the truss

The general rule is: The farther the distance of structural fabric from the funicular line, the lower the efficiency of force redirection and the economy

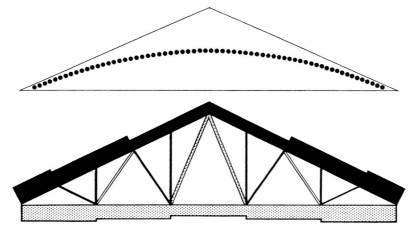

Dreieck-Binder

Nur an den Auflagern kommt das Binderprofil nahe an die Stützlinie heran. Hier wird die Kapazität der Gurte voll ausgenutzt; hier treten die maximalen Kräfte auf:

Kritische Kräftekonzentration im Bereich der Auflager

Double pitched truss

Only toward the supports, the truss profile approaches the funicular thrust line. Here, the capacity of the chords is fully utilized; here, maximum forces will develop:

Critical concentration of forces toward the supports

Druck / Compression

Zug / Tension

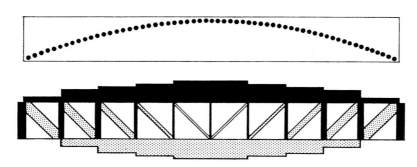

Parallelgurt-Binder

Nur im mittleren Bereich entspricht das Binderprofil der Stützlinie. Hier wird die Kapazität der Gurte voll ausgenutzt; hier treten die maximalen Kräfte auf:

Kritische Kräftekonzentration im mittleren Bereich

Parallel-chord truss

Only toward midspan, the truss profile corresponds with the funicular thrust line. Here, the capacity of the chords is fully utilized; here, maximum forces will develop:

Critical concentration of forces in midspan section

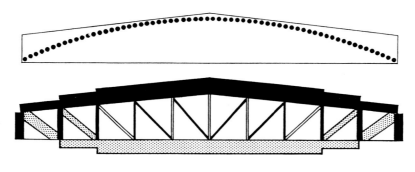

Trapezgurt-Binder

Das Binderprofil entspricht weitgehend der Stützlinie. Die Gurte werden über einen größeren Mittelbereich belastet; die Kräfte werden gleichmäßiger verteilt

Ausgeglichenere Kräfteverteilung mit Schwerpunkt in Bindermitte

Trapezoid-chord truss

The truss profile largely conforms with the funicular line. The chords are stressed in midspan over a much longer distance; forces are more evenly distributed:

Balanced distribution of forces culminating in midspan section

Ableitung von Grundformen für einfache zweidimensionale Fachwerke

Einfluß der Auflagerbedingungen auf Tragwerkform

derivation of basic forms for simple two-dimensional trusses

influence of support conditions on structure form

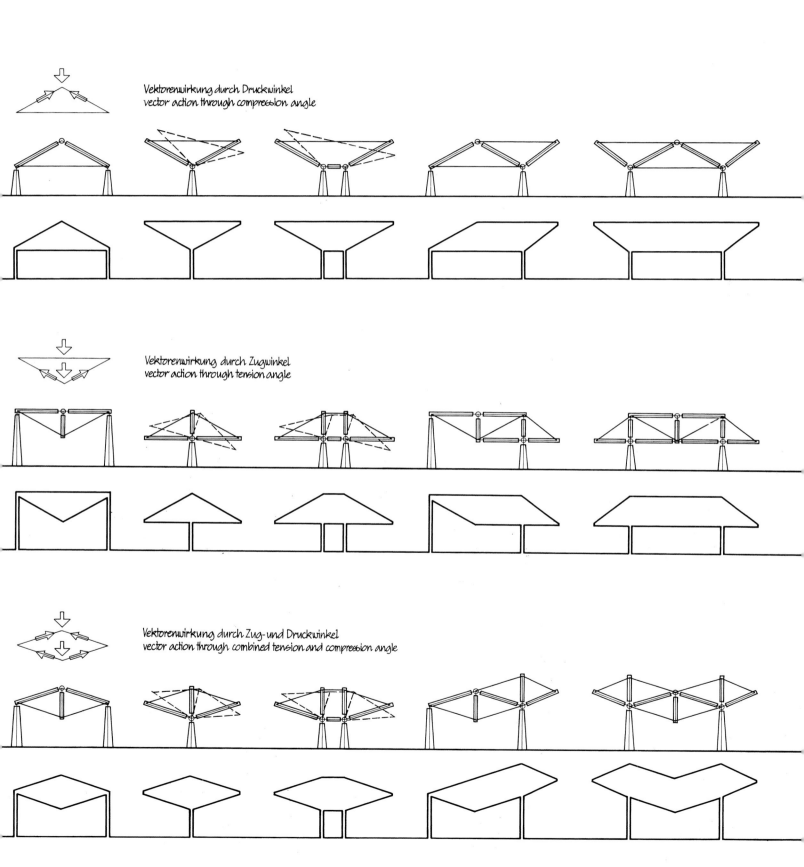

Vektorenwirkung durch Druckwinkel
vector action through compression angle

Vektorenwirkung durch Zugwinkel
vector action through tension angle

Vektorenwirkung durch Zug- und Druckwinkel
vector action through combined tension and compression angle

Gestaltungsmöglichkeiten durch Dachflächendifferenzierung bei durchlaufenden Fachwerkträgern
design possibilities through differentiation of roof planes in continuous trusses

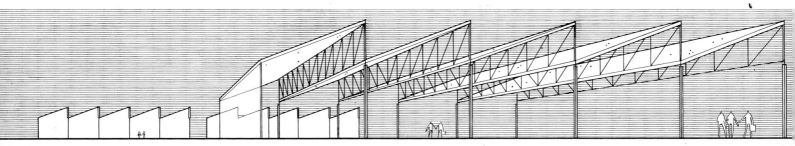

Geneigte Dachflächen beidseitig unterstützt

inclined roof planes with both ends supported

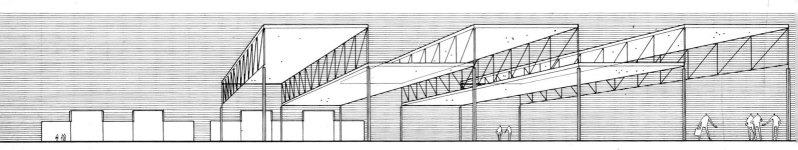

Abwechselnde horizontale Dachflächen beidseitig unterstützt

alternating horizontal roof planes with both ends supported

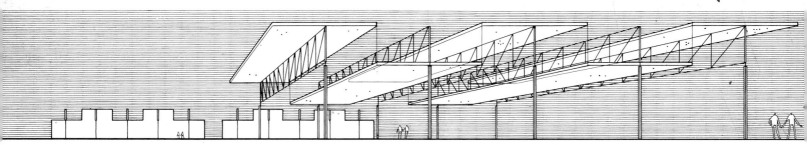

Abwechselnde horizontale Dachflächen mittig unterstützt

alternating horizontal roof planes centrally supported

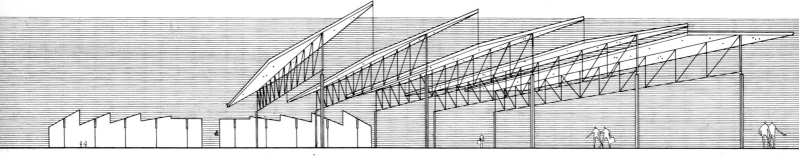

Dachflächen mit unterschiedlicher Neigung mittig unterstützt

roof planes with differing inclination centrally supported

Komposition von weitgespannten und nahgespannten Fachwerkträgern

composition of long-span and short-span trusses

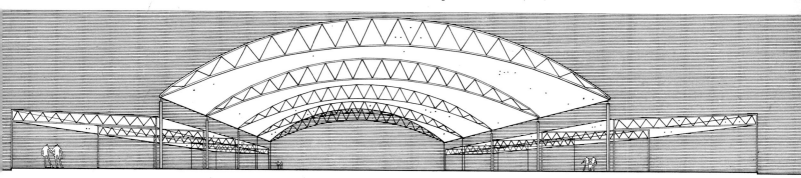

Symmetrische Komposition mit weitgespannten Fachwerkträgern in Mitte

symmetrical composition with long-spann truss in center

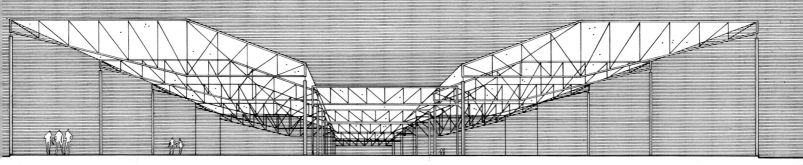

Symmetrische Komposition mit weitgespannten Fachwerkträgern an den Seiten

symmetrical composition with long-span trusses at the sides

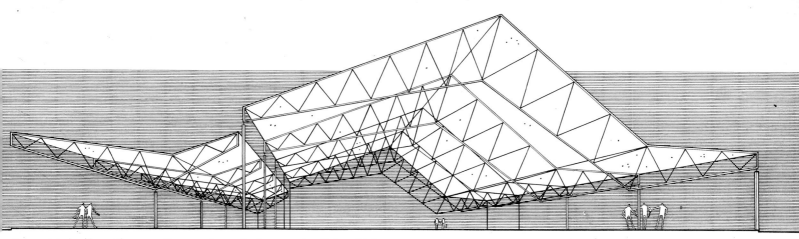

Asymmetrische Komposition von weitgespannten und nahgespannten Fachwerkträgern

asymmetrical composition of long-span and short-span trusses

Weitgespannte Fachwerkträger mit verschiedenen Auflagerbedingungen

longspan trusses with different support conditions

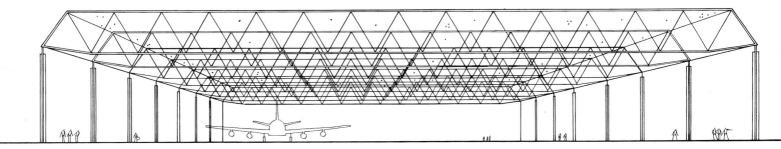

Fachwerkträger an beiden Enden unterstützt: Freispann-Tragwerk

trusses supported at both ends: free-span structure

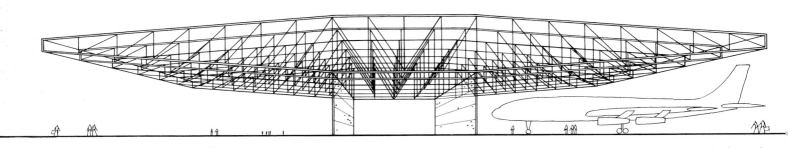

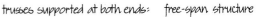

Fachwerkträger mit zweifacher Stütze in Mitte: Kragspann-Tragwerk

trusses doubly supported in center: cantilevered structure

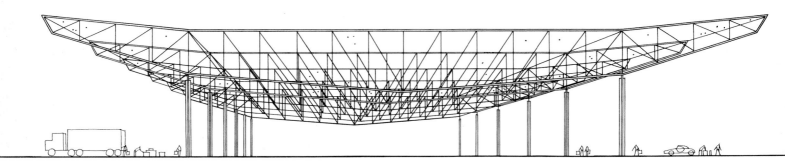

Fachwerkträger mit überkragenden Enden: auskragendes Freispann-Tragwerk

trusses with cantilevered ends: cantilevered free-span structure

Anwendung des Fachwerkmechanismus für andere Tragsysteme

application of truss mechanism for other structure systems

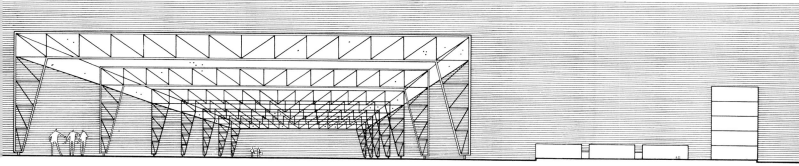

Zweigelenk-Fachwerkrahmen

trussed two-hinged frame

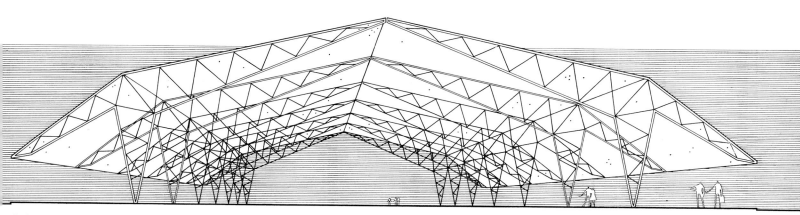

Dreigelenk-Fachwerkrahmen mit Auskragungen

trussed three-hinged frame with cantilevers

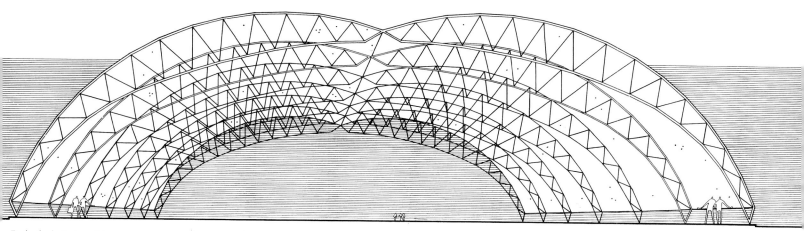

Dreigelenk-Fachwerkbogen

trussed three-hinged arch

Zusammensetzung ebener Fachwerkträger zur Bildung von Fachwerksystemen für gefaltete oder gekrümmte Flächen
combination of flat trusses to form truss systems for folded or curved planes

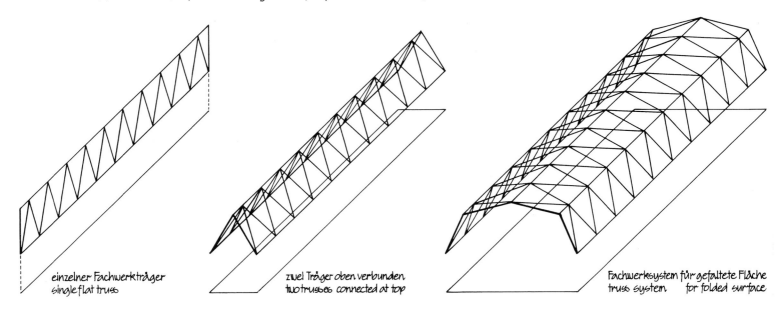

einzelner Fachwerkträger
single flat truss

zwei Träger oben verbunden
two trusses connected at top

Fachwerksystem für gefaltete Fläche
truss system   for folded surface

Dreifache Tragwirkung des prismatischen Raumfachwerkes

threefold bearing action of the prismatic space truss

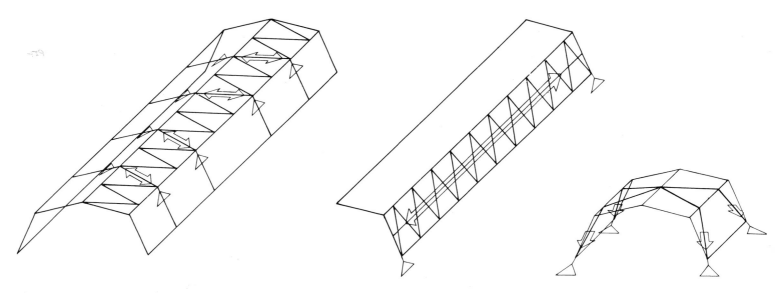

Quertragwirkung zwischen den Gurten als einzelne Tragbalken
transverse bearing action between chords as separate beams

Längstragwirkung als einzelne Fachwerkträger
longitudinal bearing action as separate trusses

Quertragwirkung als einzelne Diagonalbögen
transverse bearing action as diagonal arches

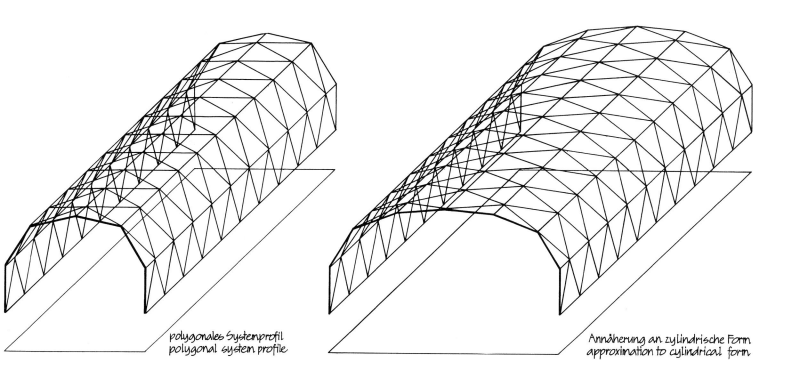

polygonales Systemprofil
polygonal system profile

Annäherung an zylindrische Form
approximation to cylindrical form

Kritische Verformung des Querprofiles im prismatischen Raumfachwerk

critical deformation of transverse profile

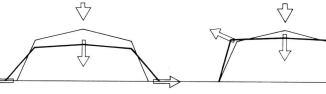
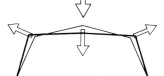

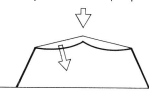

Seitliches Ausweichen der Fußpunkte
lateral dislocation of base points

Absenkung des Firstpunktes
lowering of the ridge point

Veränderung der Profilwinkel
change of profile angles

Biegung (Knickung) der Seiten
bending (buckling) of the sides

Standardformen für Fachwerk-Querversteifer

typical forms of trussed transverse stiffenings

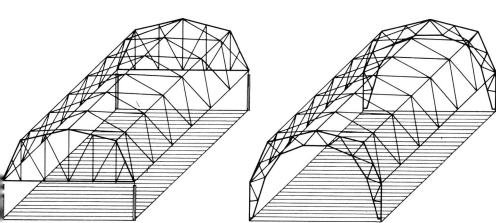
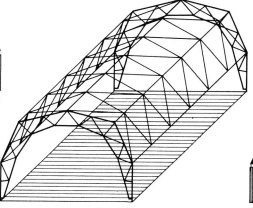
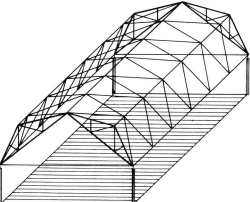

Fachwerkschotte auf Stützen
diaphragm truss on supports

Zweigelenk-Fachwerkbogen auf Fundamenten
trussed two-hinged foundation arch

Dreigelenk-Fachwerkrahmen mit Zugband auf Stützen
trussed three-hinged frame with tension cable on supports

Fachwerksysteme für einfach gekrümmte Flächen

truss systems for singly curved planes

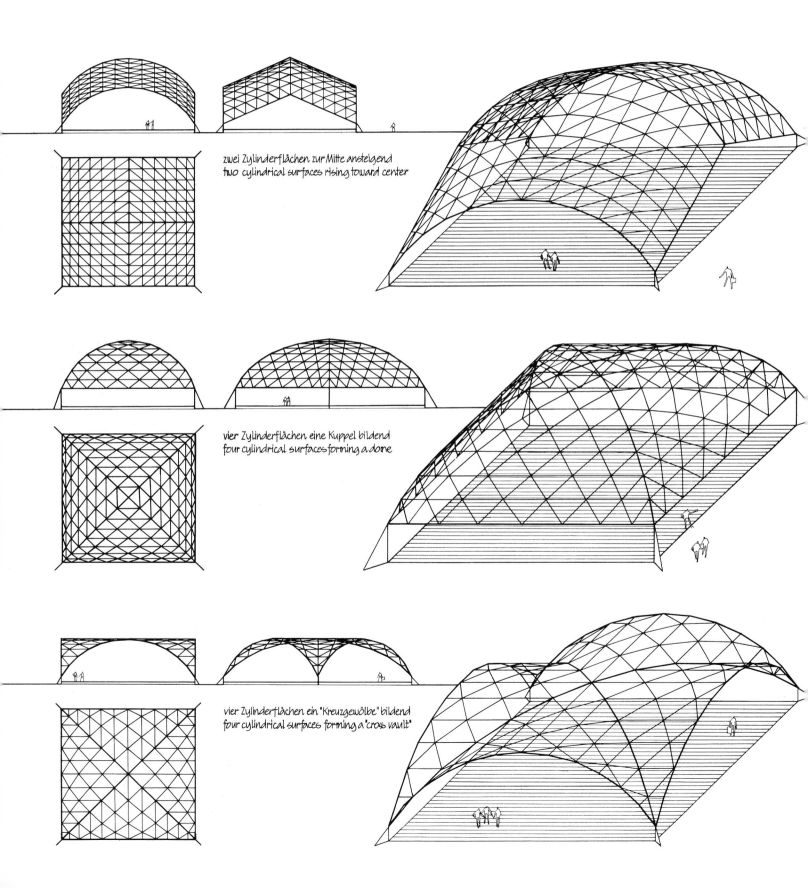

zwei Zylinderflächen zur Mitte ansteigend
two cylindrical surfaces rising toward center

vier Zylinderflächen eine Kuppel bildend
four cylindrical surfaces forming a dome

vier Zylinderflächen ein "Kreuzgewölbe" bildend
four cylindrical surfaces forming a "cross vault"

Fachwerksysteme für doppelt gekrümmte Flächen

truss systems for doubly curved planes

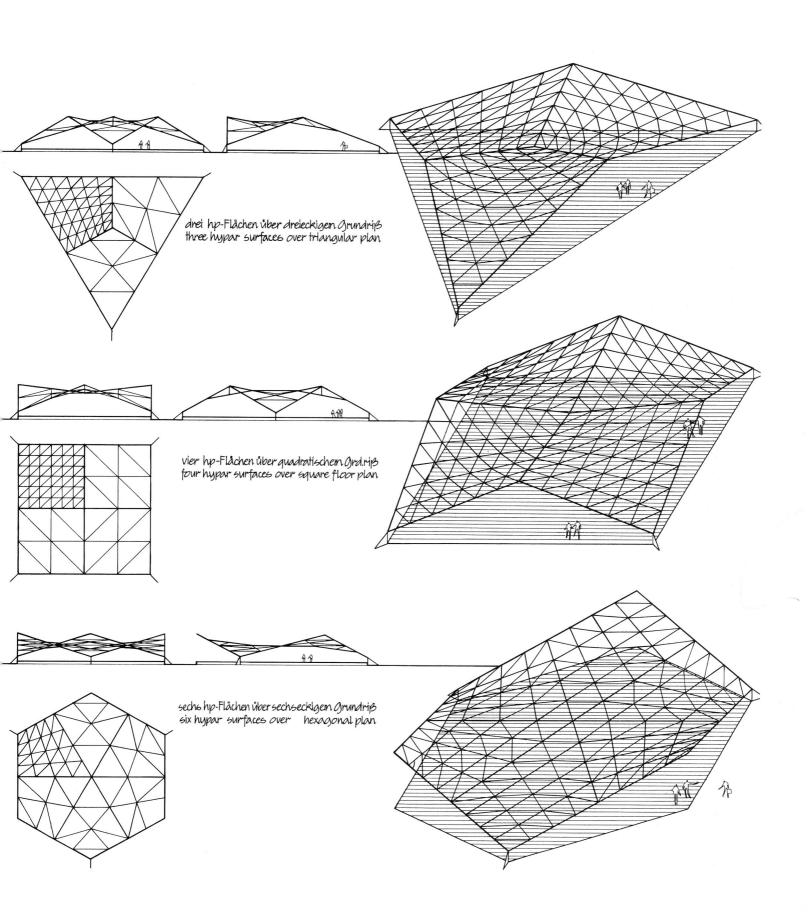

drei hp-Flächen über dreieckigem Grundriß
three hypar surfaces over triangular plan

vier hp-Flächen über quadratischem Grd.riß
four hypar surfaces over square floor plan

sechs hp-Flächen über sechseckigem Grundriß
six hypar surfaces over hexagonal plan

Fachwerksysteme für Kugelflächen

truss systems for spherical planes

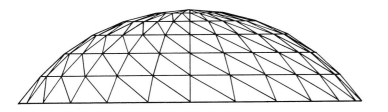

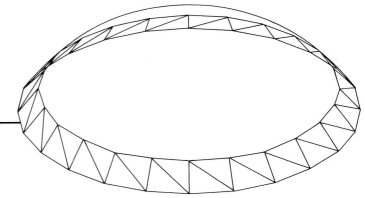

Kugelringe mit links-diagonaler Fachwerkteilung
sphere rings with left-diagonal trussing

Schwedler Kuppel
Schwedler dome

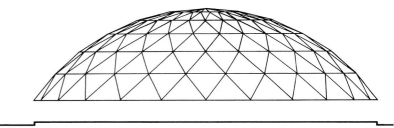

Kugelringe mit beidseitig-diagonaler Fachwerkteilung:
sphere rings with two-way diagonal trussing:

Gitterkuppel
lattice dome

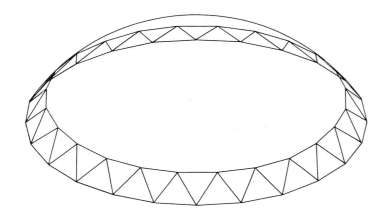

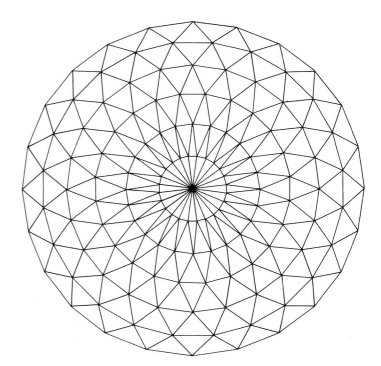

Fachwerksysteme für Kugelflächen

truss systems for spherical planes

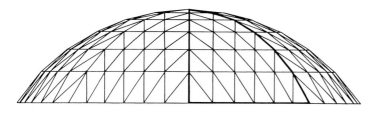

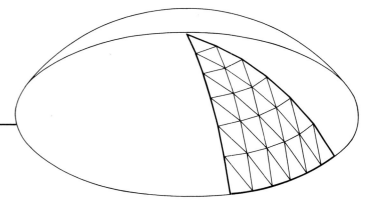

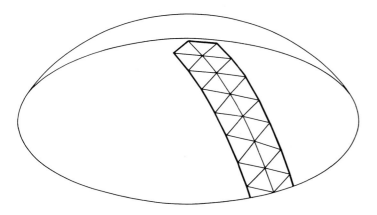

Kugelsegmente mit paralleler Fachwerkteilung
spherical segments with parallel trussing

Parallelgitter-Kuppel
parallel lattice dome

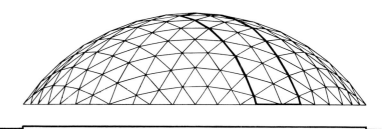

Kugelstreifen mit hexagonaler Fachwerkteilung
spherical strips with hexagonal trussing

hexagonale Lamellenkuppel
hexagonal lamella dome

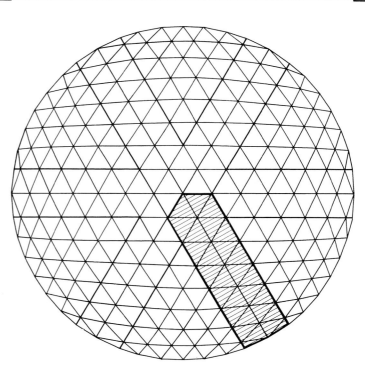

Geometrische Ableitung der geodätischen Kuppel · geometric derivation of geodesic dome

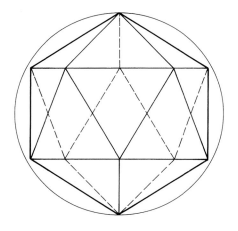

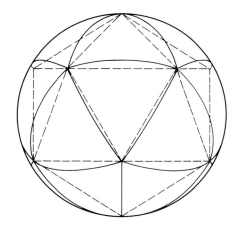

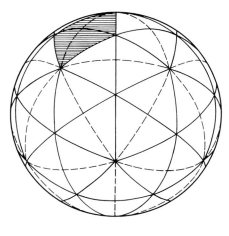

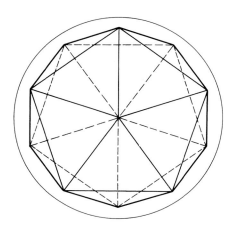

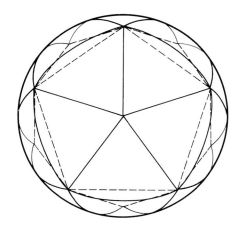

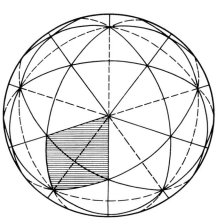

Ikosaeder   icosahedron
20 gleichgroße gleichseitige Dreiecke
20 identical equilateral triangles

Sphärisches Ikosaeder   spherical icosahedron
20 gleichgroße gleichseitige sphärische Dreiecke
20 identical equilateral spherical triangles

Winkelhalbierung
60 gleiche Dreiecke gebildet von 15 Großkreisen
60 identical triangles formed by 15 great arcs

Typische Rasternetze für geodätische Kuppeln · typical grid patterns for geodesic domes

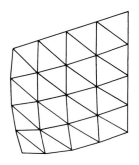

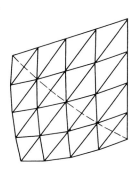

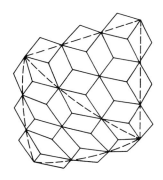

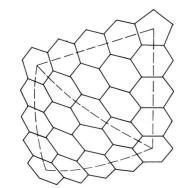

dreieckig / triangular

halbrhombisch / half rhombic

rhombisch / rhombic

sechseckig / hexagonal

Fachwerksysteme für Kugelflächen   Sphärische Raumfachwerke   truss systems for spherical planes

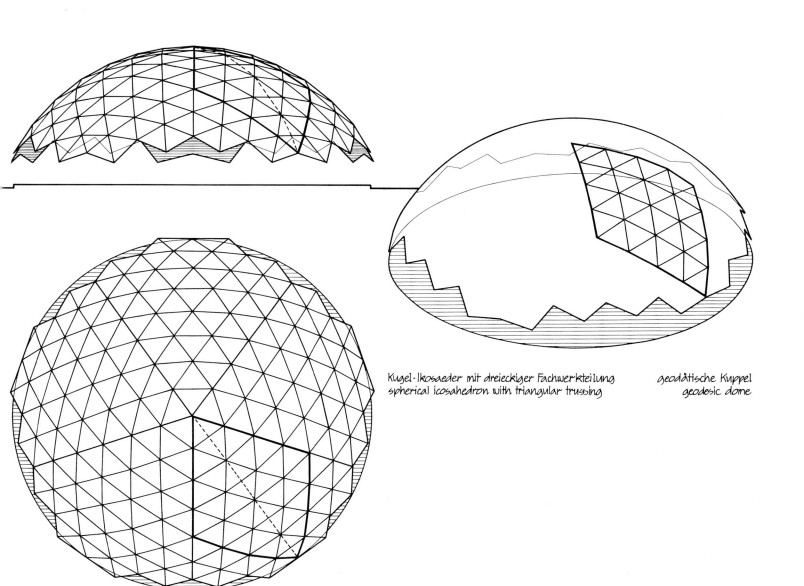

Kugel-Ikosaeder mit dreieckiger Fachwerkteilung   geodätische Kuppel
spherical icosahedron with triangular trussing   geodesic dome

Tragmechanismus des räumlichen Fachwerkes

bearing mechanism of space truss

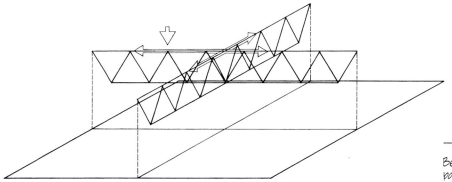

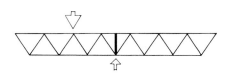

Beteiligung des nicht direkt belasteten Fachwerkträgers am Widerstand
participation of the truss not directly loaded in resisting deformation

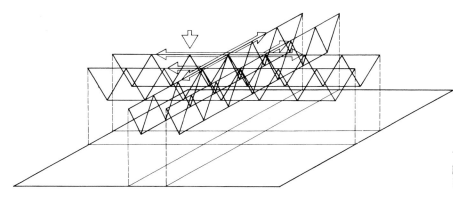

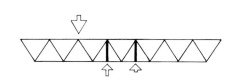

Erhöhung der Wirksamkeit   durch Beiordnung von Parallelträgern
increase of efficiency through juxtaposition of additional parallel trusses

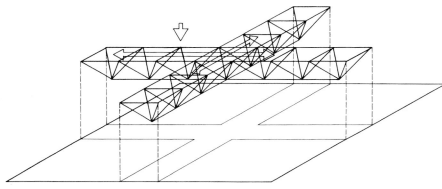

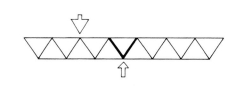

Weitere Erhöhung der Wirksamkeit durch Vereinigung der Parallelträger
further increase of efficiency through combination of the parallel trusses

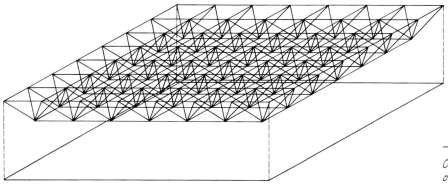

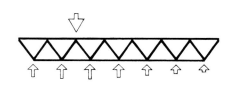

Optimale Wirksamkeit durch Kontinuierlichkeit in Länge und Breite
optimal efficiency through continuity of the system in length and width

Ebene Raumfachwerk-Systeme aus rechteckigen Prismen

flat space truss systems composed of rectangular prisms

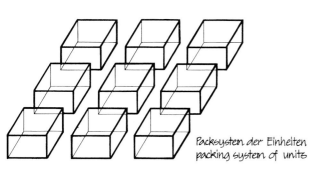

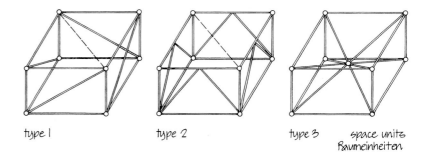

Packsystem der Einheiten
packing system of units

type 1   type 2   type 3   space units
Raumeinheiten

System mit einfacher Aussteifung der senkrechten Prismenseiten
system with single trussing of vertical prism faces

type 1

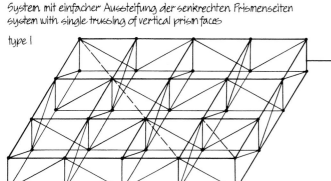

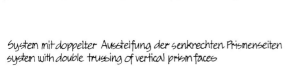

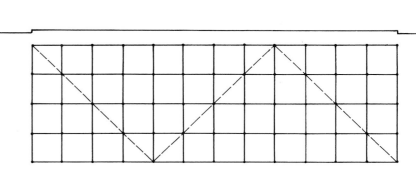

System mit doppelter Aussteifung der senkrechten Prismenseiten
system with double trussing of vertical prism faces

type 2

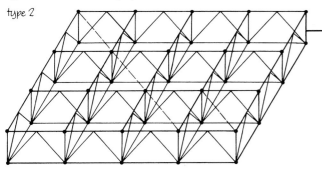

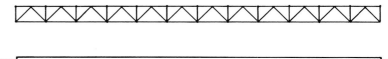

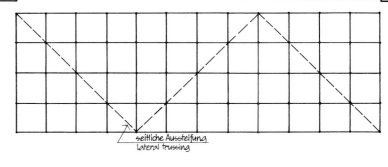

seitliche Aussteifung
lateral trussing

System mit kreuzweiser Aussteifung der diagonalen Prismenschnitte
system with crosswise trussing of diagonal prism sections

type 3

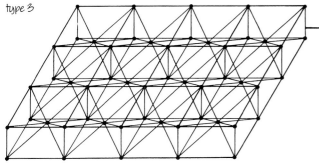

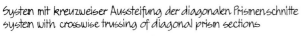

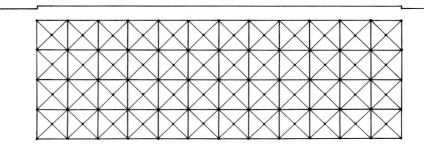

Ebene Raumfachwerk-Systeme aus dreieckigen Prismen

flat space truss systems composed of triangular prisms

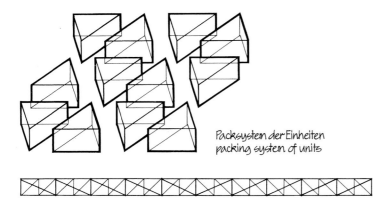

Packsystem der Einheiten
packing system of units

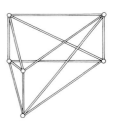

type 1   type 2   space units
Raumeinheiten

System mit einfacher Aussteifung der rechteckigen Prismenseiten
system with singular trussing of rectangular prism faces

type 1

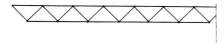

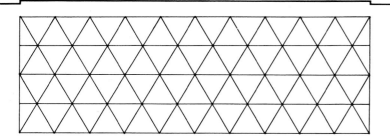

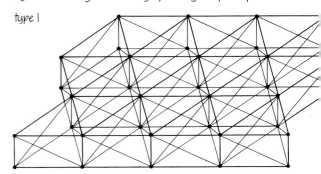

Ebene Raumfachwerk-Systeme aus dreieckigen Prismen

flat space truss systems composed of triangular prisms

Packsystem der Einheiten
packing system of units

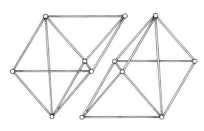
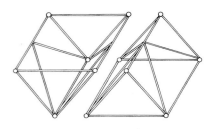

type 1   type 2   space units
Raumeinheiten

System mit doppelter Aussteifung der rechteckigen Prismenseiten
system with double trussing of rectangular prism faces

type 2

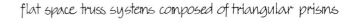

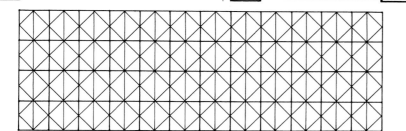

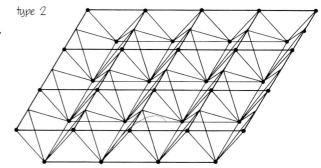

Ebenes Raumfachwerk- System aus Tetraeder und Halb-Oktaeder

flat space truss system composed of tetrahedra and semi-octahedra

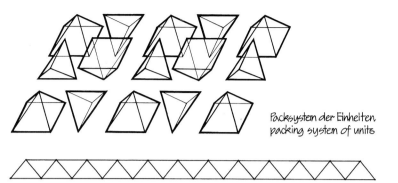

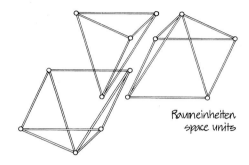

Packsystem der Einheiten
packing system of units

Raumeinheiten
space units

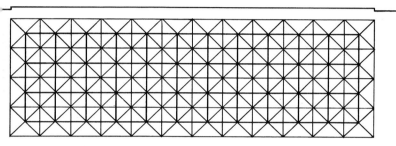

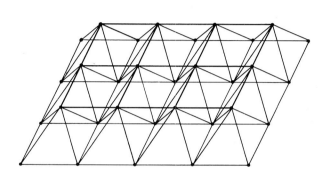

Ebenes Raumfachwerk-System aus Tetraeder und Oktaeder

flat space truss system composed of tetrahedra and octahedra

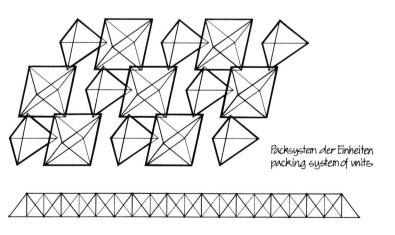

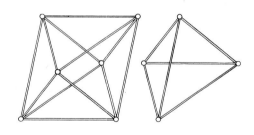

Packsystem der Einheiten
packing system of units

Raumeinheiten
space units

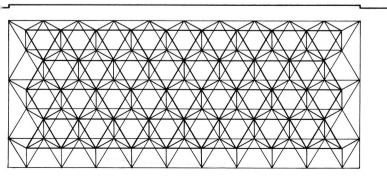

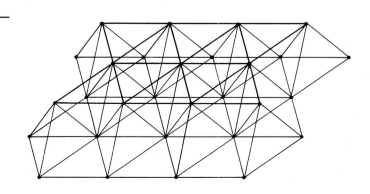

Ebenes Raumfachwerk-System auf Grundlage der Sechseck-Pyramide

Flat space truss system based upon hexagonal pyramid

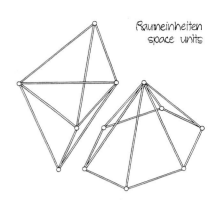

Raumeinheiten
space units

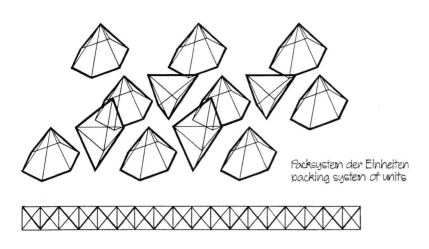

Packsystem der Einheiten
packing system of units

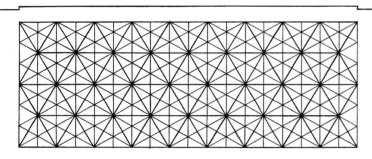

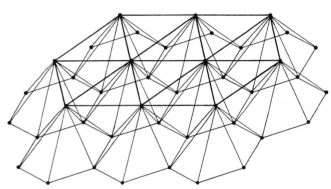

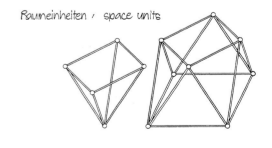

Ebenes Raumfachwerk-System aus zwei gedrehten Quadrat-Rastern

Flat space truss of two square grids with different coordinates

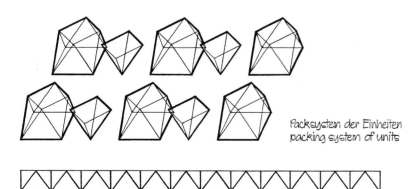

Packsystem der Einheiten
packing system of units

Raumeinheiten / space units

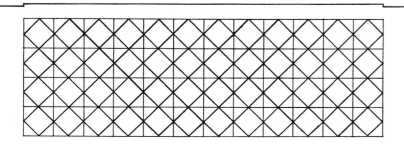

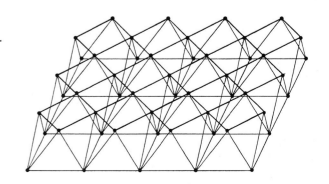

Ebenes Raumfachwerk mit umgekehrter Sechseck-Pyramide

Flat space truss with upside-down hexagonal pyramid

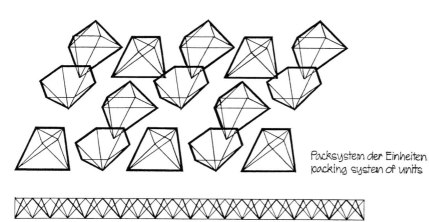

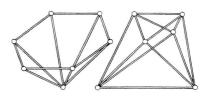

Packsystem der Einheiten
packing system of units

Raumeinheiten / space units

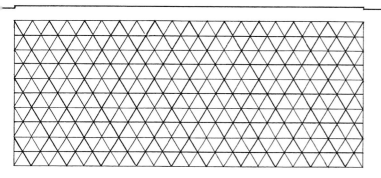

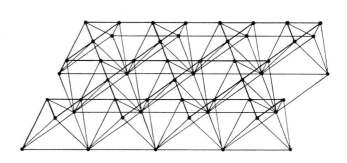

Ebenes Raumfachwerk mit zwei verschiedenen Sechseckrastern

Flat space truss with two different hexagonal grids

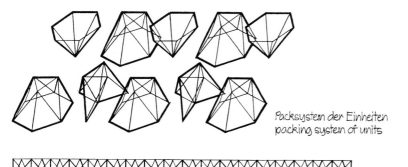

Packsystem der Einheiten
packing system of units

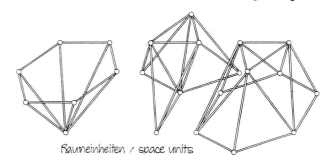

Raumeinheiten / space units

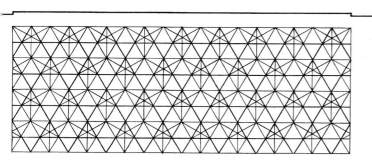

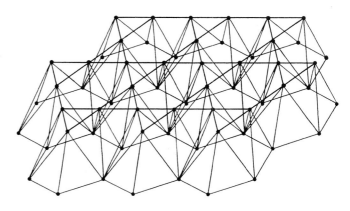

Ebenes Raumfachwerk aus zwei gegenläufigen Dreieck-Rastern

Flat space truss with two counter-running triangular grids

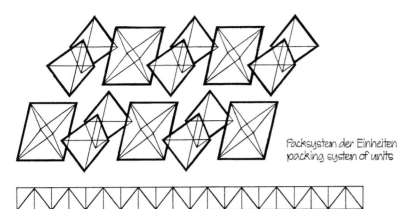

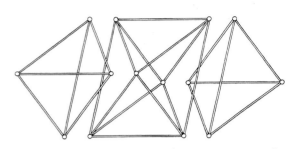

Packsystem der Einheiten
packing system of units

Raumeinheiten / space units

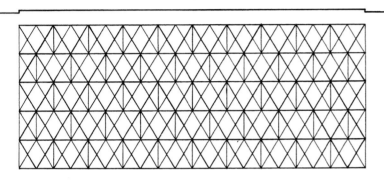

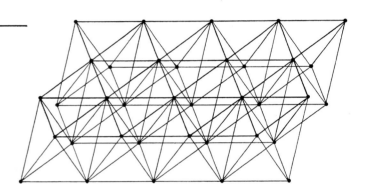

Ebenes Raumfachwerk aus je Sechseck- und Dreieck-Rastern

Flat space truss with each hexagonal and triangular grids

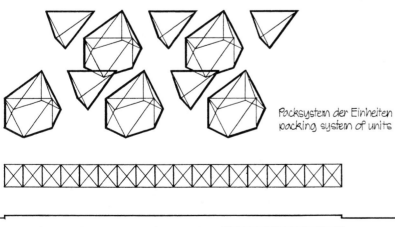

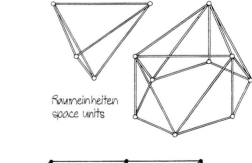

Packsystem der Einheiten
packing system of units

Raumeinheiten
space units

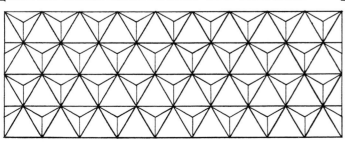

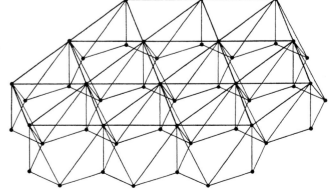

Ebene zweilagige Raumfachwerk-Systeme
für weitgespannte Überdachungen

Flat two-layered space truss systems
for wide-span roof enclosures

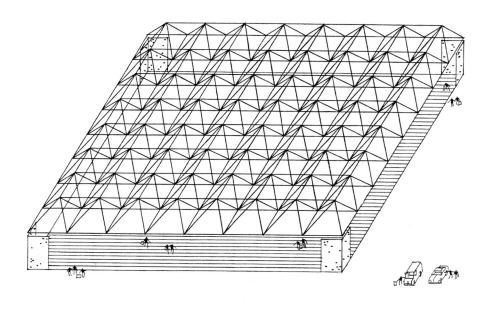

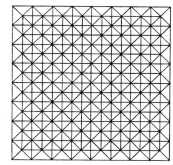

System-Grundlage: Halbooktaeder auf Quadratraster
System principle: semi-octahedron upon square grid

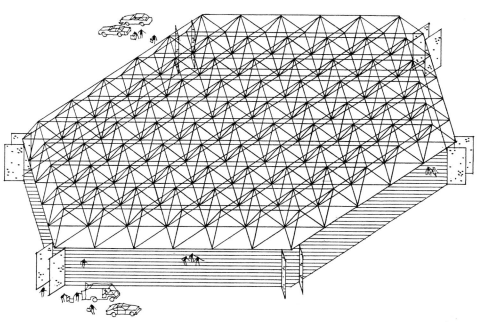

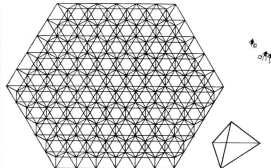

System-Grundlage: Tetraeder auf Dreieckraster
System principle: tetrahedron upon triangular grid

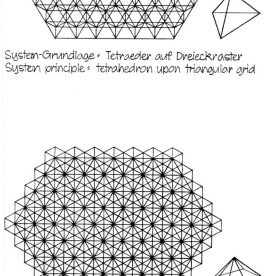

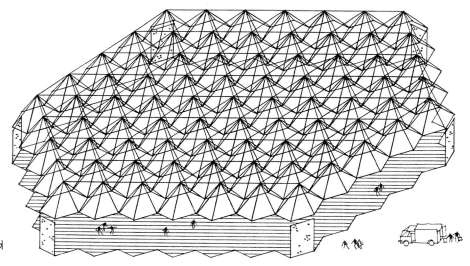

System-Grundlage: Sechseck-Pyramide auf Wabenraster
System principle: hexagonal pyramid upon honeycomb grid

Ebene zweilagige Raumfachwerk-Systeme
für weitgespannte Überdachungen

Flat two-layered space truss systems
for wide-span roof enclosures

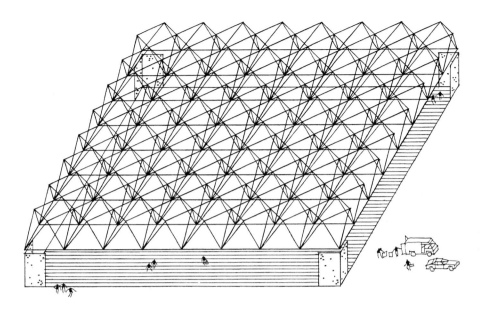

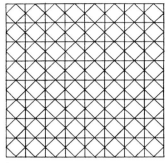

System-Grundlage: zwei Quadratraster im 45° Drehwinkel
System principle: two square grids in 45° rotational angle

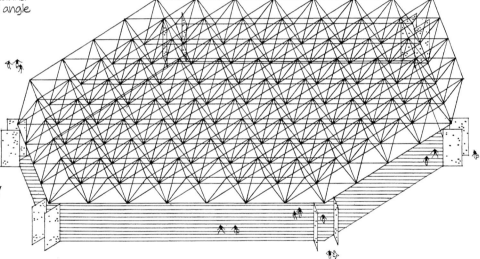

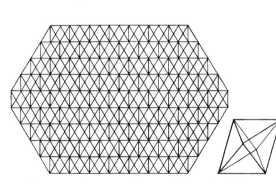

System-Grundlage: zwei gegenläufige Dreieckraster
System principle: two counter-running triangular grids

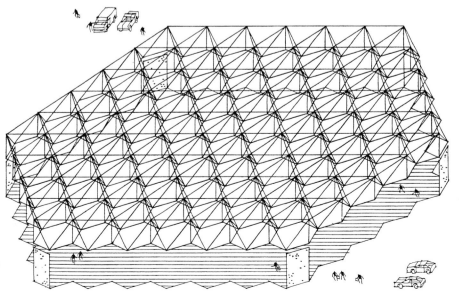

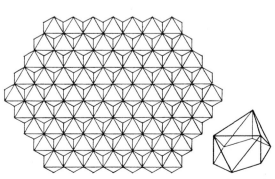

System-Grundlage: Dreieckraster über Sechseckraster
System principle: triangular grid above hexagonal grid

Ebene zweilagige Raumfachwerk-Systeme / Sonderformen
für weitgespannte Überdachungen

Flat two-layered space frame systems / special types
for wide-span roof enclosures

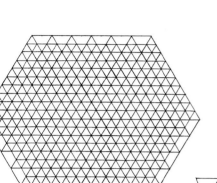

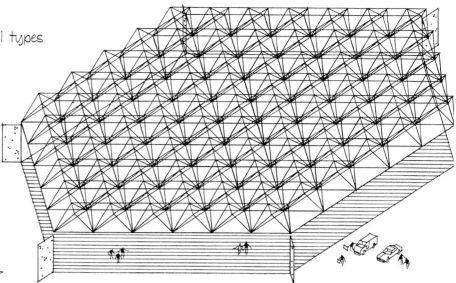

System-Grundlage: Dreieck-Sechseckraster über Dreieckraster
System principle: triangular/hexagonal grid above triangular grid

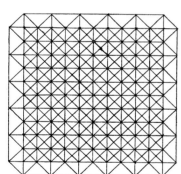

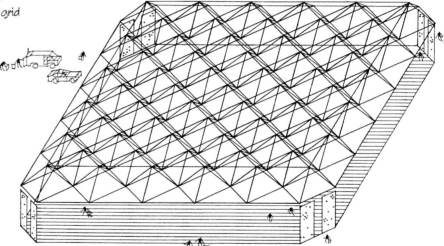

System-Grundlage: Halboktaeder auf schrägem Quadratraster
System principle: semi-octahedron upon skewed square grid

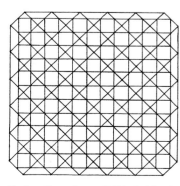

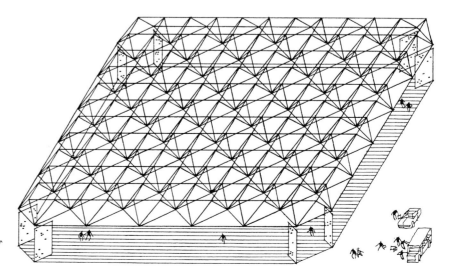

System-Grundlage: Halbkuboktaeder auf schrägem Quadratraster
System principle: semi-cuboctahedron upon skewed square grid

Durchdringung von Fachwerk-Bögen
für weitgespannte Überdachungen

Interpenetration of trussed arches
for wide-span roof enclosures

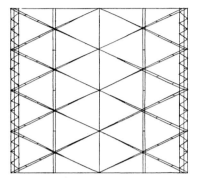

Schrägraster für Kreiszylinder-Form
Skew-grid for circular cylinder shape

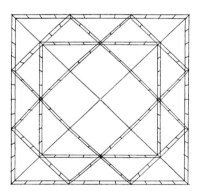

45°-Raster für synklastische Translationsform
45° grid for synclastic translational shape

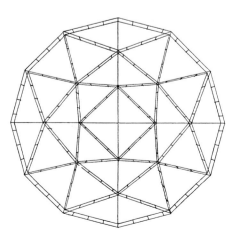

Dreieck-Raster für Kugelform
Triangular grid for spherical shape

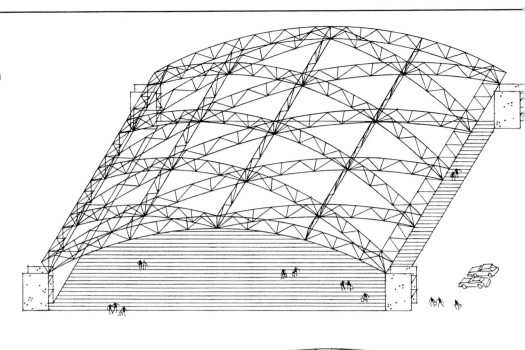

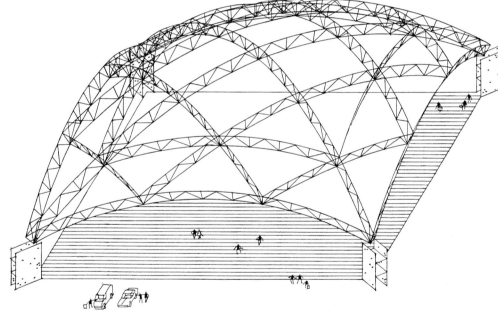

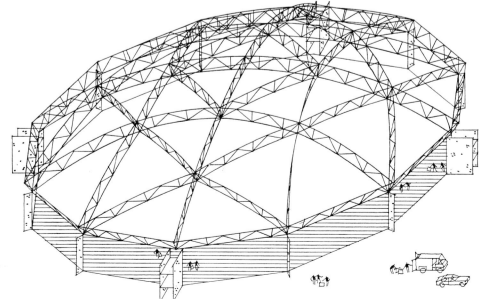

ekrümmte zweilagige Raumfachwerke
~ weitgespannte Überdachungen

urved two-layered space trusses
~ wide-span roof enclosures

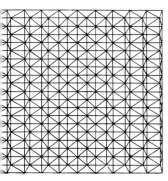

lboktaeder-Basis für Kreiszylinder-Form
mioctahedral basis for circular cylindrical shape

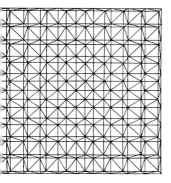

lboktaeder-Basis für synklastische Translationsform
mioctahedral basis for synclastic translational shape

aeder-Basis für Kugelform
rahedral basis for spherical shape

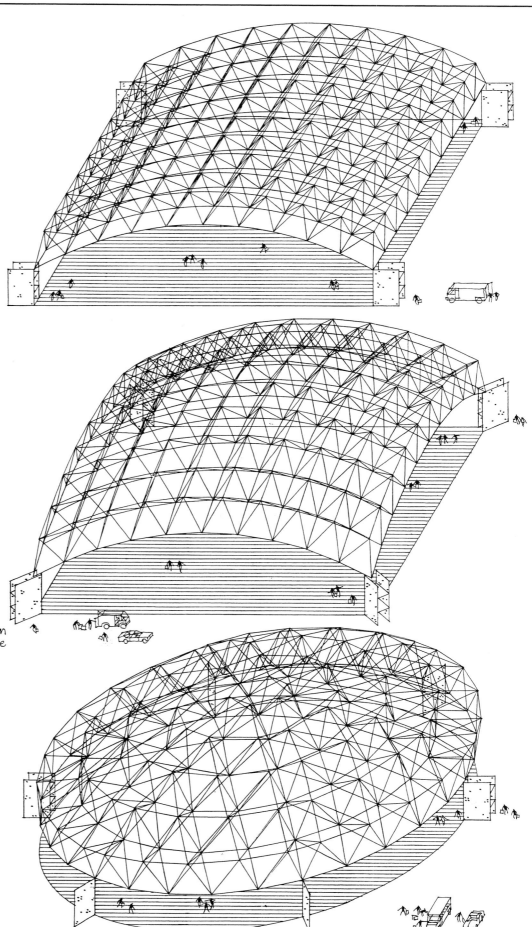

Anwendung räumlicher Fachwerksysteme für weitgespannte Tragwerke · application of space trusses for long-span structures

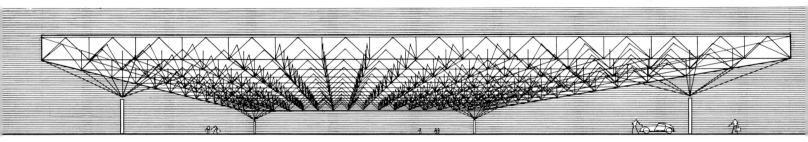

Ebenes Raumfachwerk für weitgespanntes Dach · planar space truss for long-span roof

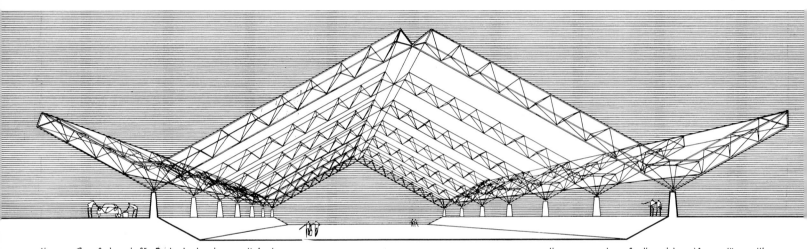

lineares Raumfachwerk für Dreigelenkrahmen mit Auskragung · linear space truss for three-hinged frame with cantilevers

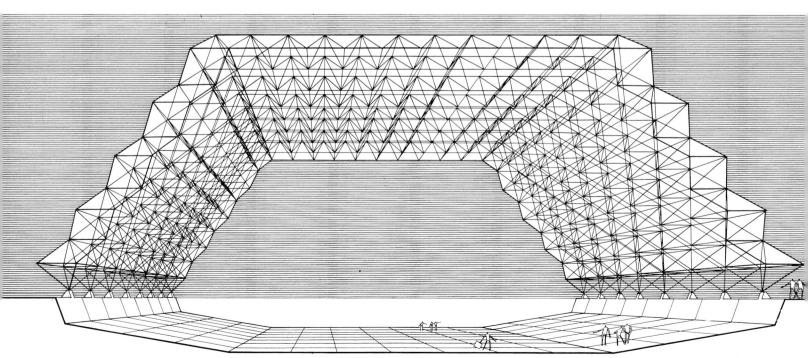

Ebenes Raumfachwerk für oberen und seitlichen Raumabschluß · planar space truss for continuous roof/wall structure

Gestaltungsansätze mit Raumfachwerk-Systemen=
5-lagige Stabwerke in ringförmiger Anordnung

Potential design approaches with space truss systems=
5-layered lattice work in annular disposition

System-Grundlage= Halboktaeder auf Quadratraster
System principle= semi-octahedron upon square grid

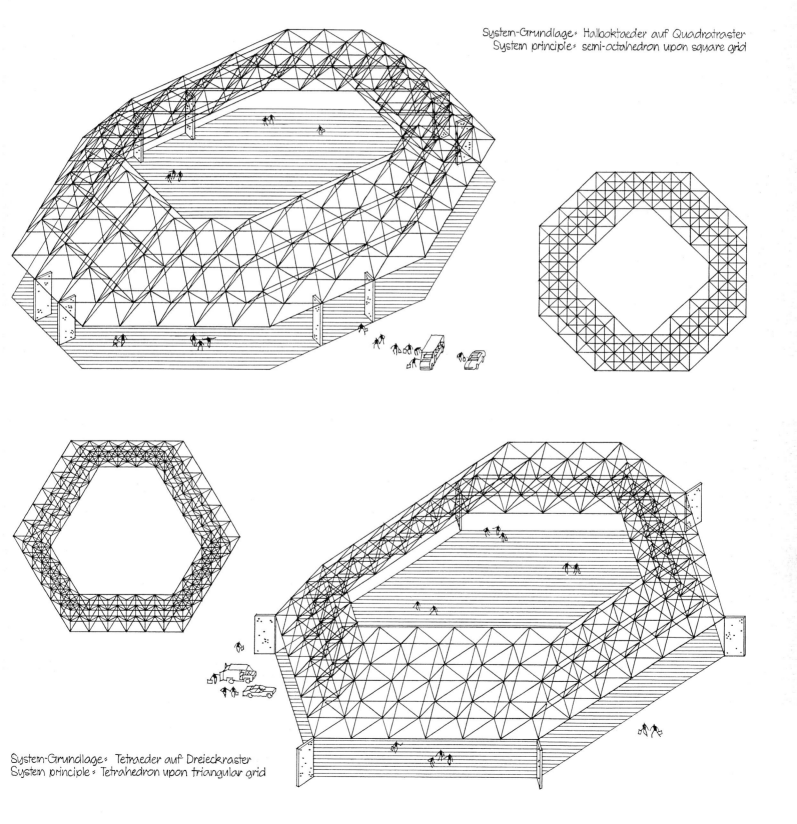

System-Grundlage= Tetraeder auf Dreieckraster
System principle= Tetrahedron upon triangular grid

Schnittaktive Tragsysteme
Section-active Structure Systems

3

Gerade, in ihrer Länge fixierte Linienelemente sind geometrisches Mittel, Flächen zu definieren und durch ihre Lage im Raum dreidimensionale Beziehungen herzustellen.

Gerade Linienelemente können Achsen und Dimensionen festlegen: Länge, Höhe und Breite. In dieser Eigenschaft sind Linienelemente Voraussetzung für die geometrische Erschließung des dreidimensionalen Raumes.

Gerade Linienelemente können, mit stofflicher Festigkeit versehen, statische Funktionen ausüben. Bei Druckfestigkeit können sie als Druckstäbe, bei Zugfestigkeit als Zugstäbe verwandt werden. Weisen sie außerdem weitgehende Biegesteifigkeit auf, können sie als Linienträger verwandt werden.

Linienträger sind geradlinige, biegesteife Bauelemente, die nicht nur Kräfte, die in Richtung der Stabachse wirken, aufnehmen, sondern auch Kräfte senkrecht zu ihrer Achse durch innere Querschnittkräfte umlenken und in Achsenrichtung seitlich abtragen können. Linienträger sind Grundelemente der schnittaktiven Tragsysteme.

Prototyp der schnittaktiven Tragsysteme ist der Linienträger auf zwei Stützen. Mit der Materie seines Querschnittes dreht er die Kraftrichtungen um neunzig Grad und trägt sie auf seine Endstützen ab.

Der Linienträger auf Stützen ist Symbol für den grundsätzlichen Konflikt der Richtungen, der durch Tragwerkentwurf gelöst werden muß: Vertikale Dynamik der Last gegen horizontale Dynamik nutzbaren Raumes. Der Linienträger begegnet diesem elementaren Zusammenprall von Naturgesetz und Menschenwillen frontal und mit Masse.

Wegen seiner Eigenschaft, senkrechte Lasten unter Beibehaltung der für die dreidimensionale Raumerschließung günstigen Horizontalbegrenzung seitlich abzutragen, ist der Linienträger das am meisten verwandte Tragelement im Bauen.

Mittels biegesteifer Verbindung können einzelne Linienträger und Stützen zu einem einzigen zusammenwirkenden, vielgliedrigen System kombiniert werden, in denen jedes Glied durch Achsenkrümmung an dem Widerstandsmechanismus gegen Verformung beteiligt ist: schnittaktive Tragsysteme.

Krümmung der Mittelachse, d. h. Biegung, ist Kennzeichen der schnittaktiven Tragwirkung, hervorgerufen durch teilweise Drehung des Linienelementes infolge äußerer nicht in einer Wirkungslinie liegender Kräfte.

Der Tragmechanismus schnittaktiver Tragsysteme besteht aus dem Zusammenwirken von Druck- und Zugkräften im Trägerquerschnitt im Verein mit Scherkräften: Biegewiderstand. Infolge Durchbiegung wird ein inneres Drehmoment aktiviert, das das äußere Drehmoment im Gleichgewicht hält.

Der Trägerquerschnitt, d. h. seine Mengenverteilung in bezug auf die neutrale Achse ist entscheidend für den Widerstandsmechanismus schnittaktiver Tragsysteme. Je weiter die Menge von der neutralen Achse entfernt ist, desto größer ist der Widerstand gegen Biegung.

Wegen der sehr unterschiedlichen Verteilung der Biegebeanspruchung auf die Trägerlänge und wegen der sich daraus ergebenden unterschiedlichen Erfordernisse der Querschnittsbemessung können schnittaktive Tragsysteme durch wechselnde Konstruktionshöhe ihres Querschnittes den Verlauf der inneren Biegespannungen ausdrücken. Schnittaktive Tragsysteme können daher lebendiger Ausdruck des Ringens um Gleichgewicht zwischen inneren und äußeren Drehmomenten sein.

Durch steife Verbindung mit Stützen wird nicht nur die senkrechte Durchbiegung reduziert, sondern auch ein Mechanismus zur Umlenkung von Horizontalkräften geschaffen. Kontinuierliche Steifigkeit in zwei oder auch drei Dimensionen ist zweites Kennzeichen schnittaktiver Tragsysteme.

Schnittaktive Tragsysteme haben als Durchlaufträger, Gelenkrahmen, Vollrahmen, Mehrfeldrahmen und Mehrgeschoßrahmen die Mechanik der Kontinuierlichkeit voll zum Tragen gebracht. Mittels dieser Systeme ist es möglich, große Spannweiten zu erzielen und stützenfreie Geschosse zu schaffen, ohne den Vorteil der Rechteckgeometrie preiszugeben.

Schnittaktive Linienträger zweiachsig, rasterförmig angeordnet und biegesteif verbunden, aktivieren zusätzliche Widerstandsmechanismen, die eine Verminderung von Konstruktionshöhe und Materialmasse bewirken: Balkenroste.

Verdichtung der zweiachsigen Anwendung von Linienträgern führt zur Tragplatte. Die Tragplatte ist schnittaktives Flächenelement, das die vielfältigste Biegemechanik integriert und daher innerhalb eines bestimmten Spannweitenbereiches höchst leistungfähig ist.

Schnittaktive Tragsysteme haben vornehmlich rechteckige Systemform im Grundriß und Aufriß. Einfachheit der Rechteckgeometrie in der Bewältigung statischer und gestalterischer Probleme ist Vorteil der schnittaktiven Systeme und Ursache für die universelle Anwendung im Bauen.

Wegen der Überlegenheit ihrer Rechteckgeometrie im Bauen eignen sich schnittaktive Tragmechanismen als übergeordnete raumdefinierende Systeme für Ausführung mit Einheiten anderer Tragsysteme. Schnittaktive Tragsysteme sind daher diejenige Überstruktur, in der alle anderen Tragmechanismen eingesetzt werden können.

Die zukünftige Entwicklung schnittaktiver Tragsysteme wird dem Nachteil des niedrigen Gewicht/Spannweite-Verhältnisses nicht nur durch Anwendung von Vorspanntechniken begegnen, sondern auch indem zunehmend der massive Trägerquerschnitt durch formaktive, vektoraktive oder flächenaktive Formen ersetzt werden wird.

Kenntnis der schnittaktiven Mechanik, der vielfältigen Vorgänge, die durch die Durchbiegung von Linienelementen ausgelöst werden, sowie ihre Folgen müssen daher als Wissensgrundlage für den Architekten gelten nicht nur für die Planung von tragenden Skeletten, sondern für das Entwerfen in der Rechteckgeometrie überhaupt.

Linear elements, straight and fixed in their length, are geometric means of defining planes and of establishing three-dimensional relationships by their position in space.

Straight linear elements can determine axes and dimensions: length, height, and width. In this capacity linear elements are prerequisite for the geometric seizure of three-dimensional space.

Straight linear elements, if equipped with material strength, can perform structural functions. With compressive strength, they can be used as compression members, with tensile strength as tension members. If in addition they command definite bending rigidity, they can be used as beams.

Beams are straight-line, bending-resistant structural elements that cannot only resist forces that act in the direction of their axis, but by means of sectional stresses can receive also forces perpendicular to their axis and transport them laterally along their axis to the ends. Beams are basic elements of section-active structure systems.

Prototype of section-active structure systems is the beam simply supported at its ends. With the bulk of its section the beam turns the direction of the forces by ninety degrees and makes them travel along its axis to the end supports.

The beam on supports is symbolic of the basic conflict of directions that has to be solved by structure design: vertical dynamics of load against horizontal dynamics of usable space. The beam meets this elementary clash of natural law and human will head-on and with bulk.

Because of its capacity to laterally transfer loads and still maintain the horizontal space enclosure that is so convenient for the three-dimensional space seizure, the beam is the structure element most frequently used in building construction.

By means of rigid connections, separate beams and columns can be combined to form one coactive multi-component system in which each member through deflection of its axis is participating in the mechanism of resisting deformation: section-active structure systems.

Deflection of middle axis, i.e. bending, is the distinction of section-active bearing action. It is caused by the partial rotation of the linear element due to external forces that are not in one line of action.

The bearing mechanism of section-active structure systems consists of the combined action of compressive and tensile stresses within the beam section in conjunction with shear stresses: bending resistance. Due to bending deflection an internal rotation moment is activated that counterbalances the external rotation moment.

The beam section, i.e. the distribution of its sectional fabric in relation to the neutral axis, is decisive for the resisting mechanism of section-active structure systems. The farther the sectional fabric is from the neutral axis, the greater is the resistance against bending.

Because of the very unequal distribution of bending stresses along the beam length and because of the resulting unequal requirements for dimensioning the cross section, section-active structure systems can express the magnitude of internal bending stresses through changing construction height of component sections.

Section-active structure systems, therefore can be live expression of the struggle for equilibrium between internal and external rotation moments.

Through rigid connection with supports not only is the vertical bending deflection reduced, but also a mechanism is set up for resisting horizontal forces. Continuous rigidity in two or three dimensions is the second distinction of section-active structure systems.

As continuous beam, hinged frame, complete frame, multipanel frame, and multistory frame the section-active structures have brought to full expression the mechanics of continuity. By means of these systems it is possible to achieve long spans and provide free floor space unencumbered by supports, without having to give up the advantage of rectangular geometry.

Section-active linear elements, arranged in biaxial grid patterns and rigidly connected, activate additional resistance mechanisms that effect reduction of both construction height and material bulk: beam grids.

Condensation of the biaxial application of beams leads to the structural slab. The structural slab is a section-active planar element that integrates the most diverse bending mechanisms and hence is most effective within a certain limit of span.

Section-active structure systems have predominantly rectangular system form in plan and elevation. Simplicity of the rectangular geometry in coping with structural and aesthetic problems is an advantage of section-active systems and cause for the universal application in building.

Because of the superiority of rectangular geometry in building, the section-active structure mechanisms qualify as space defining superstructures for performance with units taken from other structure systems. Section-active structure systems therefore are the superstructure within which all other structure mechanisms can be put to action.

The future development of section-active structure systems will meet the disadvantage of low weight/span ratio not only by increasingly employing prestressing techniques, but also by replacing the massive beam section with form-active, vector-active, or surface-active forms.

Knowledge of the section-active mechanics, of the multiple actions and their consequences as they are prompted by the bending deflection of linear elements, therefore must be considered basic for the architect not only for the planning of structural skeletons but no less for design in rectangular geometry as a whole.

Definition

Definition	SCHNITTAKTIVE TRAGSYSTEME sind Tragsysteme aus massiven, steifen Linienelementen - einschließlich deren Verdichtung als Platte -, in denen die Kraftumlenkung durch MOBILISIERUNG VON SCHNITTKRÄFTEN bewirkt wird	SECTION-ACTIVE STRUCTURE SYSTEMS are structure systems of solid, rigid linear elements - including their compacted form as slab -, in which the redirection of forces is effected through MOBILIZATION OF SECTIONAL FORCES
Kräfte / Forces	Die Systemglieder werden dabei primär auf Biegung beansprucht, d.h. durch innere Druck-, Zug- und Scherkräfte: SYSTEME IM BIEGEZUSTAND	The system members are primarily subjected to bending, i.e. to inner compression, tension and shear: SYSTEMS IN BENDING
Merkmale / Features	Die typischen Strukturmerkmale sind: QUERSCHNITT-PROFIL und KONTINUITÄT DER MASSE	The typical structure features: SECTIONAL PROFILE and BULK CONTINUITY

Bestandteile und Bezeichnungen / Components and denominations

3.1 Balken-Systeme — Beam systems

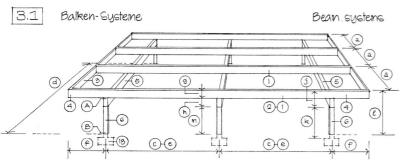

3.2 Rahmen-Systeme — Rigid frame systems

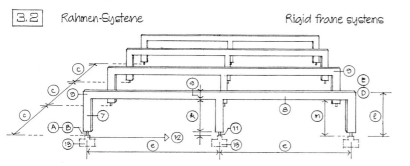

3.3 Balkenrost-Systeme — Beam grid systems

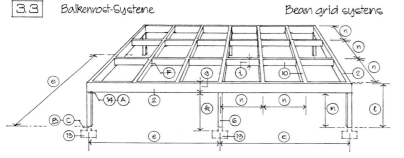

3.4 Platten-Systeme — Slab systems

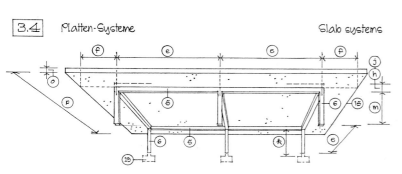

System-Glieder / System members

1. Balken (Durchlaufbalken) — Beam, joist (continuous beam)
2. Randbalken — Edge beam, boundary beam
3. Stirnbalken, Brüstungsbalken — Spandrel beam
4. Kragarm — Cantilever
5. Unterzug — Girder
6. Stütze — Column, support
7. Rahmenstiel, Rahmenpfosten — Frame column, ~ leg, ~ post
8. Rahmenriegel — Frame girder
9. Rahmenecke, Rahmenwinkel — Frame knee, frame corner
10. Rostbalken — Grid beam, grill beam
11. Fußgelenk — Base hinge
12. Zuganker, Zugband — Tie rod, tieback
13. Fundament, Gründung — Foundation, footing
14. Auflager — Bearing, support
15. Plattenrand — Slab edge
16.
17.

Topografische Systempunkte / Topographical system points

A. Auflagerpunkt — Point of support, bearing point
B. Fußpunkt, Basispunkt — Base point
C. Einspannpunkt — Fixed-end point
D. Rahmen-Eckpunkt — Frame corner point
E. Traufpunkt — Eaves point
F. Kreuzungspunkt — Intersection point
G.
H.

Systemabmessungen / System dimensions

a. Balkenabstand — Beam (joist) spacing,
b. Balken-Spannweite, Feldweite — Beam span, bay dimension
c. Binderabstand — Girder spacing
d. Binder-Spannweite, Unterzug-~ — Girder span
e. Stützenabstand, Stützweite — Column distance
f. Kraglänge — Cantilever length
g. Balken-Konstruktionshöhe — Beam depth
h. Unterzug-Konstruktionshöhe — Girder depth
i. Rosthöhe — Beam grid depth
j. Gesamt-Konstruktionshöhe — Total depth of construction
k. Stützenhöhe, -länge, Stiel-~ — Column height, ~ length
l. Traufhöhe — Eaves height
m. Lichte Höhe — Clear height, clearance
n. Rostabmessung, Rastermaß — Grid dimension, ~ measurement
o. Plattendicke — Slab depth
p. Plattenbreite (Plattenlänge) — Slab width (slab length)
q.

3 Section-active
Structure Systems

3.1 Balken-Systeme / Beam systems

Einfeldbalken
One-bay beam

Durchlaufbalken
Continuous beam

Gelenkbalken
Pin-jointed beam

Kragbalken
Cantilever beam

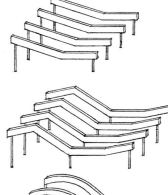
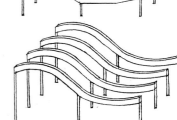
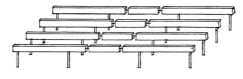
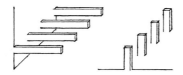

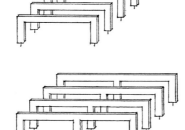
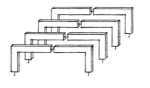
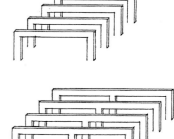

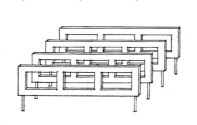

3.2 Rahmen-Tragwerke / Frame structures

Einfeldrahmen
One-bay frames

Mehrfeldrahmen
Multipanel frames

Geschoßrahmen
Story frames

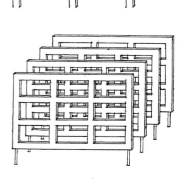

3.3 Balkenrost-Systeme / Beam grid systems

Homogene Roste
Homogeneous grids

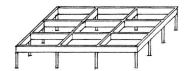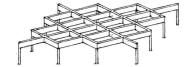

Abgestufte Roste
Graded grids

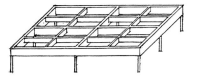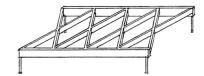

Zentralroste
Centralized grids

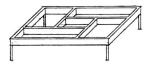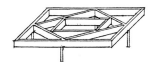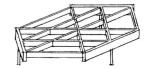

3.4 Tragplatten-Systeme / Slab structures

Gleichförmige Platten
Uniform slabs

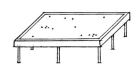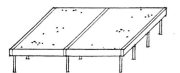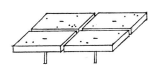

Rippenplatten
Ribbed slabs

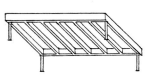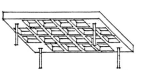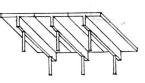

Plattenrahmen
Box frames

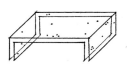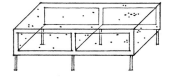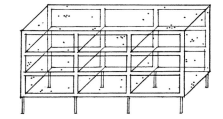

Kragplatten
Cantilever slabs

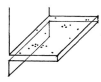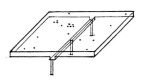

Anwendungen: Tragsystem - Baustoff - Spannweite   Applications: structure system - material - span

Tragsystem / Structure system	Primär-Baustoff / Primary material		Spannweiten in Metern / Spans in meters
BALKEN-Tragwerke 3.1 BEAM structures	Holz	wood	4 8 12
	Metall (Stahl)	metal (steel)	5 7 20 25
	Stahlbeton	reinf. concrete	4 10 15
	Leimholz	glued wood	7 10 30 35
	Metall (Stahl)	metal (steel)	5 8 25 30
	Spannbeton	stressed concr.	7 10 25 30
	Holz	wood	4 8 12
	Metall (Stahl)	metal (steel)	5 7 20 25
	Stahlbeton	reinf. concrete	4 8 12
RAHMEN-Tragwerke 3.2 FRAME structures	Leimholz	glued wood	10 15 40 50
	Metall (Stahl)	metal (steel)	10 15 60 80
	Stahlbeton	reinf. concrete	7 10 25 30
	Leimholz	glued wood	10 15 45 55
	Metall (Stahl)	metal (steel)	10 15 65 85
	Stahlbeton	reinf. concrete	8 10 28 35
	Leimholz	glued wood	15 20 50 60
	Metall (Stahl)	metal (steel)	15 20 70 90
	Stahlbeton	reinf. concrete	10 15 30 40
BALKENROST-Tragwerke 3.3 BEAM GRID structures	Leimholz	glued wood	10 12 25 30
	Metall (Stahl)	metal (steel)	10 12 25 30
	Stahlbeton	reinf. concrete	5 8 18 20
	Leimholz	glued wood	10 15 30 35
	Metall (Stahl)	metal (steel)	10 15 30 35
	Stahlbeton	reinf. concrete	5 8 20 25
	Leimholz	glued wood	8 10 20 25
	Stahlbeton	reinf. concrete	5 8 15 18
PLATTEN-Tragwerke 3.4 SLAB structures	Holz (-bohlen)	wood (planks)	0 5 6
	Stahlbeton	reinf. concrete	0 6 8
	Stahlbeton	reinf. concrete	5 7 15 20
	Stahlbeton	reinf. concrete	3 4 9 12

Scale: 0 5 10 15 20 25 30 40 50 60 80 100 150 200 250 300 400 500

Jedem Tragwerk-Typ ist ein spezifischer Spannungszustand seiner Tragglieder zu eigen. Hieraus ergeben sich für den Entwurf zwangsläufige Bindungen in der Wahl des Primär-Baustoffes und in der Zuordnung von Spannweiten

To each structure type a specific stress condition of its members is inherent. This essential trait submits the design of structures to rational affiliations in the choice of primary structural fabric and in the attribution of span capacities

Definition der schnittaktiven Tragsysteme

definition of section-active structure systems

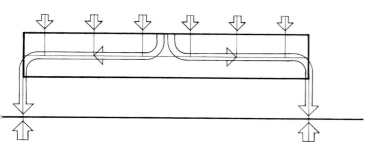

System der Kraftumlenkung

system of redirecting forces

Äußere Kräfte werden durch Querschnittmaterie (Schnittkräfte) umgelenkt
external forces are redirected through sectional fabric (section forces)

Mechanismus der Biegung und des Biegewiderstandes

mechanism of bending and bending resistance

Lasten/loads

Reaktionen/reactions

Hebelarm/lever arm

Äußeres Drehmoment (Biegung) external rotational moment (bending)

Die Summe der äußeren Kräfte (Lasten und Reaktionen) bewirkt Drehung der freien Enden (Auflagerpunkte), die zur Krümmung der Längsachse führt: Biegung

the sum of external forces (loads and reactions) generates a rotation of the free ends (points of support) that causes the longitudinal axis to curve: bending

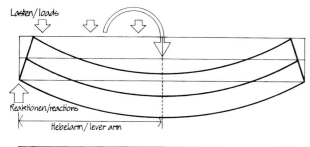

Querkräfte (vertikale Scherkräfte) vertical shear

Wegen der Seitendifferenz der Richtungen von Last und Reaktion versuchen die äußeren Kräfte die vertikalen Fasern gegeneinander zu verschieben

since the directions of load and reaction do not meet, the external forces make vertical fibres tend to slip and introduce vertical shear

Horizontale Scherkräfte horizontal shear

Die Durchbiegung verursacht Verkürzung der oberen und Verlängerung der unteren Schichten, wodurch die horizontalen Fasern gegeneinander verschoben werden

bending deflection causes contraction of the upper layers and expansion of the lower layers. horizontal fibres tend to slip introducing horizontal shear

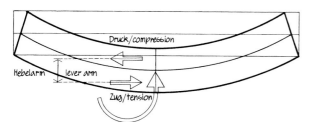

Druck/compression

Hebelarm lever arm

Zug/tension

Inneres Drehmoment (Reaktion) internal rotational moment (reaction)

Infolge Durchbiegung werden mittels Scherkraftübertragung Zug- und Druckkräfte im Querschnitt aktiviert, die ein inneres Drehmoment bewirken

Due to bending deflection tensile and compressive stresses are generated in the cross section by means of shear. they produce an internal rotation moment

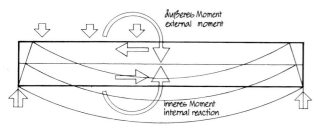

äußeres Moment
external moment

inneres Moment
internal reaction

Biegung und Biegewiderstand bending and bending resistance

Das Drehmoment der äußeren Kräfte bewirkt Durchbiegung bis zu dem Punkt, wo das innere reaktive Drehmoment groß genug geworden ist, um das äußere aufzuhalten.

rotation moment of external forces produces bending deflection until a point is reached where the internal reactive moment has grown big enough to compensate the external moment

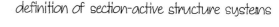

Zusammenwirken von Scher-, Zug- und Druckkräften bei Biegung

relationship between shear, tension and compression in bending

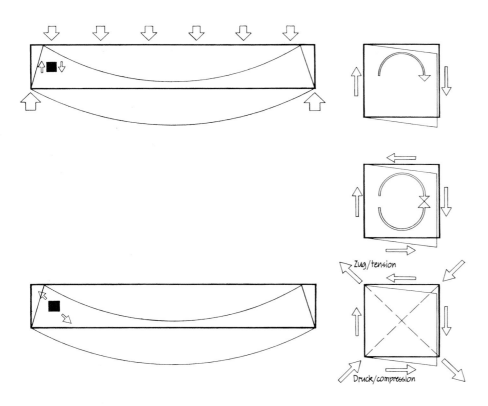

Durch äußere Kräfte werden Querkräfte erzeugt, die die Elemente (Rechteck) eines Trägers zu drehen versuchen und damit Durchbiegung bewirken

due to external forces vertical shear stresses are generated which tend to rotate the elements (rectangle) of a beam and cause bending deflection

Infolge Durchbiegung werden horizontale Scherkräfte erzeugt, die die Elemente (Rechteck) in umgekehrter Richtung zu drehen versuchen und dadurch Rotationsgleichgewicht herstellen

due to bending deflection horizontal shear stresses are generated which tend to rotate the elements (rectangle) in reverse direction and establish equilibrium in rotation

Querkräfte und horizontale Scherkräfte vereinigen sich zu Zug- und Druckkräften, die die Elemente zu Rauten verformen. Der Verformung steht die Festigkeit des Materials entgegen

vertical and horizontal shear stresses combine for both, tensile and compressive stresses that give the elements a rhombic shape. this deformation is resisted by the material strength

Linien der Hauptspannungsrichtungen = Isostatische Netzlinien

lines of principal directions of stress = isostatics

Spannungsrichtungen im Balken bilden zwei Gruppen, die sich immer rechtwinklig kreuzen: Druckrichtungen haben Stützlinienform, Zuglinien haben Kettenlinienform

stress pattern in beam indicates two sets of stress directions that always intersect at right angles: compressive stress directions assume arch shape, tensile stress directions assume catenary shape

Spannungsverteilung im Träger mit rechteckigem Querschnitt

stress distribution in beam with rectangular section

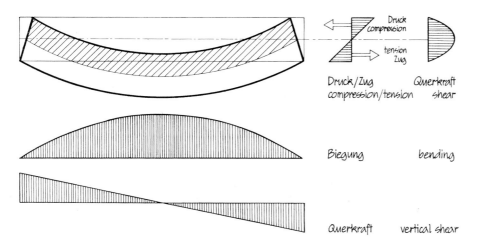

Druck compression
tension Zug

Druck/Zug — compression/tension
Querkraft — shear

Spannungsverteilung im Trägerquerschnitt
stress distribution across beam section

Biegung — bending

Biegespannungen sind bei Gleichstreckenlast parabolisch über die Länge des Trägers verteilt, mit max Spannung in Trägermitte

bending stresses for continuous load are parabolically distributed over length of beam, max stresses occurring in midspan

Querkraft — vertical shear

Querkräfte sind max über den Auflagern und nehmen nach der Mitte zu ab. Sie werden Null in Balkenmitte

vertical shear stresses are max over supports and decrease toward center. they are zero in midspan

Querschnitt-Gestaltung der Vollwand-Träger

Section design of solid web beams

Die Wirkungsweise der schnittaktiven Tragsysteme beruht auf Mobilisierung von Schnittkräften. Das heißt, die Tragfunktion dieser Systeme wird durch Aktionen im Querschnitt ausgeübt. Folgerichtig ist hier – im Unterschied zu den anderen Tragwerk-Gattungen – die Ausbildung des Träger-QUERSCHNITTES in Abhängigkeit vom Material ein primäres Anliegen des Tragwerk-Entwurfes

The mechanics of section-active structure systems rests upon mobilization of section forces. This will say that the structural function of these systems is performed by actions within the cross section. Consequently, the design of the beam CROSS SECTION, in compliance with the specific material, is – unlike as with other structure families – a primary concern in developing structures

Holz / Wood

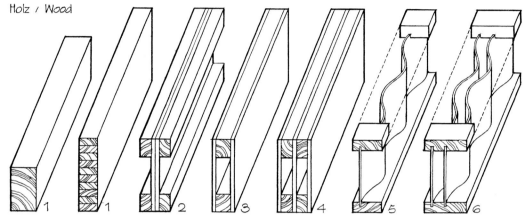

1	Rechteck-Träger
2	I-Träger
3	Kasten-Träger
4	Doppelkasten-Träger
5	Wellsteg-Träger
6	Doppelwellsteg-Träger
1	Rectangular beam
2	I-beam
3	Box beam
4	Double-box beam
5	Corrugated web beam
6	Corrug, two-web beam

Stahl / Steel

1	I-Träger
2	U-Profil-Träger
3	Breitflansch-Träger
4	Kasten-Träger
5	Hohlprofil-Träger
6	Lochsteg-Träger
7	Waben-Träger
1	I beam
2	Channel (profile) beam
3	Wide flange b., H beam
4	Box beam
5	Hollow section beam
6	Perforated web beam
7	Honeycomb web beam

Stahlbeton / Reinforced concrete

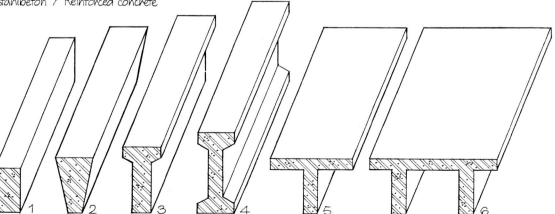
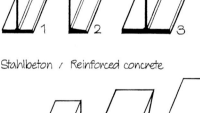

1	Rechteck-Träger
2	Trapez-Träger
3	T-Träger
4	I-Träger
5	Plattenbalken
6	Doppelsteg-Plattenbalken
1	Rectangular beam
2	Trapezoid beam
3	Top-beaded beam
4	I beam
5	T beam
6	Double-T beam

Neben den Standard-Trägerquerschnitten, die durch die Eigenschaften des Baustoffes mitbestimmt werden, führt die Kombination von Baustoffen unter Ausnutzung der konstruktiven Vorzüge des eingesetzten Materials zu neuen, besonders leistungsfähigen Querschnitt-Formen = VERBUNDTRÄGER

In addition to the standard forms of beam sections, largely being determined by the properties of but one structural material, the combination of materials, through the utilization of their respective structural merits, will lead to novel, especially efficient cross sections = COMPOSITE BEAMS

Einfluß der Auskragung auf Leistungsfähigkeit des Tragbalkens

influence of cantilever action on beam efficiency

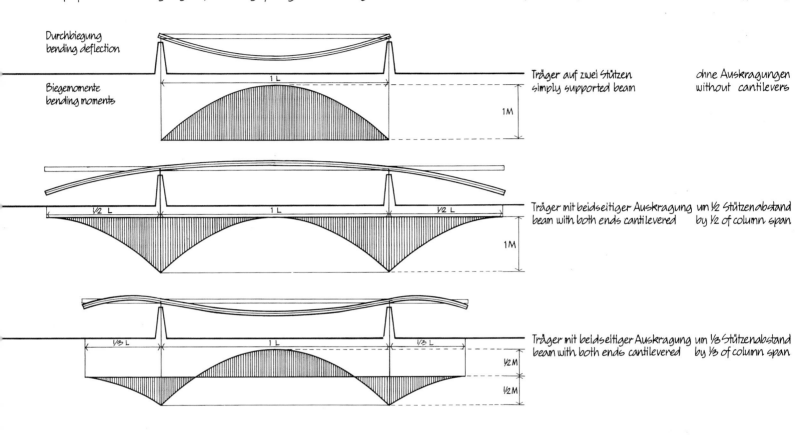

Durchbiegung
bending deflection

Biegemomente
bending moments

1 L

1 M

Träger auf zwei Stützen   ohne Auskragungen
simply supported beam   without cantilevers

½ L   1 L   ½ L

1 M

Träger mit beidseitiger Auskragung um ½ Stützenabstand
beam with both ends cantilevered   by ½ of column span

⅓ L   1 L   ⅓ L

½ M

½ M

Träger mit beidseitiger Auskragung um ⅓ Stützenabstand
beam with both ends cantilevered   by ⅓ of column span

Einfluß der Auflagerbedingungen auf Leistungsfähigkeit des Tragbalkens

influence of support conditions on beam efficiency

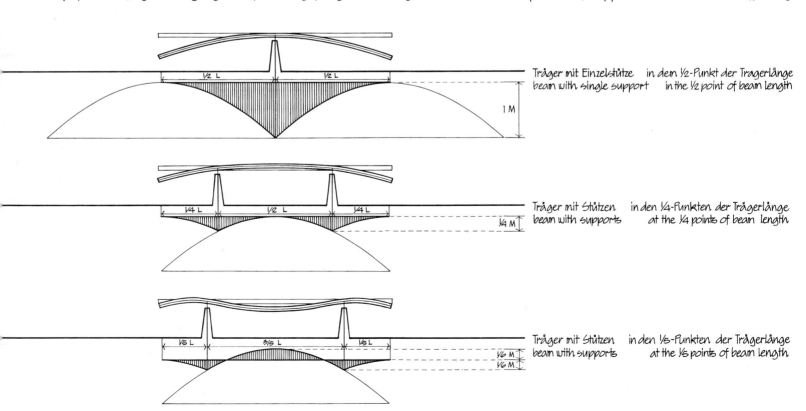

½ L   ½ L

1 M

Träger mit Einzelstütze   in dem ½-Punkt der Trägerlänge
beam with single support   in the ½ point of beam length

¼ L   ½ L   ¼ L

¼ M

Träger mit Stützen   in den ¼-Punkten der Trägerlänge
beam with supports   at the ¼ points of beam length

⅕ L   ⅗ L   ⅕ L

⅙ M
⅙ M

Träger mit Stützen   in den ⅕-Punkten der Trägerlänge
beam with supports   at the ⅕ points of beam length

Vergleich zwischen Einzelträgern und Durchlaufträgern

comparison between discontinuous and continuous beams

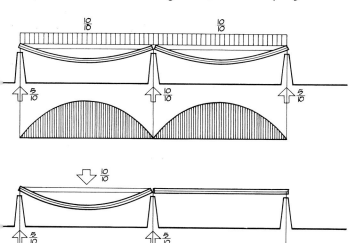

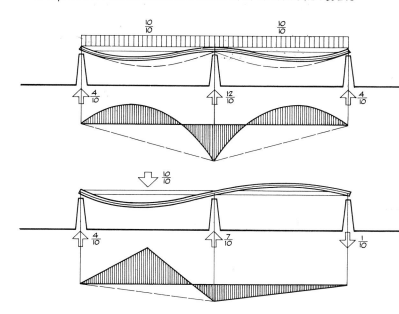

Unterbrochener Träger: Durchbiegung in einem Feld wird nicht auf das andere übertragen. Lasten betreffen jedes Feld unabhängig

discontinuous beam: bending deflection in one span will not be carried over to the other. loads will affect each span independantly

Durchlauf-Träger: Durchbiegung in einem Feld wird auf das andere übertragen. Lasten werden von dem gesamten Träger aufgenommen

continuous beam: bending deflection in one span will be carried over to the other, loads in one span will be resisted by the total length of beam

Einfluß der Kontinuierlichkeit auf den Tragmechanismus

influence of continuity on bearing mechanism

Streckenlast auf ganze Länge   continuous load over entire length

Durch Kontinuierlichkeit ist Drehung des Trägers über den Auflagern behindert. max. Biegung ist in Endfeldern wegen einseitig freier Drehung.

due to continuity, rotation of beam over supports is restrained.   max bending occurs in end spans where rotation of one end is not obstructed

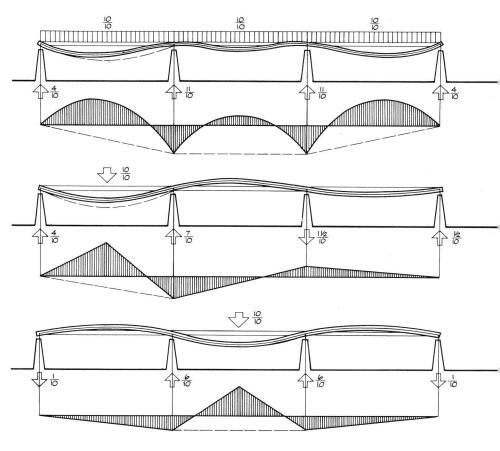

Einzellast im Endfeld   point load in end span

Durchbiegung im belasteten Feld ist durch einseitige Drehbehinderung vermindert. Auch die unbelasteten Felder nehmen an Lastaufnahme teil.

bending deflection in loaded span is restrained by unilateral obstruction of beam rotation. also the unloaded spans participate in resisting load

Einzellast im Mittelfeld   point load in center span

Durch Kontinuierlichkeit wird Drehung über den Auflagern des belasteten Feldes behindert und der ganze Träger am Tragmechanismus beteiligt.

due to continuity, rotation of beam over the supports of loaded span is obstructed.   the entire beam is included in the bearing mechanism

Biegemechanismus im Durchlaufträger über 5 Felder

bending mechanism in continuous beam over 5 spans

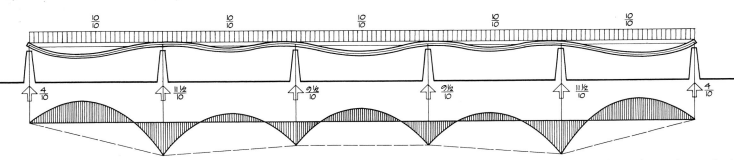

Größe der Biegung unter Gleichstreckenlast

max. Biegung tritt in Endfeldern auf, wo Drehung über Außenstütze nicht behindert wird.   min. Biegung ist in Feldern neben Endfeldern

magnitude of bending under continuous load

max bending occurs in end span where rotation over exterior support is not restrained.   min bending occurs in spans next to end spans

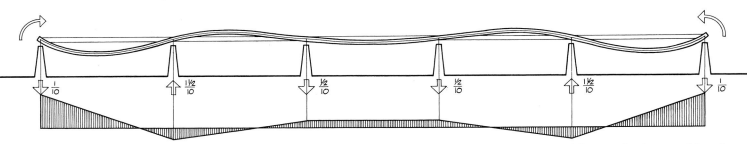

Einfluß des größeren Endfeld-Momentes

Mangel an Drehbehinderung über den Endstützen beeinflußt die Biegung der anderen Felder in gleicher Weise   wie ein zusätzliches Drehmoment

influence of major moment in end span

lack of restraining moment over end supports influences the deflections of the other spans in the same way as does an additional rotation moment

Möglichkeiten gleichmäßiger Biegeverteilung im Durchlaufträger

possibilities of equal distribution of bending in continuous beam

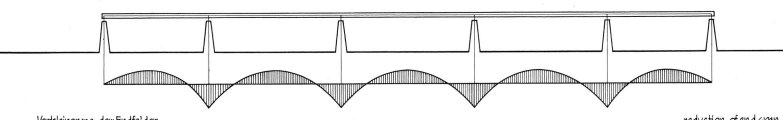

Verkleinerung der Endfelder

Durch Verkürzung der Biegelänge kann die Durchbiegung im Endfeld auf das Maß der Durchbiegung in den anderen Feldern gebracht werden

reduction of end span

through shortening the beam length in the end span, bending in this span can be brought down to that of the other spans

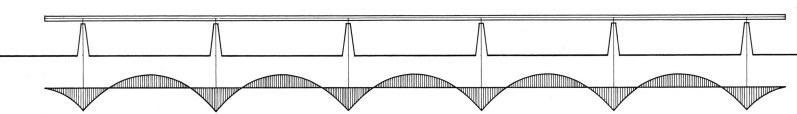

Auskragung über die Endstützen

Durch die Gegendrehung der Auskragung wird die Durchbiegung im Endfeld auf das Maß der Durchbiegung in den anderen Feldern gebracht

cantilevers at the ends

due to the reverse rotation of the cantilevers, bending in the end span can be brought down to that of the other spans

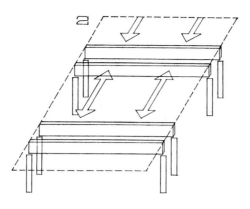

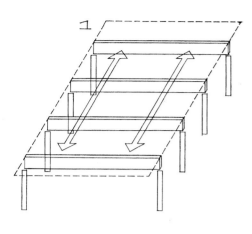

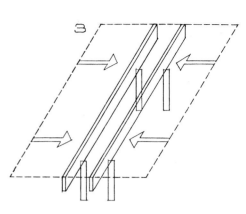

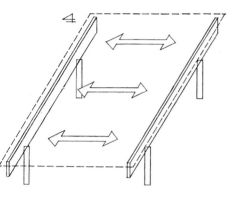

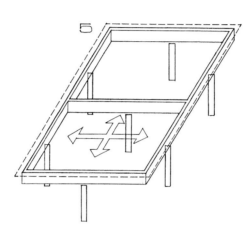

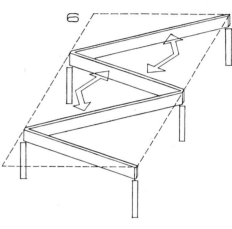

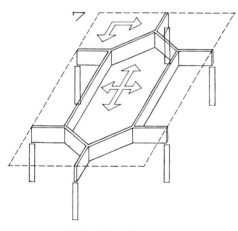

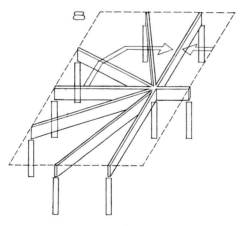

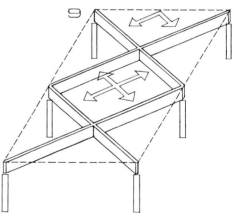

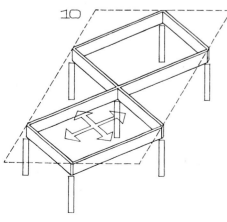

Balkenanordnungen für Lastabtragung / Beam layouts for load transmission

1	Querreihung	1	Transversal alignment
2	Querbündelung	2	Transversal coupling
3	Längsbündelung	3	Longitudinal coupling
4	Längsrandlage	4	Longitudinal edge position
5	Quadratraster	5	Square grid
6	Zickzack-Schrägführung	6	Zigzag skew pattern
7	Verzweigung	7	Ramification
8	Radialmuster	8	Radial pattern
9	Diagonalkreuzung	9	Diagonal crossing
10	Diagonalraster	10	Diagonal grid

Tragsysteme und Gestaltungsmöglichkeiten für Träger über fünf Felder

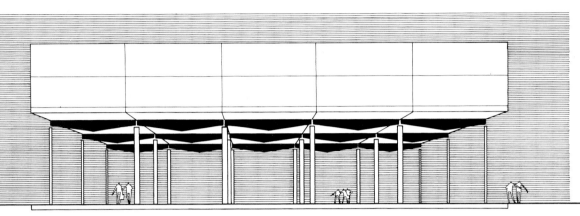

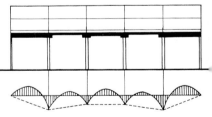

Einzelträger (unterbrochener Tr.) für jedes Feld:
Spannungsverteilung für jedes Feld gleich

discontinuous beam   one for each span:
stress distribution equal for each span

Gradlinige Vergrößerung der Konstruktionshöhe zur Feldmitte   linear increase of construction height toward midspan

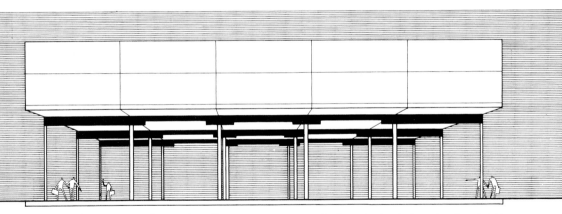

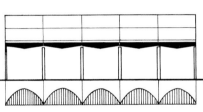

Durchlaufträger   über fünf gleiche Felder:
Spannungsverteilung   je Feld verschieden

continuous beam   over five equal spans:
stress distribution different for each span

Stufenweise Angleichung der Konstruktionshöhe   steplike adjustment of construction height

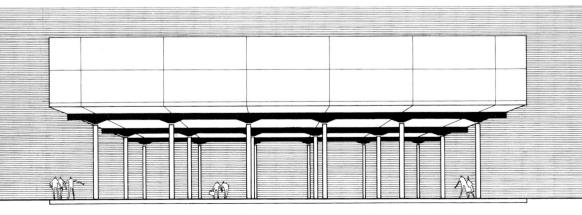

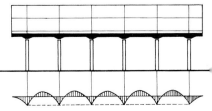

Durchlaufträger mit Kragarmen an den Enden:
Spannungsverteilung für jedes Feld gleich

continuous beam   with cantilevered ends:
stress distribution equal for each span

Vergrößerung der Konstruktionshöhe über den Stützen   increase of construction height over supports

structure systems and design possibilities for beam over five spans

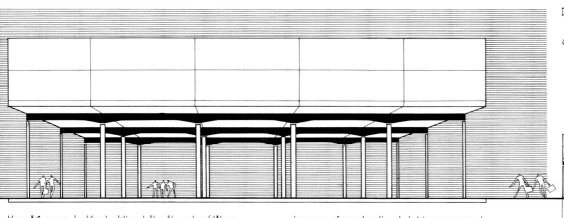

Durchlaufträger mit Reduzierung der Endfelder:
max. Spannungen für alle Felder ausgeglichen

continuous beam with reduction of end spans:
max. stresses for all spans evenly distributed

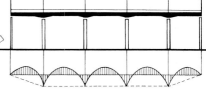

Vergrößerung der Konstruktionshöhe über den Stützen

increase of construction height over supports

Drei Einzelträger mit Kragarmen an den Enden:
Spannungsverteilung für jeden Träger gleich

three discontinuous beams with cantilevered ends:
stress distribution equal for each span

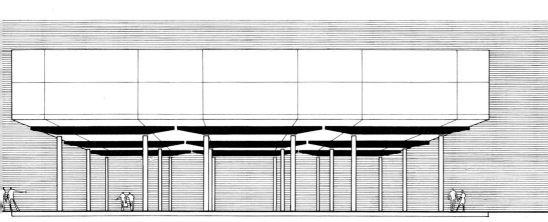

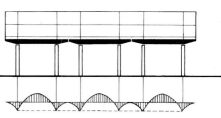

Verringerung der Konstruktionshöhe nach den Enden

reduction of construction height toward the ends

Rahmen-Mechanismus und seine Beziehung zum Träger mit Kragarmen   mechanism of frame and its relationship to the beam with cantilevers

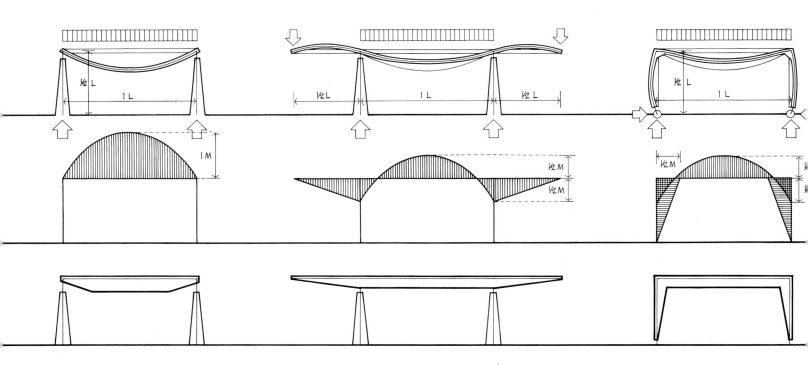

Die Horizontalkräfte an den Fußpunkten des Rahmens schränken Drehung der Rahmenecke ein und verringern Durchbiegung des Riegels in gleicher Weise wie die Einzellasten an den Enden eines Trägers mit Kragarmen

the horizontal reactions at the bases of the frame obstruct rotation of the frame corners and reduce deflection of the frame beam in the same way as do the point loads at the ends of a beam with cantilevers

Einfluß der Rahmensteifigkeit auf Spannungsverteilung und Tragwerkform

Beziehung zwischen Träger, Zweigelenk-Rahmen und Dreigelenk-Rahmen

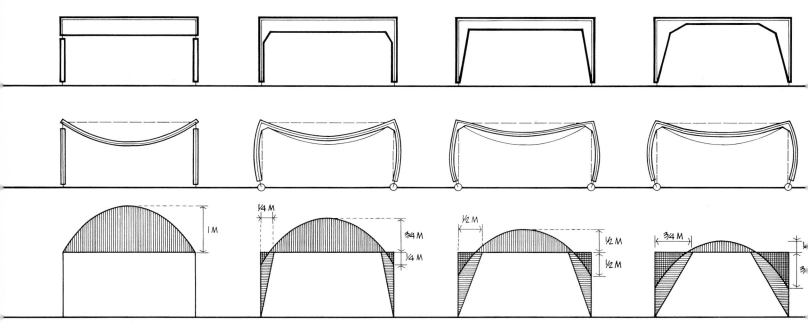

Widerstand-Mechanismus gegen seitliche Belastung

mechanism of resisting lateral forces

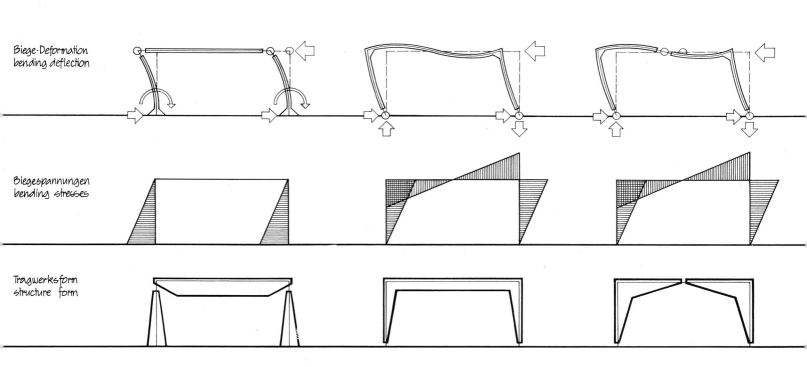

Biege-Deformation
bending deflection

Biegespannungen
bending stresses

Tragwerksform
structure form

Im Gegensatz zum einfachen Träger, der zusätzliche Aussteifung der Stützen benötigt, um das Drehmoment aufzunehmen, werden im Gelenkrahmen durch die Verformung selbst senkrechte Auflagerkräfte aktiviert, die eine gegenläufige Drehung auslösen

contrary to the simple beam that needs additional stiffening of supports for receiving the rotation moment, in the rigid frame by its own deflection vertical reactions are generated that produce a reverse rotation

influence of frame stiffness on stress distribution and structure form
relationship between beam, two-hinged frame and three-hinged frame

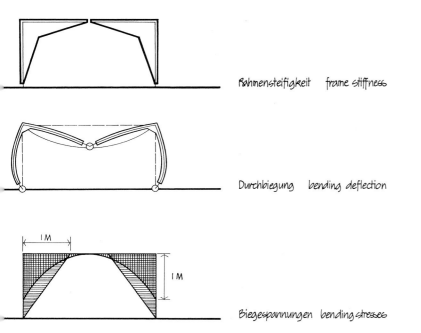

Rahmensteifigkeit   frame stiffness

Infolge Kontinuierlichkeit über die Rahmenecken kann der Rahmenriegel je nach Steifigkeit der Stützen verschieden entlastet werden. Dadurch ergibt sich Kontrolle über Maß der Durchbiegung und über Tragwerksform

Durchbiegung   bending deflection

Biegespannungen bending stresses

due to continuity over the frame corners, deflection of the beam can be reduced differently according to the degree of column stiffness. this results in control over degree of deflection and hence over structure form

Horizontale und vertikale Tragsysteme aus Gelenkrahmen   horizontal and vertical structure systems composed of hinged frames

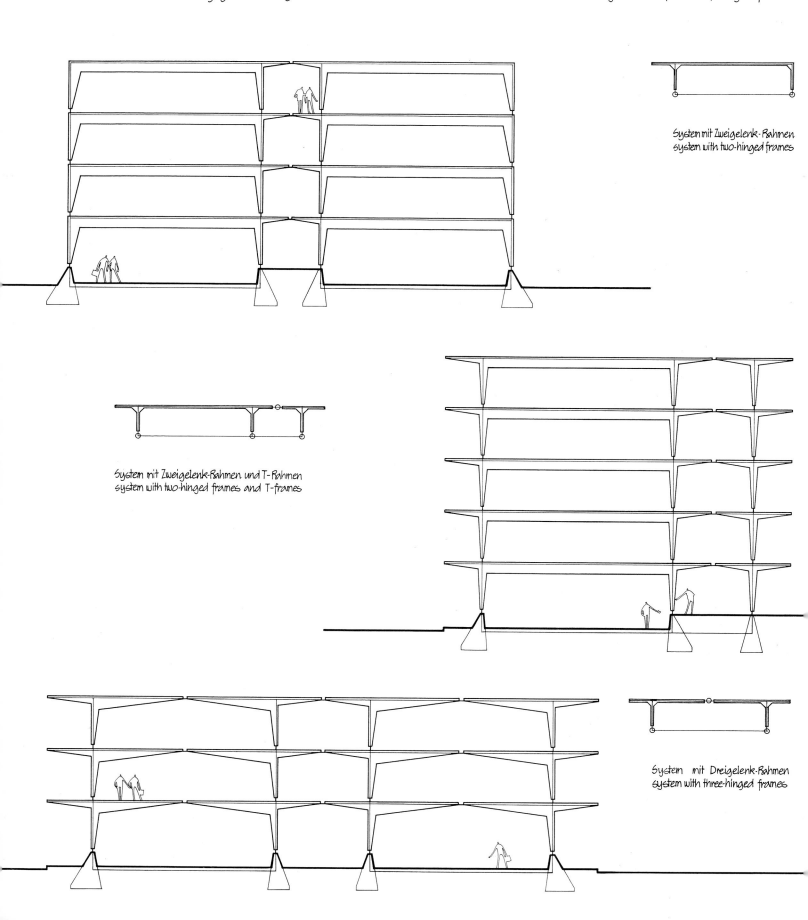

System mit Zweigelenk-Rahmen
system with two-hinged frames

System mit Zweigelenk-Rahmen und T-Rahmen
system with two-hinged frames and T-frames

System mit Dreigelenk-Rahmen
system with three-hinged frames

Mechanismus der Umkehr- und Doppelform des Zweigelenk-Rahmens   mechanism of the reverse and doubled form of two-hinged frame

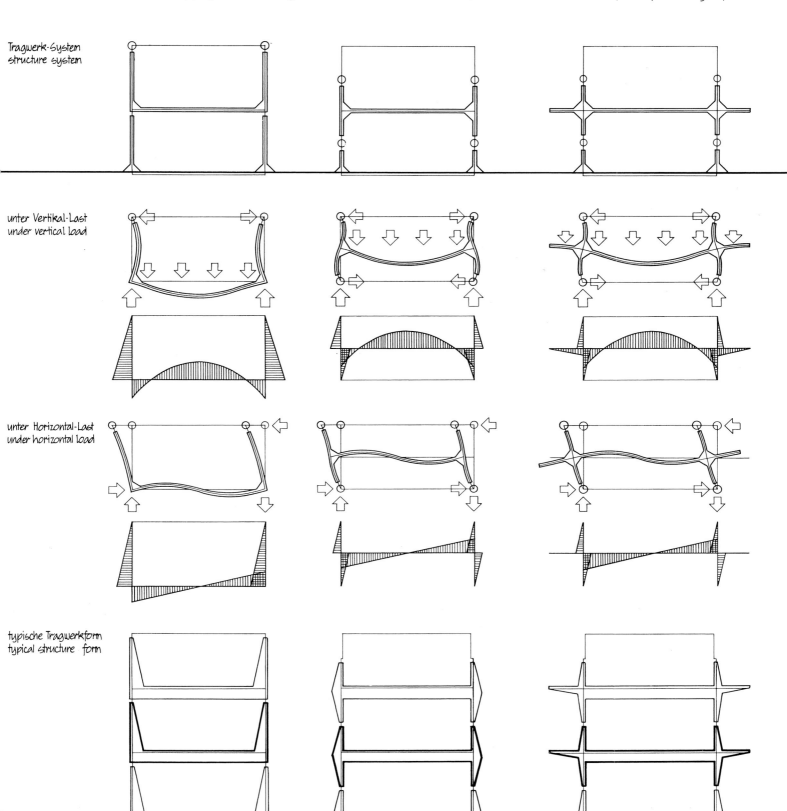

Tragwerk-System
structure system

unter Vertikal-Last
under vertical load

unter Horizontal-Last
under horizontal load

typische Tragwerkform
typical structure form

Der typische Tragmechanismus des Zweigelenk-Rahmens bleibt auch nach Umkehrung des Rahmens oder Aufdoppelung von zusätzlichen Stielen unvermindert wirksam

the typical bearing mechanism of the two-hinged frame will function with undiminished efficiency also after reversal of the frame or after doubling up additional columns

Mechanismus der Umkehr- und Doppelform des Dreigelenk-Rahmens

mechanism of the reverse and doubled form of three-hinged frame

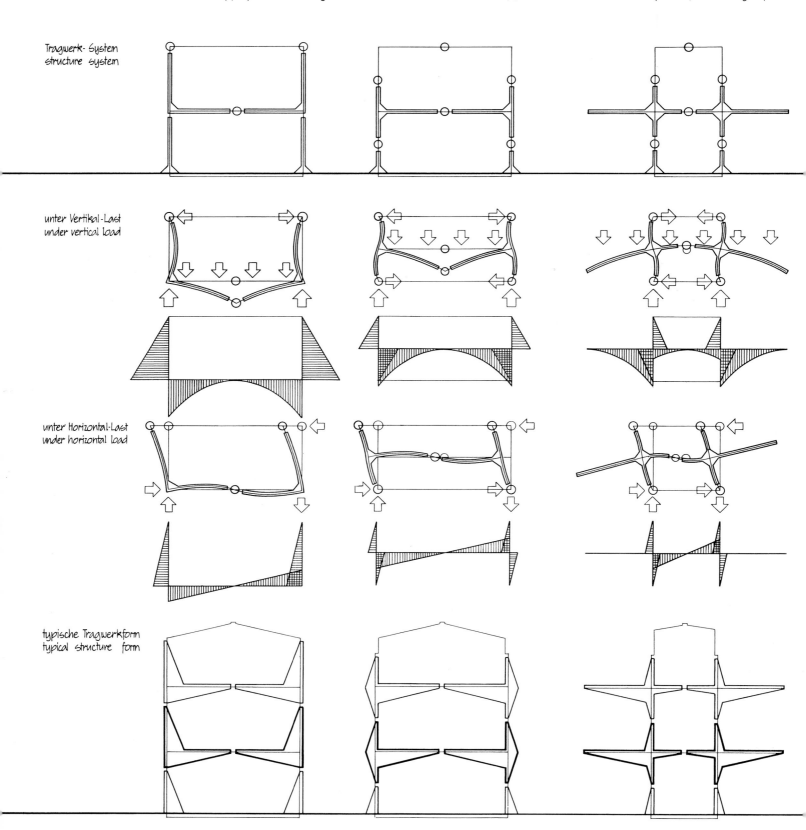

Tragwerk- System
structure system

unter Vertikal-Last
under vertical load

unter Horizontal-Last
under horizontal load

typische Tragwerkform
typical structure form

Der typische Tragmechanismus des Dreigelenk-Rahmens bleibt auch nach Umkehrung des Rahmens oder Aufdoppelung von zusätzlichen Stielen unvermindert wirksam

the typical bearing mechanism of the three-hinged frame will function with undiminished efficiency also after reversal of frame or doubling up additional columns

Vertikale Tragsysteme aus Rahmen mit aufgedoppelten Stielen   vertical structure systems composed of frames with doubled-up columns

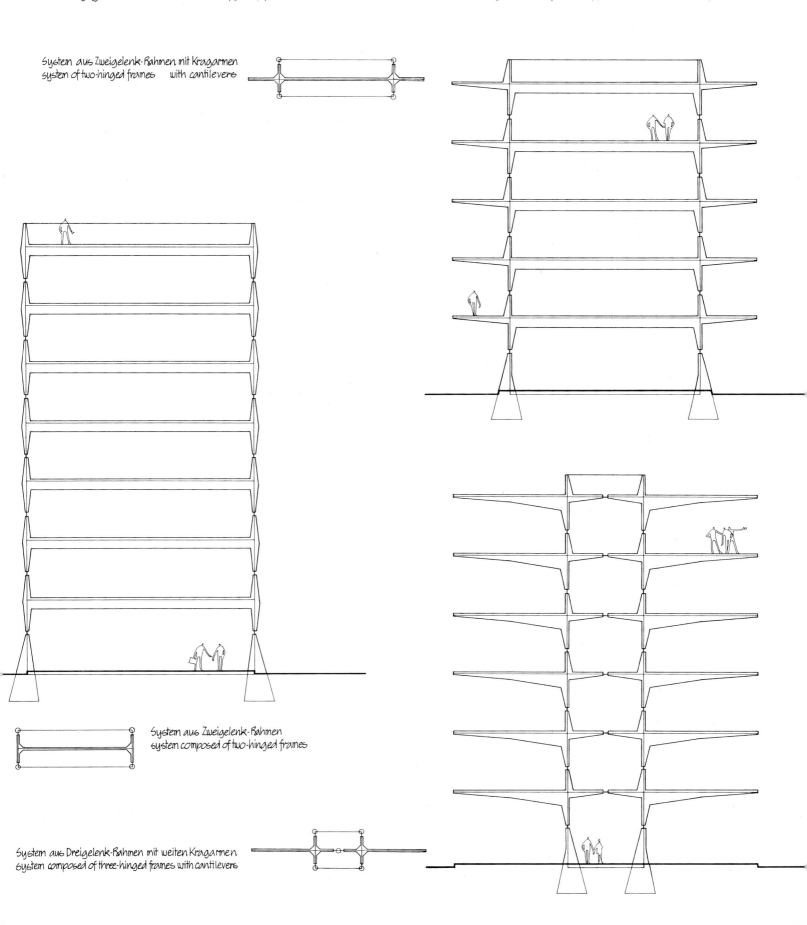

System aus Zweigelenk-Rahmen mit Kragarmen
system of two-hinged frames   with cantilevers

System aus Zweigelenk-Rahmen
system composed of two-hinged frames

System aus Dreigelenk-Rahmen mit weiten Kragarmen
system composed of three-hinged frames with cantilevers

Tragsysteme aus Gelenkrahmen mit aufgedoppelten Stielen

structure systems composed of hinged frames with doubled-up columns

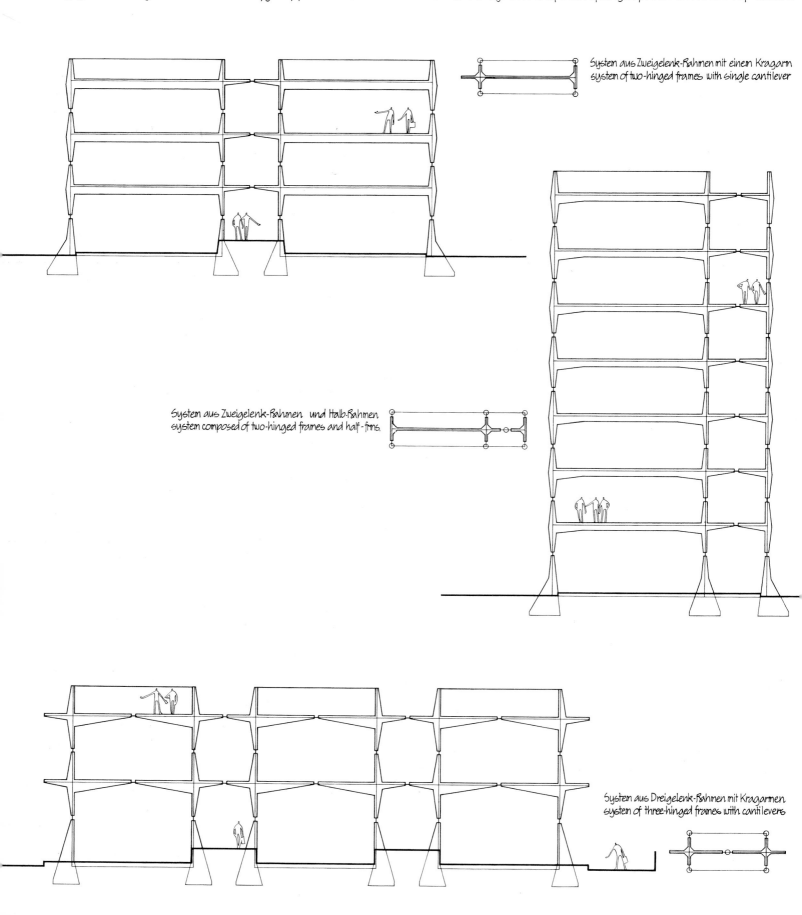

System aus Zweigelenk-Rahmen mit einem Kragarm
system of two-hinged frames with single cantilever

System aus Zweigelenk-Rahmen und Halb-Rahmen
system composed of two-hinged frames and half-frms.

System aus Dreigelenk-Rahmen mit Kragarmen
system of three-hinged frames with cantilevers

Gestaltungsmöglichkeiten mit Gelenkrahmen-Systemen

design possibilities with hinged frame systems

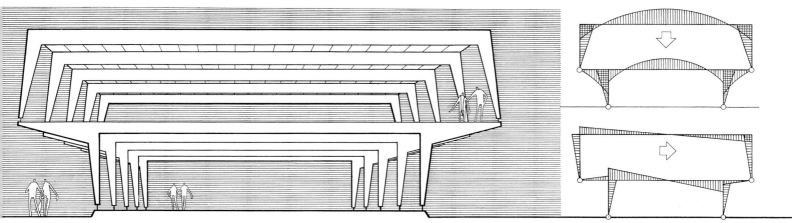

Zweigelenk-Rahmen aufgesetzt auf Kragarme eines Zweigelenk-Rahmens

two-hinged frame set upon cantilevers of two-hinged frame

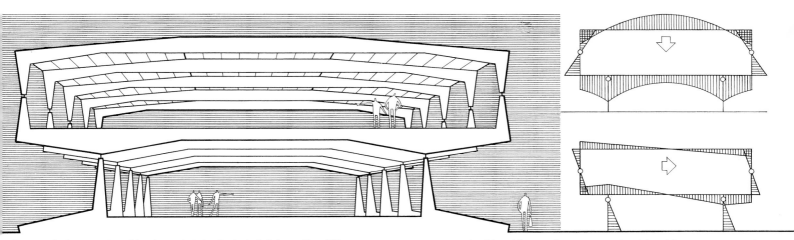

Zweigelenk-Rahmen aufgesetzt auf umgekehrten Zweigelenk-Rahmen über Stützen

two-hinged frame set upon reverse two-hinged frame upon supports

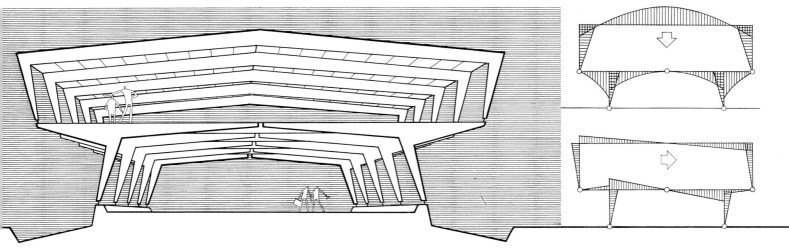

Zweigelenk-Rahmen aufgesetzt auf Kragarme eines Dreigelenk-Rahmens

two-hinged frame set upon cantilevers of three-hinged frame.

Mechanismus des Vollrahmens und Mehrfeldrahmens   mechanism of complete frame and multi-panel frame

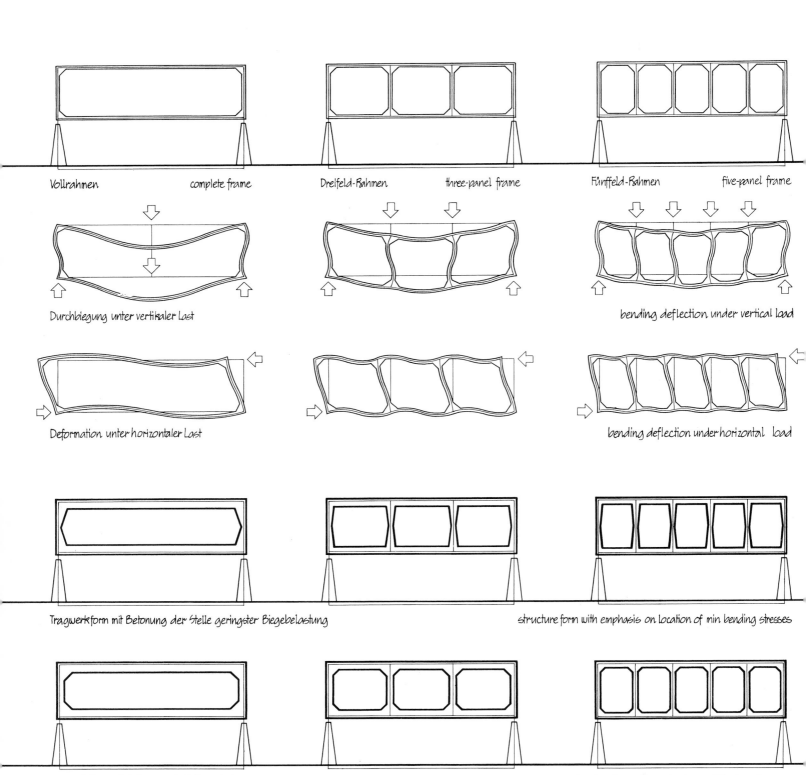

Vollrahmen   complete frame   Dreifeld-Rahmen   three-panel frame   Fünffeld-Rahmen   five-panel frame

Durchbiegung unter vertikaler Last   bending deflection under vertical load

Deformation unter horizontaler Last   bending deflection under horizontal load

Tragwerkform mit Betonung der Stelle geringster Biegebelastung   structure form with emphasis on location of min bending stresses

Tragwerkform mit Betonung der Eckversteifung   structure form with emphasis on stiffening of corners

Infolge Durchbiegung der Riegel werden die Enden der Stiele mitgedreht und zwar oben in entgegengesetzter Richtung wie unten. Dadurch wird die Drehung im Stiel aufgenommen und Durchbiegung eingeschränkt. Wirksamkeit erhöht sich mit Anzahl der Stiele (Felder)

due to bending deflection of beams, the ends of columns will be rotated, the upper end in opposite direction from the lower end. thus rotation will be resisted by the column and deflection is obstructed. efficiency will increase with number of columns (panels)

Beziehung zwischen Rahmenteilung und Mechanismus des Mehrfeld-Rahmens / relationship between panel design and mechanism of multi-panel frame

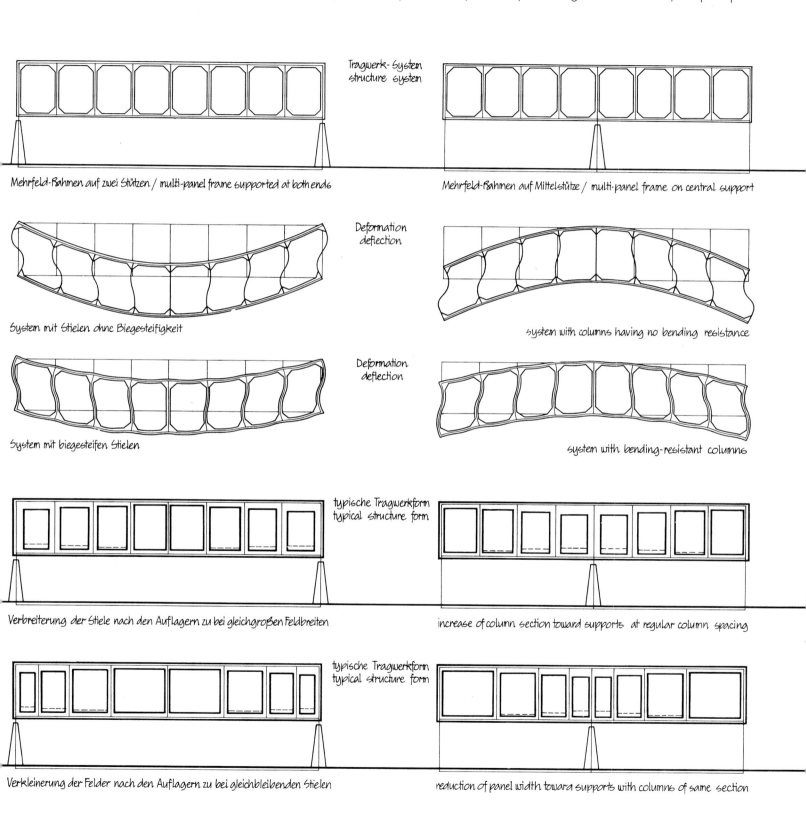

Tragwerk-System
structure system

Mehrfeld-Rahmen auf zwei Stützen / multi-panel frame supported at both ends

Mehrfeld-Rahmen auf Mittelstütze / multi-panel frame on central support

Deformation
deflection

System mit Stielen ohne Biegesteifigkeit

system with columns having no bending resistance

Deformation
deflection

System mit biegesteifen Stielen

system with bending-resistant columns

typische Tragwerkform
typical structure form

Verbreiterung der Stiele nach den Auflagern zu bei gleichgroßen Feldbreiten

increase of column section toward supports at regular column spacing

typische Tragwerkform
typical structure form

Verkleinerung der Felder nach den Auflagern zu bei gleichbleibenden Stielen

reduction of panel width toward supports with columns of same section

Entsprechend der Scherkraftverteilung im Vollträger, werden die Stiele sehr unterschiedlich auf Biegung beansprucht. Dem Unterschied kann durch Verkleinerung der Felder nach dem Auflager zu oder durch Verbreiterung der Stiele entsprochen werden

according to shear distribution in a beam the columns are subjected to very different degrees of bending. this difference can be integrated by reduction of panel width toward supports or by increase of column section

Weitgespannte Tragsysteme aus Mehrfeld-Rahmen

longspan structure systems composed of multi-panel frames

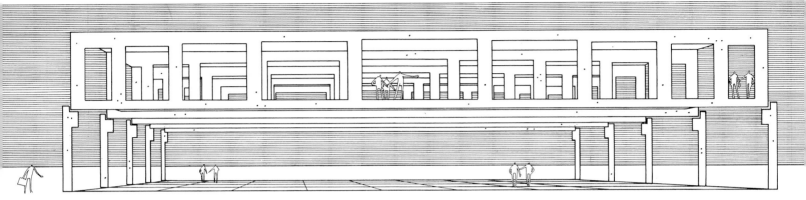

Eingeschossiger Mehrfeldrahmen auf zwei Stützen

single-story multi-panel frame   supported at both ends

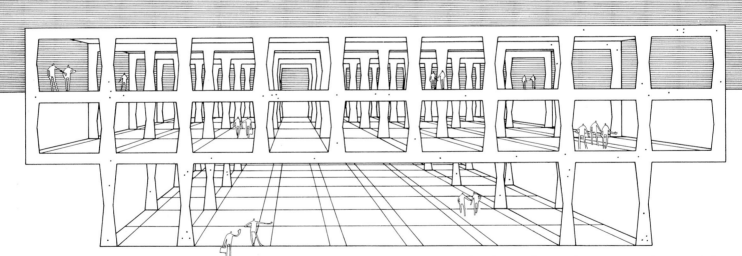

Zweigeschossiger Mehrfeldrahmen mit beidseitiger Auskragung

two-story multi-panel frame   with cantilevers at both ends

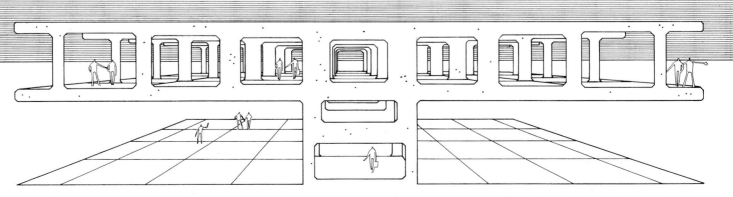

Eingeschossiger Mehrfeldrahmen auf Mittelstützen

single-story multi-panel frame on central-supports

Zweiachsige Systeme aus Mehrfeld-Geschoßrahmen

Biaxial systems of multi-panel storey frames

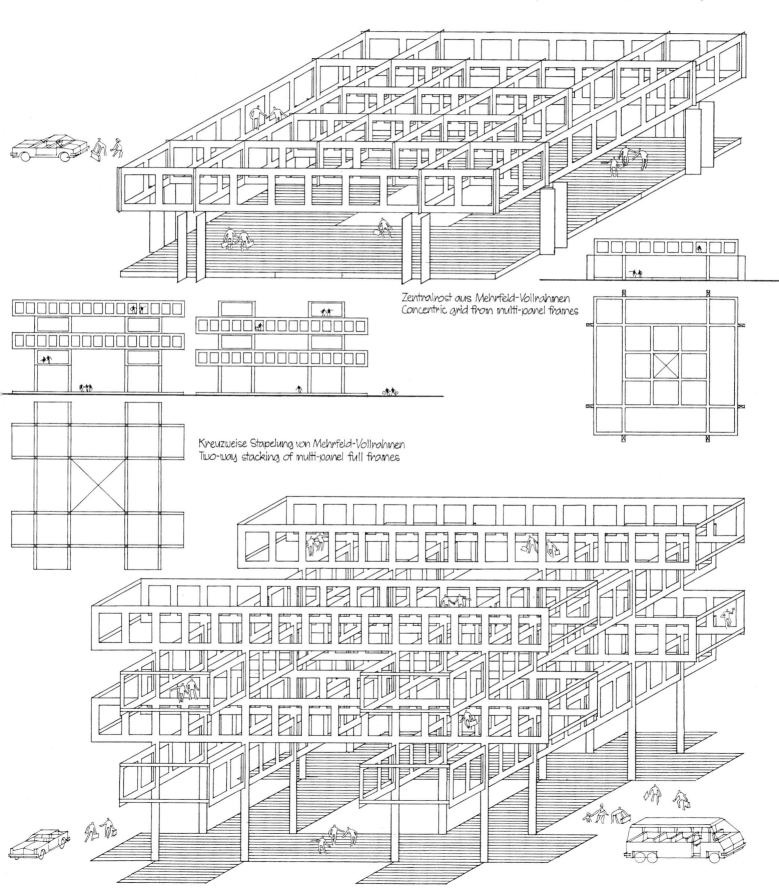

Zentralrost aus Mehrfeld-Vollrahmen
Concentric grid from multi-panel frames

Kreuzweise Stapelung von Mehrfeld-Vollrahmen
Two-way stacking of multi-panel full frames

Mehrgeschoß-Tragwerksysteme aus Mehrfeld-Rahmen   multi-story structure systems composed of multi-panel frames

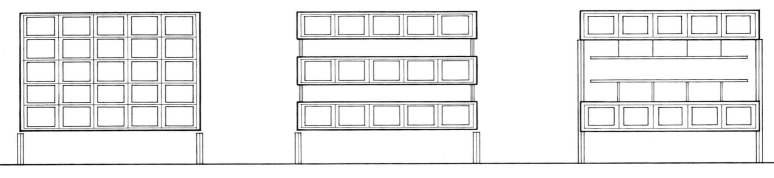

Mehrgeschoß-Tragwerk durch alle Stockwerke
multi-story structure   through all floors

Eingeschoß-Tragwerk   für zwei Stockwerke
single-story structure supporting two floors

Eingeschoß-Tragwerk   für drei Stockwerke
single-story structure supporting three floors

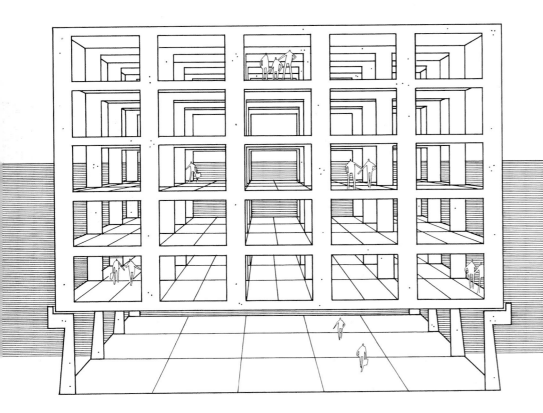

Mehrfeld-Rahmen durchgehend durch alle Geschosse
multi-panel frame continuous through all floors

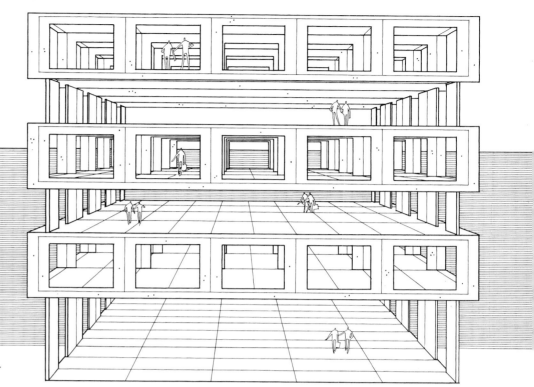

eingeschossiger Mehrfeld-Rahmen als Tragwerk für je zwei Ebenen
single-story multi-panel frame as support for each two floors

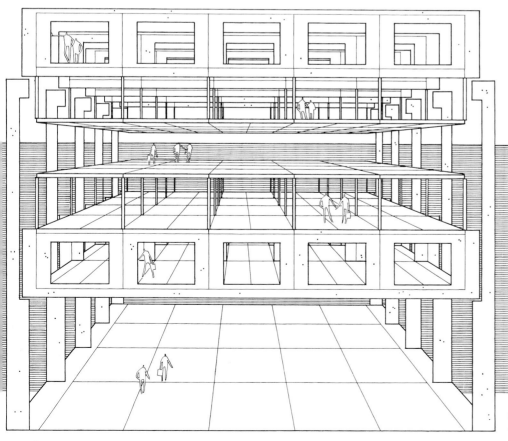

eingeschossiger Mehrfeld-Rahmen als Tragwerk für je 3 Ebenen
single-story multi-panel frame as support for each three floors

Beziehung zwischen einfachem Parallelträger und Balkenrost

Lastabtragung in zwei Achsen

relationship between simple parallel beam and beam grid

biaxial load dispersal

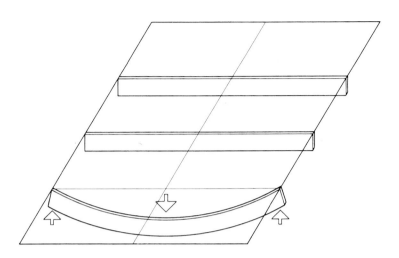

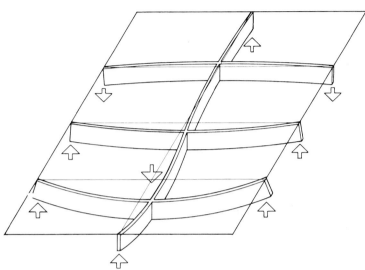

Im Parallelträger-System wird jeweils nur der von der Einzellast betroffene Träger deformiert. Die übrigen Parallelträger nehmen nicht am Widerstandsmechanismus gegen Einzellast teil.

in the parallel beam system only the one beam under load will be deflected. the other parallel beams do not participate in the resistance mechanism against single load.

Durch Einfügen eines im rechten Winkel zu den Parallelträgern laufenden Querträgers wird ein Teil der Last auf die anderen Parallelträger abgetragen. Das gesamte System nimmt am Widerstandsmechanismus gegen Einzellast teil.

through insertion of a transverse beam at right angles to the parallel beams one part of the load is transmitted to the beams not directly loaded. thus the entire system is participating in the resistance mechanism against single load

Einfluß der Seitenlängen auf die Größe der zweiachsigen Lastabtragung
influence of side proportions upon magnitude of biaxial load dispersal

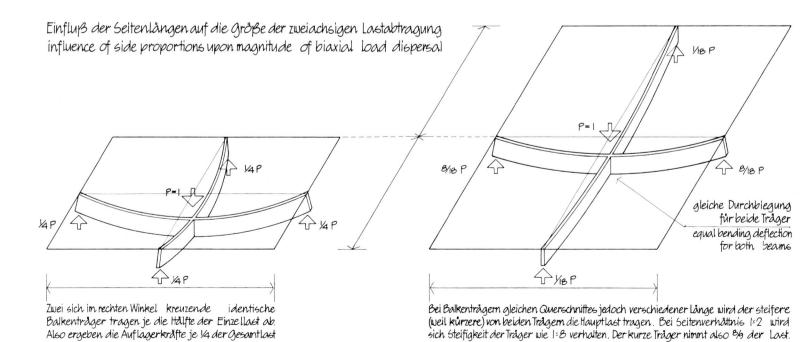

gleiche Durchbiegung
für beide Träger
equal bending deflection
for both beams

Zwei sich im rechten Winkel kreuzende identische Balkenträger tragen je die Hälfte der Einzellast ab. Also ergeben die Auflagerkräfte je ¼ der Gesamtlast

two identical beams at right angles to each other receive each one half of the total load. consequently each support reaction equals ¼ of the total load

Bei Balkenträgern gleichen Querschnittes jedoch verschiedener Länge wird der steifere (weil kürzere) von beiden Trägern die Hauptlast tragen. Bei Seitenverhältnis 1:2 wird sich Steifigkeit der Träger wie 1:8 verhalten. Der kurze Träger nimmt also 8/9 der Last.

if beams of same section have different length, the stiffer (because shorter) beam takes most of the load. if the ratio of the sides is 1:2, the stiffness of beams will have a ratio of 1:8. hence the shorter beam receives 8/9 of the total load.

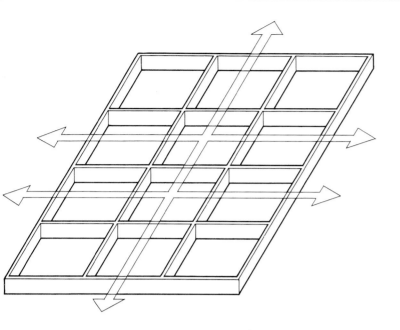

Zweiachsige Lastabtragung des fest verbundenen Trägerrostes
biaxial load dispersal of beam grid with rigid connections

Vorausgesetzt daß beide Trägerreihen annähernd gleiche Steifigkeit haben, wird
Last durch Biegemechanismus jeweils in zwei Achsen abgetragen. Bei Einzellasten werden wegen der gegenseitigen Durchdringung auch die nicht direkt
belasteten Träger deformiert. Dadurch wird Widerstandskraft erhöht.

provided that both sets of beams have approximately equal stiffness, load is
dispersed by bending mechanism in two axes. in the case of a point load
condition, due to mutual interpenetration also the beams not directly under
load deflect. consequently bending resistance is increased.

Last / load

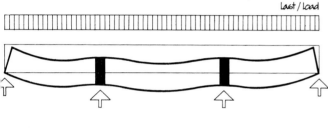

Wirkungsweise als Durchlaufträger über flexiblen Stützen
behaviour of component as continuous beam on flexible supports

Der einzelne Träger im Balkenrost verhält sich wie ein Durchlaufträger,
dessen Zwischenstützen jedoch flexibel sind. Bei einseitiger Belastung
kann aufwärts gerichtete (= negative) Biegung entstehen

the single beam in the beam grid acts as a continuous beam. of which the
intermediate supports are flexible under one-sided loading a reversal
of bending deflection (= negative bending) can occur.

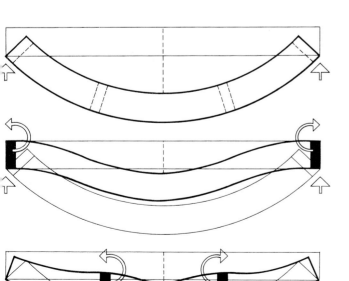

Zusätzliche Tragwirkung infolge Widerstand gegen Verdrehung
additional bearing action through resistance against twisting

Wegen der steifen Verbindungspunkte wird Randträger bei Durchbiegung
des Querträgers mitgedreht. Widerstand des Randträgers gegen Verdrehung
wirkt sich wie Einspannung aus und vermindert Durchbiegung des Querträgers

due to rigid intersections the edge beam is twisted by bending rotation of
the ends of the transverse beam. resistance against twisting by the edge
beam has effect of a fixed-end situation. it reduces bending of cross beam

Wegen der steifen Kreuzungspunkte verursacht die Durchbiegung des einen
Trägerquerschnittes jeweils die Verdrehung des winkelrecht dazu laufenden
Querschnittes. Dadurch wird ein weiterer Widerstandsmechanismus aktiviert.

due to rigid intersections the bending deflection of one beam section causes the
twisting of the beam section running crosswise. through this another
resistance mechanism against bending deflection is activated

Balkenrost für Grundrisse mit ungleichen Seitenlängen
beam grids for floor plans with unequal sides

Quadratraster / square grid

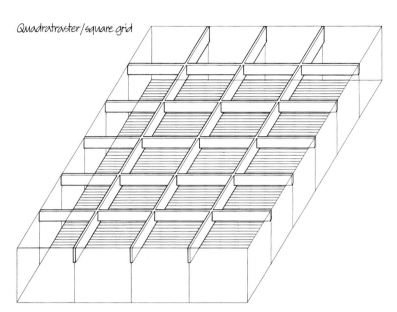

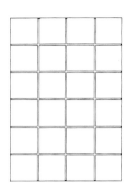 

Quadrat-(Rechteck-)raster
square (rectangular) grid

Schräg-(Diagonal-)raster
skew grid (diagrid)

Bei rechteckigen Grundrissen, deren eine Seite wesentlich größer ist als die andere, verlieren die Längsträger wegen verminderter Steifigkeit an Wirksamkeit. Um gleichmäßige Lastabtragung in zwei Achsen zu gewährleisten, müssen sie entsprechend versteift werden, bei Seitenverhältnis 1:2 um das Achtfache

in rectangular floor plans of which one side is markedly longer than the other the longitudinal beams due to diminished stiffness show loss of efficiency. in order to allow equal load dispersal in two axes, the long beams must be stiffened accordingly, i.e. if plan has ratio of 1:2, long beams must be eight times stiffer

Schrägraster / skew grid

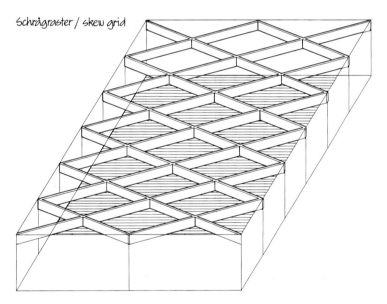

Das Schrägraster vermeidet den Nachteil ungleicher Trägerlängen bei länglichen Grundrissen. Darüberhinaus wird infolge der kurzen Spannweiten an den Ecken ähnlich einer Einspannung zusätzliche Steifigkeit erreicht.

the skew grid avoids the disadvantage of unequal beam lengths in oblong floor plans. moreover because of shorter beam spans at the corners additional stiffness is achieved much like in a fixed end condition

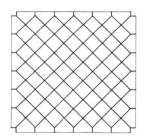

Diagonales Quadratraster / diagonal square grid

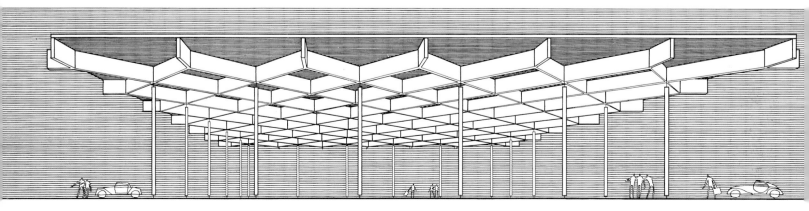

Einzelthemen der Gestaltung von Balkenrost-Systemen

Abgesehen von der grundsätzlichen Entwurfsbindung an Grundriß-Figuration und Auflager-Anordnung befaßt sich die Entwicklung von Balkenrosten mit drei Form-Entscheidungen:

1 Geometrie der Balken-Anordnung
2 Bezug des Rostes zum seitl. Raumabschluß
3 Struktur des Balkenrost-Gefüges

Entsprechend werden die Balkenroste klassifiziert und bestimmt

Constituent concerns in the design of beam grids

Aside from the fundamental commitment to the configuration of floor plan and to the disposition of supports the design of beam grids is concerned with three form decisions:

1 Geometry of beam pattern
2 Grid relationship to lateral space enclosure
3 Consistency of beam grid structure

Accordingly beam grids will be classified and identified

1 | Gebräuchliche Geometrien der Balkenroste / Standard geometries of beam grids

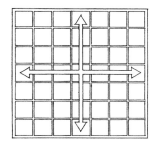
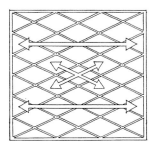
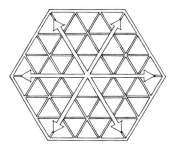

Orthogonal-Rost
- zwei-achsiger Lasten-Transport
- weitgehend quadratischer Grundriß mit vierseitiger Auflager-Anordnung

Orthogonal beam grid
- bi-axial load transfer
- sqare or near-square floor plan with lines of support on all four sides

Schräg-Rost
- ein-achsiger Lasten-Transport
- langgestreckter rechteckiger Grundriß mit zweiseitiger Auflager-Anordnung

Skewed beam grid
- one-dimensional load transfer
- oblong rectangular floor plan with lines of support on the two opposite sides

Dreieck-Rost
- drei-achsiger Lasten-Transport
- allgemein konzentrischer Grundriß mit allseitiger Auflager-Anordnung

Triangular beam grid
- tri-axial load transfer
- generally concentric floor plan with lines of support on all peripheral sides

2 | Bezug des Balkenrostes zum seitlichen Raumabschluß / Grid relationship to the lateral space enclosures

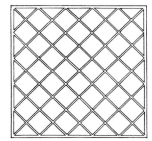
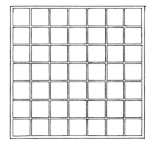
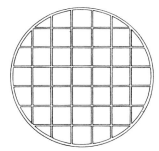

Diagonal-Rost / Diagonal beam grid

Kongruent-Rost / Congruent beam grid

Ausschnitt-Rost / Sectional beam grid

3 | Struktur des Balkenrost-Gefüges / Consistency of beam grid structure

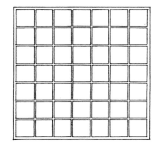
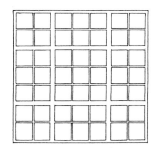
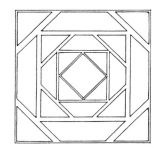

Homogen-Rost: durchläufiges Gefüge
Homogeneous grid: undifferentiated structure

Abgestufter Rost: Haupt- und Nebenrost
Gradated grid: primary and secondary structure

Zentral-Rost: mittig orientierter Rostaufbau
Concentric grid: centralized order of structure

Vollwandige Balkenrost-Systeme

Solid web beam grid systems

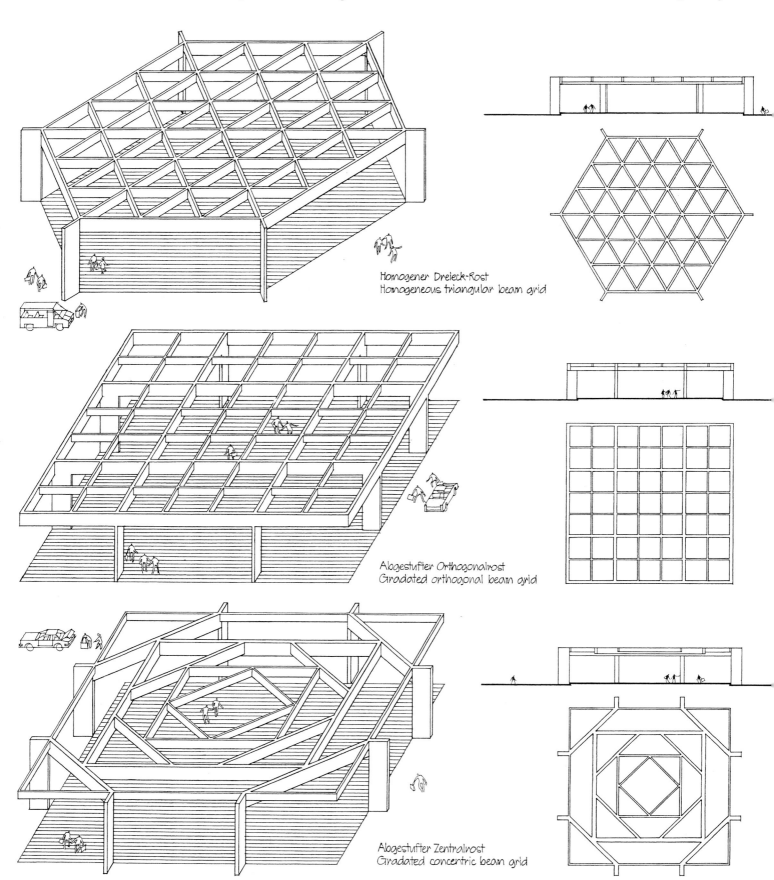

Homogener Dreieck-Rost
Homogeneous triangular beam grid

Abgestufter Orthogonalrost
Gradated orthogonal beam grid

Abgestufter Zentralrost
Gradated concentric beam grid

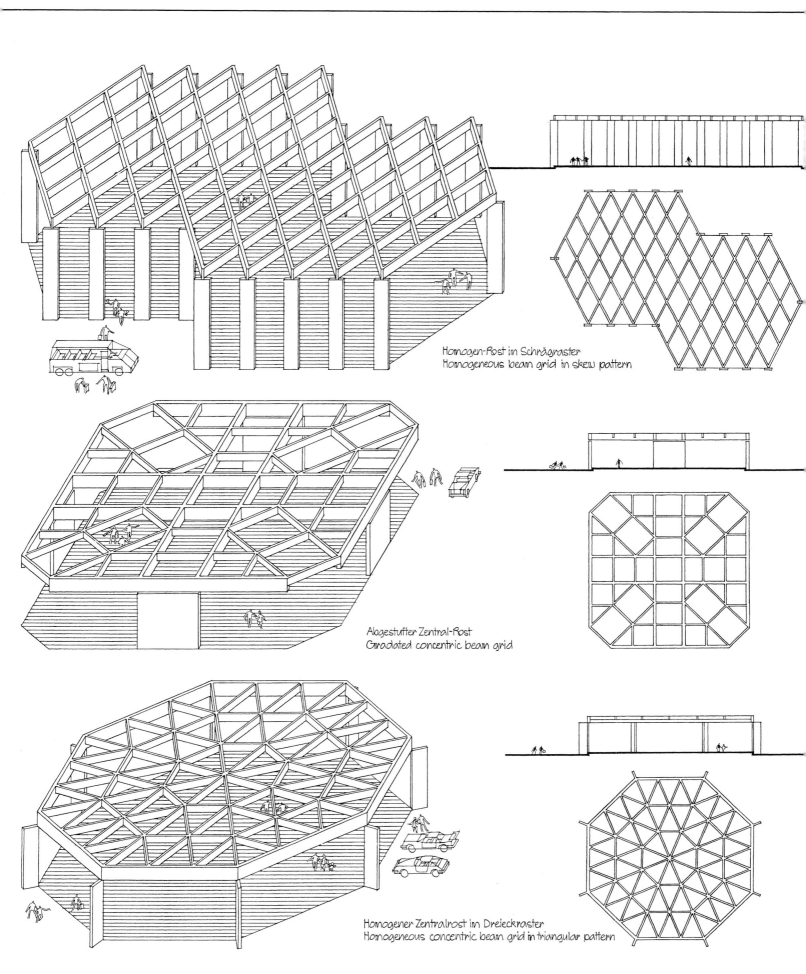

Homogen-Rost im Schrägraster
Homogeneous beam grid in skew pattern

Abgestufter Zentral-Rost
Gradated concentric beam grid

Homogener Zentralrost im Dreieckraster
Homogeneous concentric beam grid in triangular pattern

Tragmechanik der ebenen vierseitig aufgelagerten Platte

Bearing mechanics of the simply supported slab

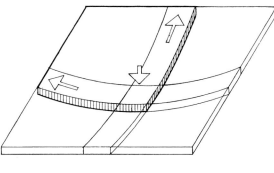

Balken-Wirkung

Durch Biegemechanik (kombinierte Zug-, Druck- und Scherwirkung) werden die Lasten wie beim Balkenträger nach den Auflagern abgetragen

Beam action

Through bending mechanics (combined action of tension, compression and shear) the loads are transmitted to the supports like in a beam

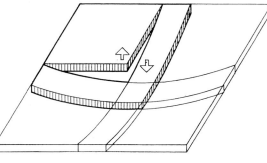

System-Gesamtreaktion

Mittels senkrechter Scherkräfte werden die Lasten vom durchgebogenen Streifen auf die angrenzenden Streifen weitergeleitet. Dadurch wird das Gesamtsystem in die Widerstandsmechanik einbezogen, auch bei Punktbelastung

Total system reaction

Through vertical shear forces the loads are transmitted from the deflected strip to the bordering strips. Thus, the total system is taken into the mechanics of resisting deflections, including those produced by point loading

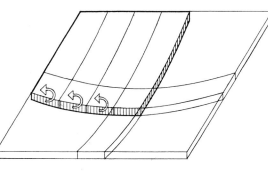

Drillkräfte-Mechanik

Infolge Durchbiegung werden die einzelnen Plattenstreifen quer zur Tragrichtung verdreht= Drillmomente. Durch Drillsteifigkeit können bis zur Hälfte der Lasten auf die Auflager abgetragen werden

Torsional force mechanics

As result of bending deflection the single slab strips are twisted transversely to the spanning direction= Twisting moments. Through stiffness against torsion up to one half of the loads can be transmitted to the supports

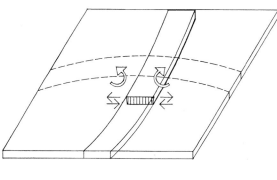

Negative Querbiegung

Wegen der Volumenkonstanz des Materials führt die Durchbiegung des Plattenstreifens im Querschnitt zur Vergrößerung der Druckzone und zur Verkleinerung der Zugzone. Dieser Vorgang löst ein umgekehrtes Drehmoment in der Querachse aus

Negative cross bending

Due to the constancy in volume of material the bending deflection of the slab strip induces enlargement of the compressive zone of section and diminishing of the tensile zone. This action leads to a reverse rotational moment in the transverse axis

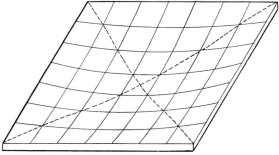

Einspannwirkung in der Diagonalen

Die Eckzonen der Platte weisen infolge zweier rechtwinklig zusammenlaufenden Randunterstützungen erhöhte Steifigkeit auf. Dadurch können sich die Diagonalstreifen der Platte mit den Enden nicht frei über den Auflagern drehen. Sie verhalten sich wie eingespannte Träger mit umgekehrter Durchbiegung an den Enden und mit größerem Tragvermögen

Fixed-end action in the diagonals

Because at the corners two edge supports meet at right angles, the corner areas show increased stiffness. Therefore the diagonal strips of the slab cannot rotate freely with their ends above the supports. They act much like fixed-end beams with reversed bending deflection and hence with increased bearing capacity

Plattensysteme: Lastabtragung und Optimierung   Structural slab systems: Load transfer and optimization forms

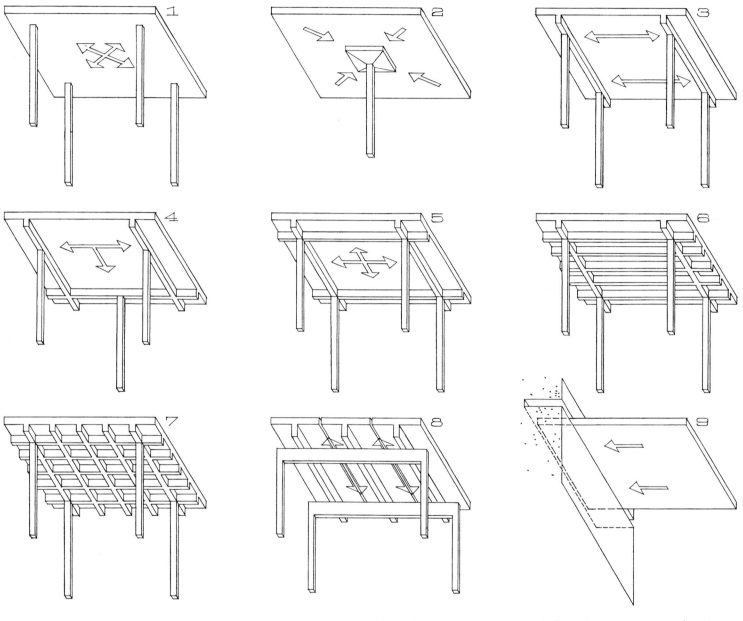

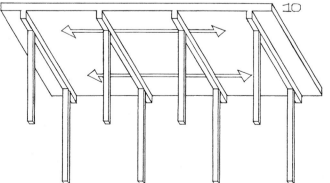

1	Ebene, kreuzweise gespannte Platte / unterzuglose Decke	Flat, two-way spanning slab / beamless floor
2	Punktförmig gelagerte Platte / Pilzdecke (mit Auflagerverstärkung)	Point-supported slab / mushroom floor slab with drop panel
3	Zweiseitig gelagerte Platte / einachsig gespannte (bzw. bewehrte) Decke	Slab simply supported along two opposite sides / one-way slab
4	Dreiseitig gelagerte Platte	Slab supported along three sides
5	Vierseitig gelagerte Platte / kreuzweise gespannte (bewehrte) Decke	Simply supported slab / two-way (reinforced) slab
6	Rippendecke / Rippenplatte	Ribbed slab / ribbed floor
7	Kassettendecke	Waffle slab / coffered slab
8	Plattenbalken	T-beam floor
9	Kragplatte / eingespannte Platte	Cantilevered slab / fixed-end slab
10	Mehrfeldplatte	Multi-span slab

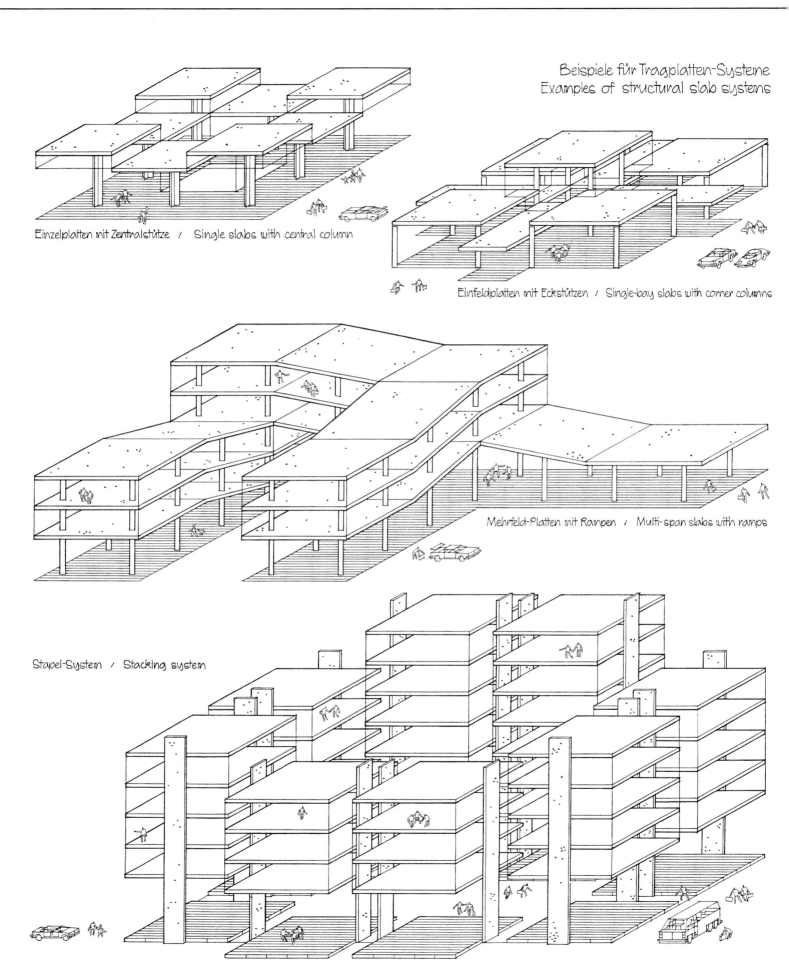

Beispiele für Tragplatten-Systeme
Examples of structural slab systems

Einzelplatten mit Zentralstütze / Single slabs with central column

Einfeldplatten mit Eckstützen / Single-bay slabs with corner columns

Mehrfeld-Platten mit Rampen / Multi-span slabs with ramps

Stapel-System / Stacking system

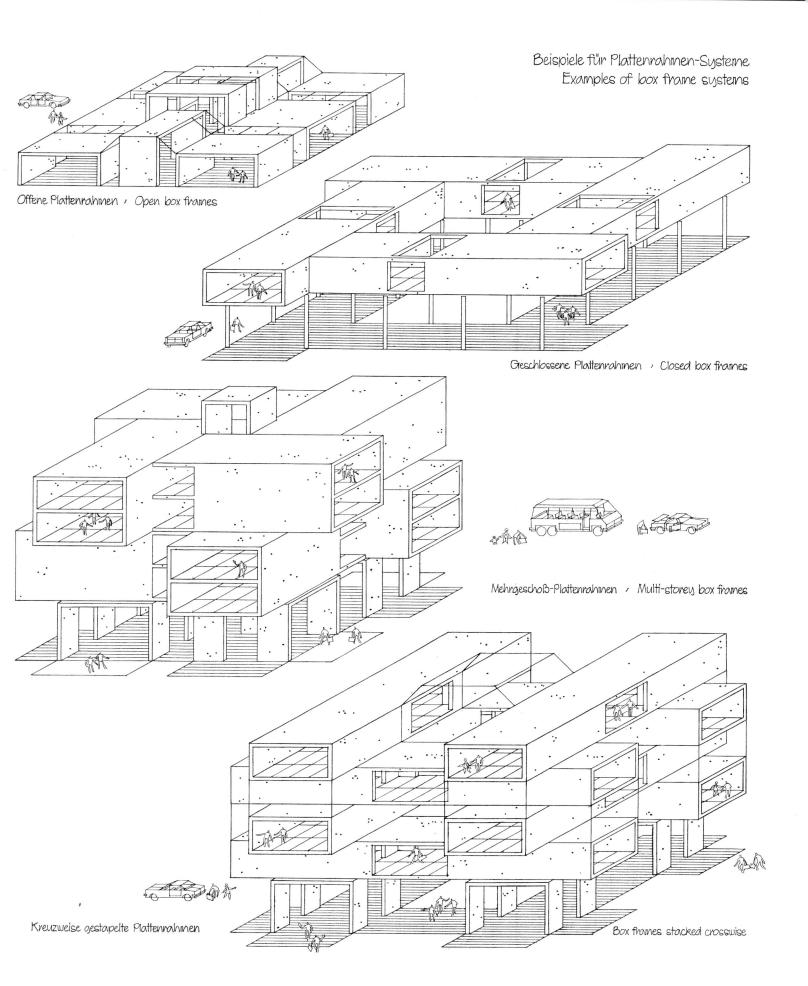

Beispiele für Plattenrahmen-Systeme
Examples of box frame systems

Offene Plattenrahmen / Open box frames

Geschlossene Plattenrahmen / Closed box frames

Mehrgeschoß-Plattenrahmen / Multi-storey box frames

Kreuzweise gestapelte Plattenrahmen

Box frames stacked crosswise

Flächenaktive Tragsysteme
Surface-active Structure Systems

4

Abgegrenzte, in der Form bestimmte Flächen sind Instrument und Kriterium der Raumdefinition. Flächen im Raum teilen den Raum. Indem sie ihn teilen, begrenzen sie ihn und bilden dadurch neuen Raum.

Flächen sind das wirksamste und eindeutigste geometrische Mittel, Raum zu definieren, von innen nach außen, von Ebene zu Ebene, von Raum zu Raum.

Wegen ihres Wesens, Raum zu bilden und zu bestimmen, sind Flächen die elementare Abstraktion, womit sich Architektur manifestiert, als Idee wie als Wirklichkeit.

Flächenelemente im Bauen können unter bestimmten Voraussetzungen tragende Funktionen ausüben: Flächenträger. Ohne zusätzliche Hilfsmittel können sich Flächenträger selbst frei über den Raum heben und dabei Lasten aufnehmen.

Flächenträger können zu Mechanismen zusammengefügt werden, die Kräfte umlenken: flächenaktive Tragsysteme. Konstruktive Kontinuierlichkeit der Elemente in zwei Achsen, d. h. Flächenwiderstand gegen Druck-, Zug- und Scherkräfte sind erste Voraussetzung und erstes Kennzeichen der flächenaktiven Tragsysteme.

Das Vermögen des Flächenträgers, Kräfte umzulenken, d. h. Lasten abzutragen, ist abhängig von der Lage der Fläche, bezogen auf die Richtung des Kraftangriffes.

Der Tragmechanismus eines Flächenträgers ist am wirksamsten, wenn die Fläche parallel zur Richtung des Kraftangriffes liegt (bei Schwerkräften senkrecht); er ist am schwächsten, wenn die Fläche lotrecht zum Kraftangriff liegt (bei Schwerkräften waagerecht).

Je nach der Richtung des Kraftangriffes werden in dem ebenen Flächenträger zwei unterschiedliche Widerstandsmechanismen oder deren Kombination betätigt: Plattenmechanismus bei Kraftangriff lotrecht zur Ebene, Scheibenmechanismus bei Kraftangriff parallel zur Ebene.

Während in horizontalen Flächenträgern die Tragfähigkeit bei Schwerkraftlasten mit größerwerdender Fläche sinkt (Plattenmechanismus), wächst in vertikalen Flächenträgern das Tragvermögen mit dem Maß der Flächenausdehnung (Scheibenmechanismus).

Durch Schrägstellung der Fläche zum Kraftangriff mittels Faltung oder Krümmung ist es möglich, den Gegensatz horizontaler Wirksamkeit in der Raumüberdeckung und vertikaler Wirksamkeit im Flächenwiderstand gegen Schwerkräfte zu überbrücken.

Die Formgebung der Fläche ist bestimmend für den Tragmechanismus flächenaktiver Systeme. Richtige Formgebung ist neben der Flächenkontinuierlichkeit zweite Voraussetzung und zweites Kennzeichen flächenaktiver Tragsysteme.

In flächenaktiven Tragsystemen ist es hauptsächlich die richtige Form, welche die angreifenden Kräfte umlenkt und in kleinen Einheitswerten gleichmäßig über die Fläche verteilt. Das Entwickeln der geeigneten Form für die Fläche – statisch, nutzungsmäßig und ästhetisch – ist schöpferischer Akt: Kunst.

Durch geeignete Formgebung wird der Mechanismus der formaktiven Tragwerke integriert: die Stützwirkung des Bogens und die Hängewirkung des Tragseiles.

Auch die Mechanismen der schnittaktiven Tragsysteme, wie Durchlaufträger oder Gelenkrahmen, können mit dem Vokabular der Flächenträger ausgedrückt werden, ebenso wie die Mechanismen der formaktiven oder vektoraktiven Tragsysteme. Das bedeutet, daß alle Tragsysteme mit flächenaktiven Elementen interpretiert werden können und somit als Großstruktur für flächenaktive Tragsysteme in Frage kommen.

Bewahrung der Tragform durch Aussteifung von Flächenrand und Flächenprofil ist Bedingung für das Funktionieren des Tragmechanismus. Das Problem dabei ist, die aussteifenden Elemente so zu gestalten, daß kein abrupter Wechsel des Steifigkeitsgrades und der Verformungstendenz zwischen

Fläche und Versteifer eintritt, der die Anschlußzone kritisch beanspruchen würde.

Flächenaktive Tragsysteme sind gleichzeitig Hülle des Innenraumes und Außenhaut des Baukörpers und bestimmen folglich innere Raumform und äußere Bauform. Sie sind daher endgültige Substanz des Baues sowie Kriterium für seine Qualität; als zweckmäßig-wirtschaftliche Maschine, als ästhetisch-bedeutungsvolle Form.

Wegen der Identität von Tragwerk und Bausubstanz erlauben flächenaktive Tragwerke weder Toleranz noch Unterscheidung zwischen Tragwerk und Bauwerk. Da Tragform nicht willkürlich ist, sind Raum und Form des Bauwerkes und mit ihnen der Wille des Architekten an das Gesetz der Mechanik gebunden.

Gestalten mit tragenden Flächen ist also Disziplin unterworfen. Jede Abweichung von der richtigen Form beeinträchtigt die Wirtschaftlichkeit des Mechanismus und mag sein Funktionieren überhaupt in Frage stellen.

Trotz der gemeinsamen Gesetzmäßigkeit, der jedes System aus Flächenträgern unterworfen ist, sind die Mechanismen der bekannten flächenaktiven Tragsysteme sehr zahlreich. Darüber hinaus sind in jedem dieser Mechanismen ungeachtet seiner typischen „Arbeitsweise" und seiner typischen Grundform unzählige Möglichkeiten für erfinderischen, originellen Entwurf enthalten.

Bauen mit tragenden Flächen setzt also Kenntnis um die Mechanismen der flächenaktiven Tragsysteme voraus: ihre „Arbeitsweise", ihre Geometrie, ihre Bedeutung für Form und Raum im Bauen.

Kenntnis der Möglichkeiten, wie mit raumbildenden Flächen ein sich selbst tragendes und lastenaufnehmendes Gefüge entwickelt werden kann, ist daher unerläßliche Wissengrundlage für den entwerfenden Architekten oder Ingenieur.

Surfaces, finite and fixed in their form, are instrument and criterium in space definition. Surfaces in space divide space. While dividing it, they terminate it and thus form new space.

Surfaces are the most effective and most intelligible geometric means of defining space, from interior to exterior, from elevation to elevation, from space to space.

Surfaces, because of their nature to form and determine space, are the elementary abstraction through which architecture asserts itself, both as idea and as reality.

Surface elements in building, if given certain qualities can perform load-bearing functions: structural surfaces. Without additional help they can rise clear above space while carrying loads.

Structural surfaces can be composed to form mechanisms that redirect forces: surface-active structure systems. Structural continuity of the elements in two axes, i. e. surface resistance against compressive, tensile, and shear stresses are the first pre-requisite and first distinction of surface-active structures.

The potential of the structural surface to make forces change direction, i. e. to carry loads, is dependent on the position of the surface in relation to the direction of the acting force.

The bearing mechanism of a structural surface is most effective, if the surface is parallel to the direction of the acting force (for gravitational forces vertical); it is weakest, if the surface is at right angles to the direction of the acting force (for gravitational forces horizontal).

In the flat structural surface dependent on the direction of the acting force, two different mechanisms of resistance or their combinations are set in motion: slab mechanism, if the acting force is directed at right angles to the surface; plate mechanism, if the acting force is directed parallel to the surface.

While in horizontal structural surfaces the bearing capacity under gravitational load decreases with increasing surface (slab mechanism), in vertical structural surfaces the bearing capacity increases together with the surface expansion (plate mechanism).

Through inclining the surface toward the direction of the acting force by means of folding or curving, it is possible to reconcile the opposites of horizontal efficiency in the coverage of space and vertical efficiency in the resistance against gravitational forces.

The shape of the surface determines the bearing mechanism of surface-active systems. Design of the correct form is next to surface continuity the second prerequisite and second distinction of surface-active structure systems.

In surface-active structures it is foremost the proper shape that redirects the acting forces and distributes them in small unit stresses evenly over the surface. The development of an efficient shape for the surface – from structural, utilitarian and aesthetic viewpoints – is a creative act: art.

Through design of an efficient shape for the surface, the mechanism of form-active structures is integrated: the support action of the arch, the suspension action of the cable.

Also the mechanisms of the section-active structure systems, such as continuous beam or hinged frames, can be expressed with the vocabulary of structural surfaces just as the mechanisms of the form-active or vector-active structure systems. That is to say, all structure systems can be interpreted with surface-active elements and thus may become superstructures for surface-active structure systems.

Preservance of structure form through stiffening of surface edge and surface profile is a condition for the functioning of the bearing mechanism. The difficulty here is to design the stiffening elements in a way that avoids any abrupt change of both rigidity and tendency of deflection which would critically stress the junction zone.

Surface-active structure systems are simultaneously the envelope of the internal space and hull of the external building and consequently determine form and space of the building. Thus, they are actual substance of the building and criterion of its quality as a rational-efficient machine, as an aesthetic-significant form.

Because of the identity of structure and building substance surface-active structures permit neither tolerance nor distinction between structure and building. Since structure form is not arbitrary, the space and form of the building and with them the will of the architect are subjected to the laws of mechanics.

Design with structural surfaces then is submitted to discipline. Any deviation from the correct form infringes upon the economy of the mechanism and may jeopardize the functioning altogether.

Despite the common laws to which any system consisting of structural surfaces is subjected, the meachnism of the known surface-active structure systems are many. Moreover, although each of these mechanisms has its typical way of functioning and its typical basic form, there are within each innumerable possibilities for ingeneous original design.

Building with structural surfaces then requires knowledge of the mechanisms of surface-active structure systems: their way of functioning, their geometry, their significance for architectural form and space.

Knowledge of the possibilities of how to develop a self-supporting and load-carrying system consisting of space enclosing surfaces, therefore, is indispensable material of learning for the designer of structures, architect or engineer.

Definition	FLÄCHENAKTIVE TRAGSYSTEME sind Tragsysteme aus biegeweichen, jedoch druck-, zug- und scherfesten Flächen, in denen die Kraftumlenkung durch FLÄCHENWIDERSTAND und durch geeignete FLÄCHENFORMGEBUNG bewirkt wird	SURFACE-ACTIVE STRUCTURE SYSTEMS are systems of flexible, but otherwise compression-, tension-, shear-resistant surfaces, in which the redirection of forces is effected by SURFACE RESISTANCE and particular SURFACE DESIGN
Kräfte / Forces	Die Systemglieder werden dabei primär durch Membrankräfte beansprucht, d.h. durch Kräfte, die parallel zur Fläche wirken: SYSTEME IM MEMBRANSPANNUNGSZUSTAND	The system members are primarily subjected to membrane stresses, i.e. to stresses acting parallel to the surface: SYSTEMS IN MEMBRANE STRESS CONDITION
Merkmale / Features	Die typischen Strukturmerkmale sind: TRAGWERK als RAUMABSCHLUSS und FLÄCHENGESTALT	The typical structure features are: STRUCTURE as SPACE ENCLOSURE and SURFACE SHAPE

Bestandteile und Bezeichnungen / Components and denominations

4.1 Scheiben-Systeme — Plate systems

System-Glieder / System members

1. (Trag-) Scheibe, Tafel — (struct.) Plate, panel, shear wall
2. Querscheibe, Schotte — Cross plate, transverse plate
3. Längsscheibe — Longitudinal plate
4. Scheibenunterzug, Sch-Träger — Plate girder
5. Kragarm — Cantilever
6. Scheibenrand — Plate edge, plate boundary
7. Schalenrand — Shell edge
8. Querversteifer, Querscheibe — Diaphragm, cross stiffener
9. Randversteifer, — Edge stiffener, edge beam
10. Schalenmembrane, Tragmembr. — Shell membrane, bearing m.
11. Ringträger, Fußring, Zugring — Hoop girder, base ring, tension ring
12. Druckring — Compression ring
13. Stütze — Column, support
14. Auflager — Bearing, support
15. Fundament, Gründung — Foundation, footing
16.
17.
18.

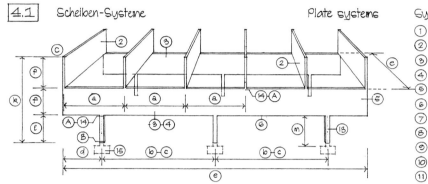

4.2 Faltwerk-Systeme — Folded plate systems

Topografische Systempunkte / Topographical system points

A. Auflagerpunkt — Point of support, bearing point
B. Fußpunkt, Basispunkt — Base point
C. Traufpunkt — Eaves point
D. Scheitelpunkt, Firstpunkt — Top, key, crown, apex, vertex
E. Einspannpunkt — Fixed-end point
F.
G.

4.3 Schalen-Systeme — Shell systems

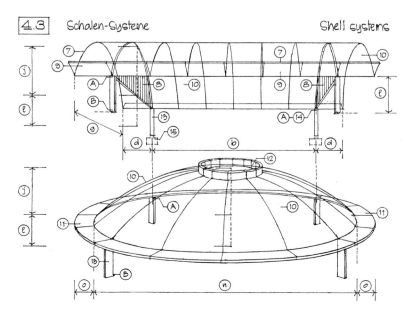

Systemabmessungen / System dimensions

a. Scheibenabstand — Plate spacing, pl. distance
b. (Scheiben-, Schalen-) Spannweite — (Plate, shell) span
c. Stützenabstand — Column spacing, c. distance
d. Kraglänge — Cantilever length
e. Scheibenlänge, Tafellänge — Plate length, panel length
f. Scheibenhöhe, Tafelhöhe — Plate height, panel height
g. Schalenbreite — Shell width
h. Schalenlänge — Shell length
i. Konstruktionshöhe — Depth of construction
j. Pfeilhöhe, Stichhöhe — Rise
k. Traufhöhe — Eaves height
l. Lichte Höhe — Clear height, clearance
m. Stützenlänge, Stützenhöhe — Column length,
n. Schalendurchmesser — Shell diameter
o. Ringträger-(Zugring-) Breite — Hoop girder (tension ring) width
p.
q.

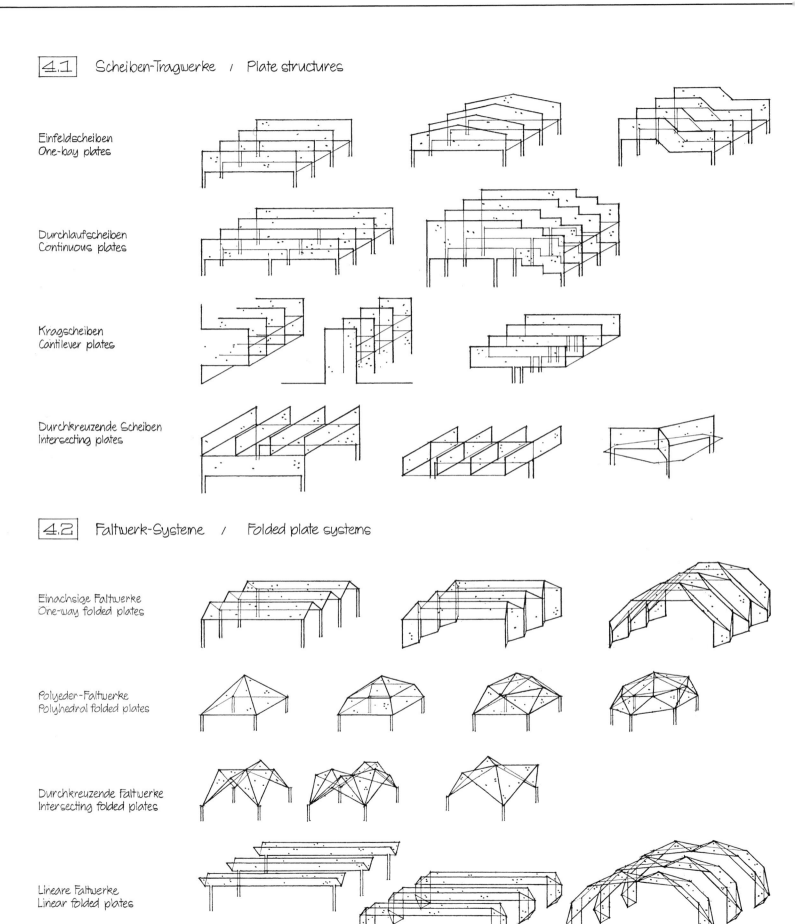

4.1 Scheiben-Tragwerke / Plate structures

Einfeldscheiben
One-bay plates

Durchlaufscheiben
Continuous plates

Kragscheiben
Cantilever plates

Durchkreuzende Scheiben
Intersecting plates

4.2 Faltwerk-Systeme / Folded plate systems

Einachsige Faltwerke
One-way folded plates

Polyeder-Faltwerke
Polyhedral folded plates

Durchkreuzende Faltwerke
Intersecting folded plates

Lineare Faltwerke
Linear folded plates

4.3 | Schalen-Tragwerke / Shell structures

Einfach gekrümmte Schalen
Singly curved shells

Kuppelschalen
Dome shells

Sattelschalen
Saddle shells

Lineare Schalen
Linear shells

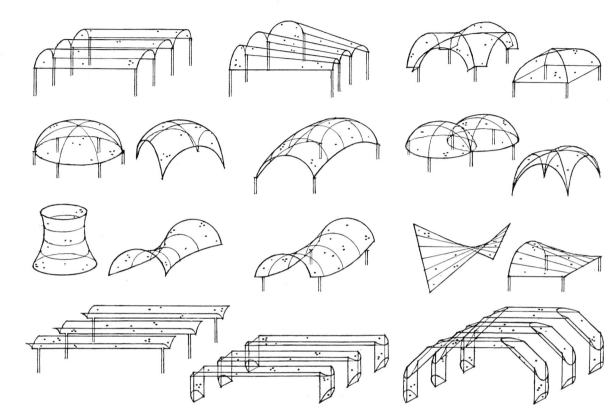

Anwendungen: Tragsystem - Baustoff - Spannweite   Applications: structure system - material - span

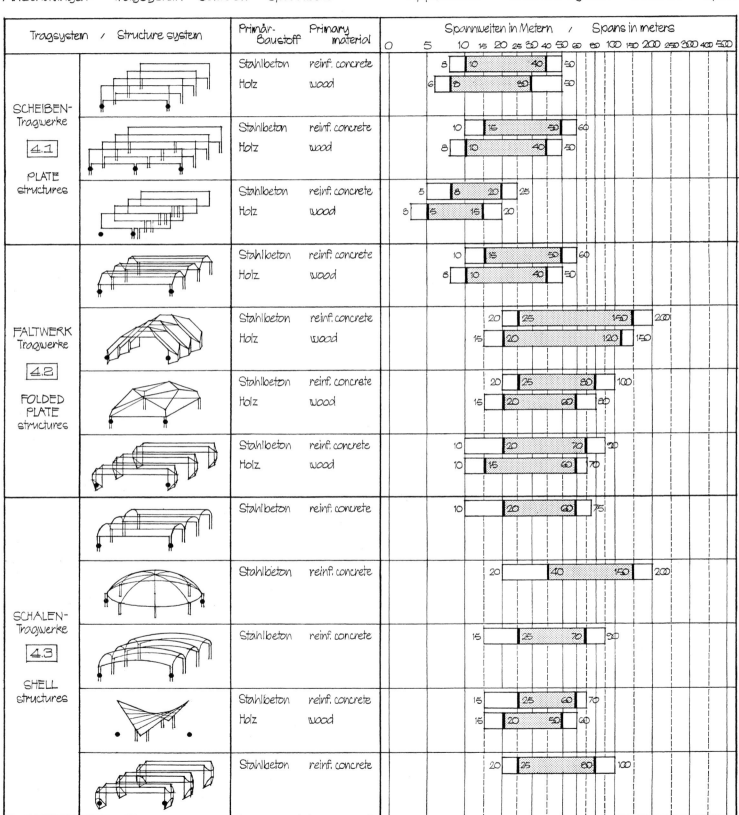

Tragsystem / Structure system	Primär-Baustoff	Primary material	Spannweiten in Metern / Spans in meters
SCHEIBEN-Tragwerke 4.1 PLATE structures	Stahlbeton	reinf. concrete	8 – 10 – 40 – 50
	Holz	wood	6 – 8 – 30 – 50
	Stahlbeton	reinf. concrete	10 – 15 – 50 – 60
	Holz	wood	8 – 10 – 40 – 50
	Stahlbeton	reinf. concrete	5 – 8 – 20 – 25
	Holz	wood	3 – 5 – 15 – 20
FALTWERK Tragwerke 4.2 FOLDED PLATE structures	Stahlbeton	reinf. concrete	10 – 15 – 50 – 60
	Holz	wood	8 – 10 – 40 – 50
	Stahlbeton	reinf. concrete	20 – 25 – 150 – 200
	Holz	wood	15 – 20 – 120 – 150
	Stahlbeton	reinf. concrete	20 – 25 – 80 – 100
	Holz	wood	15 – 20 – 60 – 80
	Stahlbeton	reinf. concrete	10 – 20 – 70 – 90
	Holz	wood	10 – 15 – 60 – 70
SCHALEN-Tragwerke 4.3 SHELL structures	Stahlbeton	reinf. concrete	10 – 20 – 60 – 75
	Stahlbeton	reinf. concrete	20 – 40 – 150 – 200
	Stahlbeton	reinf. concrete	15 – 25 – 70 – 90
	Stahlbeton	reinf. concrete	15 – 25 – 60 – 70
	Holz	wood	15 – 20 – 50 – 60
	Stahlbeton	reinf. concrete	20 – 25 – 80 – 100

Span scale: 0 5 10 15 20 25 30 40 50 60 80 100 150 200 250 300 400 500

Jedem Tragwerk-Typ ist ein spezifischer Spannungszustand seiner Tragglieder zu eigen. Hieraus ergeben sich für den Entwurf zwangsläufige Bindungen in der Wahl des Primär-Baustoffes und in der Zuordnung von Spannweiten

To each structure type a specific stress condition of its members is inherent. This essential trait submits the design of structures to rational affiliations in the choice of primary structural fabric and in the attribution of span capacity.

Trag-Scheibe und Wandträger
Unterscheidung von Balken und Tragplatte

Structural plate and wall girder
Differentiation from beam and structural slab

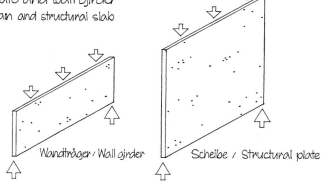

Balken / Beam

Tragplatte / Slab

Wandträger / Wall girder

Scheibe / Structural plate

Scheiben sind ebene Flächenträger, die im Gegensatz zur Tragplatte durch Lasten PARALLEL zur Ebene des Trägers beansprucht werden

In ihrer Tragmechanik können sie mit dem Balken verglichen werden, doch weicht das Spannungsbild der Scheibe mit zunehmender Konstruktionshöhe (allerdings erst ab ca. ½ der Spannweite!) von dem des Balkens ab

Wandträger – wegen ihrem Aussehen ebenfalls Wand-'Scheiben' genannt –, deren Höhe weniger als die Hälfte der Spannweite beträgt, verhalten sich wie Balken. Sie sind keine Scheiben im statischen Sinne

Structural plates are flat planar girders which, contrary to the slab, are stressed by loads PARALLEL to the girder surface

In their bearing mechanics they can be compared with the beam, but the stress pattern of the plate with increasing structural height (though only from ½ of the span on!) deviates from that of the beam

Wall girders – likewise referred to as structural 'plates' due to their shape – with heights measuring less than the half of their span, behave like a beam. They are not plates in the structural sense

Übergang vom Balken zur Tragscheibe
Transition from beam to structural plate

Das Spannungsbild der Scheibe weicht von dem des Balkens in wesentlichen Punkten ab :

1 Die Normalspannungsverteilung verläuft nicht mehr linear

2 Der obere Bereich des Trägers entzieht sich zunehmend dem Mittragen auf Druck

3 Die Nullinie verlagert sich weit nach unten und sinkt zu den Auflagern weiter ab

4 Die Resultierende der Zugkräfte liegt im Verhältnis zur Druckzone weit unten

Das Diagramm der isostatischen Netzlinien, auch Trajektorien genannt (= Linien gleicher Hauptspannungen, Druck und Zug), zeigt zusätzlich zum 'Druck-Gewölbe' des Balkens eine direkte 'Strömung' der Lasten zu den Auflagern

The stress pattern of the structural plate differs from that of the beam in essential aspects :

1 The distribution of normal stresses no longer develops along a straight line

2 The upper plate section loses in its bearing participation through compression

3 The neutral axis moves far downwards and descends still further toward the supports

4 The resultant of tensile forces in relation to the compressive zone is to be found further down

The diagram of the isostatic (grid) lines, also called trajectories (= directions of equal principal stresses, compression and tension) in addition to the 'compression vault' of the beam shows a direct 'streaming' of loads toward the supports

- - - - Druck-Trajektorien
Compression trajectories

Zug-Trajektorien
Tension trajectories

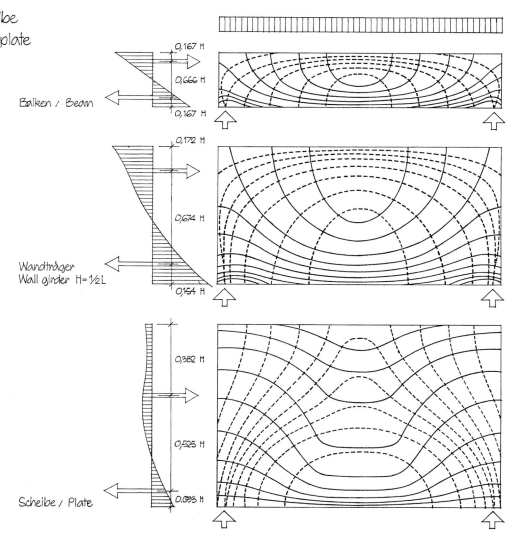

Balken / Beam   0,167 H   0,666 H   0,167 H

Wandträger
Wall girder H = ½ L   0,172 H   0,674 H   0,154 H

Scheibe / Plate   0,382 H   0,525 H   0,093 H

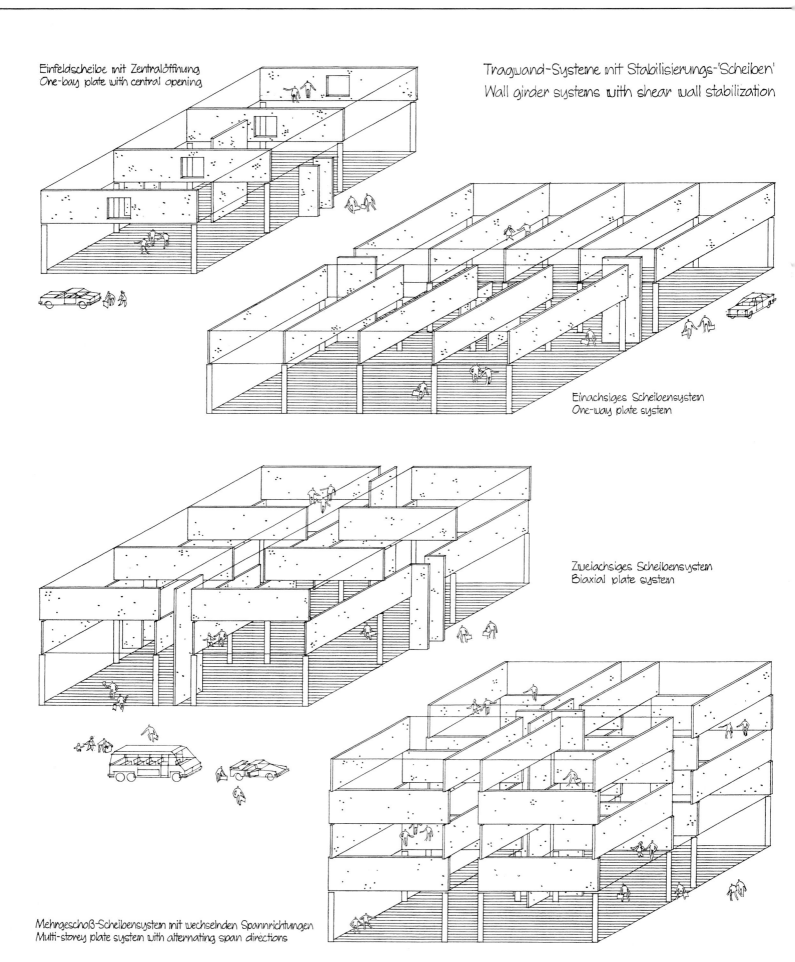

Einfeldscheibe mit Zentralöffnung
One-bay plate with central opening

Tragwand-Systeme mit Stabilisierungs-'Scheiben'
Wall girder systems with shear wall stabilization

Einachsiges Scheibensystem
One-way plate system

Zweiachsiges Scheibensystem
Biaxial plate system

Mehrgeschoß-Scheibensystem mit wechselnden Spannrichtungen
Multi-storey plate system with alternating span directions

Dreifache Tragwirkung der einfach gefalteten Platte   threefold bearing action of singly folded plate

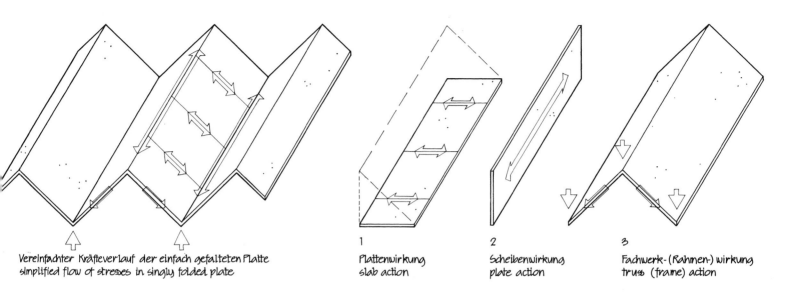

Vereinfachter Kräfteverlauf der einfach gefalteten Platte
simplified flow of stresses in singly folded plate

1
Plattenwirkung
slab action

2
Scheibenwirkung
plate action

3
Fachwerk- (Rahmen-) wirkung
truss (frame) action

Vorteile des einfachen Faltwerkes gegenüber der Rippendecke   advantages of single fold structure over rib-slab structure

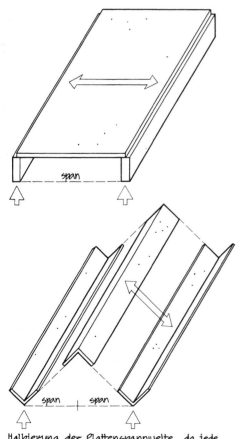

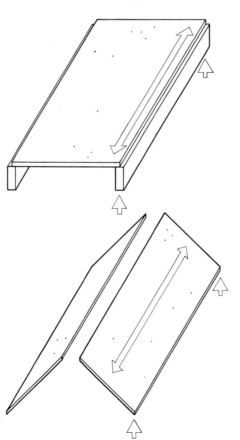

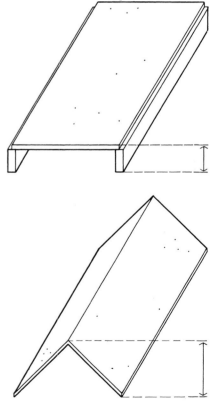

Halbierung der Plattenspannweite, da jede
Falte sich wie ein Auflager verhält

reduction of slab span to about half because
each fold acts as rigid support

Ausschaltung von Rippen, da jede Fläche auch
als Scheibe (Träger) in Längsrichtung wirkt

elimination of ribs because each plane   acts
also as beam in longitudinal direction

Vergrößerung des Tragvermögens durch
Vergrößerung der Konstruktionshöhe

increase of spanning capacity through
increase of construction height

Einfluß der Faltung auf Spannungsbild und Tragvermögen   influence of folding on stress distribution and span capacity

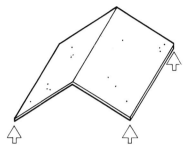

System mit 1 Falte
system with 1 fold

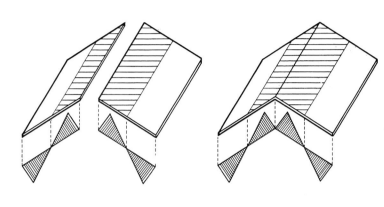

Normalspannungen an gemeinsamer Kante sind gleichgerichtet
Spannungsverteilung bleibt daher unverändert

edge stresses at fold have same tendency. stress distribution
thus remains unchanged

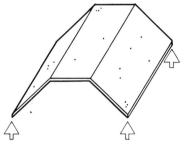

System mit 2 Falten
system with 2 folds

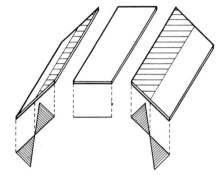
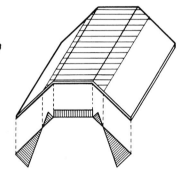

Spannungsfreie Horizontalscheibe wird mittels Scherkräfte
belastet. Dadurch werden die Randspannungen verringert

unstressed horizontal plate will be loaded by means of shear.
edge stresses therefore will be reduced

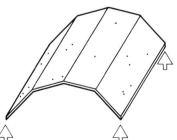

System mit 3 Falten
system with 3 folds

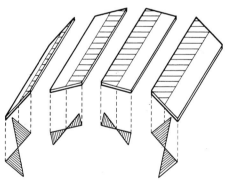
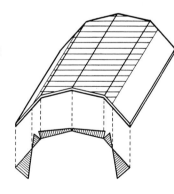

Normalspannungen an seitlicher Kante sind entgegengesetzt
und heben einander mittels Scherkraft weitgehend auf.

edge stresses at side fold have opposite tendency, through
shear they largely compensate each other

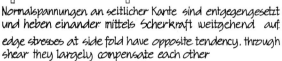

System mit vielen Falten
system with many folds

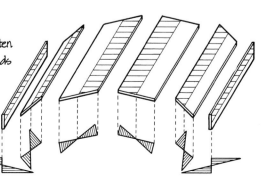
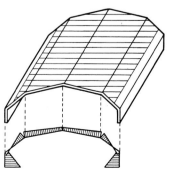

Normalspannungen werden weiterhin verteilt. Form und
Wirkungsweise nähern sich denen einer Zylinderschale

stresses are further distributed. form and behaviour
approach those of a cylindrical shell

Aussteifung gegen kritische Verformung des Faltenprofiles
Standardformen für Querversteifer

stiffening against critical deformations of fold profile
typical forms of stiffeners

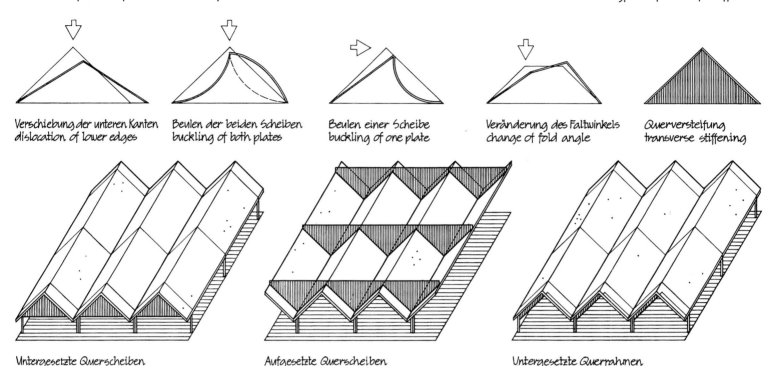

Verschiebung der unteren Kanten
dislocation of lower edges

Beulen der beiden Scheiben
buckling of both plates

Beulen einer Scheibe
buckling of one plate

Veränderung des Faltwinkels
change of fold angle

Querversteifung
transverse stiffening

Untergesetzte Querscheiben
diaphragm below folds

Aufgesetzte Querscheiben
diaphragm above folds

Untergesetzte Querrahmen
rigid frame below folds

Aussteifung gegen kritische Verformung des Außenrandes
Standardformen für Randversteifer

stiffening against critical deformations of free edge
typical forms of edge beam

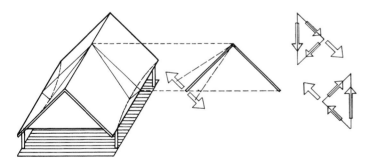

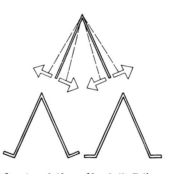

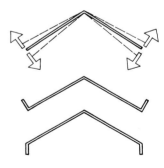

Verformung aufgrund von Kraftkomponenten senkrecht zur Ebene
deformation due to component stresses normal to plane

Randversteifung für steile Faltung
edge beam for steep folding

für flache Faltung
for shallow folding

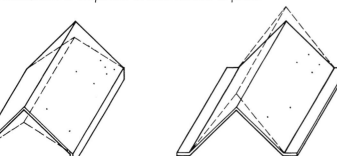

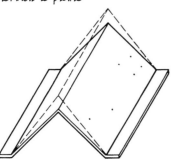

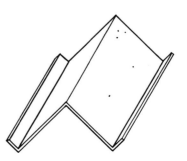

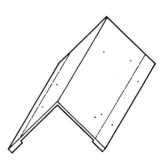

Senkrechter Versteifer: für flache Faltung
vertical beam: for shallow folding

Horizontaler Versteifer: für steile Faltung
horizontal beam: for steep folding

Senkrecht zur Ebene: am wirksamsten
beam normal to plane: most efficient

Randversteifer in Scheibenebene
edge beam integrated in plate

Flächen mit gegenläufiger Faltung

Gleiche Tiefe der Faltenprofile und gleiche Höhe über Boden

surfaces with counter-running folding

same depth of fold profiles and same elevation above ground

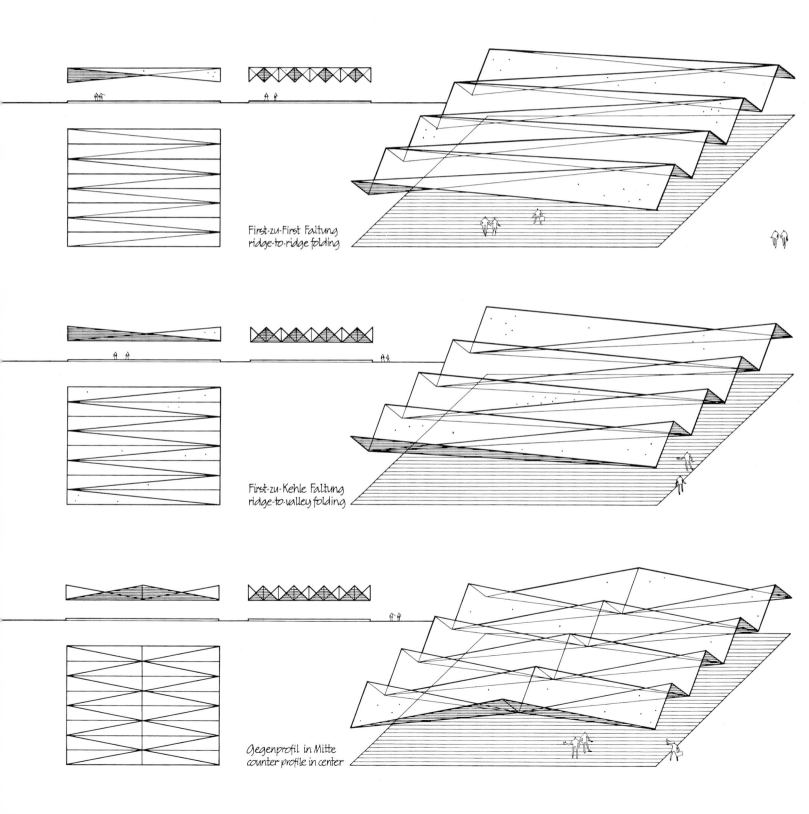

First-zu-First Faltung
ridge-to-ridge folding

First-zu-Kehle Faltung
ridge-to-valley folding

Gegenprofil in Mitte
counter profile in center

Flächen mit gegenläufiger Faltung
Mittelprofil erhöht über Randprofil . Gleiche Tiefe der Profile

surfaces with counter-running folding
center fold elevated over edge fold .   identical depth of profiles

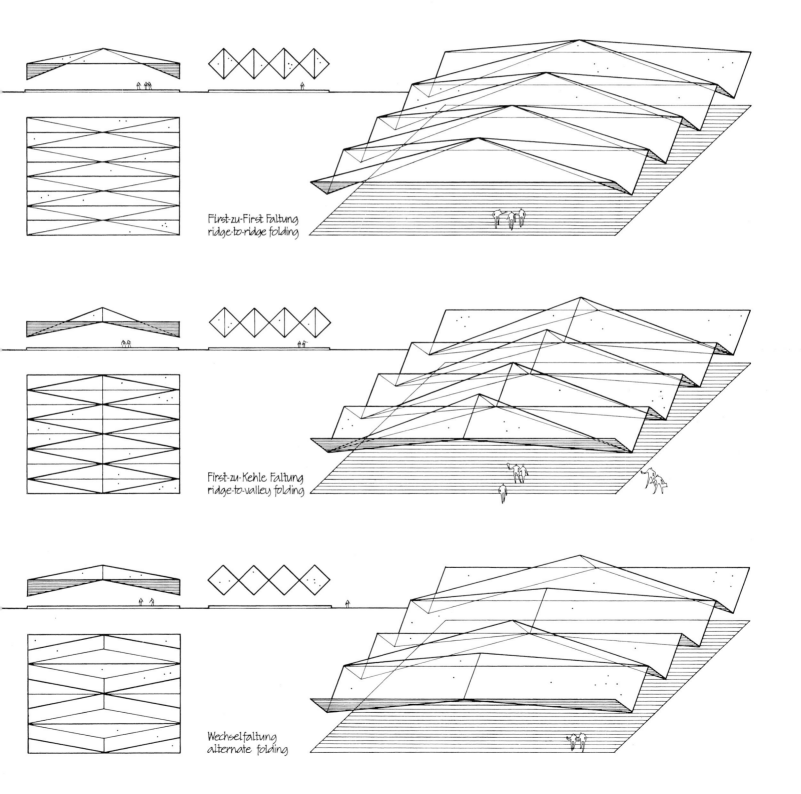

First-zu-First Faltung
ridge-to-ridge folding

First-zu-Kehle Faltung
ridge-to-valley folding

Wechselfaltung
alternate folding

Flächen mit konischer Faltung
Durchlaufendes Faltenprofil mit abgeflachter oberer Kante

surfaces with conical folding
continuous fold profile with upper edge cut by sloping plane

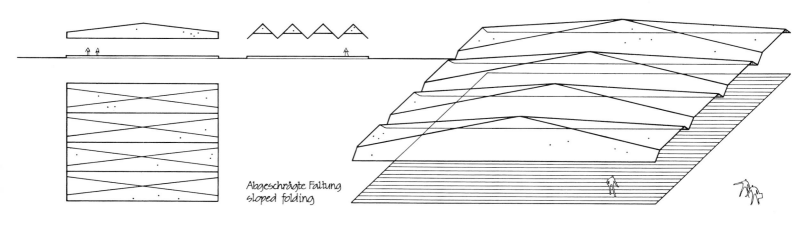

Abgeschrägte Faltung
sloped folding

Flächen mit gegenläufiger Faltung
Erhöhtes Mittelprofil mit größerer Profiltiefe als die des Randprofiles

surfaces with counter-running folding
elevated center profile with profile depth larger than that of edge profile

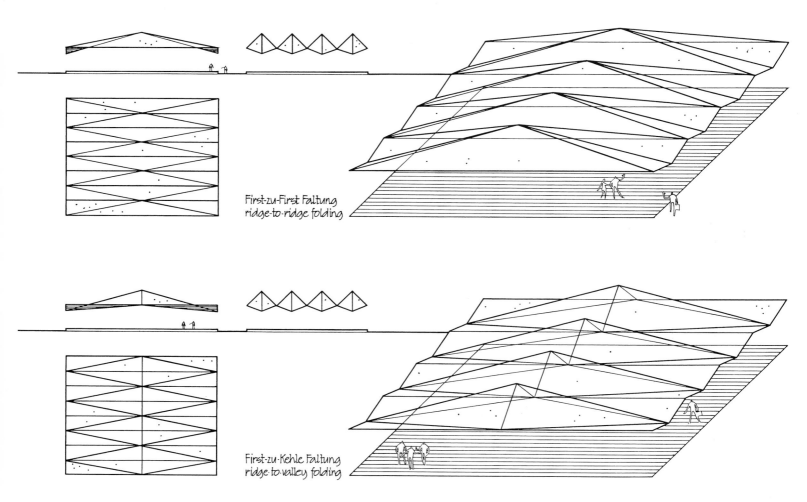

First-zu-First Faltung
ridge-to-ridge folding

First-zu-Kehle Faltung
ridge-to-valley folding

Lineare Tragsysteme aus gefalteten Flächen   linear structure systems composed of folded surfaces

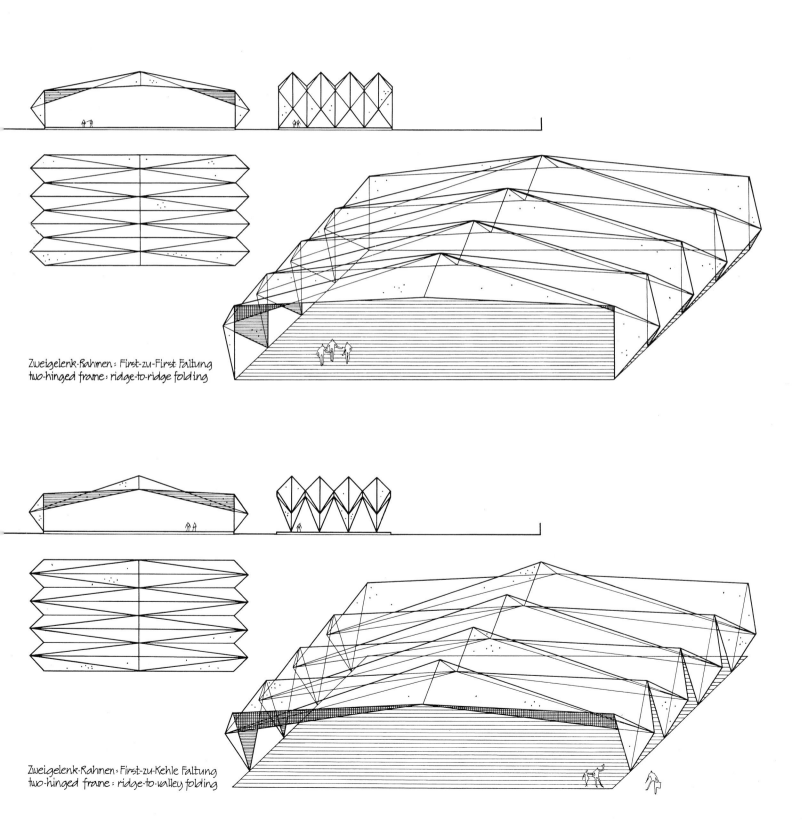

Zweigelenk-Rahmen: First-zu-First Faltung
two-hinged frame: ridge-to-ridge folding

Zweigelenk-Rahmen: First-zu-Kehle Faltung
two-hinged frame: ridge-to-valley folding

Lineare Tragsysteme aus gefalteten Flächen   *linear structure systems composed of folded surfaces*

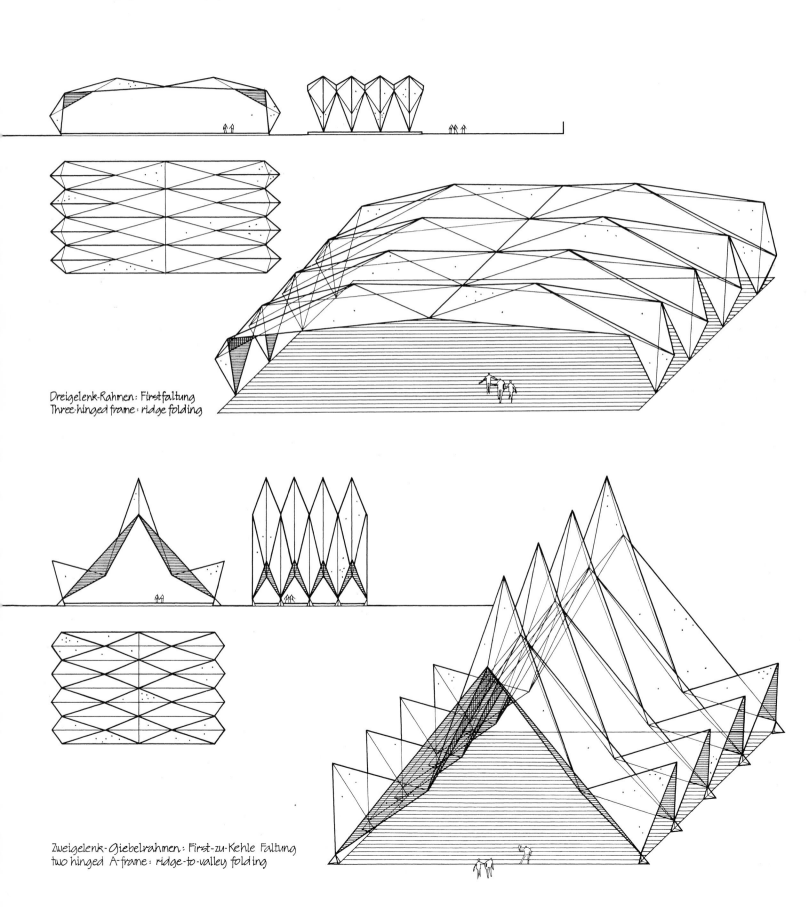

Dreigelenk-Rahmen: Firstfaltung
Three-hinged frame: ridge folding

Zweigelenk-Giebelrahmen: First-zu-Kehle Faltung
two hinged A-frame: ridge-to-valley folding

Lineare Tragsysteme aus gefalteten Flächen
linear structure systems composed of folded surfaces

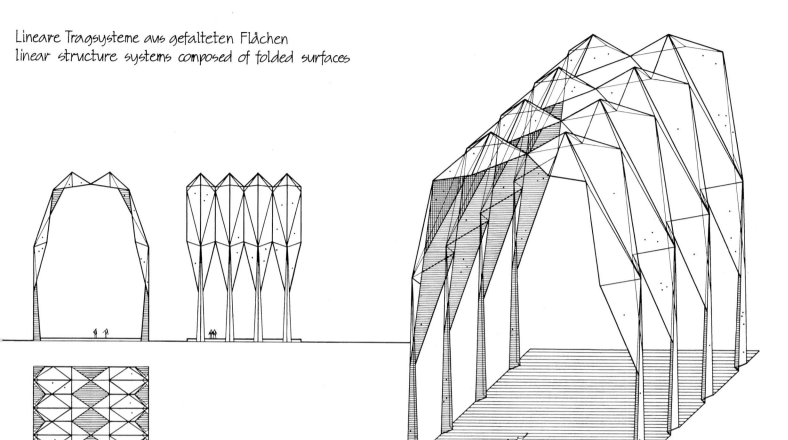

Bogen mit Gelenk im Scheitel
arch with top hinge

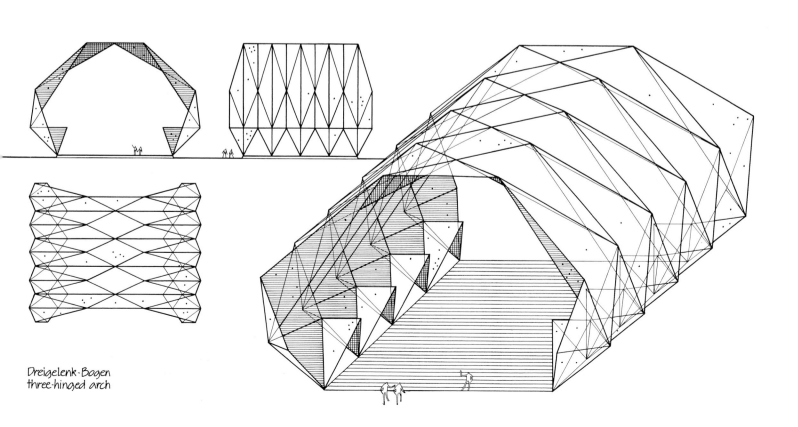

Dreigelenk-Bogen
three-hinged arch

Tragsysteme aus sich durchdringenden Faltflächen

structure systems through interpenetration of folded surfaces

Einfach gefaltete Flächen über besonderer Grundriß-Geometrie

singly folded surfaces over special plan geometry

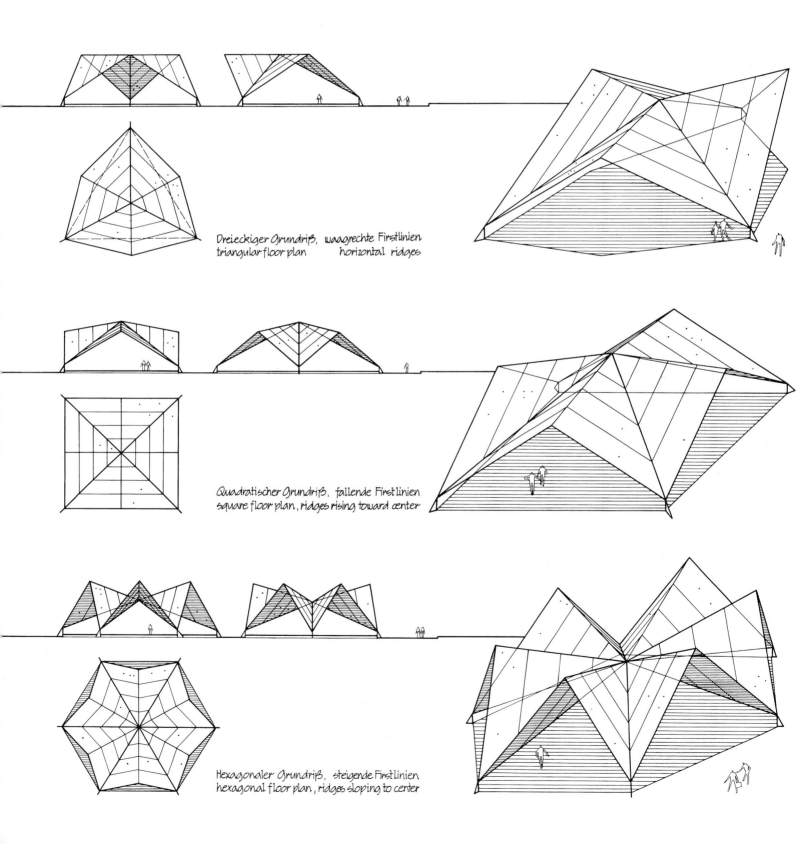

Dreieckiger Grundriß,   waagrechte Firstlinien
triangular floor plan   horizontal ridges

Quadratischer Grundriß,   fallende Firstlinien
square floor plan, ridges rising toward center

Hexagonaler Grundriß,   steigende Firstlinien
hexagonal floor plan, ridges sloping to center

Tragsysteme aus sich durchdringenden Faltflächen

Kreuz-gefaltete Flächen diagonal über quadratischen Grundriß geführt

structure systems through interpenetration of folded surfaces

cross-folded surfaces spanned diagonally over square plan

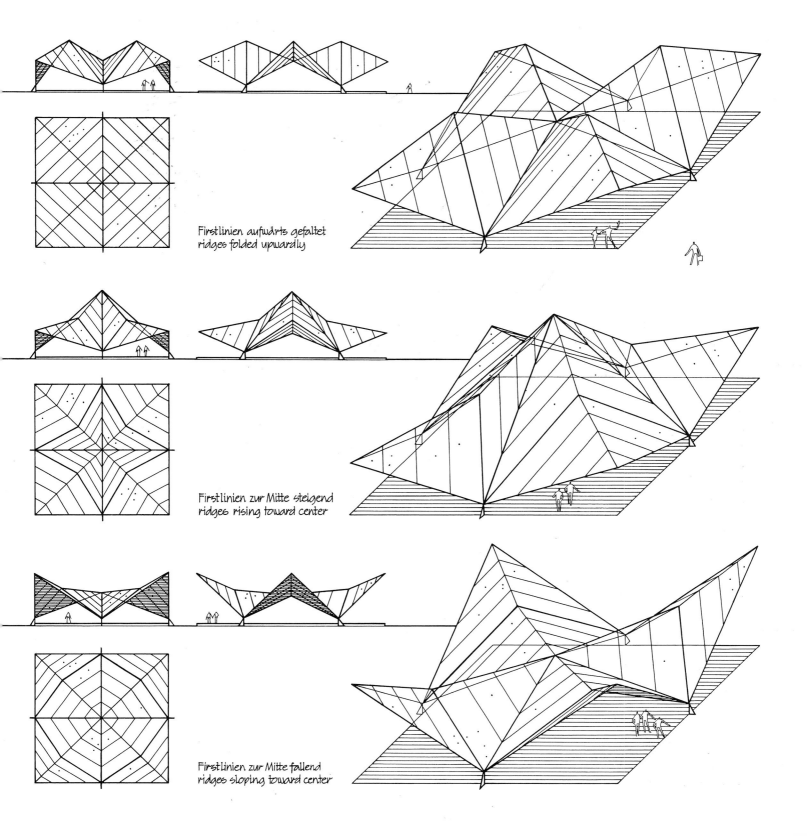

Firstlinien aufwärts gefaltet
ridges folded upwardly

Firstlinien zur Mitte steigend
ridges rising toward center

Firstlinien zur Mitte fallend
ridges sloping toward center

Tragsysteme aus sich durchdringenden Faltflächen

structure systems through interpenetration of folded surfaces

Komposition von kreuzweise gefalteten Flächen über quadratischen Grundrissen

composition of surfaces folded crosswise over square plan

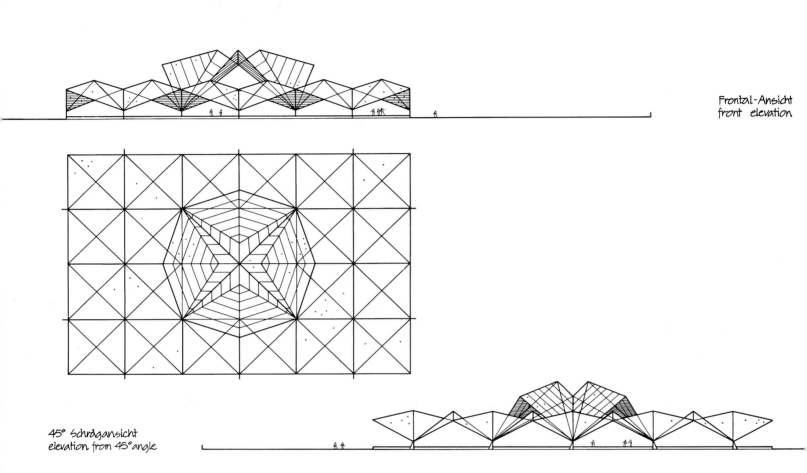

Frontal-Ansicht
front elevation

45° Schrägansicht
elevation from 45° angle

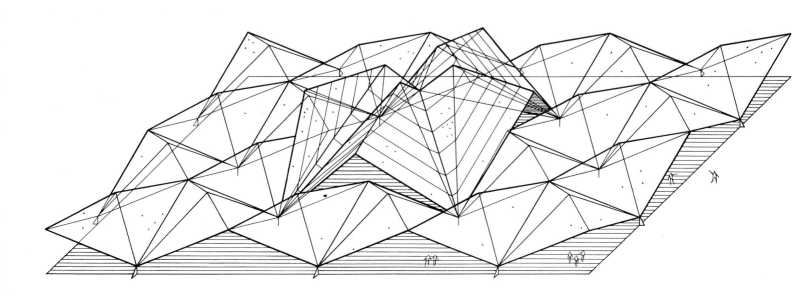

Dreifache Tragwirkung der pyramidisch gefalten Platte

threefold action of pyramidal folded plate

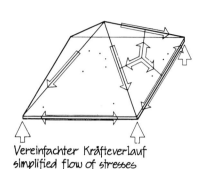

Vereinfachter Kräfteverlauf
simplified flow of stresses

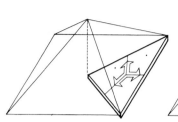

Plattenwirkung
slab action

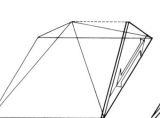

Scheibenwirkung
plate action

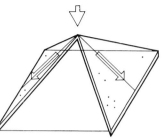

Fachwerk - (Rahmen-) wirkung
truss frame - action

Integrale Aussteifung gegen Verformungen des Faltenprofiles

integral stiffening against deformations of fold profile

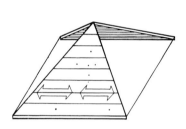

Jedes Paar gegenüberliegender Flächen wirkt
als Versteifung für das andere Flächenpaar
each pair of opposite surfaces functions as
stiffener for the other pair of surfaces

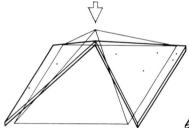

Verschiebung der unteren Kanten
dislocation of lower edges

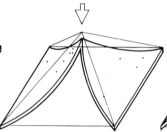

Beulen der Einzelscheiben
buckling of plates

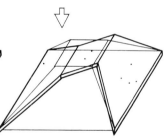

Veränderung des Faltwinkels
change of fold angle

Versteifung gegen kritische Verformung des unteren Randes

stiffening against critical deformation of free edge

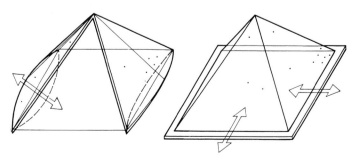

Bei steiler Neigung der Flächen horizontal gerichtete Hauptkomponente
der Beulrichtung   horizontaler Randversteifer

in planes with steep pitches major component of direction of buckling
is horizontal   horizontal stiffener

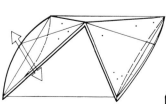
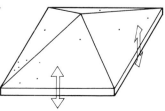

Bei flacher Neigung der Flächen vertikal gerichtete Hauptkomponente
der Beulrichtung   vertikaler Randversteifer

in planes with shallow pitch major component of direction of buckling
is vertical   vertical stiffener

Tragsysteme aus gefalteten Dreiecksflächen

structure systems of folded triangular surfaces

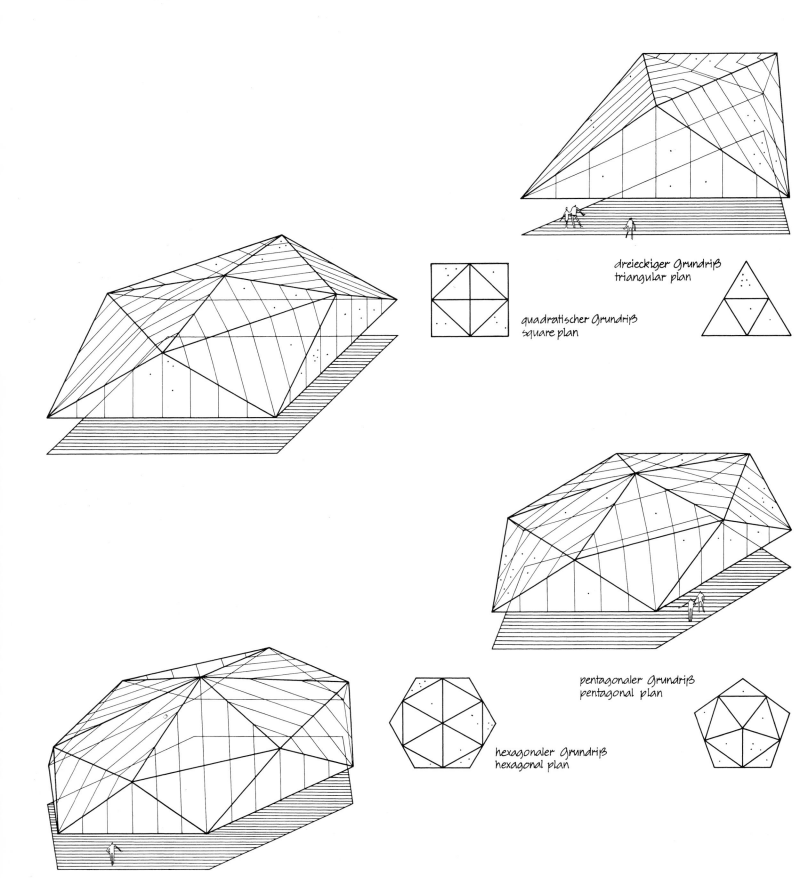

dreieckiger Grundriß
triangular plan

quadratischer Grundriß
square plan

pentagonaler Grundriß
pentagonal plan

hexagonaler Grundriß
hexagonal plan

Variationen für Faltung einer vorgegebenen Grundform
variations for folding a given basic structure form

Grundform: basic structure form:

doubly folded truncated pyramid
doppelt gefaltete abgestumpfte Pyramide

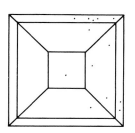
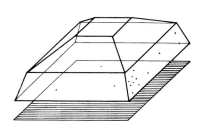

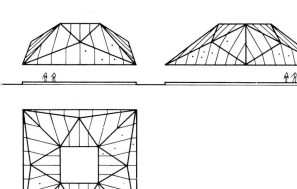

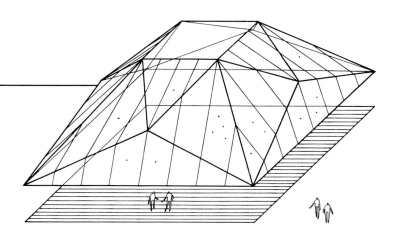

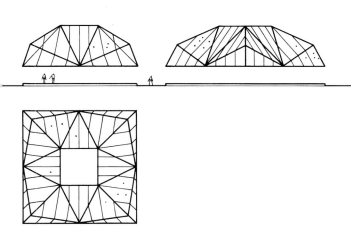

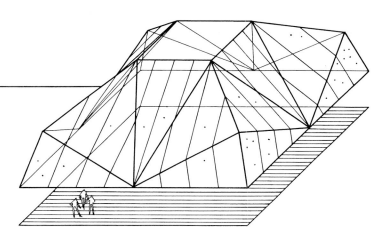

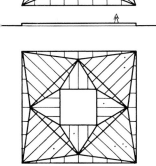

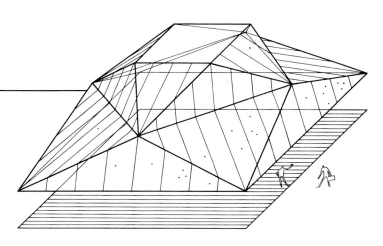

Dreifache Tragwirkung der einfach gekrümmten Schale

threefold bearing action of singly curved shell

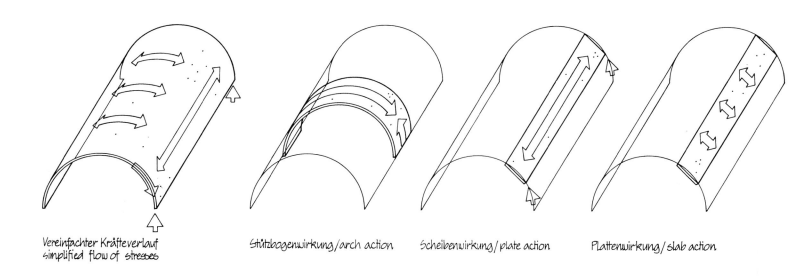

Vereinfachter Kräfteverlauf
simplified flow of stresses

Stützbogenwirkung / arch action

Scheibenwirkung / plate action

Plattenwirkung / slab action

Tragmechanismus der einfach gekrümmten Schale. Membrankräfte

bearing mechanism of singly curved shell   membrane stresses

Deformation der Membrane
deflection of membrane

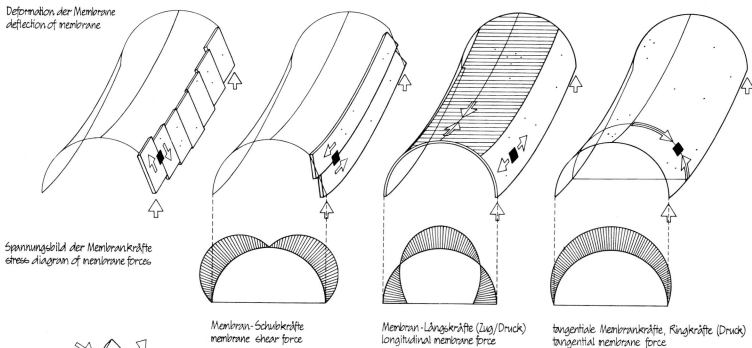

Spannungsbild der Membrankräfte
stress diagram of membrane forces

Membran-Schubkräfte
membrane shear force

Membran-Längskräfte (Zug/Druck)
longitudinal membrane force

tangentiale Membrankräfte, Ringkräfte (Druck)
tangential membrane force

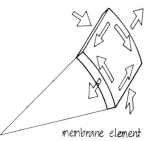

membrane element

Flächenelemente geben wie in einer über zwei feste Endbögen gespannten Plane so lange der Last nach, bis genügend Schub- und Normalkräfte innerhalb der Fläche aktiviert sind, um die Übertragung der Last auf die Endbögen zu besorgen

like in a canvas spanned between two rigid arches, the elements of the surface give way to the load, until sufficient shear and normal stresses have been generated to transmit the load to the final arches

Einfluß der Querschnitt-Krümmung auf Membran-Längswirkung   influence of transverse curvature upon longitudinal membrane action

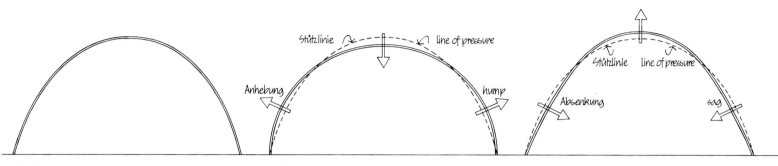

Stützlinie / line of pressure   Halbkreis / half circle   freie Abweichung / free deviation

Ist Querschnittskurve eine Stützlinie, wird gesamtes Eigengewicht auf Schalenränder abge- tragen und Tragvermögen der Membrane in Längsrichtung nicht eingesetzt (Schub- und Längskräfte = 0). Nur durch Wahl einer Querschnittskurve abweichend von der Stützlinie wird Membrane in Längsrichtung beansprucht und zwar entsprechend dem Maße der Abweichung

if transverse curvature follows line of pressure, all the dead weight is chanelled to the shell edge and longitudinal bearing capacity of the membrane is not put into action (shear and longitudinal forces = 0). only through choice of curvature deviating from line of pressure, will the membrane be stressed longitudinally, magnitude will depend on degree of deviation

Aussteifung gegen kritische Verformung der Querschnitt-Profiles   stiffening against critical deflection of transverse profile
Standardformen für Querversteifer   typical forms of stiffeners

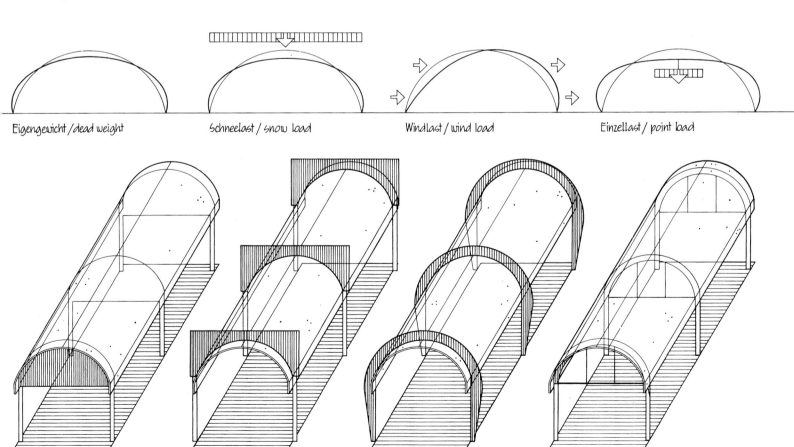

Eigengewicht / dead weight   Schneelast / snow load   Windlast / wind load   Einzellast / point load

untergesetzte Querscheiben
diaphragm below shell

aufgesetzte Querscheiben
diaphragm above shell

Rahmen
rigid frame

Bogen mit Zugband
arch with tension cable

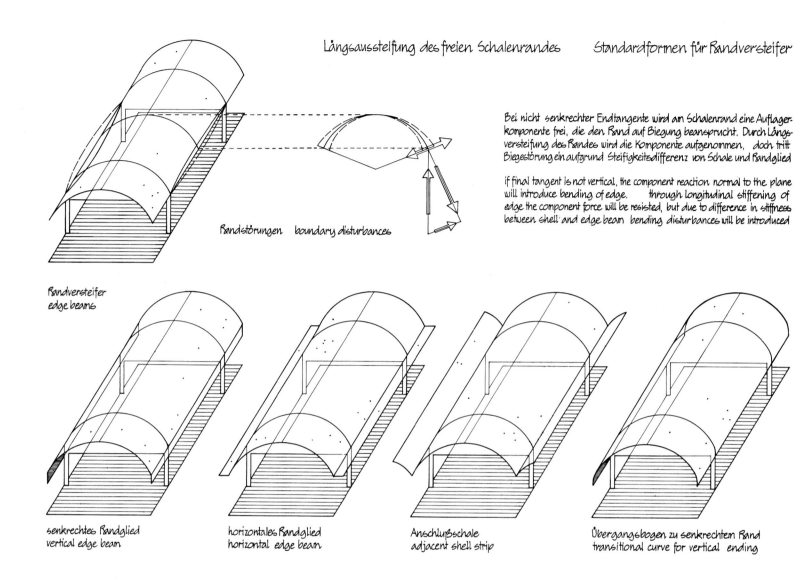

Längsaussteifung des freien Schalenrandes   Standardformen für Randversteifer

Randstörungen   boundary disturbances

Bei nicht senkrechter Endtangente wird am Schalenrand eine Auflager-komponente frei, die den Rand auf Biegung beansprucht. Durch Längs-versteifung des Randes wird die Komponente aufgenommen, doch tritt Biegestörung ein aufgrund Steifigkeitsdifferenz von Schale und Randglied

if final tangent is not vertical, the component reaction normal to the plane will introduce bending of edge.   through longitudinal stiffening of edge the component force will be resisted, but due to difference in stiffness between shell and edge beam bending disturbances will be introduced

Randversteifer
edge beams

senkrechtes Randglied
vertical edge beam

horizontales Randglied
horizontal edge beam

Anschlußschale
adjacent shell strip

Übergangsbogen zu senkrechtem Rand
transitional curve for vertical ending

Biegestörung beim Querversteifer in langer und kurzer Zylinderschale   bending disturbance at transverse stiffener in long and short barrel shells

Ringkräfte (Druck-) bewirken Verkürzung der Quer-fasern und Absinken des Bogenscheitels. In Nähe der Querversteifer kann sich diese Verformung nicht einstellen und es entsteht Biegung. In der langen Tonnenschale ist Biegestörung auf schmale Endflächen beschränkt. In der kurzen Tonnenschale erstreckt sich Biegestörung wegen des größeren Radius und des näheren Binder-abstandes über größeren Flächenanteil

arch forces (compression) produce shortening of trans verse fibres and hence sag of the arch crown.   in the neighbourhood of stiffeners displacement cannot take place and bending is introduced.   in the long barrel shell bending is limited to the small fraction of its total length,   in the short barrel shell because of the larger radius and the narrow spacing of stiffeners the bending disturbance extends over a larger portion of the surface

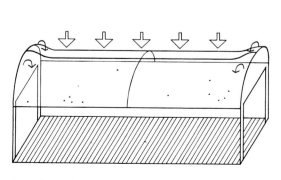

lange Tonnenschale / long barrel shell

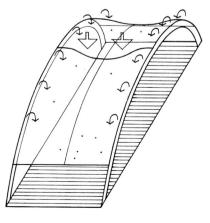

kurze Tonnenschale / short barrel shell

Unterschied zwischen langer Tonnenschale und kurzer Tonnenschale

difference between long barrel shell and short barrel shell

Spannrichtung und Ausbreitungssystem / direction of major span and system of extension

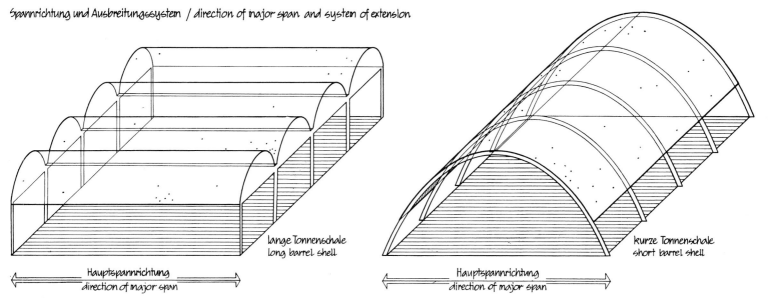

lange Tonnenschale
long barrel shell

kurze Tonnenschale
short barrel shell

Hauptspannrichtung
direction of major span

Hauptspannrichtung
direction of major span

Ausbreitungssystem: Aneinanderreihung von neuen Einheiten
extension system: multiplication of new units

Ausbreitungssystem: Verlängerung der bestehenden Einheit
extension system: continuation of existing unit

Tragmechanismus / bearing mechanism

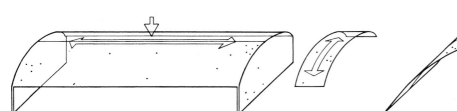

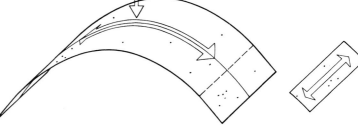

Tragmechanismus beruht hauptsächlich auf Scheibenwirkung. Krümmungswirkung (Stützung, Aufhängung) ist sekundär und dient der Abtragung Lasten

bearing mechanism rests mainly upon plate action. arch action (or suspension action) is minor and serves to receive asymmetrical loads

Tragmechanismus beruht hauptsächlich auf Bogenwirkung (daher Stützlinienform). Scheibenwirkung ist sekundär und dient der Abtragung Lasten

bearing mechanism rests mainly upon arch action (therefore catenary form). plate action is minor and serves to receive asymmetrical loads

lange Tonnenschale
long barrel shell

kurze Tonnenschale
short barrel shell

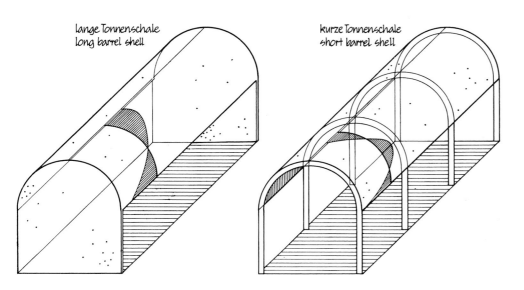

Mit kürzerwerdender Tonne wird der Einfluß der Verformbarkeit des Querprofiles stärker, und die Vertikalprojektion der Längsspannungen ist nicht mehr geradlinig (wie im Balkenträger), sondern gekrümmt und mag sogar im oberen Schalenbereich wieder Zug werden

as the barrel becomes shorter, the deformability of the transverse profile becomes more influential and the vertical projection of the longitudinal stresses is no longer straight-line (as in a beam) but curved and may even become tensile in the upper portion of the shell

Tragsysteme aus sich durchdringenden zylindrischen Flächen

structure systems through interpenetration of cylindrical surfaces

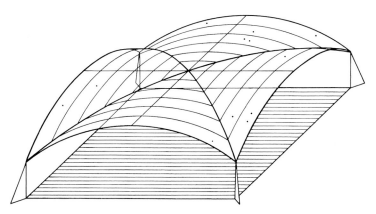

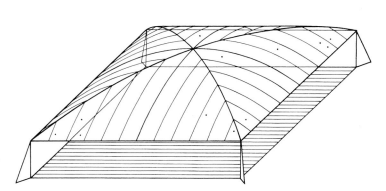

Flächenerzeugende in einer Ebene / generatrices in one plane

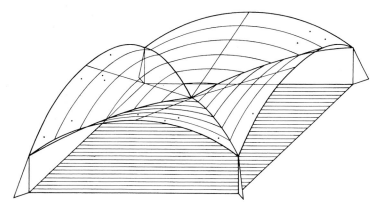

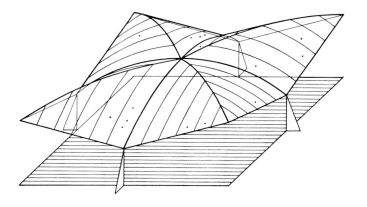

Flächenerzeugende zur Mitte zufallend / generatrices sloping toward center

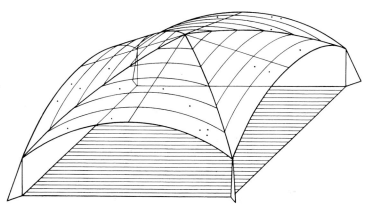

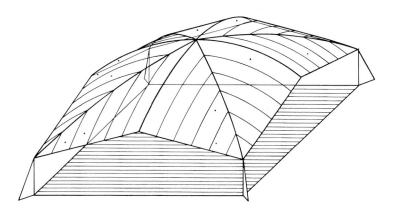

Flächenerzeugende zur Mitte hin ansteigend / generatrices rising toward center

Tragsysteme aus sich durchdringenden zylindrischen Flächen

structure systems through interpenetration of cylindrical surfaces

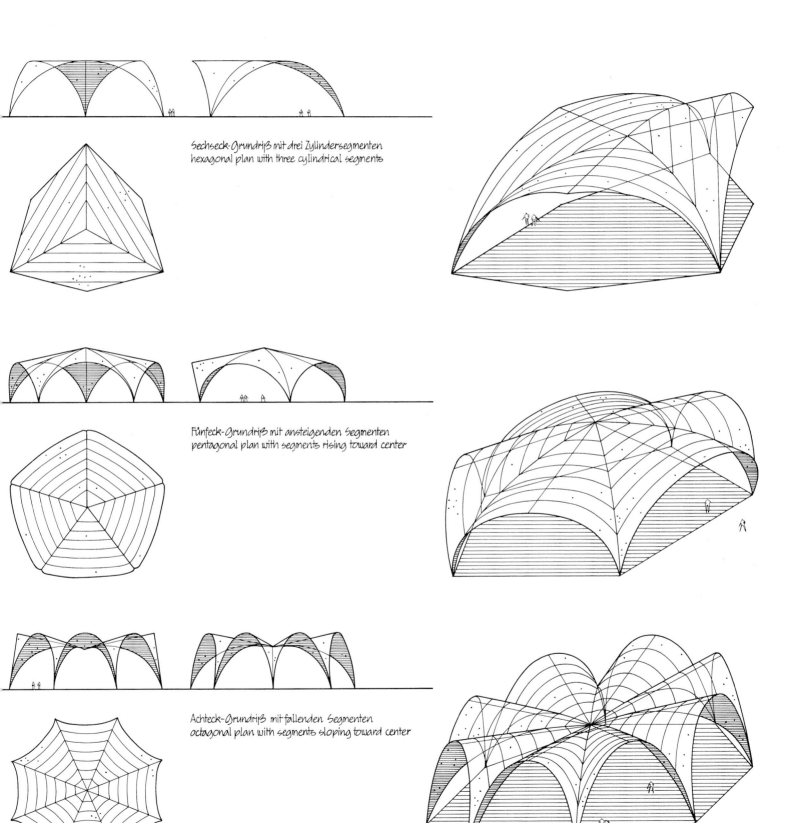

Sechseck-Grundriß mit drei Zylindersegmenten
hexagonal plan with three cylindrical segments

Fünfeck-Grundriß mit ansteigenden Segmenten
pentagonal plan with segments rising toward center

Achteck-Grundriß mit fallenden Segmenten
octagonal plan with segments sloping toward center

Tragsysteme aus Durchdringung gefalteter Zylinderflächen

structure systems through interpenetration of folded cylindrical surfaces

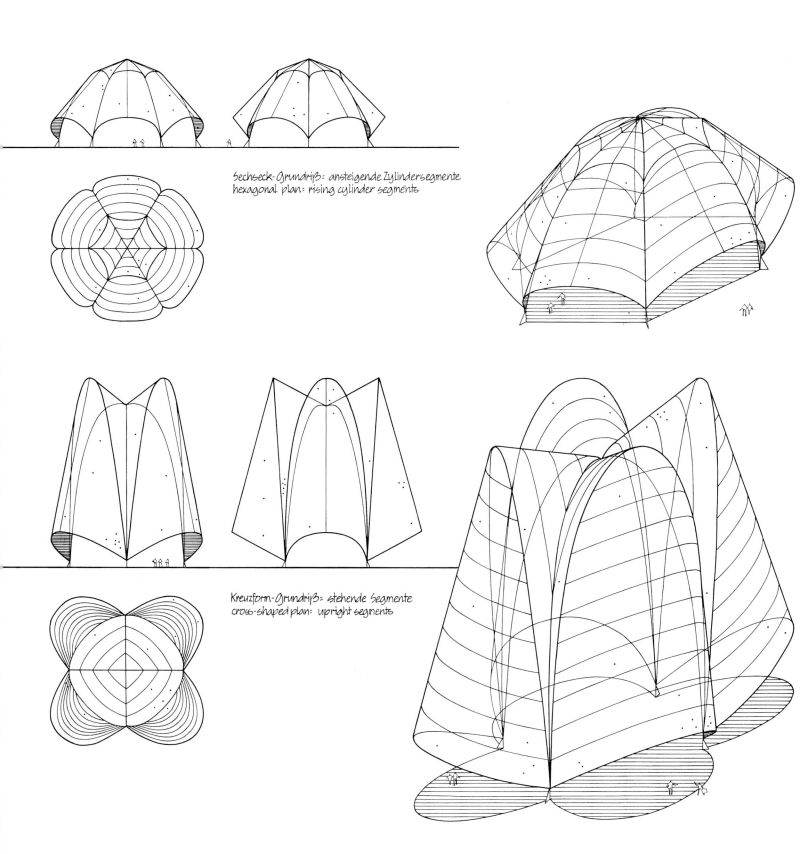

Sechseck-Grundriß: ansteigende Zylindersegmente
hexagonal plan: rising cylinder segments

Kreuzform-Grundriß: stehende Segmente
cross-shaped plan: upright segments

Tragsystem aus Durchdringung gefalteter Zylinderflächen

Komposition von sich diagonal kreuzenden Flächen über quadratischem Raster

structure systems through interpenetration of folded cylindrical surfaces

composition of cylindrical surfaces crossing diagonally over square grid plan

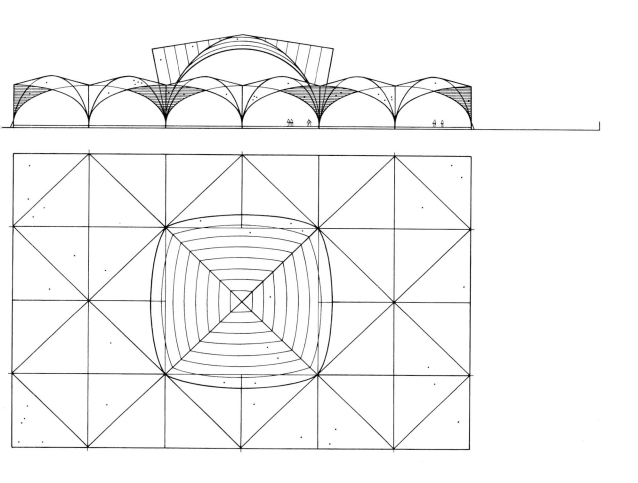

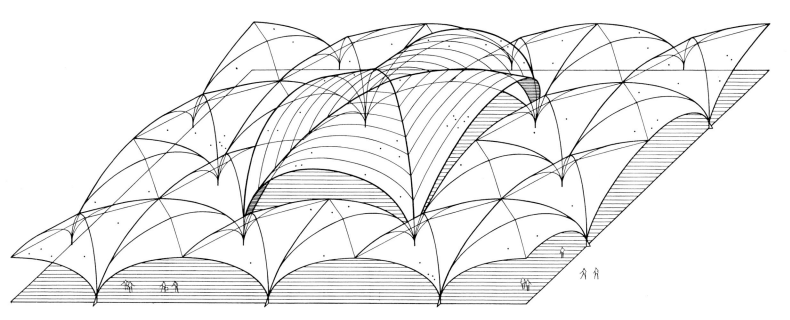

Lineare Tragsysteme aus gefalteten Zylinderflächen — linear structure systems composed of folded cylindrical surfaces

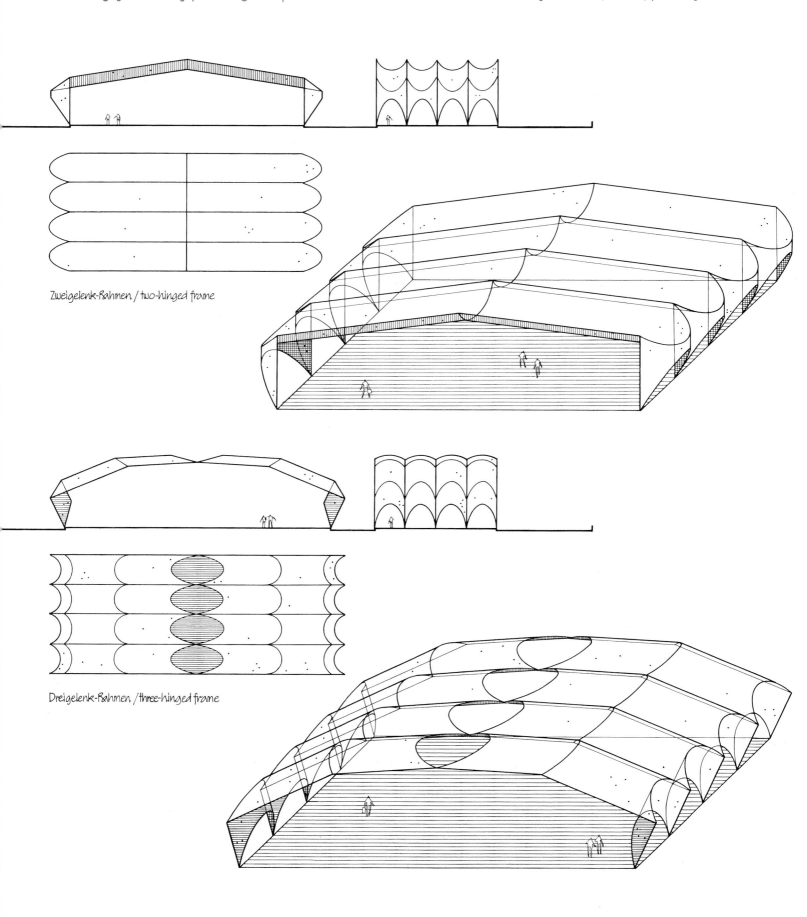

Zweigelenk-Rahmen / two-hinged frame

Dreigelenk-Rahmen / three-hinged frame

Lineare Tragsysteme aus gefalteten Zylinderflächen

linear structure systems composed of folded cylindrical surfaces

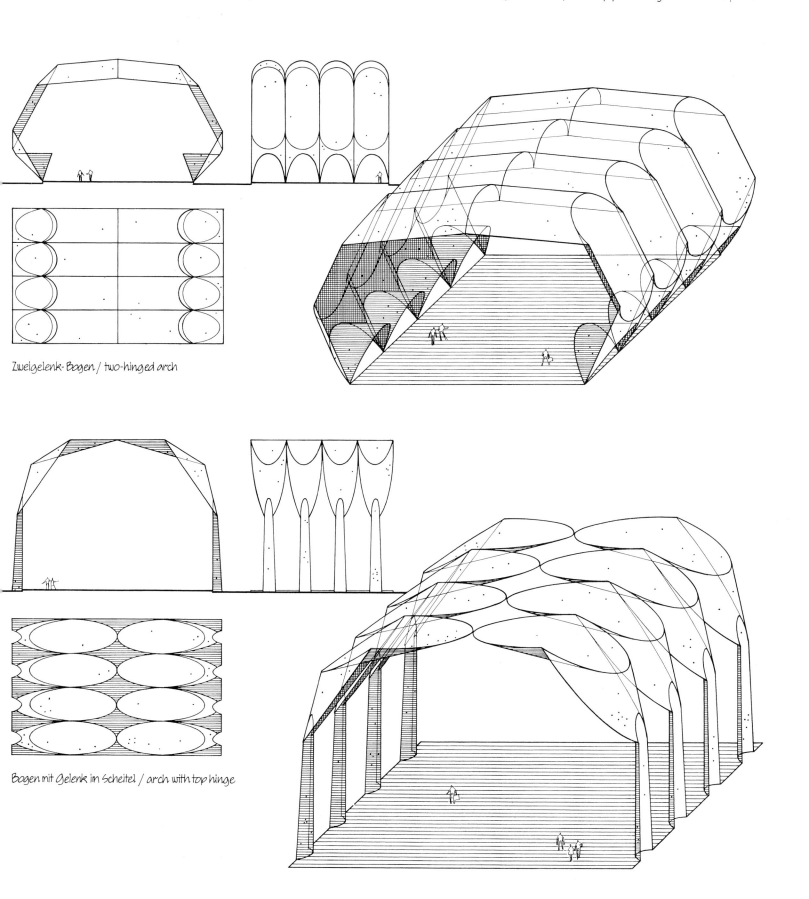

Zweigelenk-Bogen / two-hinged arch

Bogen mit Gelenk im Scheitel / arch with top hinge

Lineare Tragsysteme aus gefalteten Zylinderflächen   linear structure systems composed of folded cylindrical surfaces

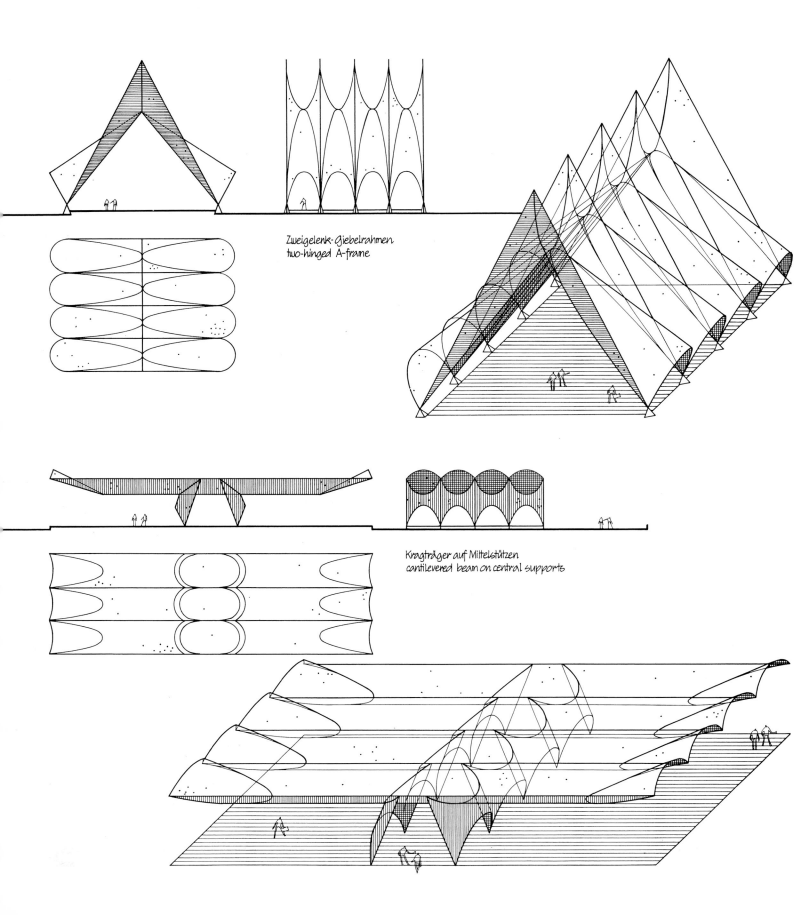

Zweigelenk-Giebelrahmen
two-hinged A-frame

Kragträger auf Mittelstützen
cantilevered beam on central supports

Tragmechanismus der Kugel-(Rotations-) Schale

bearing mechanism of spherical (rotational) shell

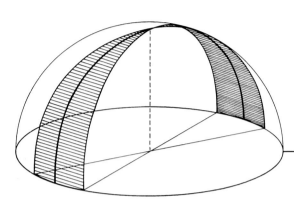

Aufteilung in Segmente   division into segments

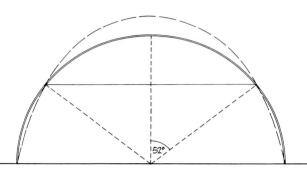

Querschnittskurve zweier gegenüberliegender Segmente fällt nicht mit der eigentlichen Stütz-linie zusammen. Vorzeichen der Abweichung ändert sich in Höhe von 52° gemessen vom Scheitel

curvature of arch formed by two opposite segments differs from their actual pressure line. difference changes sign at 52° elevation measured from crown

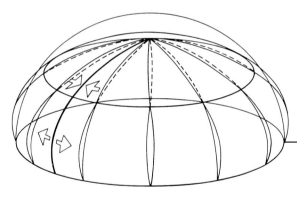

Deformation der Segmente   deflection of segments

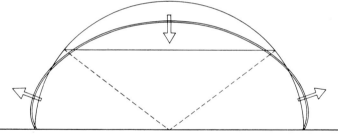

Oberteile der Segmente senken sich und überlappen mit ihren Kanten bei geringerwerdender Rundung. Unterteile drängen nach außen und klaffen auf bei größerwerdender Rundung

upper parts of segments sag and overlap at edges while reducing their curvature.   lower parts bulge and   split open while increasing their curvature

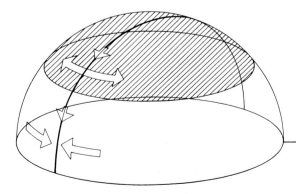

Wirkung der Ringform   effect of hoop form

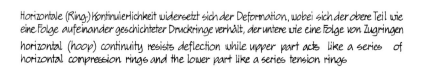

Horizontale (Ring-) Kontinuierlichkeit widersetzt sich der Deformation, wobei sich der obere Teil wie eine Folge aufeinander geschichteter Druckringe verhält, der untere wie eine Folge von Zugringen

horizontal (hoop) continuity resists deflection while upper part acts like a series of horizontal compression rings and the lower part like a series tension rings

the potential of the spherical shell to develop ring forces prevents both inward and outward deflection of membrane caused by deviation from meridional line of pressure. this potential thus allows also cross profiles for rotational shells that are not circles

Das Vermögen der Kugelschale Ringkräfte zu bilden verhindert Ausweichen der Membrane nach innen oder außen, das durch Abweichung von der meridionalen Stützlinie entsteht. Dies Vermögen erlaubt also auch Querschnittsprofile für Rotationsschalen,   die keine Kreise sind

Membrankräfte in Rotationsschalen unter symmetrischer Belastung

membrane forces in rotational shells under symmetrical loading

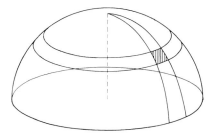

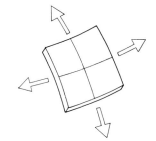

Das herausgeschnittene Schalenelement wird allein durch die Meridiankraft und die Ringkraft im Gleichgewicht gehalten. Wegen symmetrischer Belastung werden in keinem Querschnitt Scherkräfte erzeugt

the shell element will be kept in equilibrium solely by the meridional force and by the hoop force. because of symmetrical loading no shear will be developed in any section of shell

Kräfteverlauf in Kugelschalen unter symmetrischer Belastung

principal stress lines in spherical shells under symmetrical loading

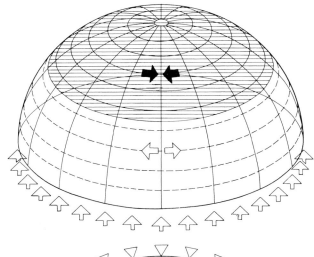

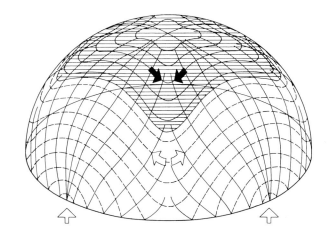

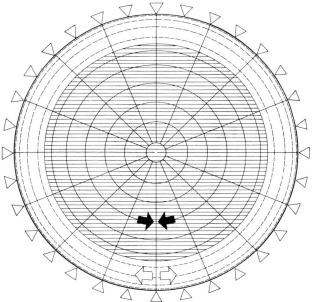

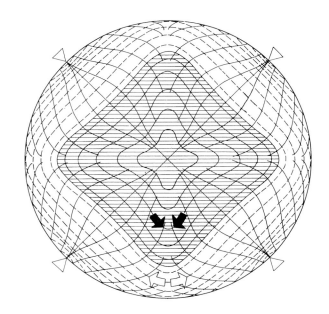

Kräfte verlaufen in Richtung der Meridiane und Breitenkreise
forces follow direction of meridians and parallels

Richtungen der Meridian- und Ringkräfte sind magnetfeldartig verändert
directions of meridional and ring forces are deflected like in a magnetic field

Biegung des unteren Schalenrandes: Randstörungen

bending of lower edge: boundary disturbances

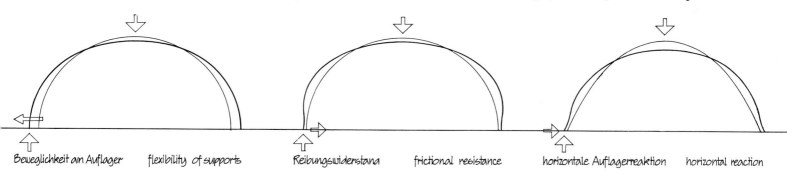

Beweglichkeit am Auflager   flexibility of supports

Reibungswiderstand   frictional resistance

horizontale Auflagerreaktion   horizontal reaction

Bei beweglichem Auflager kann sich Schalenrand ungehindert ausdehnen: Reine Membran-spannungen. Wird jedoch die Bewegung durch Reibung des Auflagers eingeschränkt, entste-hen Biegestörungen. Gleiches tritt ein, wenn bei nicht senkrechter Endtangente ein Fußring angeordnet ist, dessen Ausdehnung verschieden von der des unteren Schalenrandes ist

with flexible supports lower edge of shell can expand freely: only membrane stresses. however, if this motion is obstructed by friction of the supports bending disturbance is introduced.   the same will be the case when, for non-vertical final tangent of edge a ring beam is built in which the expansion differs from that of the lower edge of the shell

Reduzierung der Randstörungen durch Vorspannen des Fußringes

reduction of edge disturbances through prestressing of ring beam

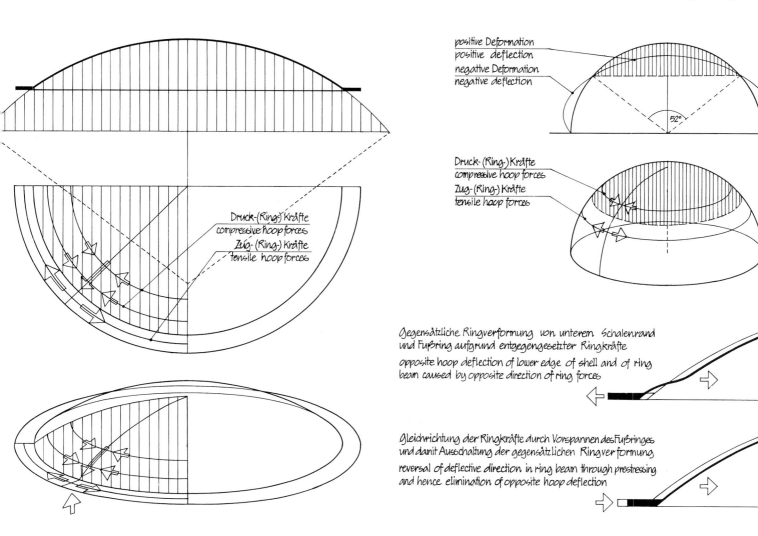

positive Deformation
positive deflection
negative Deformation
negative deflection

52°

Druck-(Ring-)Kräfte
compressive hoop forces
Zug-(Ring-)Kräfte
tensile hoop forces

Druck-(Ring-)Kräfte
compressive hoop forces
Zug-(Ring-)Kräfte
tensile hoop forces

Gegensätzliche Ringverformung von unterem Schalenrand und Fußring aufgrund entgegengesetzter Ringkräfte

opposite hoop deflection of lower edge of shell and of ring beam caused by opposite direction of ring forces

Gleichrichtung der Ringkräfte durch Vorspannen des Fußringes und damit Ausschaltung der gegensätzlichen Ringverformung

reversal of deflective direction in ring beam through prestressing and hence elimination of opposite hoop deflection

Ringkräfte der flachen Kugelschale   mit Zugring am Schalenrand
hoop forces in low-rise spherical shell   with tension ring at lower edge of shell

Reduzierung der Biegestörung im unteren Schalenrand
reduction of bending disturbance in lower edge of shell

Ausbildung der unteren Randzone bei flachen Kugelschalen   design of lower edge in low-rise spherical shell

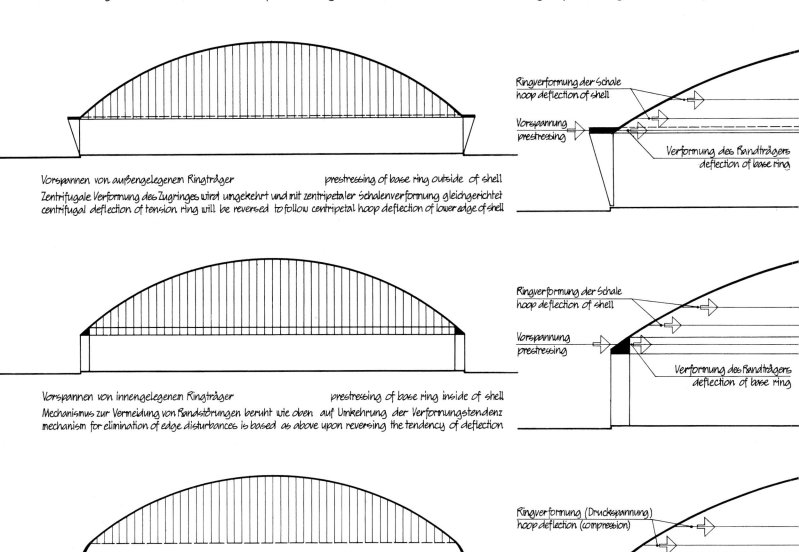

Vorspannen von außengelegenem Ringträger   prestressing of base ring outside of shell

Zentrifugale Verformung des Zugringes wird umgekehrt und mit zentripetaler Schalenverformung gleichgerichtet
centrifugal deflection of tension ring will be reversed to follow centripetal hoop deflection of lower edge of shell

Vorspannen von innengelegenem Ringträger   prestressing of base ring inside of shell

Mechanismus zur Vermeidung von Randstörungen beruht wie oben auf Umkehrung der Verformungstendenz
mechanism for elimination of edge disturbances is based as above upon reversing the tendency of deflection

Senkrechtes Abschließen mit Übergangsbogen   vertical ending through transitional curve

Wechsel von zentripetaler auf zentrifugale Ringverformung erfolgt allmählich   und innerhalb der Schale
change from centripetal to centrifugal hoop deflection occurs gradually and within the shell (as in hemisphere)

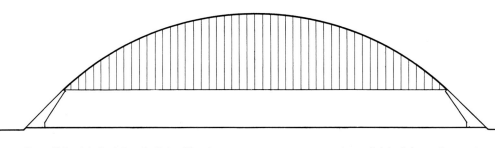

Tangentiales Schrägstellen der Unterstützung   tangential inclining of supports

Ringverformung des Auflagers hat zentripetale Tendenz ebenso wie Ringverformung des unteren Schalenrandes
hoop deflection of supports have centripetal tendency   just like the hoop deflection of lower edge of shell

Systeme der Raumbildung mit einer Kugelfläche

systems of defining space with one spherical surface

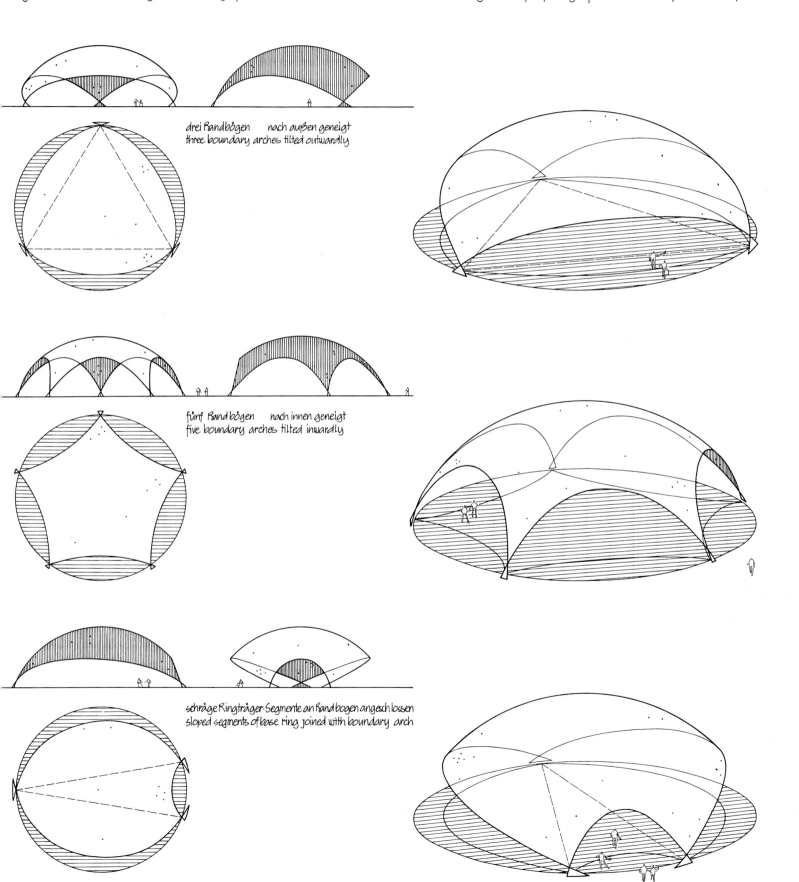

drei Randbögen   nach außen geneigt
three boundary arches tilted outwardly

fünf Randbögen   nach innen geneigt
five boundary arches tilted inwardly

schräge Ringträger-Segmente an Randbogen angeschlossen
sloped segments of base ring joined with boundary arch

Systeme der Raumbildung mit zwei Kugelflächen in Firstfaltung   systems of defining space with two spherical surfaces in ridge folding

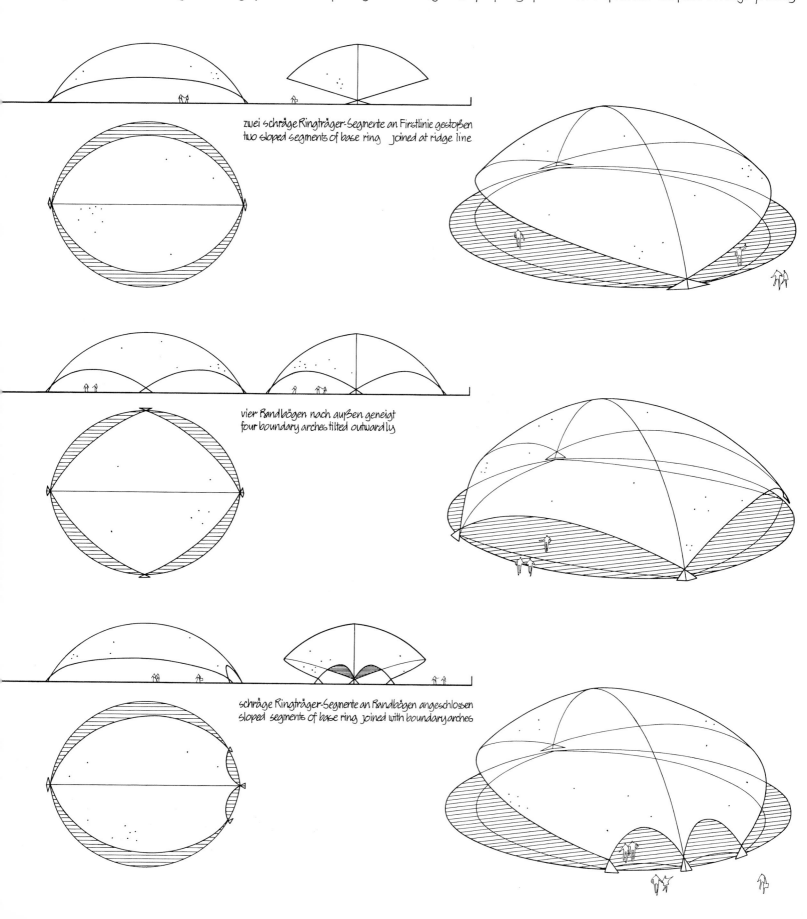

zwei schräge Ringträger-Segmente an Firstlinie gestoßen
two sloped segments of base ring   joined at ridge line

vier Randbögen nach außen geneigt
four boundary arches tilted outwardly

schräge Ringträger-Segmente an Randbögen angeschlossen
sloped segments of base ring joined with boundary arches

Systeme der Raumbildung mit zwei Kugelflächen in Kehlverbindung   systems of defining space with two spherical surfaces joined in valley

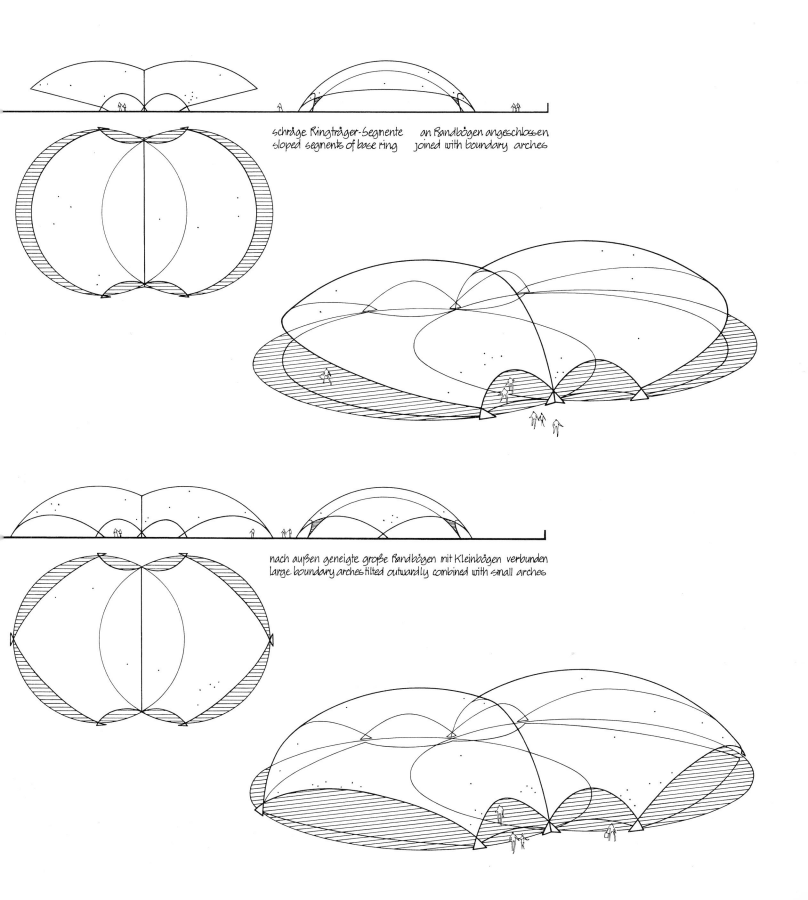

schräge Ringträger-Segmente   an Randbögen angeschlossen
sloped segments of base ring   joined with boundary arches

nach außen geneigte große Randbögen mit Kleinbögen verbunden
large boundary arches tilted outwardly combined with small arches

Systeme der Raumbildung mit zwei Kugelflächen in Kehlverbindung   systems of defining space with two spherical surfaces joined in valley

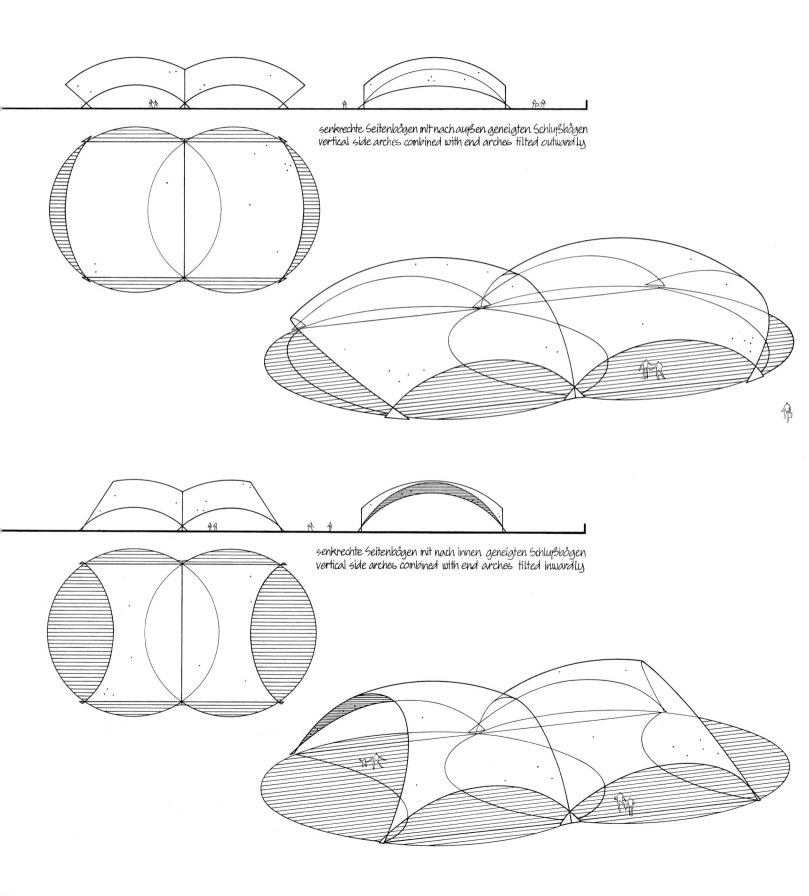

senkrechte Seitenbögen mit nach außen geneigten Schlußbögen
vertical side arches combined with end arches tilted outwardly

senkrechte Seitenbögen mit nach innen geneigten Schlußbögen
vertical side arches combined with end arches tilted inwardly

Systeme der Raumbildung mit Kugelflächen ungleicher Krümmung   systems of defining space with spherical surfaces of different curvature

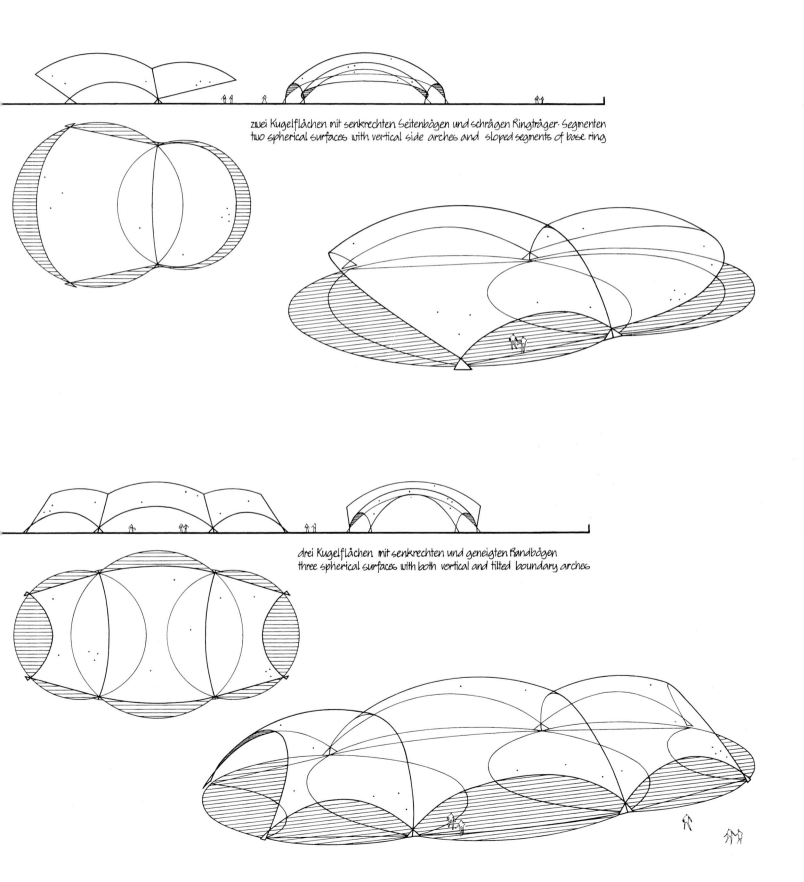

zwei Kugelflächen mit senkrechten Seitenbögen und schrägen Ringträger- Segmenten
two spherical surfaces with vertical side arches and sloped segments of base ring

drei Kugelflächen mit senkrechten und geneigten Randbögen
three spherical surfaces with both vertical and tilted boundary arches

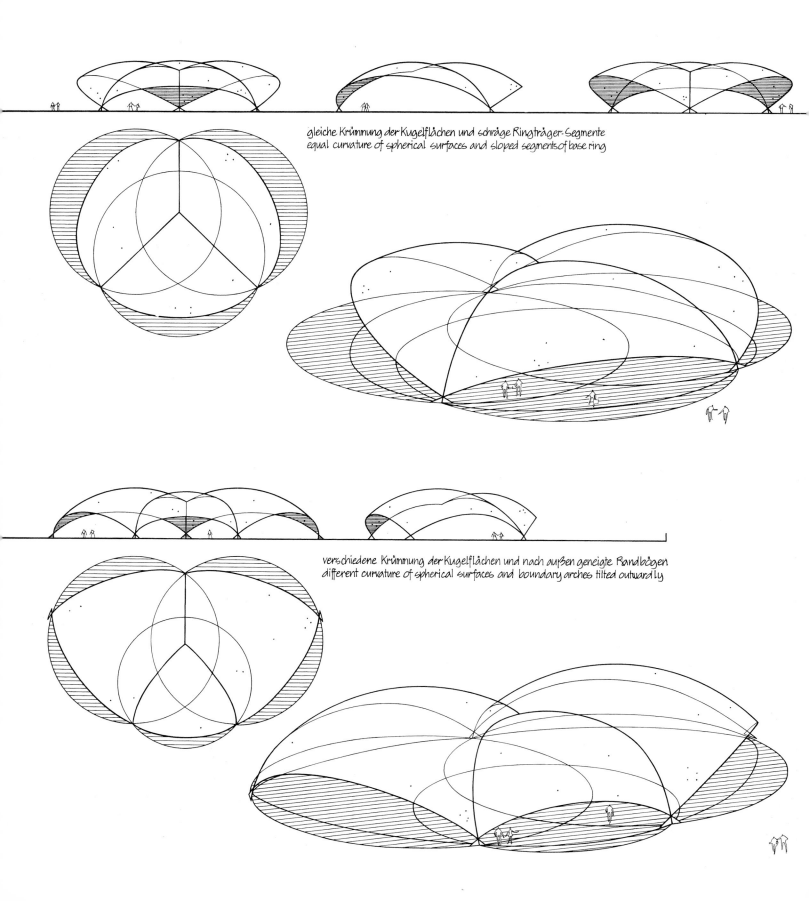

Systeme der Raumbildung mit drei Kugelflächen in Kehlverbindung   systems of defining space with three spherical surfaces joined at valley

gleiche Krümmung der Kugelflächen und schräge Ringträger-Segmente
equal curvature of spherical surfaces and sloped segments of base ring

verschiedene Krümmung der Kugelflächen und nach außen geneigte Randbögen
different curvature of spherical surfaces and boundary arches tilted outwardly

Torus-Ausschnitte für besondere Grundriß-Geometrie

torus sections for special plan geometry

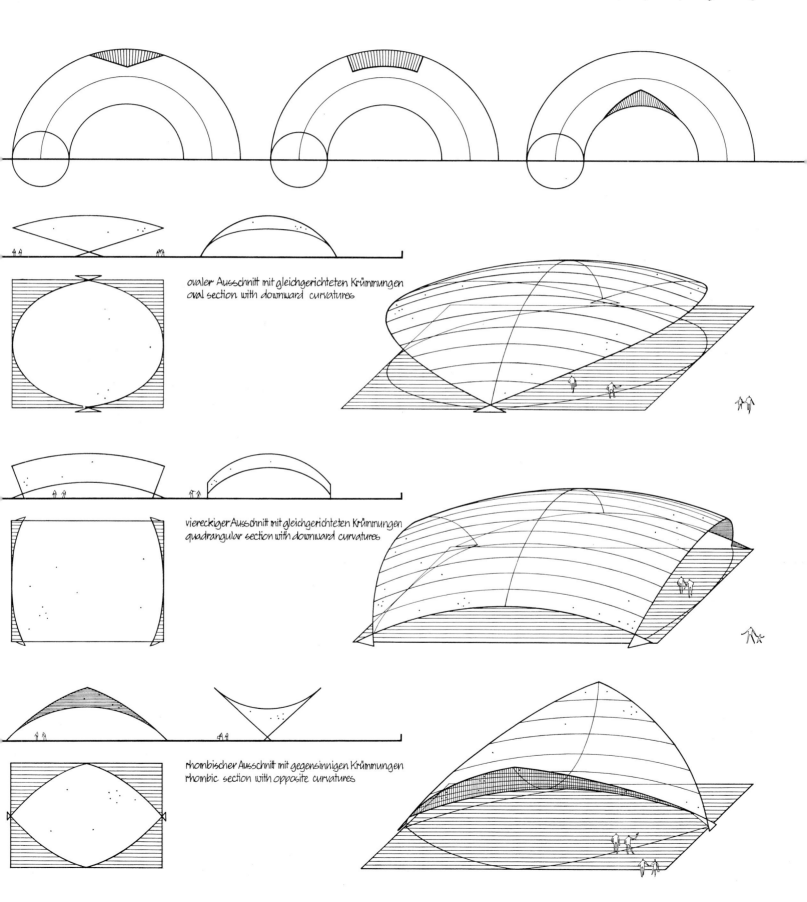

ovaler Ausschnitt mit gleichgerichteten Krümmungen
oval section with downward curvatures

viereckiger Ausschnitt mit gleichgerichteten Krümmungen
quadrangular section with downward curvatures

rhombischer Ausschnitt mit gegensinnigen Krümmungen
rhombic section with opposite curvatures

Geometrie und Tragmechanismus der Translationsschalen | geometry and bearing mechanism of translational shells

Flächenerzeugung: eine Translationsfläche entsteht, wenn eine ebene Kurve (Erzeugende) parallel zu sich selbst entlang einer anderen ebenen Kurve (Leitkurve) geführt wird, deren Ebene im allgemeinen rechtwinklig zur Ebene der Erzeugenden liegt.

surface generation: a translational surface is generated by moving a plane curve (generatrix) parallel to itself along another plane curve (directrix) that usually is in a plane at right angles to the plane of the generatrix

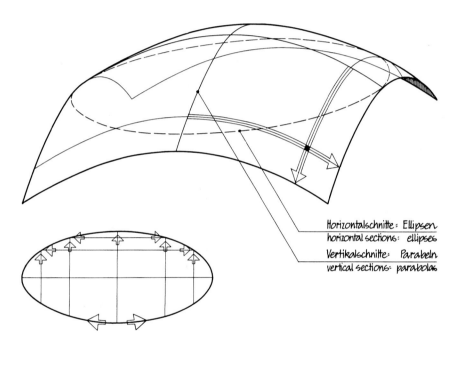

Horizontalschnitte: Ellipsen
horizontal sections: ellipses
Vertikalschnitte: Parabeln
vertical sections: parabolas

Elliptisches Paraboloid — elliptical paraboloid

synklastische (= gleichsinnig gekrümmte) Fläche
synclastic surface (= curvatures in same direction)

Lasten werden durch Bogenmechanismus in zwei Achsen auf Ränder abgetragen. Ränder müssen also den Bogenschub aufnehmen und dementsprechend versteift werden. Im Falle eines horizontalen unteren Abschlusses muß der Rand die Resultierenden der Bogenkräfte beider Achsen aufnehmen. Weil seine Form (Ellipse) der Kettenlinie für die sich aus Eigengewicht ergebenden Horizontalkräften nahekommt, bleibt der Randbalken weitgehend biegefrei.

loads are transmitted to boundary arches through arch mechanism in two axes. boundaries therefore must receive arch thrust and must be stiffened accordingly. in case of horizontal termination of lower edge the edge must receive the resultants from the arch forces of both axes. because its form (ellipse) approximates the funicular tension curve for horizontal components resulting from dead weight, the edge beam remains largely free of bending

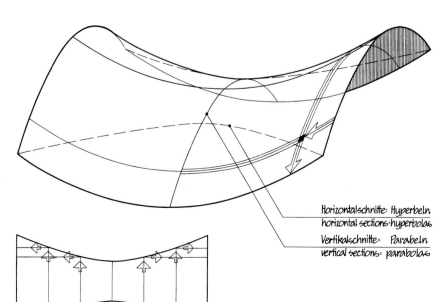

Horizontalschnitte: Hyperbeln
horizontal sections: hyperbolas
Vertikalschnitte: Parabeln
vertical sections: parabolas

Hyperbolisches Paraboloid - 'hp' — hyperbolic paraboloid - 'hypar'

antiklastische (= gegensinnig gekrümmte / Sattel-) Fläche
anticlastic (saddle) surface (curvatures in opposite directions)

Lasten werden durch Bogenmechanismus in der einen Achse und Hängemechanismus in der anderen auf Ränder abgetragen. Ränder müssen also Bogenschub in der einen Achse und Hängezug in der anderen aufnehmen. Im Falle eines horizontalen unteren Abschlusses muß der untere Rand die Resultierenden aus Schub und Zug aufnehmen. Wegen seiner Bogenform (Hyperbel) kann Randträger diese Horizontalkräfte ohne größere Biegung auf Ecken abtragen

loads are transmitted to boundary arches through arch mechanism in the one axis and suspension mechanism in the other. boundaries therefore must receive arch thrust in the one axis and suspension pull in the other. in case of horizontal termination of lower edge, the edge must receive the resultants of both thrust and pull. because of its arch shape the edge beam can transmit these horizontal forces to the corners without major bending

Tragmechanismus der geradlinig begrenzten 'hp'-Fläche

bearing mechanism of straight edged 'hypar' surface

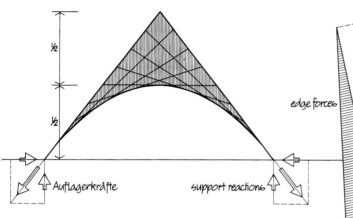

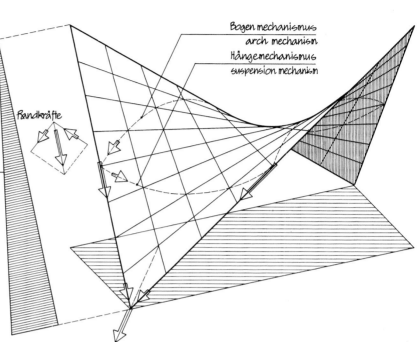

Bogenmechanismus
arch mechanism
Hängemechanismus
suspension mechanism

edge forces Randkräfte

Auflagerkräfte   support reactions

Wegen der schrägen Richtung der Endresultierenden müssen die Auflager auch Horizontalschub aufnehmen

because of the inclination of the final resultant the supports must also receive horizontal thrust

Die 'hp'-Schale funktioniert in einer Achse als Bogenmechanismus, in der anderen als Hänge-mechanismus. Während die Schale unter den Druckkräften in einer Achse sich verformt und sich anschickt nachzugeben, wird sie daran von den Zugkräften in der anderen Achse gehindert. Die Resultierende der Flächenkräfte wirkt in Richtung des Randes. Der Rand bleibt daher biegefrei

the 'hypar' shell functions in one axis as arch mechanism, in the other axis as suspension mechanism. thus while in one axis the shell deflects under compressive stresses and tends to give way, it is prevented from doing so by tensile stresses in the other axis. the resultant of the surface stresses acts in direction of the edge. consequently the edge remains free of bending.

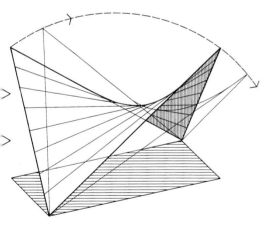

Stabilisierung gegen Kippen der Schale / stabilization against tilting of shell

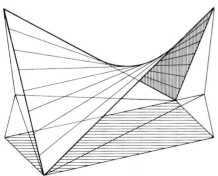

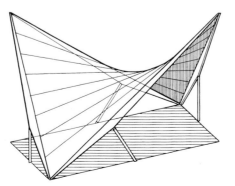

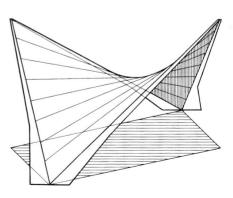

Verspannung der Hochpunkte mit Seilen
anchoring of high points with cables

Abstützung der Randglieder mit Streben
buttressing of edge beams with struts

Einspannung der Fußpunkte in Fundament
rigid connection of base points with foundation

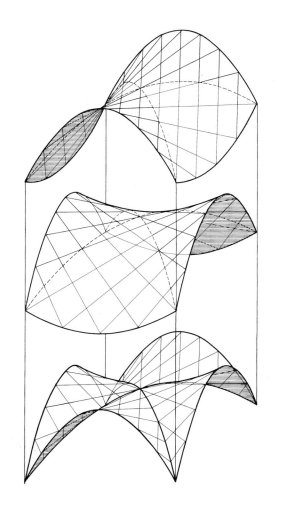

Tragsysteme aus sich durchdringenden 'hp'-Flächen mit bogenförmigen Rändern
structure systems composed of interpenetrating 'hypar' surfaces with curved edges

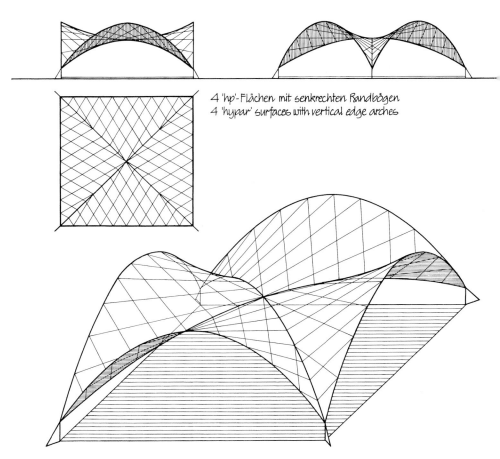

4 'hp'-Flächen mit senkrechten Randbögen
4 'hypar' surfaces with vertical edge arches

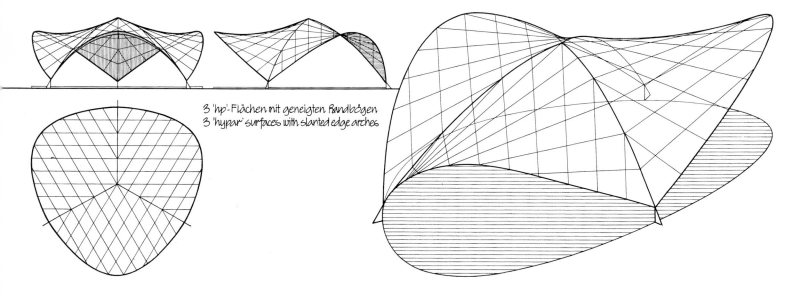

3 'hp'-Flächen mit geneigten Randbögen
3 'hypar' surfaces with slanted edge arches

Tragmechanismus der aus 4 'hp'-Flächen zusammengesetzten Systeme / bearing mechanism of systems composed of 4 'hypar' surfaces

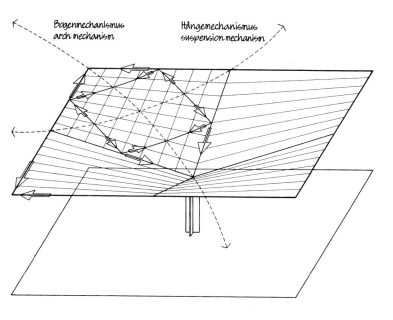

Die Resultierenden aus Bogenmechanismus und Hängemechanismus belasten die Ränder auf Zug und die Kehlfalten auf Druck. Am Auflager heben sich die Horizontalkomponenten der Endresultierenden gegenseitig auf.

the resultants of arch mechanism and suspension mechanism stress the edges with tension and the valley folds with compression. at the supports the horizontal components of the final resultants compensate each other

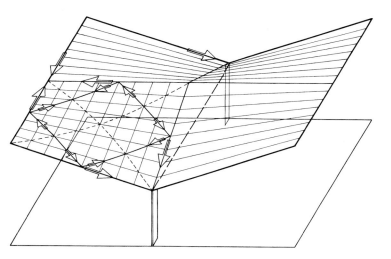

Die Resultierenden aus Bogenmechanismus und Hängemechanismus belasten die Ränder und Kehlfalten auf Druck und die Firstfalten auf Zug. An den Auflagern nimmt ein Zugband die Horizontalkomponente der Resultierenden auf.

the resultants of arch mechanism and suspension mechanism stress the edges and the valley folds with compression and the ridge fold with tension. at the supports a tie member receives the horizontal component of the resultant

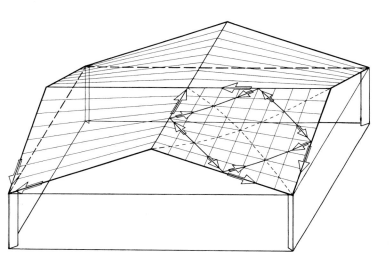

Die Resultierenden aus Bogenmechanismus und Hängemechanismus belasten sowohl die Ränder als auch die Firstfalten auf Druck. An den Auflagern nehmen Zugbänder die Horizontalkomponenten der Endresultierenden auf.

the resultants of arch mechanism and suspension mechanism stress both the edges and ridge folds with compression. at the supports tie members receive the horizontal component of the final resultant.

Tragsysteme aus einzelnen geradlinig begrenzten 'hp'-Flächen / structure systems composed of single straight-edged 'hypar' surfaces

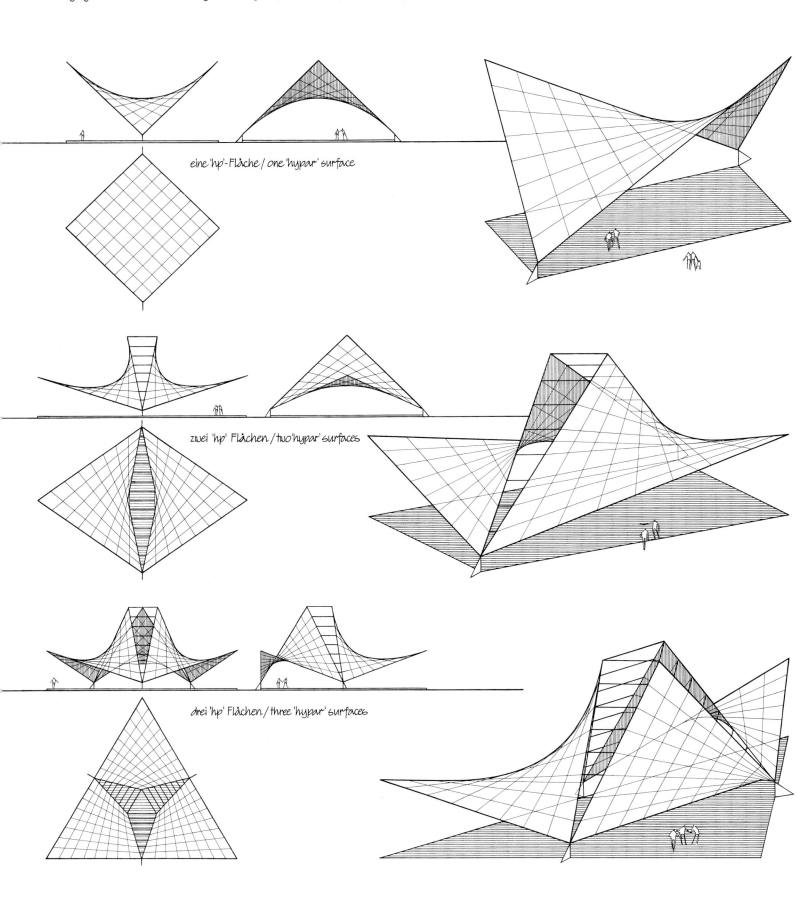

eine 'hp'-Fläche / one 'hypar' surface

zwei 'hp' Flächen / two 'hypar' surfaces

drei 'hp' Flächen / three 'hypar' surfaces

Tragsysteme durch Komposition von geradlinig begrenzten 'hp'-Flächen / structure systems through composition of straight-edged 'hypar' surfaces

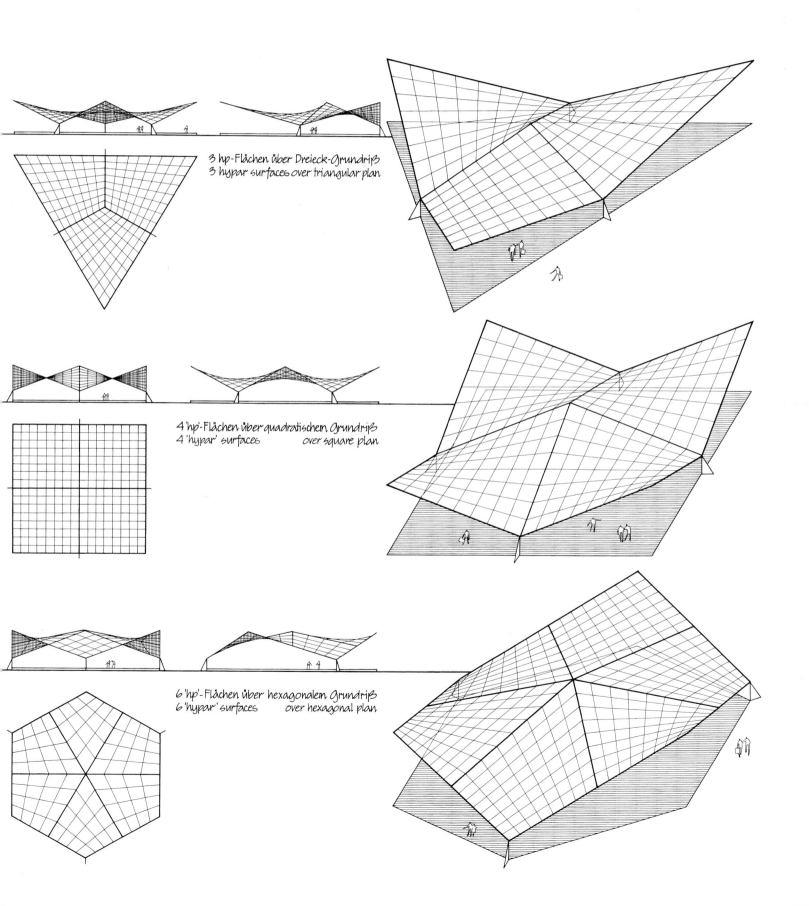

3 hp-Flächen über Dreieck-Grundriß
3 hypar surfaces over triangular plan

4 'hp'-Flächen über quadratischem Grundriß
4 'hypar' surfaces   over square plan

6 'hp'-Flächen über hexagonalem Grundriß
6 'hypar' surfaces   over hexagonal plan

Systeme der Raumbildung mit geradlinig begrenzten 'hp'-Flächen
systems of defining space with straight edged 'hypar' surfaces

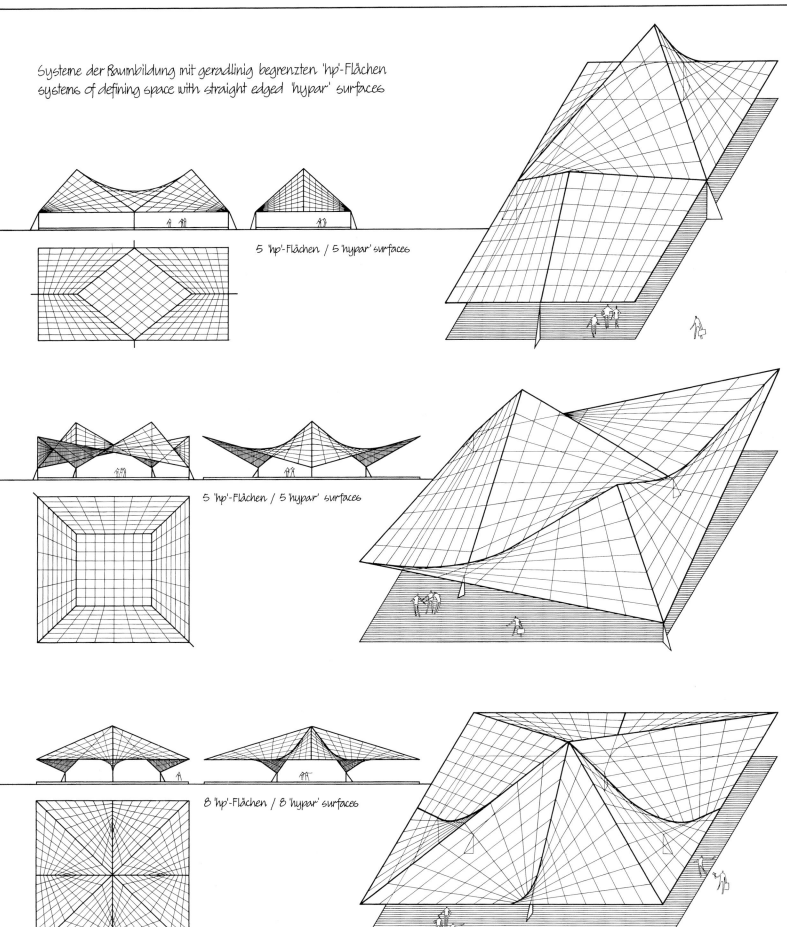

5 'hp'-Flächen / 5 'hypar' surfaces

5 'hp'-Flächen / 5 'hypar' surfaces

8 'hp'-Flächen / 8 'hypar' surfaces

Systeme der Raumbildung mit geradlinig begrenzten 'hp'-Flächen
systems of defining space with straight edged 'hypar' surfaces

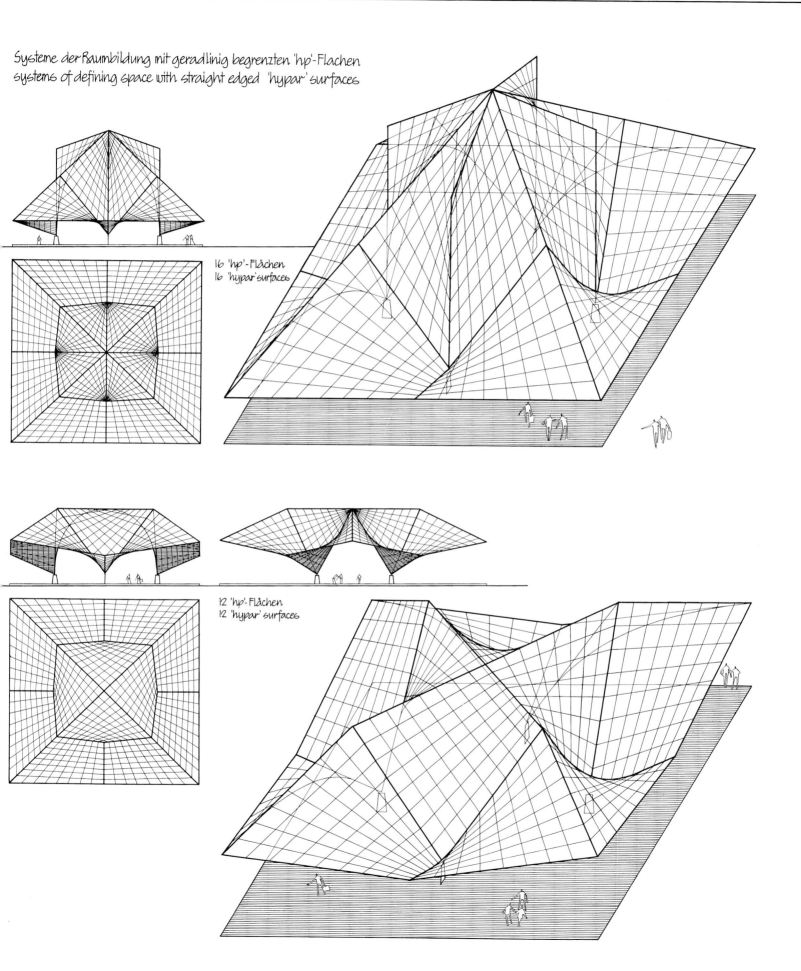

16 'hp'-Flächen
16 'hypar' surfaces

12 'hp'-Flächen
12 'hypar' surfaces

Tragsysteme aus 'hp'-Flächen zur Überdachung von Großräumen   'hypar' structure systems for coverage of large scale spaces

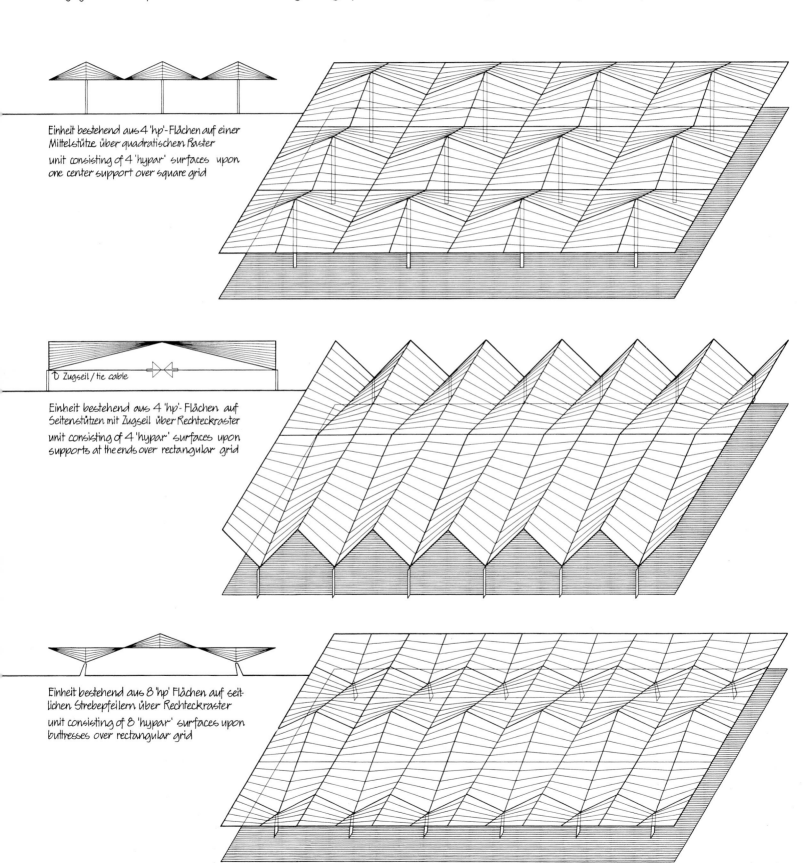

Einheit bestehend aus 4 'hp'-Flächen auf einer
Mittelstütze über quadratischem Raster
unit consisting of 4 'hypar' surfaces upon
one center support over square grid

Û Zugseil / tie cable

Einheit bestehend aus 4 'hp'-Flächen auf
Seitenstützen mit Zugseil über Rechteckraster
unit consisting of 4 'hypar' surfaces upon
supports at the ends over rectangular grid

Einheit bestehend aus 8 'hp' Flächen auf seitlichen Strebepfeilern über Rechteckraster
unit consisting of 8 'hypar' surfaces upon
buttresses over rectangular grid

Tragsysteme für Großraumdächer mit Lichtbändern

structure systems for large scale roofs with window strips

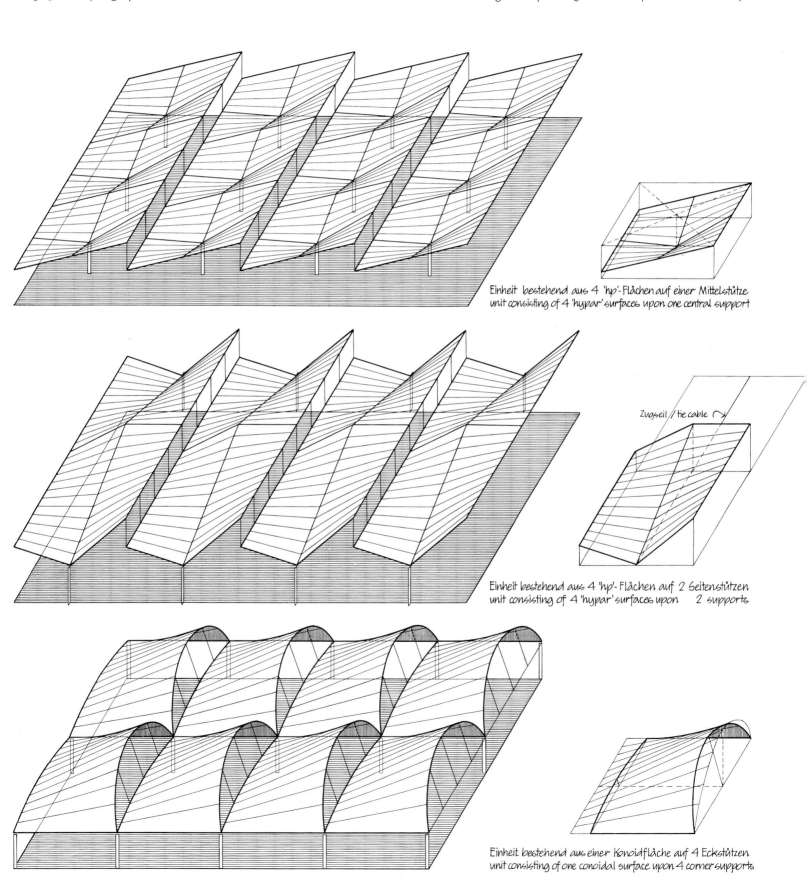

Einheit bestehend aus 4 'hp'-Flächen auf einer Mittelstütze
unit consisting of 4 'hypar' surfaces upon one central support

Zugseil / tie cable

Einheit bestehend aus 4 'hp'-Flächen auf 2 Seitenstützen
unit consisting of 4 'hypar' surfaces upon 2 supports

Einheit bestehend aus einer Konoidfläche auf 4 Eckstützen
unit consisting of one conoidal surface upon 4 corner supports

Höhenaktive Tragsysteme
Height-active Structure Systems

5

Feste und steife Elemente, in vornehmlich senkrechter Ausdehnung, gegen seitliche Kräfte gesichert und fest im Boden verankert, können von in großer Höhe über dem Boden befindlichen horizontalen Nutzflächen Lasten sammeln und sie zu den Fundamenten abtragen: höhenaktive Tragsysteme, bzw. deren Konkretisierung: Hochwerke.

Tragsysteme, deren Hauptaufgabe darin besteht, aus übereinander geschichteten Horizontalebenen Lasten zu sammeln und sie senkrecht zum Boden abzuleiten, sind höhenaktive Tragsysteme, bzw. Hochwerke.

Hochwerke sind gekennzeichnet durch die besonderen Systeme der Lastenbündelung, der Lastenabführung und der Seitenversteifung.

Hochwerke bedienen sich für Kraftumlenkung und Lastabtragung der Mechanismen der formaktiven, vektoraktiven, schnittaktiven oder flächenaktiven Systeme. Sie besitzen selbst keinen eigentümlichen Wirkungsmechanismus.

Hochwerke sind keine Folge aufeinandergesetzter Eingeschoßsysteme, noch können sie hinsichtlich ihres statischen Verhaltens als aufrecht gestellter Großkragarm vollständig erklärt werden. Sie sind homogene Systeme mit eigentümlichen Problemen und eigentümlichen Lösungen.

Aufgrund ihrer Höhenausdehnung und der dadurch vervielfachten Anfälligkeit gegenüber horizontaler Belastung ist Seitensteifigkeit wesentlicher Bestandteil des Entwerfens senkrechter Tragsysteme. Ab einer bestimmten Höhe über der Erde mag die Umlenkung horizontaler Kräfte das formbestimmende Merkmal des Entwurfes werden.

Höhenaktive Tragsysteme sind Instrument und Ordnung für den Bau von Hochhäusern. In dieser Eigenschaft sind sie mitbestimmend in der Formgebung moderner Bauten und Städte.

Hochwerke sind Voraussetzung und Mittel für Ausnutzung der dritten Dimension der Höhe im Städtebau. Die Anwendung von Hochwerken wird sich daher in Zukunft nicht auf einzelne Bauten allein beschränken, sondern wird erweitert werden, um den urbanen Hochraum auch in der Breite zu erschließen.

Hochwerke verlangen Kontinuierlichkeit der Elemente, die die Last zur Erde abtragen und damit Übereinstimmung der Punkte der Lastenbündelung für jedes Geschoß. Die Verteilung der Bündelungspunkte muß daher nicht nur durch Erwägungen statischer Zweckmäßigkeit, sondern auch durch Überlegungen der Flächennutzung bestimmt werden.

Hochwerke können durch die unterschiedlichen Systeme der geschoßweisen Lastenbündelung unterschieden werden. Im Rastersystem sind die Bündelungspunkte gleichmäßig über den ganzen Grundriß verteilt, im Mantelsystem sind sie peripher angeordnet, im Kernsystem liegt die lastensammelnde Zone zentral, und im Brückensystem werden die Bündelungspunkte von einer übergeordneten Konstruktion aufgenommen.

In Hochhäusern sind die Systeme der Lastenbündelung eng mit der Form und Gliederung des Grundrisses verhaftet. Die gegenseitige Abhängigkeit ist derart, daß die Systeme der Lastenbündelung ihrerseits entsprechende Systeme für Grundrisse von Hochhäusern bedingen.

Um geeignete Voraussetzungen für eine flexible Grundrißgestaltung der Geschosse und gute Möglichkeiten späterer Umdispositionen der einzelnen Räume in jedem Geschoß zu schaffen, zielt der Entwurf höhenaktiver Tragsysteme auf größtmögliche Reduzierung der lastabtragenden Elemente in Querschnitt und Anzahl.

Wegen der erforderlichen Kontinuierlichkeit der senkrechten Lastabtragung sind Hochwerke im allgemeinen durch fortlaufende vertikale Glieder gekennzeichnet, die ihrerseits zu höhenmäßig ungegliederten Fassaden geführt haben. Höhengliederung ist eines der ungelösten gestalterischen Probleme der Hochwerke.

Höhenaktive Tragsysteme können trotz der logischen Vertikalität der lastabtragenden Teile auch mit nicht-senkrechten Elementen wirtschaftlich geplant werden. Das bedeutet, daß die Monotonie der geradlinig-senkrechten Aufrißkontur keine zwingende Eigenschaft höhenaktiver Tragsysteme ist.

Untersuchung der Möglichkeiten für Differenzierung und Gliederung der Aufriß-Geometrie senkrechter Tragsysteme ist eine vordringliche Aufgabe der Gegenwart.

Hochwerke benötigen zur senkrechten Lastabtragung beträchtliche Querschnittmasse für die Stützen, die die nutzbare Geschoßfläche einschränkt. Durch Aufhängung statt Stützung der Stockwerke kann eine erhebliche Querschnittreduzierung der lasttragenden Elemente erreicht werden, doch erfordert diese indirekte Lastabtragung ein übergeordnetes Tragsystem für die endgültige Lastableitung zur Erde.

Hochwerke, in denen die Horizontalflächen wegen Querschnittverminderung der lasttragenden Elemente auf übergeordnete Tragsysteme aufgeständert und/oder von ihnen abgehängt sind, ähneln Brückenkonstruktionen, in denen die endgültige Sammlung und Ableitung der Lasten über Pylone erfolgt: Brücken-Hochwerke.

Aufgrund der Notwendigkeit, den Querschnitt der lastabtragenden Elemente für eine optimale Flächennutzung auf ein Minimum zu beschränken, sind alle raumbildenden Elemente, die für die Funktion des Hochhauses notwendig sind, potentielle Trägerquerschnitte: Treppenhäuser, Aufzugsschächte, Installationskanäle, Außenhäute.

Optimaler Entwurf höhenaktiver Tragsysteme integriert die für den Hochhausorganismus erforderlichen Wandungsquerschnitte der senkrechten Zirkulation. Höhenaktive Tragsysteme sind daher untrennbar mit den technisch-dynamischen Lebensadern der Hochhäuser verbunden.

Der Entwurf höhenaktiver Tragsysteme setzt also die umfassende Kenntnis nicht nur der Mechanismen aller Tragsysteme voraus, sondern erfordert wegen der Abhängigkeit von Grundrißgliederung und wegen der Integrierung ausbautechnischer Elemente ein gründliches Wissen um die inneren Zusammenhänge aller ein Bauwerk bestimmenden Faktoren.

Solid rigid elements in predominantly vertical extension, secured against lateral stresses and firmly anchored to the ground, can collect loads from horizontal planes in high altitude above the ground and transfer them to the foundations: height-active structure systems, or their substantiation: highrises.

Structure systems, of which the main task is to collect loads from horizontal planes stacked upon one another and to vertically transmit them to the base, are height-active structure systems or highrises accordingly.

Highrises are characterized by the particular systems of load collection, load transfer, and lateral stabilization.

Highrises employ for redirection and transmittance of forces systems of form-active, vector-active, section-active, or surface-active mechanisms. They have no indigenous working mechanism of their own.

Highrises are not a sequence of stacked up, single-story systems, nor can they, as to their structural behaviour, be fully explained as a supercantilever turned up. They are homogeneous systems with unique problems and unique solutions.

Due to their extension in height and hence their multiplied susceptibility to horizontal loading, lateral stabilization is an essential component of the design of vertical structure systems. From a certain height above ground the redirection of horizontal forces may become the form-determining factor of the design.

Height-active structure systems are instrument and order for the construction of highrise buildings. In this capacity they are co-determinant in shaping modern buildings and cities.

Highrises are requisite and vehicle for utilizing the third dimension of height in city planning. In the future, therefore, the use of highrise structure systems will not be confined to single buildings alone, but will be expanded to make accessible the urban high space also in breadth.

Highrise systems require continuity of the elements that transport the load to the ground and hence necessitate congruency of the points of load collection for each story. The distribution of load-collecting points, therefore, has to be determined not only by considerations of structural efficiency but also by those of floor utilization.

Highrises can be distinguished by the different systems of storywise load collection. In the bay-type system the collecting points are evenly distributed over the whole floor plan, in the casing system they are arranged peripherally, in the core system the load collecting zone is centrally located, and in the bridge system the collecting points are directed to a superimposed separate structure.

In highrise buildings the systems of load collection are intimately interlocked with configuration and organization of the floor plan. The interdependence is such that the systems of load collection themselves produce corresponding systems of floor plans for highrise buildings.

In order to provide suitable conditions for a flexible floor plan and good possibilities for later reorganization of individual rooms in each floor, the design of height-active structure systems aims at the greatest possible reduction of load-transmitting vertical elements in section and number.

Because of the necessary continuity of the vertical load transmittance, highrise structures generally are characterized by continuous vertical members that by themselves have led to façades not articulated in their height extension. Height articulation is one of the unsolved design problems of vertical structure systems.

Height-active structure systems, despite their logical verticality of load-transmitting parts, can be economically designed also with non-vertical elements. This means that the monotony of the straight-line vertical elevation contour is not a compelling quality of height-active structure systems.

Investigation of the possibilities for differentiation and articulation of the elevation geo-metry of highrise structures is an imminent task of the present. Here a largely unused potential for the design of highrise buildings remains to be uncovered.

Highrises require for vertical load transport considerable sectional column bulk which infringes upon the usable floor area. Through suspension of the stories instead of their being supported, a sizeable reduction in the section of load-transmitting elements can be achieved. However, this indirect load transfer necessitates a superimposed structure system for the final load transport to the ground.

Highrise structures in which the horizontal planes, for reduction in sectional bulk of the load-transmitting elements, are mounted upon, and/or are suspended from, a particular superstructure are very similar to bridge constructions in which the final load collection and load transport is taken over by pylons: bridge highrises.

Due to the necessity to cut down on the section of load transmitting elements for an optimum use of floor space, all space defining elements that are necessary for the function of the highrise building are potential structural sections: stair wells, elevator shafts, installation ducts, exterior skins.

Optimal design of height-active structure systems integrates all material sections of the vertical circulatory enclosures that are basic ingredients of the highrise organism. Height-active structure systems therefore are inseparably connected with the technical-dynamic life veins of highrise buildings.

Design of height-active structure systems then presupposes comprehensive knowledge not only of the mechanisms of all structure systems, but because of the interdependence with the floor plan organization and because of the integration of the technical building equipment, necessitates a comprehensive understanding of the inner correlations of all factors that determine a building.

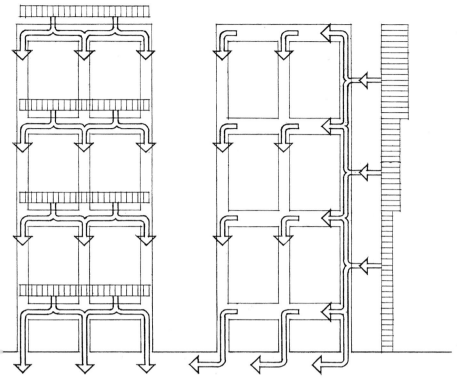

Funktion der höhenaktiven Tragsysteme

Höhenaktive Tragsysteme sind Strukturen zur Kontrolle der Höhenlasten, d.h. ihrer Aufnahme, ihrer Ableitung zur Erde und ihrer Abgabe (= Lasten-Erdung):

1 die in der Höhe, d.h. über der Erdfläche anfallenden Vertikallasten: Dach- und Geschoßlasten

2 die durch die Höhenentwicklung bewirkten Horizontallasten: Wind- und Schwingungslasten

Höhenlasten fallen in jedem Bauwerk an. Je höher das Bauwerk ist, desto größer ist der Einfluß der Tragstruktur auf die Bauform

Function of height-active structure systems

Height-active structure systems are devices for the control of of height loads, i.e. their reception, their transfer to the ground, and their discharge (= load grounding):

1 the vertical loads incuring in elevation, i.e. above ground surface: roof loads and storey loads

2 the horizontal loads effected by height extension: wind loads and vibration loads

Height loads incur in every building. The taller the building is, the greater is the influence of the bearing device on the building form

Die Eigenständigkeit der Hochwerke beruht nicht auf einem spezifischen MECHANISMUS der Kraftumlenkung wie bei den anderen 4 Tragwerk-'Familien', sondern auf der vorherrschenden FUNKTION der Hochwerke (wie vor). Zur Ausübung dieser Funktion bedienen sich die Hochwerke der Mechanismen der übrigen 4 Tragwerk-'Familien'

The distinction of the height structures does not rest upon a specific MECHANISM of redirecting forces as with the other 4 structure 'families', but on the predominant FUNCTION of height structures (see before). For the performance of this function the height structures make use of the mechanisms of all the other 4 structure 'families'

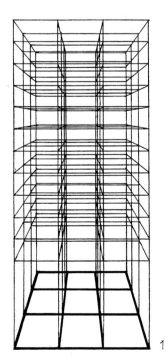
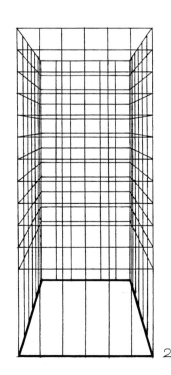
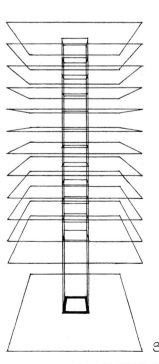
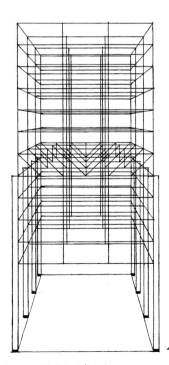

Einteilung der höhenaktiven Tragsysteme / Prototypen
Classification of height-active structure systems / Prototypes

1	RASTER-Hochwerke	GRID highrises
2	MANTEL-Hochwerke	CASING highrises
3	KERN-Hochwerke	CORE highrises
4	BRÜCKEN-Hochwerke	BRIDGE highrises

Definition	HÖHENAKTIVE TRAGGSYSTEME sind Tragsysteme aus festen steifen Elementen in überwiegend senkrechter Ausdehnung, in denen die Kraftumlenkung – nämlich die Sammlung und Erdung der HÖHENLASTEN (= Geschoß- und Windlasten) – durch bestimmte 'höhenbeständige' Gefüge, HOCHWERKE, bewirkt wird	HEIGHT-ACTIVE STRUCTURE SYSTEMS are structure systems of rigid solid elements in predominantly vertical extension, in which the redirection of forces – i.e. the collection and grounding of HEIGHT LOADS (= storey loads and wind loads) – is effected through typical 'height-resistant' composition of elements, HIGHRISES
Kräfte / Forces	Die Systemglieder, d.h. die Lastableiter und die Stabilisatoren, werden dabei in der Regel durch einen Komplex unterschiedlicher und wechselnder Kräfte beansprucht: SYSTEME IM KOMPLEXEN SPANNUNGSZUSTAND	The system members, i.e. the load transmitters and the stabilisators, as a rule are subjected to a complex of diverse and changing forces: SYSTEMS IN COMPLEX STRESS CONDITION
Merkmale / Distinction	Die typischen Strukturmerkmale sind: LASTENKOLLEKTION / LASTENERDUNG / STABILISIERUNG	The typical structure distinctions are: LOAD COLLECTION / LOAD GROUNDING / STABILIZATION

Bestandteile und Bezeichnungen / Components and denominations

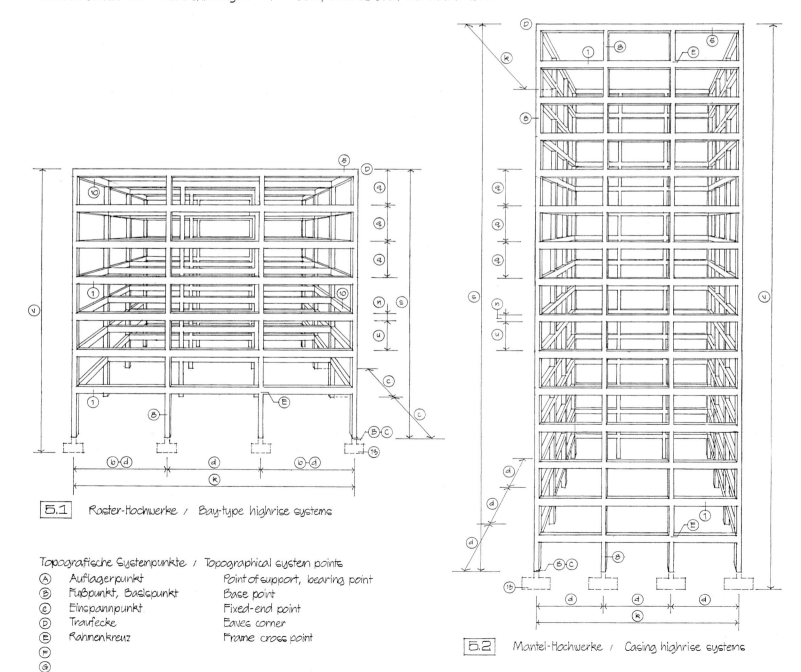

5.1 Raster-Hochwerke / Bay-type highrise systems

5.2 Mantel-Hochwerke / Casing highrise systems

Topografische Systempunkte / Topographical system points

A	Auflagerpunkt	Point of support, bearing point
B	Fußpunkt, Basispunkt	Base point
C	Einspannpunkt	Fixed-end point
D	Traufecke	Eaves corner
E	Rahmenkreuz	Frame cross point
F		
G		

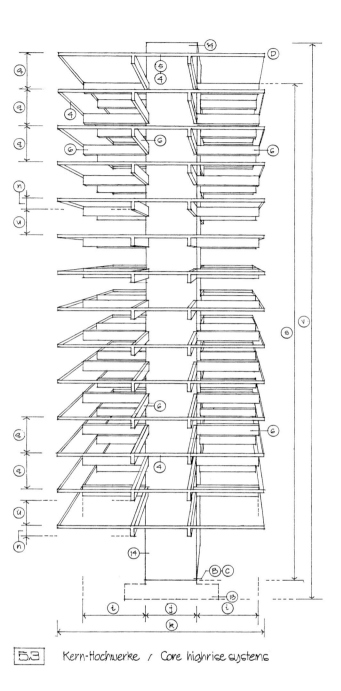

5.3   Kern-Hochwerke / Core highrise systems

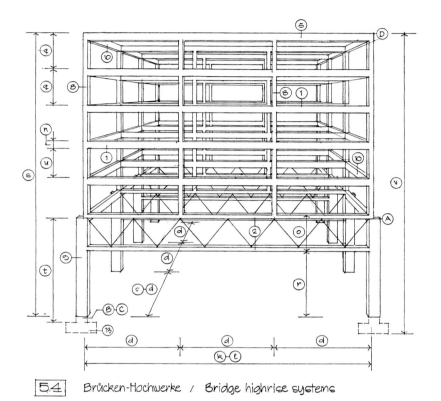

5.4   Brücken-Hochwerke / Bridge highrise systems

System-Glieder / System members

①	Balken / Träger	Beam / girder
②	Brückenträger	Bridge girder
③	Geschoßträger	Storey girder
④	Stirnbalken, Brüstungsbalken	Spandrel beam, parapet beam
⑤	Traufbalken, Attika-Träger	Eaves beam
⑥	Kragarm, Kragträger	Cantilever, cantilever girder
⑦	Ringanker	Tie beam
⑧	Stütze	Column, support
⑨	Pylon	Pylon
⑩	Stabilisierungsrahmen	Stabilization frame
⑪	Stabilisierungsfachwerk	Stabilization trussing
⑫	Auflager	Bearing, support
⑬	Fundament, Gründung	Foundation, footing
⑭	Kern, Schaft	Core, shaft

Systemabmessungen / System dimensions

ⓐ	Balkenabstand	Beam (joist) spacing
ⓑ	Balken-Spannweite, Feldweite	Beam span, bay dimension
ⓒ	Binderabstand	Framing distance
ⓓ	Stützenabstand	Column distance
ⓔ	Rastermaß (quadratisch)	Bay measurement (square)
ⓕ	Rasterbreite / Rasterlänge	Bay width / bay length
ⓖ	Manteldurchmesser, M-weite	Casing diameter, casing span
ⓗ	Mantelbreite / Manteltiefe	Casing width / casing depth
ⓘ	Kraglänge	Cantilever length
ⓙ	Kernbreite / Kerntiefe	Core width / core depth
ⓚ	Systembreite / Systemtiefe	System width / system depth
ⓛ	Brückenlänge / B-Spannweite	Bridge span
ⓜ	Brückenabstand	Bridge spacing
ⓝ	Balken-Konstruktionshöhe	Beam depth
ⓞ	Brücken-Konstruktionshöhe	Bridge depth
ⓟ	Gesamt-Konstruktionshöhe	Total depth of construction
ⓠ	Geschoßhöhe	Storey height
ⓡ	Brückenhöhe	Bridge height
ⓢ	Traufhöhe	Eaves height
ⓣ	Pylonhöhe, Pylonenlänge	Pylon height, pylon length
ⓤ	Lichte Höhe	Clear height, clearance
ⓥ	Systemhöhe	System height
ⓦ		
ⓧ		

5.1 Raster-Hochwerke / Bay-type highrises

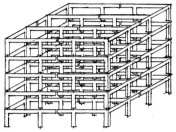

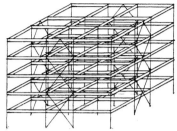

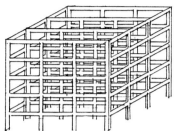

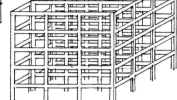

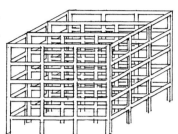

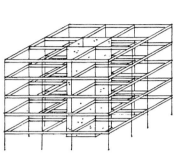

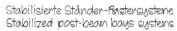

Rahmen-Rastersysteme
Framed bays systems

Stabilisierte Ständer-Rastersysteme
Stabilized post-beam bays systems

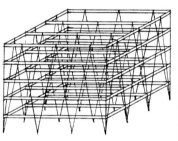

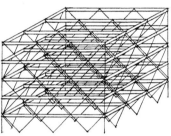

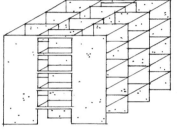

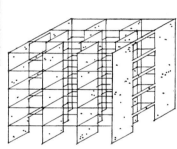

Fachwerk-Rastersysteme
Trussed bays systems

Scheiben-Rastersysteme
Shear wall bays systems

5.2 Mantel-Hochwerke / Casing highrises

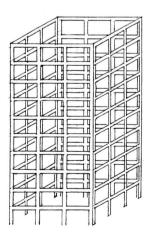

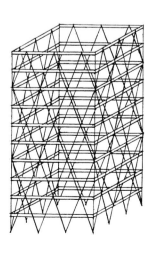

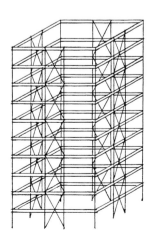

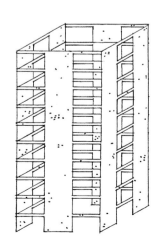

Rahmen-Mantelsysteme
Framed casing systems

Fachwerk-Mantelsysteme
Trussed casing systems

Stabilisierte Ständer-Mantelsysteme
Stabilized post-beam casing systems

Scheiben-Mantelsysteme
Shear wall casing systems

5.3 Kern-Hochwerke / Core highrises

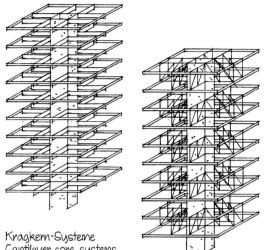

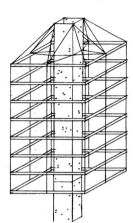

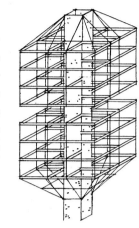

Kragkern-Systeme
Cantilever core systems

Indirekte Lastkern-Systeme
Indirect load core systems

5.4 Brücken-Hochwerke / Bridge highrises

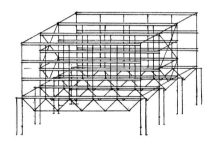

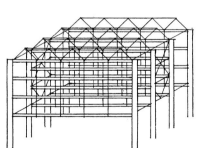

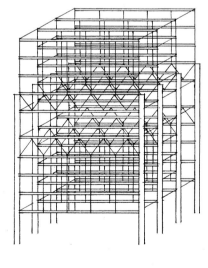

Trägerbrücken-Systeme
Girder bridge systems

Geschoßbrücken-Systeme
Storey bridge systems

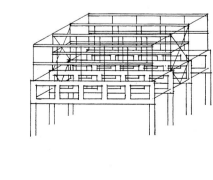

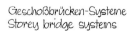

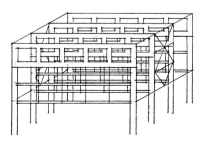

Mehrgeschoßbrücken-Systeme
Multistorey bridge systems

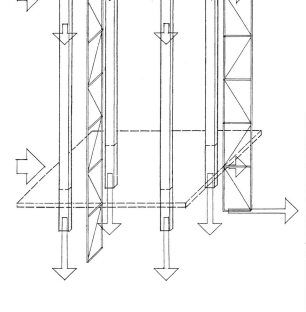

Entwurf höhenaktiver Tragwerke als Systementwicklung von 3 Operationen
Design of height-active structures as systems development of 3 operations

1 System der horizontalen Lasten-Sammlung in den Geschossen: LASTENBÜNDELUNG
  1 Aufteilung der Lastanfall-Teilflächen
  2 Horizontaler Lastenfluß
  3 Geometrie der Lastannahme-Stellen
  4 (Sekundär-)Tragwerk

System of horizontal load collection in the floors: LOAD PACKING
  1 floor subdivision of load distribution
  2 horizontal flow of loads
  3 geometry of points for load collection
  4 (secondary) structure

2 System des senkrechten Lasten-Transportes aus den Geschossen: LASTENERDUNG
  1 Topografie der Lastenübergabe-Stellen
  2 Senkrechter Fluß der Geschoßlasten
  3 (Primär-)Tragwerk
  4 Lastenabgabe über Gründung

System of vertical load transfer from the floor platforms: LOAD GROUNDING
  1 topography of points of load transfer
  2 vertical flow of floor loads
  3 (primary) structure
  4 load discharge through foundations

3 System der Seitenversteifung gegen Horizontal-Lasten: STABILISIERUNG
  1 Versteifung des Baukörpers in sich: additiv / integriert / kombiniert
  2 Mechanik der Lastumlenkung
  3 Senkrechter Fluß der Horizontallasten
  4 Lastenabgabe über Gründung

System of lateral bracing against horizontal loads: STABILIZATION
  1 stabilization of structure body per se: additive / integrated / combined
  2 mechanics of load redirection
  3 vertical flow of horizontal loads
  4 load discharge through foundations

Ziel beim Entwurf höhenaktiver Tragsysteme ist eine maximale Integration der 3 Systeme dergestalt, daß das eine System gleichzeitig auch Funktionen aus einem oder beiden der anderen Systeme durchführt, im optimalen Fall vollständig übernimmt

The goal in the design of height-active structures is to achieve a maximum integration of the 3 systems in the sense that one system just as well carries out functions of one or both of the other systems or that, ideally, one system performs all 3 operations

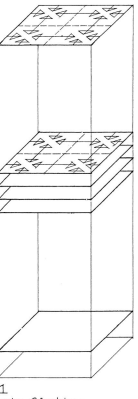

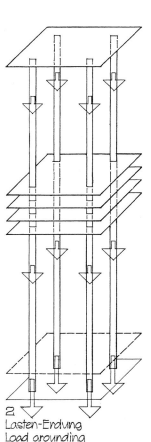

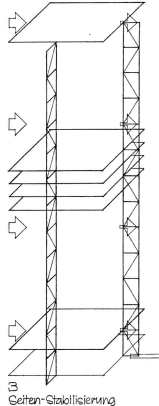

1 Lasten-Bündelung
Load collection

2 Lasten-Erdung
Load grounding

3 Seiten-Stabilisierung
Lateral stabilization

Kritische Belastungen und Deformationen

critical loads and deflections

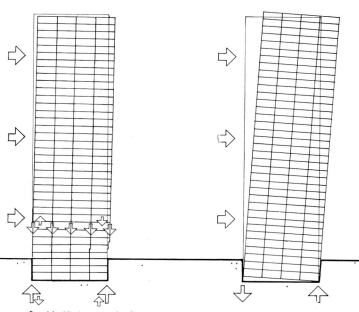
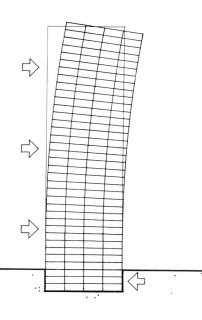
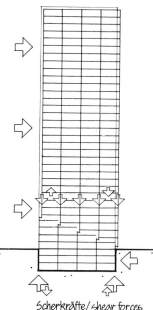

Druckkräfte / compressive forces

Kippmomente / tilting moments

Biegemomente / bending moments

Scherkräfte / shear forces

Die für den Entwurf eines senkrechten Tragsystems entscheidenden Belastungen ergeben sich aus Überlagerung von Eigengewicht, Verkehrslast und Wind. Sie bilden zusammen eine Schrägkraft, die umso schwieriger auf die Fundamente umzulenken ist, je flacher sie wird

the loads decisive for the design of a vertical structure system result from super-imposing dead weight, live load and wind. they combine for a slant force. the less the angle of this force is, the greater is the difficulty of transmitting it to the ground

Tragmechanismus bei seitlicher Belastung / bearing mechanism for lateral loads

Vergleich mit Mechanismus eines Kragträgers
comparison with mechanism of a cantilevered beam

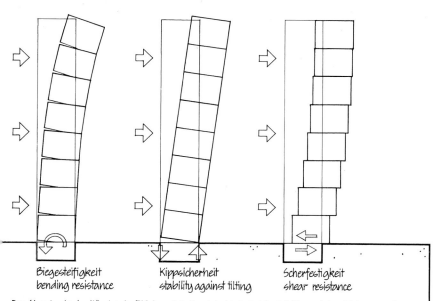
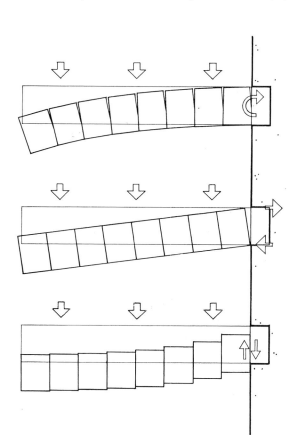

Biegesteifigkeit
bending resistance

Kippsicherheit
stability against tilting

Scherfestigkeit
shear resistance

Der Staudruck des Windes je Flächeneinheit wächst mit Gebäudehöhe. Seine Wirkung auf das Tragwerk wird vorherrschend gegenüber der Wirkung senkrechter Lasten. Der Staudruck belastet das senkrechte Tragwerk, wie die vertikale Streckenlast einen Kragträger beansprucht.

wind compression per area unit increases with building height. its impact upon the structure becomes predominant in relation to that caused by vertical loads. the vertical structure is stressed by wind like a cantilevered beam is stressed by continuous vertical load

Verformungen homogener Hochwerke unter horizontaler Belastung

Horizontalkräfte, hervorgerufen durch Wind oder Erdbeben, bewirken unterschiedliche, komplexe Bewegungen und Verformungen in Bauwerken mit größerer Höhenausdehnung.

Stabilisierung des Baukörpers gegen diese Veränderungen ist eine der Hauptaufgaben des Entwurfes höhenaktiver Tragwerke und kann sogar die Bauform selbst herbeiführen

Deflections of homogeneous highrises under horizontal loads

Horizontal forces, caused by wind or earthquake, produce diverse, complex movements and deflections of buildings with dominant height extension

Stabilization of the building structure against these deformations is one of the major tasks in the design of height-active structures, that may even induce the building shape itself

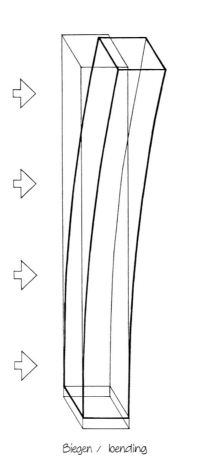
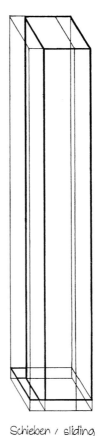
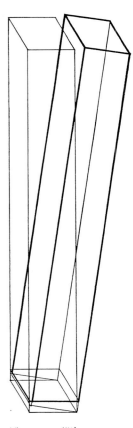

Biegen / bending   Schieben / sliding   Kippen / tilting

Verformung und Aussteifung in rechteckigen Gitter-Hochwerken unter horizontaler Belastung

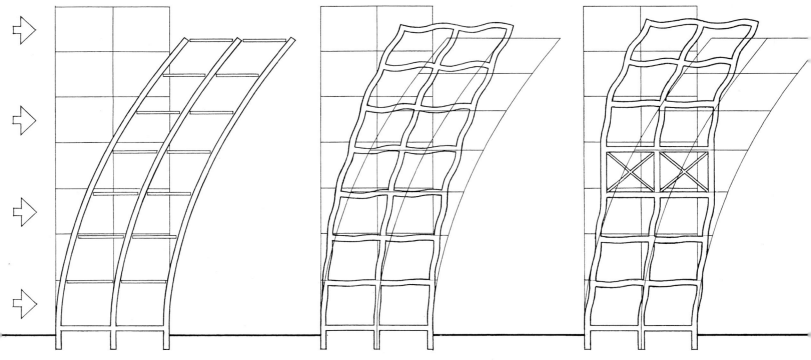

Eingespannte Stützen mit Gelenkträgern
Fixed-end supports with pin-jointed beams

Durchläufiges (steifes) Rahmengitter
Continuous rigid-frame lattice

Rahmengitter mit Mittelgeschoß-Aussteifung
Rigid-frame lattice with mid-height story bracing

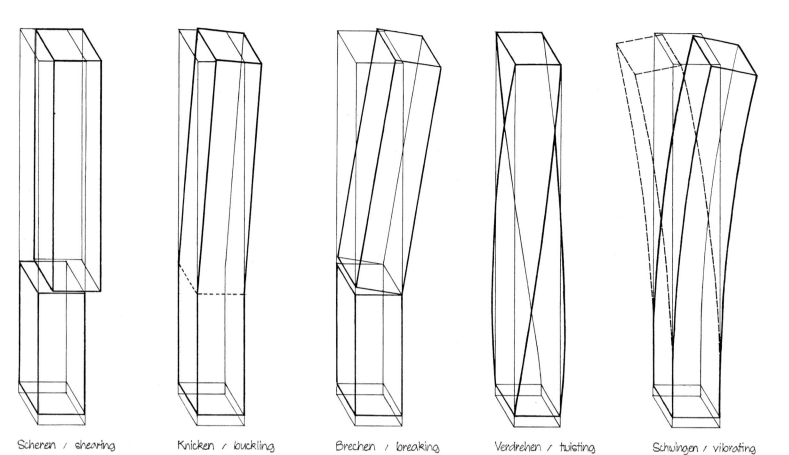

Scheren / shearing   Knicken / buckling   Brechen / breaking   Verdrehen / twisting   Schwingen / vibrating

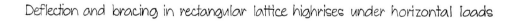

Deflection and bracing in rectangular lattice highrises under horizontal loads

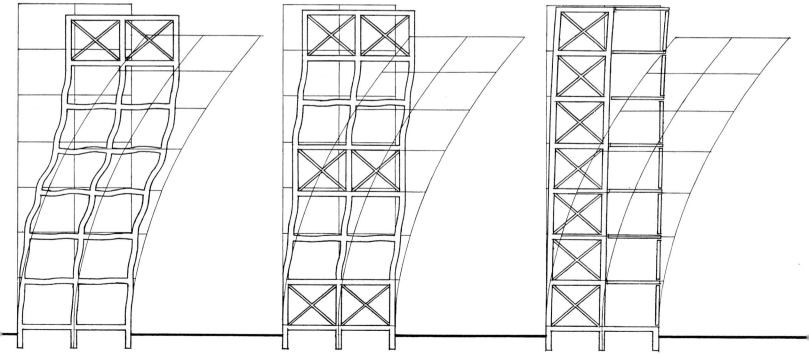

Rahmengitter mit Dachgeschoß-Aussteifung
Rigid-frame lattice with top-storey bracing

Rahmengitter mit Einzelgeschoß-Aussteifungen
Rigid-frame lattice with intermittent storey bracing

Ausgesteifter stehender Mehrgeschoßrahmen
Upright multistorey rigid-frame with bracings

Einfluß von Aussteifungsgeschossen in verschiedenen
Höhenlagen auf die relative Steifigkeit von Hochwerken

Influence of stiffener storeys in varying elevations
upon the relative rigidity of highrises

Beispiel: 50-geschossiges Hochhaus mit Einzelfeld-Fachwerkaussteifung
(nach Büttner / Hampe: 'Bauwerk Tragwerk Tragstruktur'

Example: 50-storeys highrise with single-bay truss-bracing
(according to Büttner / Hampe: 'Bauwerk Tragwerk Tragstruktur')

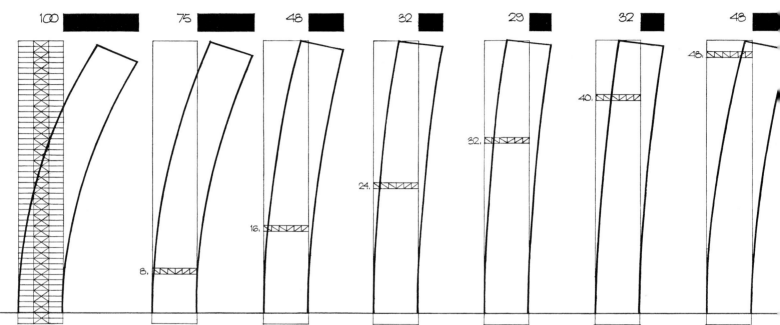

Bei einem 50-geschossigem Hochwerk liegt die max Wirksamkeit
des Aussteifungsgeschosses (= min Auslenkung des obersten
Geschosses) im Bereich des 30. Obergeschosses, d.h. ungefähr
in 3/5 Höhe der gesamten Vertikal-Ausdehnung

In a 50-storeys highrise the maximum efficiency of the stiffener
storey (= minimum drift of the uppermost storey) is mobilized
at an elevation near the 30th floor, i.e. at about 3/5 height
of the total vertical extension

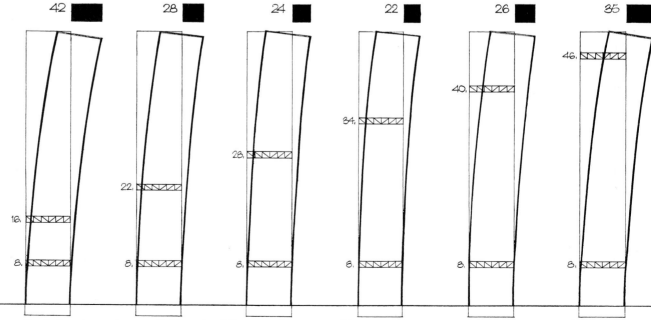

Durch Anordnung eines zusätzlichen Aussteifungsgeschosses
(8.Geschoß) wird die Steifigkeit des Hochwerkes deutlich erhöht
(= Reduzierung der Auslenkung des obersten Geschosses). Die max
Wirksamkeit liegt wieder im Bereich des 30. Obergeschosses

With introduction of a second stiffener storey (8th floor) the
structural rigidity will be increased markedly (= reduction of
drift of the uppermost storey. Again the maximum efficiency is
mobilized at an elevation near the 30th floor

Wirkungsweise typischer Vertikal-Aussteifungssysteme

Mechanics of typical vertical stiffener systems

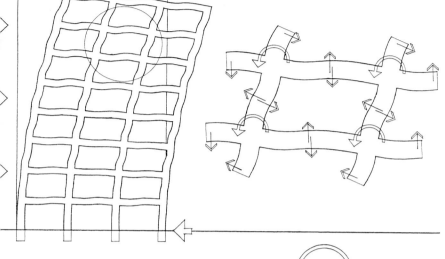

Rahmen-System

Das Rahmen-System der Seitenaussteifung (gegen Wind oder Erdbeben) beruht auf der Biegesteifigkeit der Rahmenteile (Riegel und Stiele) sowie auf deren biegesteifen Verbindung.

Bei Verformung infolge seitlicher Belastung entstehen in den Rahmenstielen und -riegeln Querkräfte. Hierdurch werden in den Knotenpunkten infolge deren Kraftschlüssigkeit Drehmomente erzeugt, die der Verformung entgenwirken

Rigid-frame system

The rigid-frame system for lateral stiffening (against wind and earthquake) rests upon the bending resistance of the frame parts (beams and columns) and upon their rigid connection

Deflection due to lateral loading will generate transverse shear forces in the beams and columns of the frame. Because of the rigidness of connection these forces will produce rotational moments in the joints that counteract the deflection

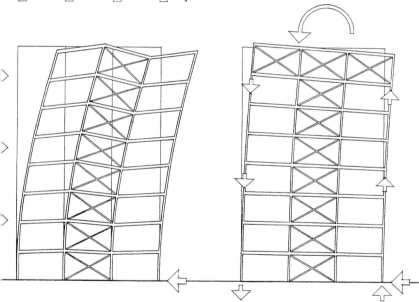

Kopfriegel-System

Durch Aussteifung des obersten Geschosses und dessen Verbund mit der Scherwand wird die Aussteifungsmechanik erweitert

Jede Verformung der Scherwand infolge seitlicher Belastung bewirkt, daß über den Kopfriegel die Außenstützen beansprucht werden. Die entstehenden Druck- und Zugkräfte entwickeln - außer ihrem direkten Widerstand - ein Gegenmoment, das Auslenkung und Biegebeanspruchung erheblich herabsetzt

Head stiffener system

By stiffening the uppermost storey and fastening it with the shear wall, the stiffening mechanics will be increased markedly

Via the head stiffener each deflection of the shear wall (due to lateral loading) simultaneously will stress the exterior supports. The resulting compressive and tensile forces develop – besides their direct resistance – a counter moment that considerably will reduce the drift and the bending stresses

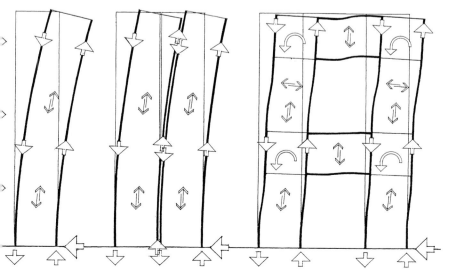

Röhren-System

Schubsteife Ausbildung der Außenwände sowie deren kraftschlüssige Verbindung untereinander bilden das Prinzip der eingespannten Röhre. Dieses Tragsystem ist gegenüber seitlicher Belastung besonders wirksam aufgrund:

1 Einbezug aller Stützen, Verbände, Brüstungsriegel usw. der Außenwände in die laterale Widerstandsmechanik

2 Optimale Spreizung der Wirkungsebenen des Widerstandes

Tube system

Shear resistant construction of the exterior walls and their rigid interconnection constitute the fundamental principles of the fixed-end tube. Toward lateral loading this structure system is particularly effective due to:

1 Inclusion of all supports, joineries, spandrel units etc. of the exterior walls into the lateral resistance mechanism

2 Optimum spreading of the operative planes of resistance

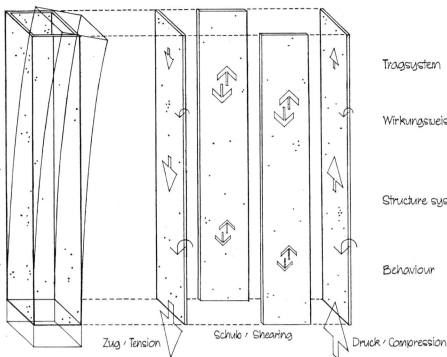

Zug / Tension   Schub / Shearing   Druck / Compression

Das Röhren-Prinzip der Vertikal-Aussteifung
The tube principle of vertical stiffening

Tragsystem	1	Ausbildung jeder Außenwand als schubsteifer, druck- und zugfester Vertikal-Kragträger
	2	Kraftschlüssiger Verbund aller Außenwände zu einem einzigen vertikalen Kasten-Träger = Kragröhre
Wirkungsweise		Die Außenwände in Windrichtung wirken als Scherwände, die beiden anderen als Druck- bzw. Zugglieder, sowie als Biegewiderstände. Dh., das Tragwerk der Außenstützen für Ableitung der Vertikallasten wird vollständig in die Widerstandsmechanik gegen Seitenkräfte einbezogen
Structure system	1	Construction of each external wall as cantilevered, vertical girder resistant to shear and to compressive and tensile stresses
	2	Rigid connection of all external walls to form a single vertical box girder = cantilever tube
Behaviour		The external walls standing in wind direction act as shear walls, the other two as compressive or tensile members, also as bending resistant agents. I.e., also the external columns for vertical load transfer are fully integrated into the resistance mechanics against lateral forces

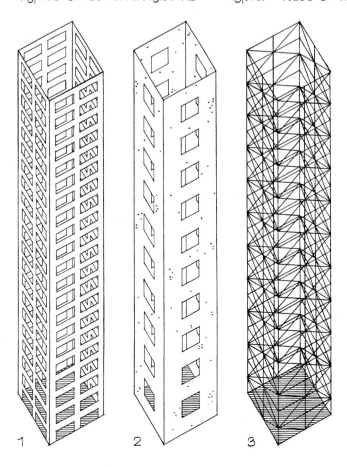

Typische Röhren-Tragwerke / Typical tube structures

Die Wirkungsweise der Hochhaus-Röhre entspricht dem Verhalten eines kastenförmigen horizontalen Kragträgers unter senkrechter Belastung

The mechanical action of the highrise tube is identical with the behaviour of a box-shaped horizontal cantilever girder under horizontal loading

1	Rahmen-Röhre	Rigid-frame tube
2	Scheiben-Röhre	Structural plate tube
3	Fachwerk-Röhre	Trussed tube

Stabilisierungsmechanik der Rahmen+Scherwand-Kombination

Stabilization mechanics of frame+shear wall combination

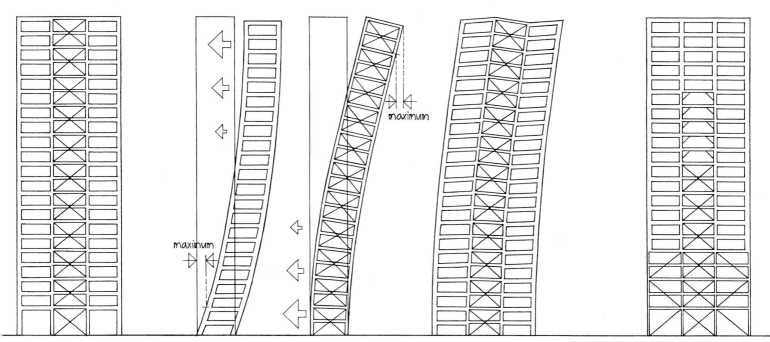

Rahmen+Scherwand-System
Frame+shear wall system

Verhalten von Rahmen bzw. Scherwand und ihre gegenseitige Stabilisierung
Behaviour of rigid frame and shear wall and their mutual stabilization

Idealisierter Tragwerk-Aufbau
Idealized design of structure

Im RAHMEN-Tragwerk entstehen besonders horizontale Schubverformungen mit max-Verschiebung unten. Die Steifigkeit liegt also im oberen Systemteil

Im SCHERWAND-Tragwerk entstehen hauptsächlich Biegeverformungen mit max-Verschiebung oben. Die Steifigkeit liegt also im unteren Systemteil

Durch KOMBINATION behindern sich die entgegengesetzten Verformungen gegenseitig. Die Gesamtauslenkung wird dadurch erheblich eingeschränkt

In RIGID FRAME structures mainly horizontal thrust deformations develop, being max. at the base. The system stiffness, thus, is in the upper portion

In SHEAR WALL structures mainly bending deformations develop, horizontal shear being max. at the top. The system stiffness, thus, is in the lower portion

Through COMBINATION the two opposing deformations hinder each other. The total drift of the structure, thereby, will be markedly reduced

Stabilisierung durch Rückhaltemechanismus: Spannstützen-System

Stabilization by restraining mechanism: Tensioned column system

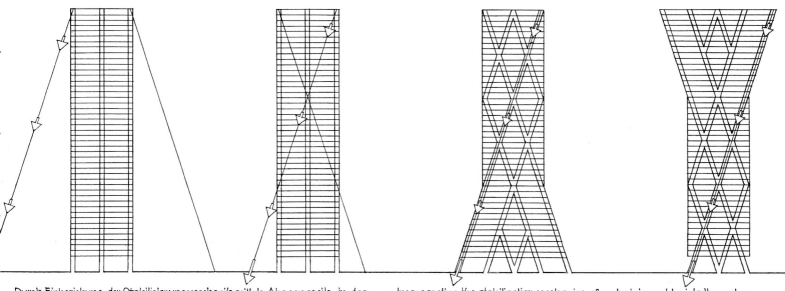

Durch Einbeziehung der Stabilisierungsmechanik mittels Abspannseile in das System der senkrechten Lastableitung entsteht das SPANNSTÜTZEN-System. Vorgespannte Seile innerhalb der Schrägstützen verhindern kritische Auslenkung

Incorporating the stabilization mechanics of restraining cables into the system of vertical load transmission leads to the TENSIONED COLUMN system: Prestressed cables within skew columns prevent critical drift

Hauptmechaniken zur Vertikal-Aussteifung von Tragwerken   Principal mechanics for vertical stiffening of structures

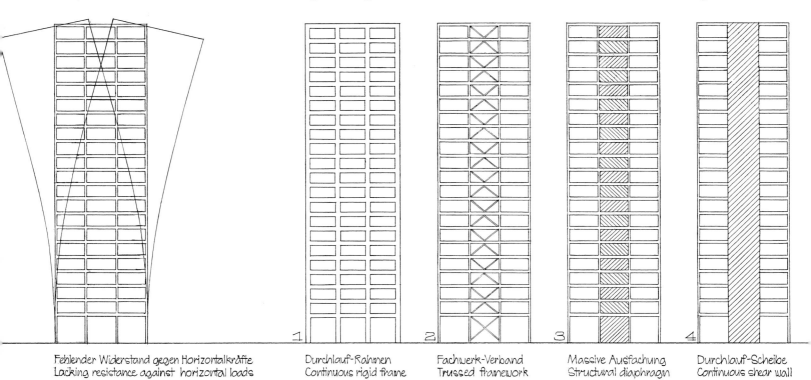

Fehlender Widerstand gegen Horizontalkräfte
Lacking resistance against horizontal loads

1 Durchlauf-Rahmen
Continuous rigid frame

2 Fachwerk-Verband
Trussed framework

3 Massive Ausfachung
Structural diaphragm

4 Durchlauf-Scheibe
Continuous shear wall

Standard-Formen für vertikale Aussteifungssysteme   Standard forms for vertical stabilization systems

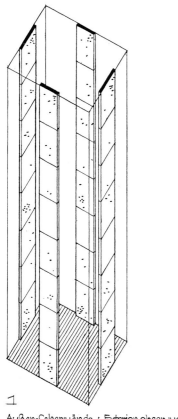
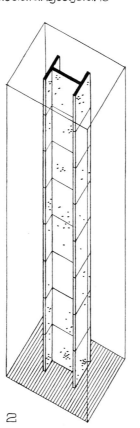
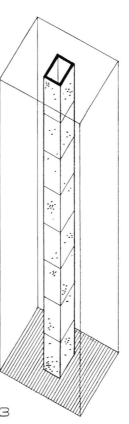
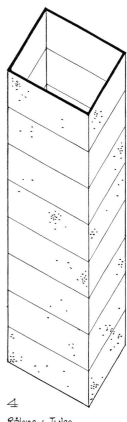

1 Außen-Scherwände / Exterior shear walls

2 Innen-Scherwände / Interior shear walls

3 (Zentral-) Kern / (Central) core

4 Röhre / Tube

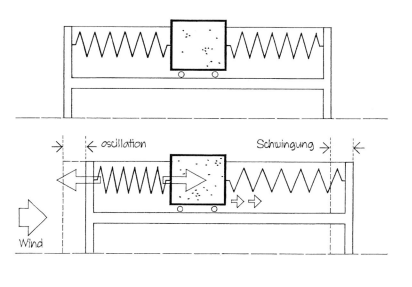

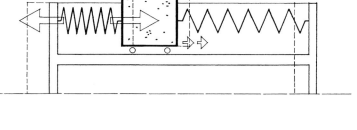

Dynamische Schwingungsdämpfer in Hochwerken
Dynamic vibration dampers in highrise structures

Ein schwerer, beweglich aufgelagerter Körper — durch Federn seitlich mit der Hochwerkspitze verbunden und mit der gleichen Schwingungszeit wie das Gebäude ausgestattet— verhält sich stabilisierend gegen Windschwingungen = Schwingungsdämpfer

Über die Federaktion übertragen sich die Gebäudeschwingungen auf den Körper in Form von entgegengesetzten Schwingungen = -Gegenresonanz-. Dadurch wird die Gebäude-Eigenschwingung reduziert, bzw. vollständig kompensiert

A heavy solid upon mobile supports — laterally fastened to the top of the highrise by springs and having equal oscillation period as the building — behaves as stabilizing agent against wind swaying = tuned dynamic wind damper

Due to the spring action the movements of the building make the mass of the solid oscillate just in the opposite direction = -antiresonance-. Thereby the oscillation of the building will be reduced or completely damped out

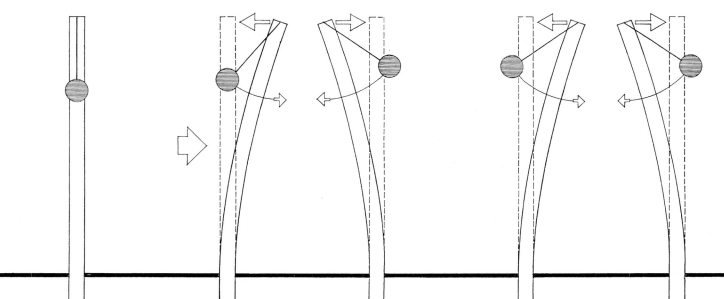

Die Wirkungsweise des Schwingungsdämpfers kann verglichen werden mit der Pendelbewegung einer an einem Stabende aufgehängten Masse. Das Pendel bewegt sich entgegengesetzt zur Stabschwingung und mindert die Auslenkung

The behaviour of the 'tuned dynamic wind damper' can be compared with the oscillating movement of a heavy mass suspended from the top of a rod. The pendulum acts contrary to the rod's oscillation thus reducing the drift

Einbeziehung der Windaussteifung in die Grundrißgestaltung   integration of wind bracing in the design of floor plan

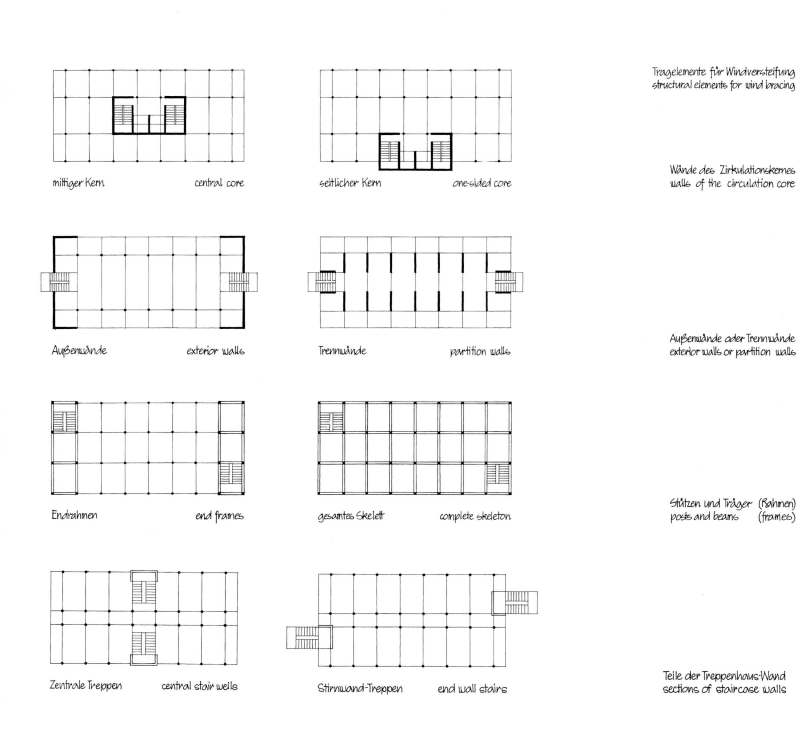

| | | Tragelemente für Windversteifung structural elements for wind bracing |

mittiger Kern   central core   seitlicher Kern   one-sided core

Wände des Zirkulationskernes walls of the circulation core

Außenwände   exterior walls   Trennwände   partition walls

Außenwände oder Trennwände exterior walls or partition walls

Endrahmen   end frames   gesamtes Skelett   complete skeleton

Stützen und Träger (Rahmen) posts and beams (frames)

Zentrale Treppen   central stair wells   Stirnwand-Treppen   end wall stairs

Teile der Treppenhaus-Wand sections of staircase walls

Windaufnahme in Längs- und Querrichtung

(bezogen auf Grundrisse der vorhergehenden Seite)

wind resistance in longitudinal and transverse direction

(related to floor plans of preceding page)

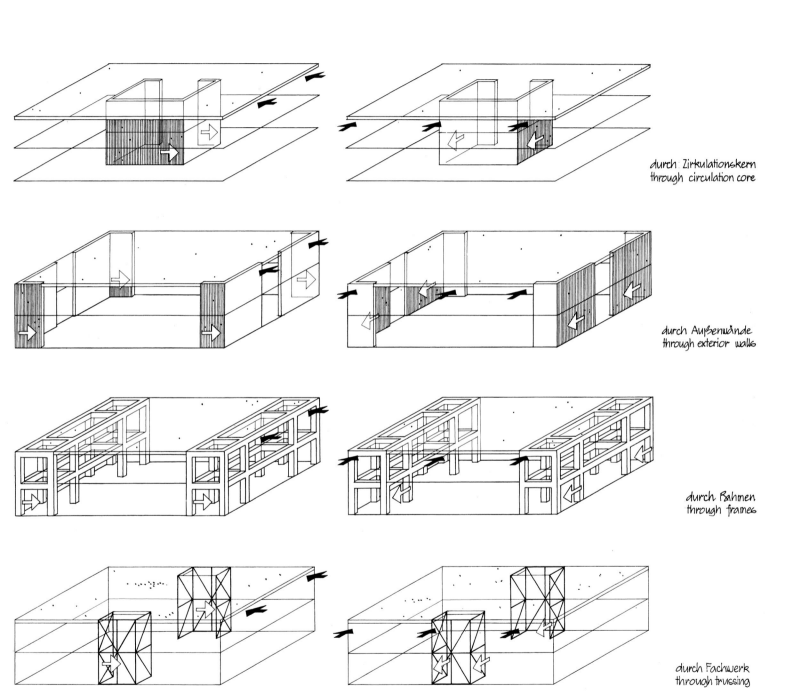

durch Zirkulationskern
through circulation core

durch Außenwände
through exterior walls

durch Rahmen
through frames

durch Fachwerk
through trussing

Grundriß-Rastersysteme für horizontale Lastenbündelung

geometric grid systems for bay-type horizontal load collection

Regelmäßige und halbregelmäßige Flächenteilung

regular and semi-regular plane tesselation

Senkrechte Lastenabtragung in quadratischen Rastersystemen

vertical load transmission in square bay systems

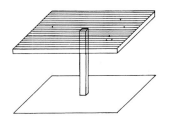 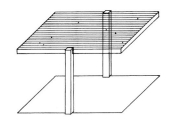 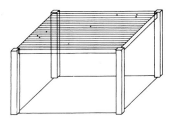 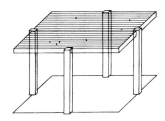

Stellung der Bündelungspunkte im Bezug auf das Flächenraster

location of points of load collection in relation to the bay unit

 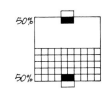 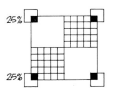 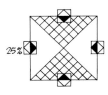

Lastenanteil der Rastereinheit pro Bündelungspunkt

portion of bay unit load per point of load collection

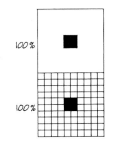 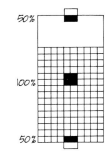 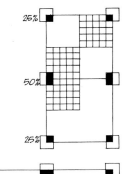 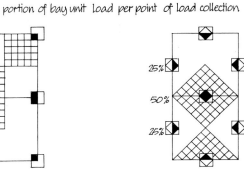

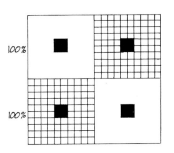 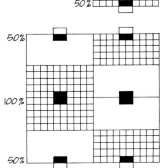 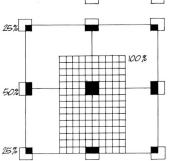 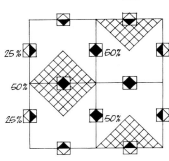

Häufigkeit der Bündelungspunkte für 24 Flächenraster-Einheiten

frequency of points of load collection for 24 bay units

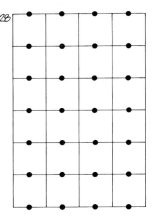 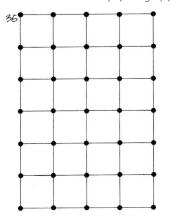 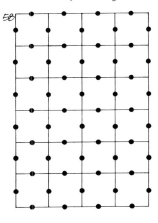

Hauptsysteme der Lastenbündelung und Lastabtragung | principal systems of load collection and load transmission

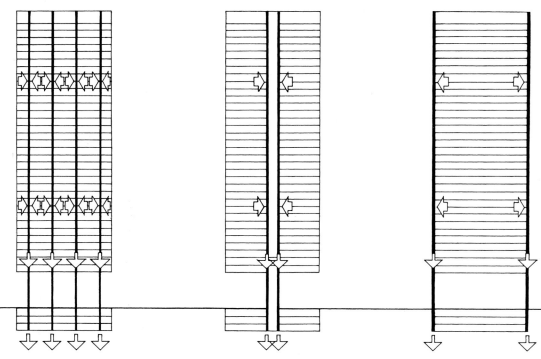

horizontale Lastenbündelung
und vertikale Lastenabtragung

horizontal load collection
and vertical load transfer

Rastersystem / bay-type system
Punkte der Lastenbündelung gleichmäßig verteilt
points of load collection evenly distributed

Kernsystem / core system
Punkte der Lastenbündelung in der Mitte
points of load collection in center

Mantelsystem / casing system
Punkte der Lastenbündelung in der Außenhaut
points of load collection in skin of building

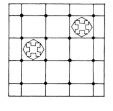

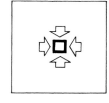

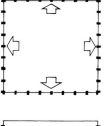

Turm form   tower form

kreuzweise Tragrichtung
two-way span direction

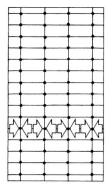

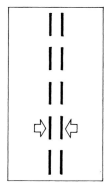

Scheibenform / slab form

eindimensionale Tragrichtung
one-way span direction

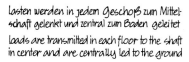

Lasten jedes Geschosses werden pro Flächeneinheit (Raster) gebündelt und einzeln abgetragen

loads of each floor are collected per area unit (bay) and are individually led to the ground

Lasten werden in jedem Geschoß zum Mittelschaft gelenkt und zentral zum Boden geleitet

loads are transmitted in each floor to the shaft in center and are centrally led to the ground

Lasten werden in jedem Geschoß zur Außenhaut gelenkt und peripher zum Boden geleitet

loads are transmitted in each floor to the external skin and peripherically led to the ground

Mischsysteme der Lastenbündelung und Lastabtragung   composite systems of load collection and load transmission

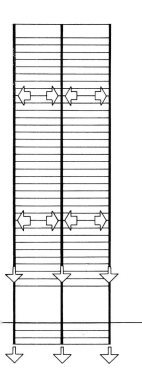
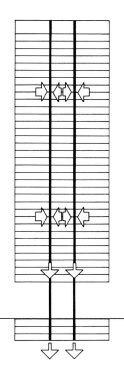
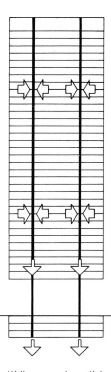
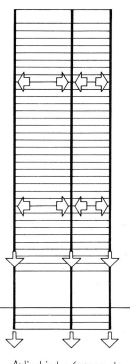

Mantelsystem mit Mittelunterstützung
casing system with central support

System mit verbreiterten Tragkern
system with broadened core support

Weitspannsystem mit Auskragungen
cantilevered wide-span system

Antimetrisches Spannsystem
asymmetrical spanning system

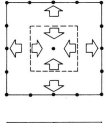
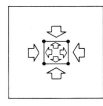
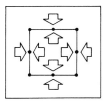
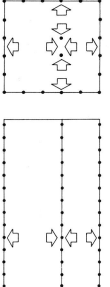

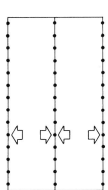
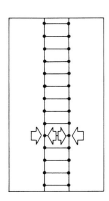
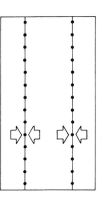

Lasten jedes Geschosses werden teils zur Mitte
teils auf die Außenwände abgetragen

loads of each floor are directed partly to
the center, partly to the exterior walls

Lasten werden nach innen auf die Punkte eines
zentralen Bündelungsrasters abgetragen

loads are transmitted inwardly to the points
of a central bay system of load collection

Lasten werden sowohl von Mitte wie von Seiten
zu den Zwischen-Sammelpunkten abgetragen

loads are transmitted to intermediate points of
collection both from the middle and from the sides

Lasten werden unterschiedlich auf
die Sammelpunkte abgetragen

loads are unequally transmitted
to the points of collection

Systeme der indirekten senkrechten Lastabtragung bei Rasterbündelung / systems of indirect vertical load transmission in bay-type collection

= Brücken-Hochwerke   = bridge highrises

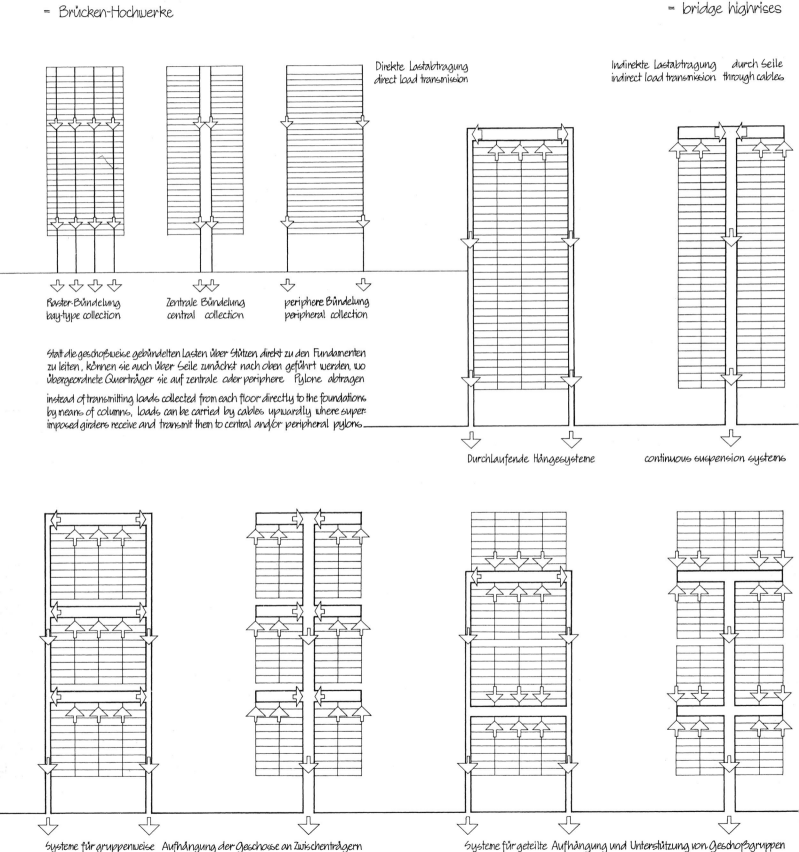

Direkte Lastabtragung
direct load transmission

Indirekte Lastabtragung durch Seile
indirect load transmission through cables

Raster-Bündelung
bay-type collection

Zentrale Bündelung
central collection

periphere Bündelung
peripheral collection

Statt die geschoßweise gebündelten Lasten über Stützen direkt zu den Fundamenten zu leiten, können sie auch über Seile zunächst nach oben geführt werden, wo übergeordnete Querträger sie auf zentrale oder periphere Pylone abtragen

instead of transmitting loads collected from each floor directly to the foundations by means of columns, loads can be carried by cables upwardly where super-imposed girders receive and transmit them to central and/or peripheral pylons

Durchlaufende Hängesysteme

continuous suspension systems

Systeme für gruppenweise Aufhängung der Geschosse an Zwischenträgern
systems for groupwise suspension of floors from intermediate girders

Systeme für geteilte Aufhängung und Unterstützung von Geschoßgruppen
systems for combined suspension and support of separate floor groupings

Vollgeschoß-Trägersysteme in Brücken-Hochwerken

full-story girder systems in bridge highrises

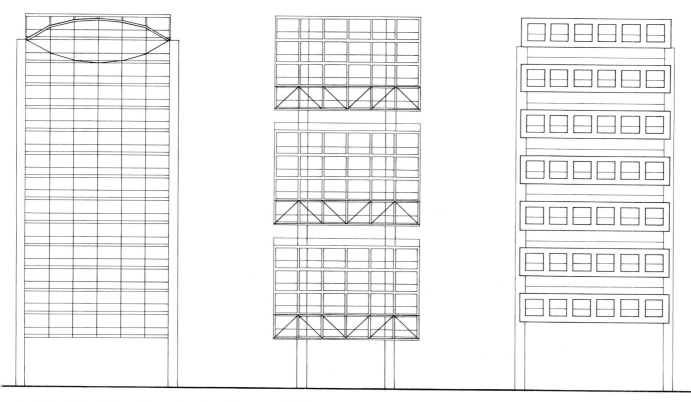

formaktiver Stockwerkträger: / form-active story girder:
Stützbogen/Hängeseil-Träger mit abgehängten Geschossen
arch/suspension cable combination   with hung floors

vektoraktiver Stockwerkträger: / vector-active story girder
Fachwerkträger mit aufgesetzten Geschoßgruppen
trussed girders each supporting several floors atop

schnittaktiver Stockwerkträger: / section-active story girder
Mehrfeldrahmen-Träger mit stützenfreien Zwischengeschossen
multi-panel frames with unobstructed intermediate floors

Systeme der Stützenlast-Abfangung über Erdgeschoß

systems of receiving column loads above ground floor

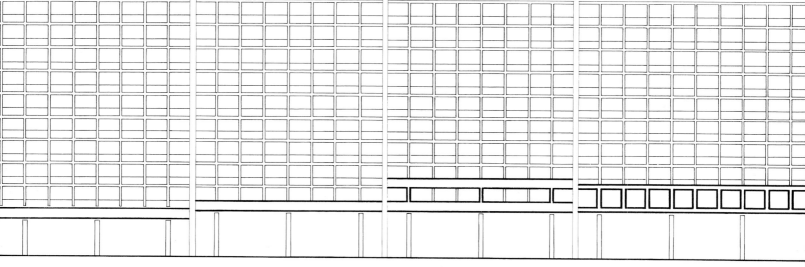

Unterzug-Abfangträger
spandrel beam below floor slab

Brüstungs-Abfangträger
spandrel beam above floor slab

Brüstungsträger in zwei Geschossen
spandrel beam in two stories

Mehrfeldrahmen-Abfangträger
multi-panel frame as spandrel beam

Standardkonzepte von Hochwerken in Stahl

1 Aufgesetzte Rahmen / Teilsteifes Rahmenraster
2 Rahmenkern mit Ständerraster
3 Durchlauf-Rahmenraster / Vollsteifes Rahmenraster
4 Fachwerk- oder Scheibenkern mit Ständerraster
5 Durchlauf-Rahmenraster mit Aussteifungsgeschossen
6 Fachwerk- oder Scheibenkern mit Rahmenraster und mit Aussteifungsgeschossen
7 Verdichteter Rahmenmantel mit Ständerraster
8 Verdichteter Rahmenmantel mit Rahmenraster
9 Fachwerkmantel mit Ständerraster
10 Fachwerkmantel mit Fachwerk- oder Scheibenkern und mit Ständerraster

Standard concepts of highrise construction in steel

1 Mounted frames / Semi-rigid framed bays
2 Framed core with post-beam bays
3 Continuous framed bays / All-rigid framed bays
4 Trussed core or shear wall core with post-beam bays
5 Continuous framed bays with stiffener storeys
6 Trussed core or shear wall core with framed bays and with stiffener storeys
7 Densified framed casings with post-beam bays
8 Densified framed casings with framed bays
9 Trussed casings with post-beam bays
10 Trussed casings with trussed core or shear wall core and with post-beam bays

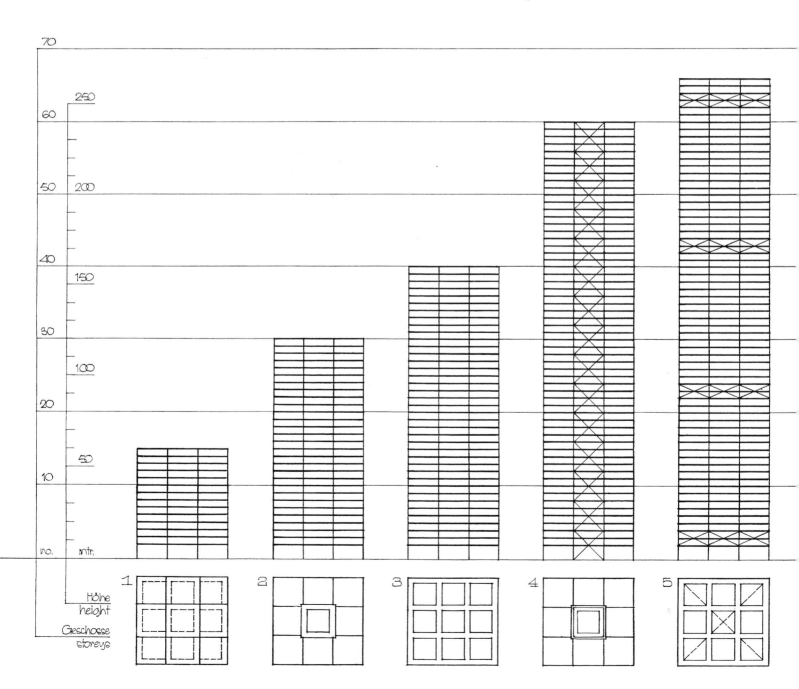

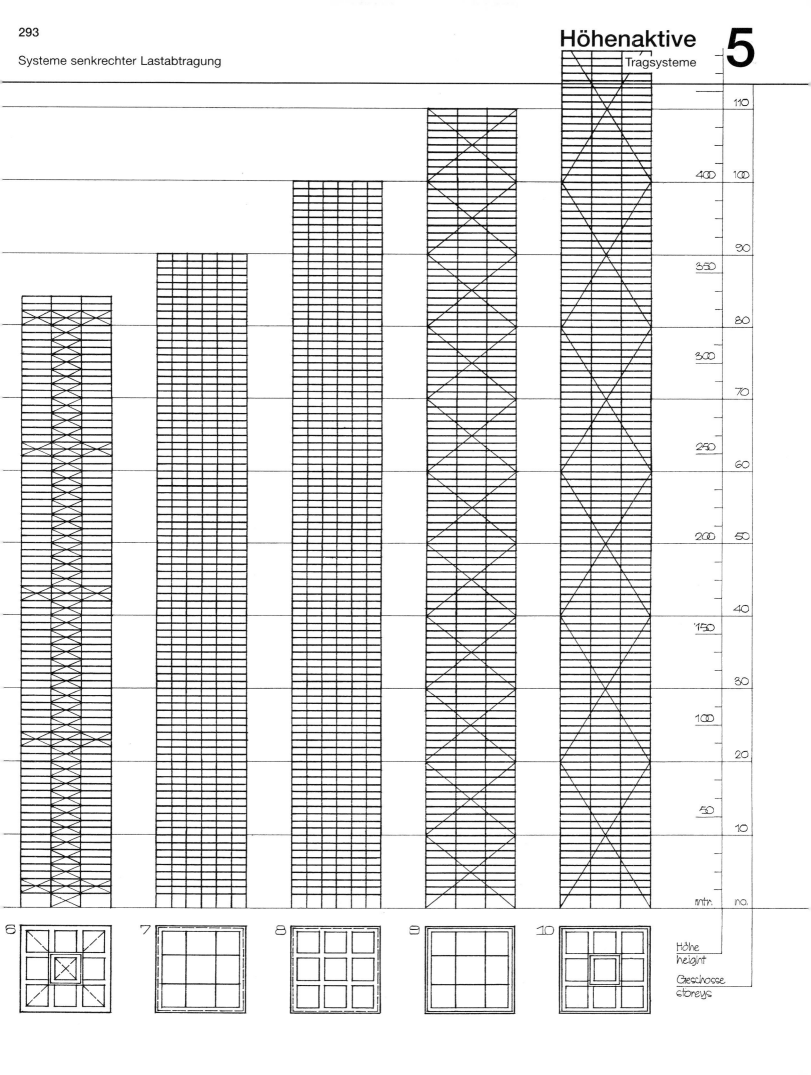

		110
400		100
		90
350		
		80
300		70
250		60
200		50
		40
150		
		30
100		20
50		10
mtr.		no.

6   7   8   9   10

Höhe
height

Geschosse
storeys

Typische Turmformen aus quadratischem Grundriß entwickelt

typical tower forms developed from a square plan

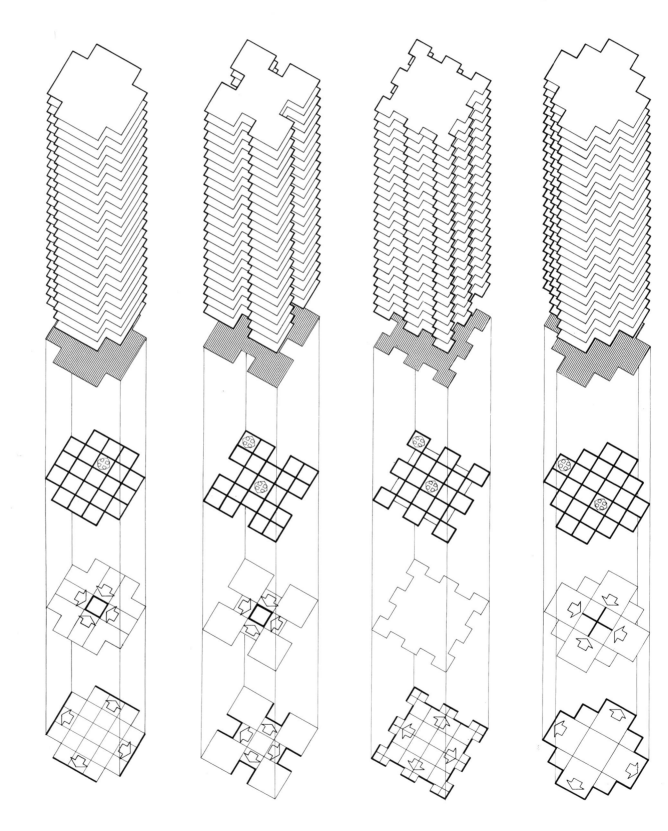

Lastenbündelung
load collection

als Raster-System
as bay-type system

als Kern-System
as core system

als Mantel-System
as casing system

Turmformen aus kreisförmigem Grundriß entwickelt   tower forms developed from circular plan

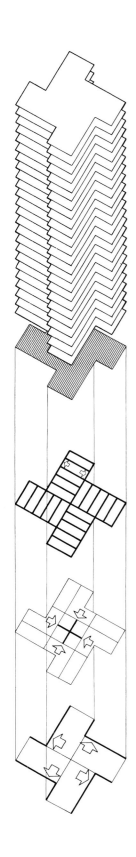

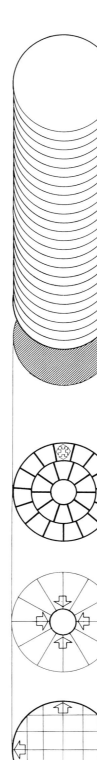

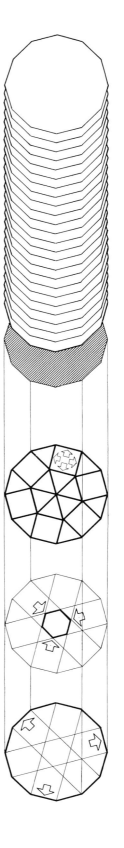

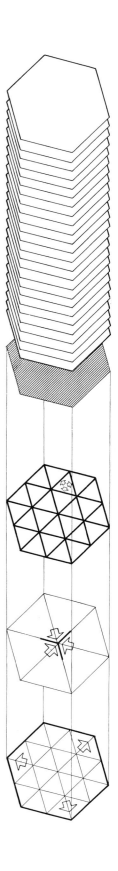

Lastenbündelung
load collection

als Raster-System
as bay-type system

als Kern-System
as core system

als Mantel-System
as casing system

Typische Scheibenformen aus rechteckigem Grundriß entwickelt   typical slab forms developed from rectangular plan

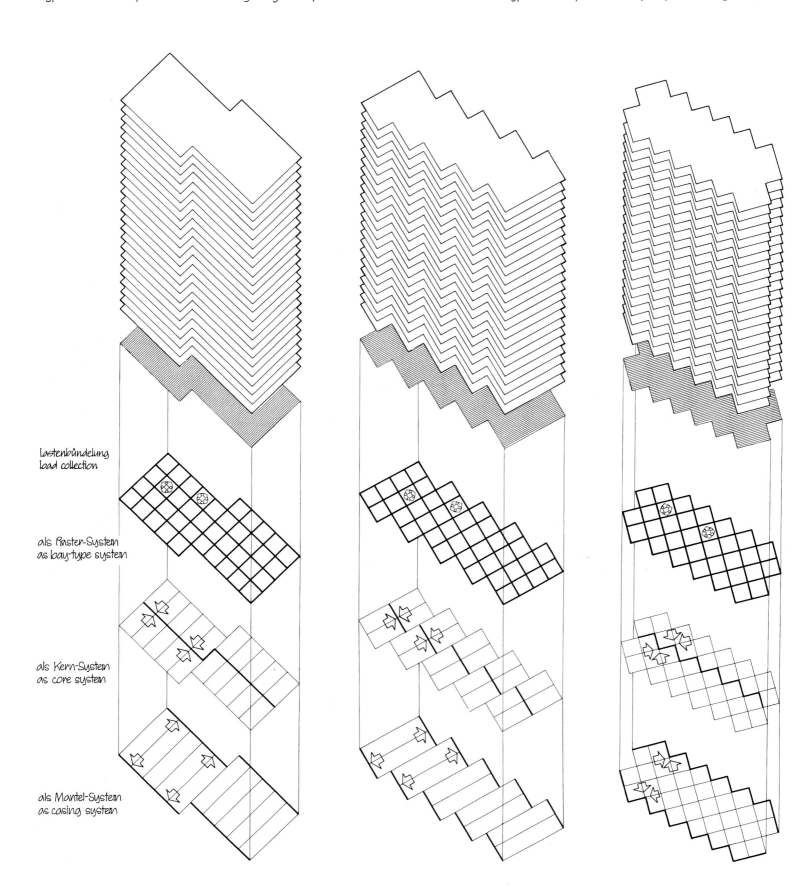

Lastenbündelung
load collection

als Raster-System
as bay-type system

als Kern-System
as core system

als Mantel-System
as casing system

Scheibenformen aus gekrümmtem Grundriß entwickelt

slab forms developed from curved floor plan

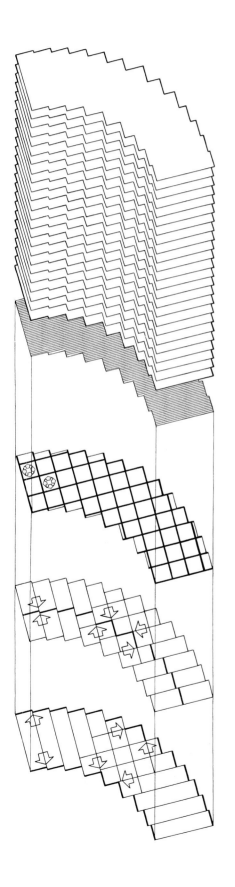

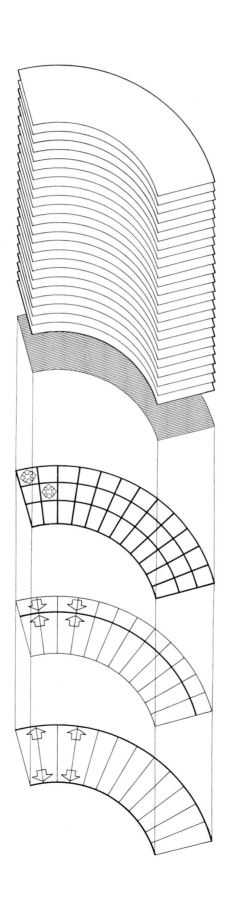

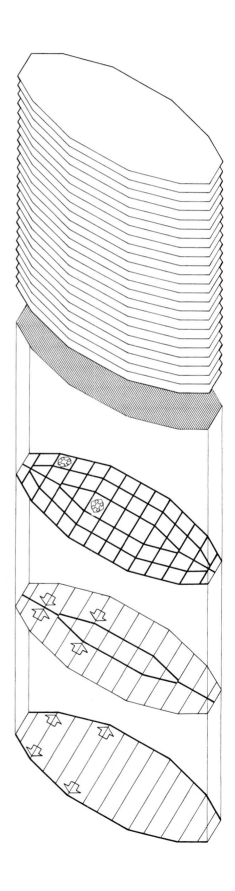

Raster-Hochwerke / Bay-type highrises

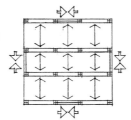

Ständer-Raster
  mit Einzelfeld-Aussteifung

Post-beam bays
  with single-bay bracing

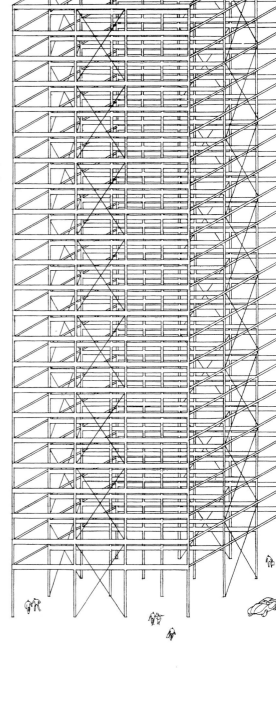

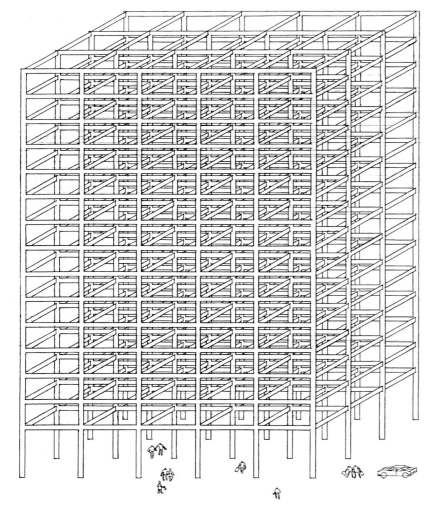

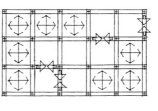

Rahmen-Raster
  mit Allfeld-Durchlaufrahmen

Framed bays
  with continuous rigid frames

Mantel-Hochwerke / Casing highrises

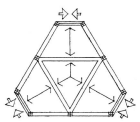

Ständer-Mantel mit Einzelfeld-Aussteifung
und diagonalen Deckenträgern
Post-beam casing with single-bay bracing
and diagonal floor girders

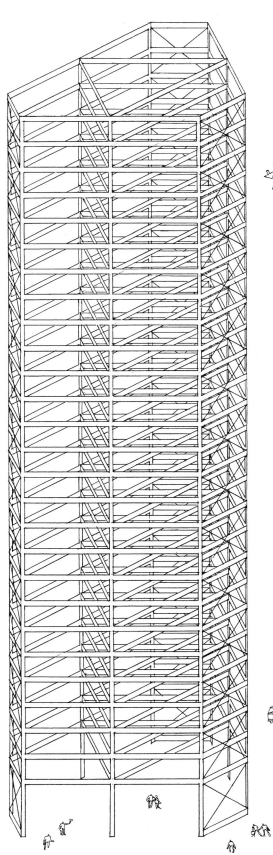

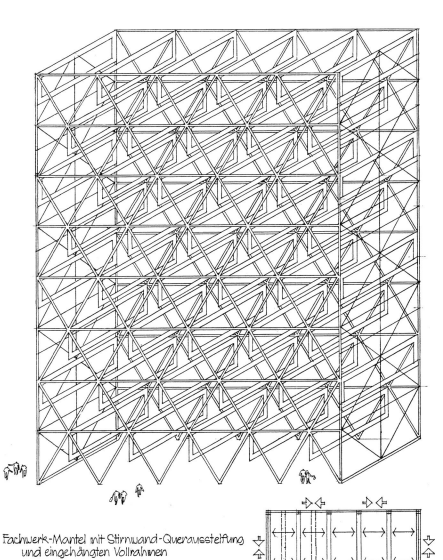

Fachwerk-Mantel mit Stirnwand-Querausstellung
und eingehängten Vollrahmen
Trussed casing with end wall cross bracing
and hung-in closed frames

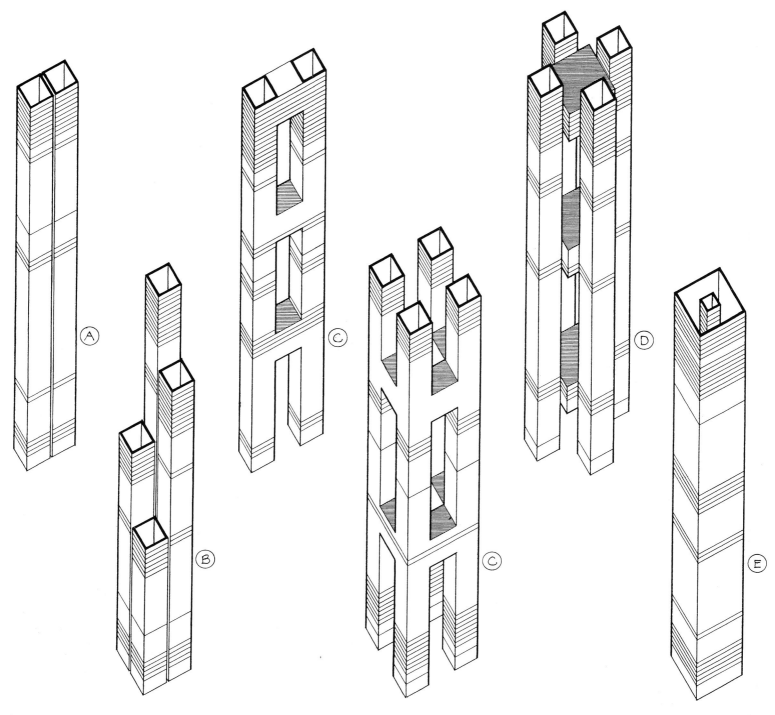

Entwicklungen aufgrund Vierkantröhren
Developments based upon quadrangular tubes

Das Tragsystem RÖHRE als optimale Strukturform für die Vertikal-Aussteifung von Hochwerken eignet sich auch als Modul für die Entwicklung von übergeordneten Aussteifungssystemen mit Tragmechaniken, die das Potential der Einzelröhre erheblich übertreffen. Die drei Standard-Kombinationen sind:

1   Direkt-Ankopplung von Wand an Wand: Ⓐ Ⓑ mehrzügiger Röhrenschaft
2   Indirekte Verbindung durch Brückenelemente: Ⓒ Ⓓ Röhrenrahmen
3   Ineinander-Schachtelung: Ⓔ mehrschaliger Röhrenschaft

The structure system TUBE as optimum structural form for vertical stiffness of highrises also qualifies as module for the development of larger scale stabilization systems with structural mechanisms that largely surpass the potential of the single tube. The three standard combinations are:

1   Direct wall-to-wall junction: Ⓐ Ⓑ   multi-duct tube shaft
2   Indirect linkage with bridge units: Ⓒ Ⓓ   rigid tube frame
3   Telescopic in-casement: Ⓔ   multi-casing tube shaft

Kombinationen von Röhren-Modulen für Vertikal-Aussteifung

Combinations of tube modules for vertical stabilization

(A) Doppelröhre — Double tube
(B) Röhrenbündel — Tube bundle
(C) Röhrenrahmen — Rigid tube frame
(D) Röhrenportikus — Tube portico
(E) Zweimantel-Röhre — Two-casing tube

Entwicklungen aufgrund Dreikant- und Sechskant-Röhren
Developments based upon triangular and hexagonal tubes

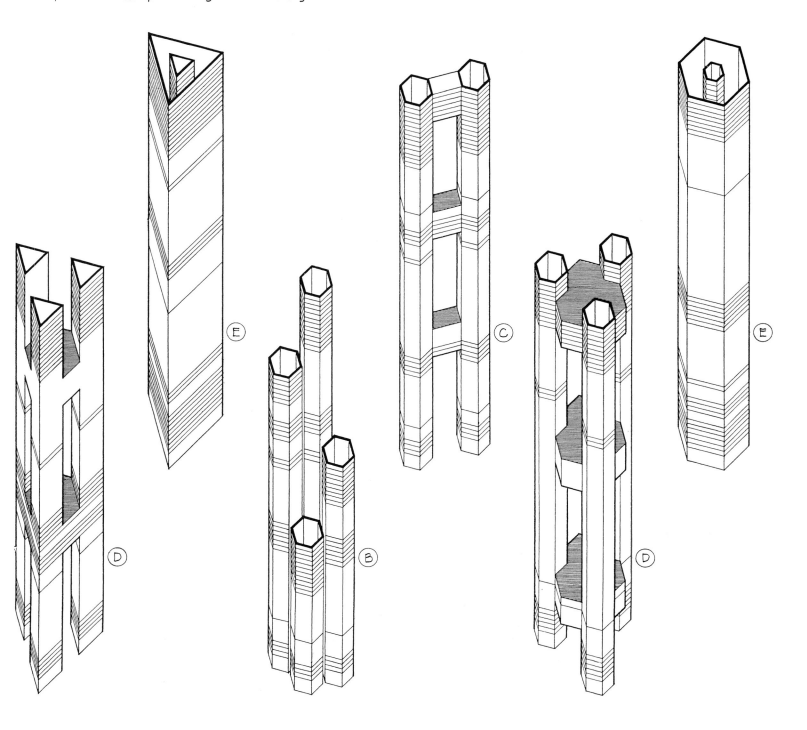

Kern-Hochwerke / Core highrises

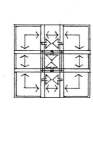

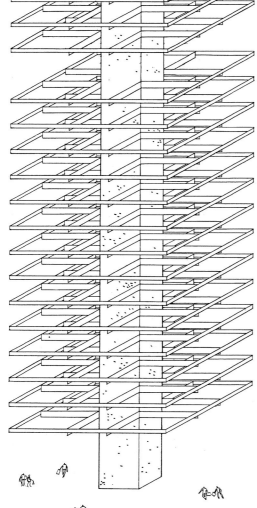

Stabilisierter Punkt-Kern
    mit Decken-Kragträgern und Randträgern

Stabilized point-core
    with cantilevered floor girders and edge beams

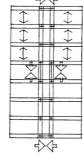

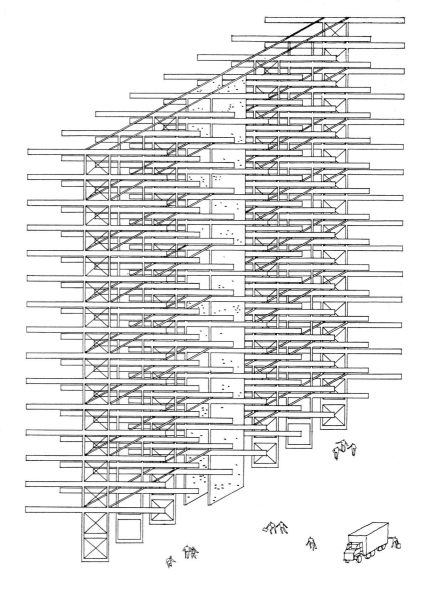

Stabilisierter, axialer Ständer-Kern
    mit Decken-Kragträgern

Stabilized, axial post-beam core
    with cantilevered floor girders

Kern-Hochwerke / Core highrises

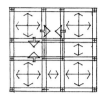

Indirekt belasteter, stabilisierter Punkt-Kern
    mit Geschoß-Abhängung und -Aufständerung
Stabilized point core, indirectly loaded,
    with suspended and mounted storeys

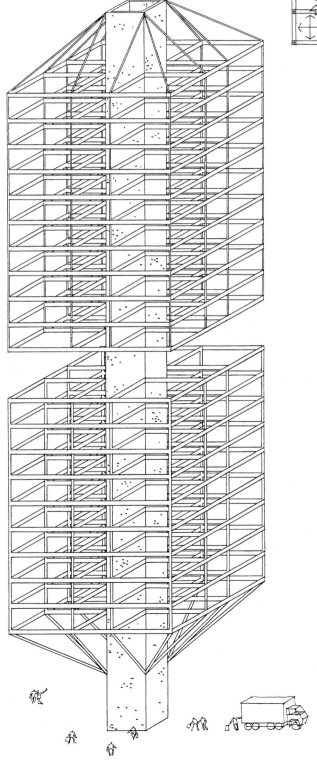

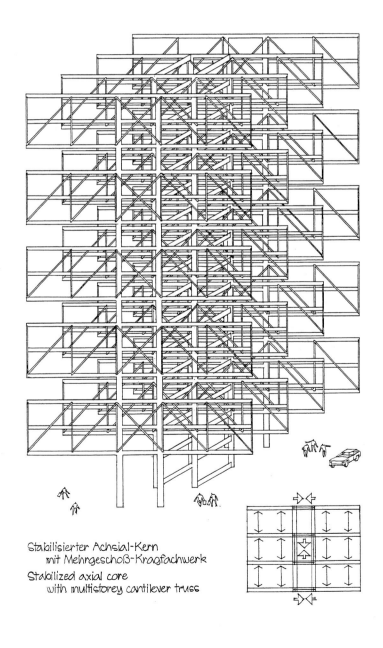

Stabilisierter Achsial-Kern
    mit Mehrgeschoß-Kragfachwerk
Stabilized axial core
    with multistorey cantilever truss

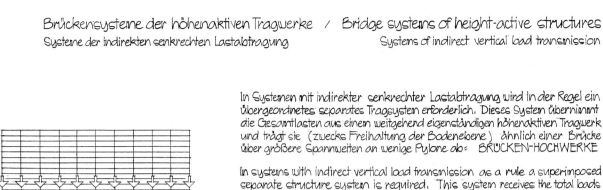

Brückensysteme der höhenaktiven Tragwerke / Bridge systems of height-active structures

Systeme der indirekten senkrechten Lastabtragung

Systems of indirect vertical load transmission

In Systemen mit indirekter senkrechter Lastabtragung wird in der Regel ein übergeordnetes separates Tragsystem erforderlich. Dieses System übernimmt die Gesamtlasten aus einem weitgehend eigenständigen höhenaktiven Tragwerk und trägt sie (zwecks Freihaltung der Bodenebene) ähnlich einer Brücke über größere Spannweiten an wenige Pylone ab: BRÜCKEN-HOCHWERKE

In systems with indirect vertical load transmission as a rule a superimposed separate structure system is required. This system receives the total loads from a largely independent height-active structure and (for keeping the ground space clear from supporting framework) carries them over large distances to some few pylons similar to the mechanics of bridges: BRIDGE HIGHRISES

Brücken-Hochwerke / Bridge highrises

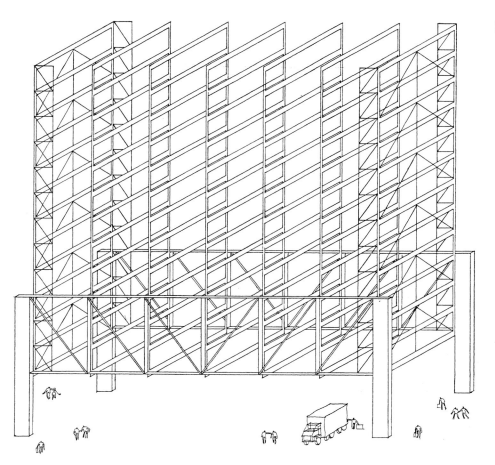

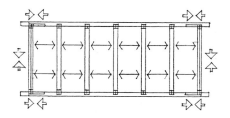

3-Geschoß-Brücke mit Gesamt-Aufständerung:
Mantel-System mit Einzelfeld-Aussteifung

3 storey bridge with all-storey mounting:
Casing system with single-bay bracing

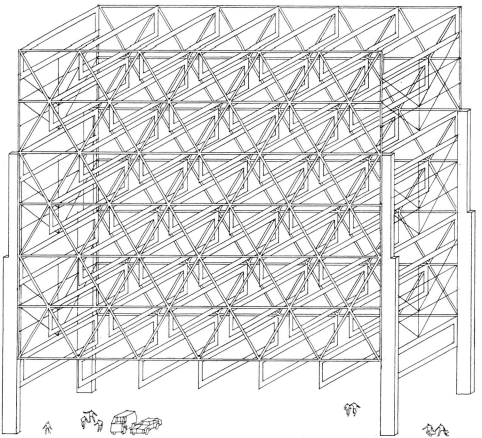

Allgeschoß-Brücke in Fachwerk-Konstruktion
als Mantel-Hochwerk mit eingehängten Rahmen

All-storey bridge in truss construction
as casing highrise with hung-in closed frames

Allgeschoß-Brücke in Fachwerk-Konstruktion
als Raster-Hochwerk mit Einzelfeld-Queraussteifung

All-storey bridge in truss construction
as bay-type highrise with single-bay bracing

Brücken-Hochwerke
Bridge highrises

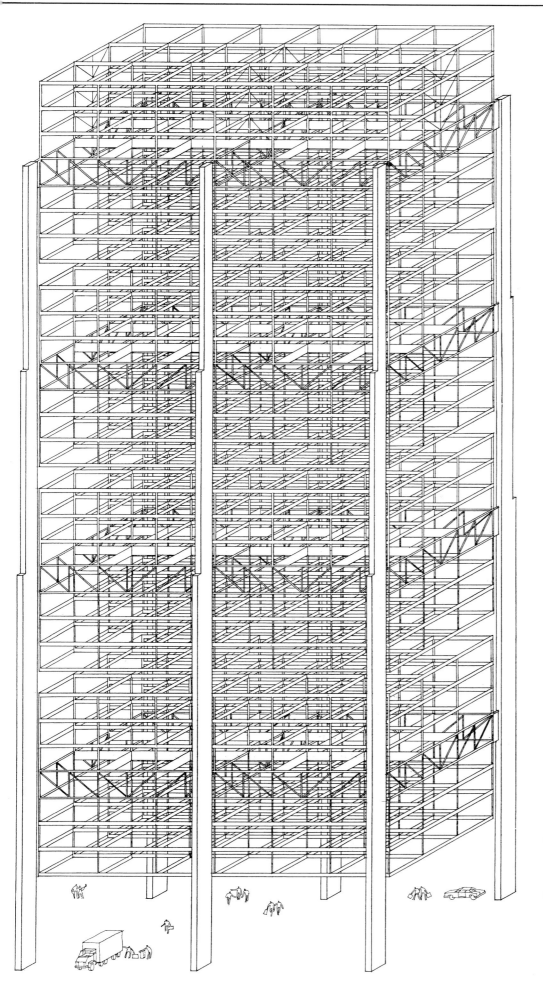

Brücken-Hochwerke
Bridge highrises

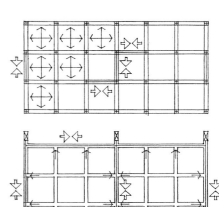

Gestapelte Eingeschoß-Brücken
    in Fachwerkkonstruktion (= Aussteifung)
    mit teils geständerten, teils abgehängten
    Geschossen im Raster-System
Stacked single-storey bridges
    in truss construction (= stiffener storey)
    with partly mounted, partly suspended
    stories in bay-type system

Differenzierung der Aufriß-Geometrie in Hochwerken
Differentiation of elevation geometry in highrises

Die Stapelung identischer Geschosse und damit
die undifferenzierte Höhenentwicklung sind ein
Kennzeichen der höhenaktiven Tragsysteme. Sie
sind begründet durch die direkte, und demzufolge
wirtschaftliche Ableitung der Schwerkraftlasten

Dennoch sind auch unter der Voraussetzung einfacher
Lastableitung vielfältige Möglichkeiten einer Aufriß-
differenzierung durch Veränderung der Grundriß-
gestalt – hauptsächlich durch Rücksetzungen des
Umrisses in Aufwärtsrichtung – gegeben

The succession of stacked identical storeys, and
hence the undifferentiated height development are
a characteristic of height-active structure systems.
They are substantiated by the direct, and therefore
economical transfer of gravitational loads

Still, even under the condition of simple load transfer
multiple possibilities of height differentiation are
given through altering the configuration of the
floor plan, mainly through setbacks of its circum-
ference in upward direction

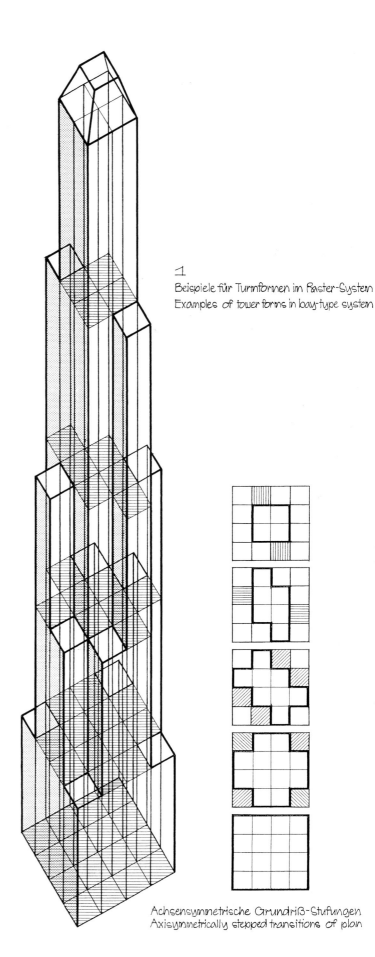

1
Beispiele für Turmformen im Raster-System
Examples of tower forms in bay-type system

Achsensymmetrische Grundriß-Stufungen
Axisymmetrically stepped transitions of plan

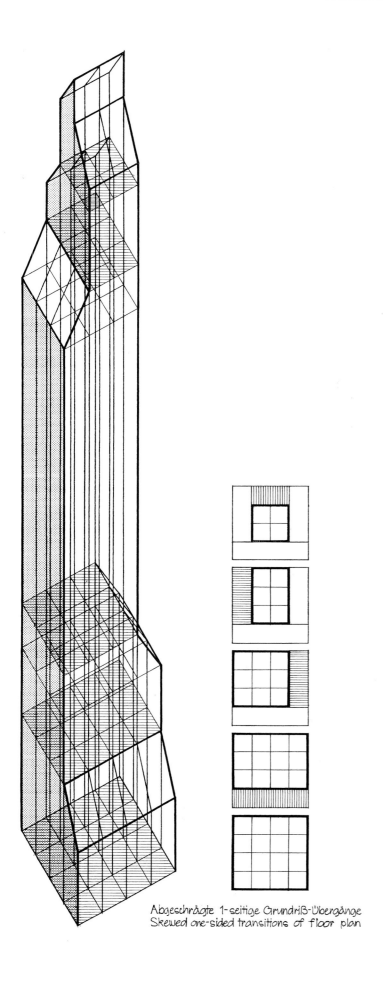

Abgeschrägte 1-seitige Grundriß-Übergänge
Skewed one-sided transitions of floor plan

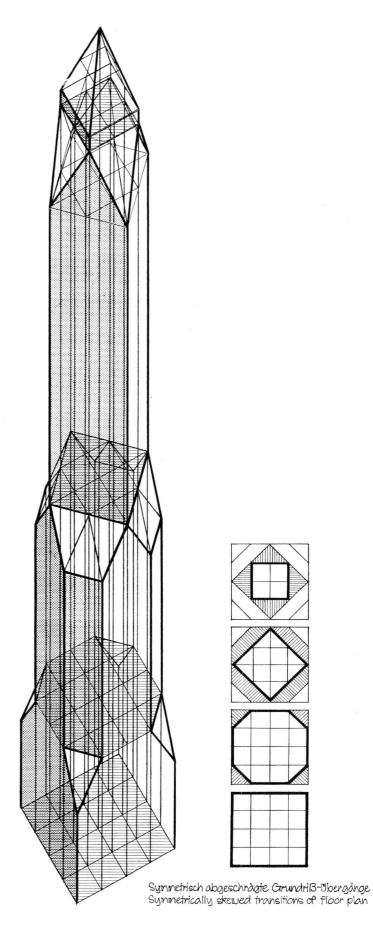

Symmetrisch abgeschrägte Grundriß-Übergänge
Symmetrically skewed transitions of floor plan

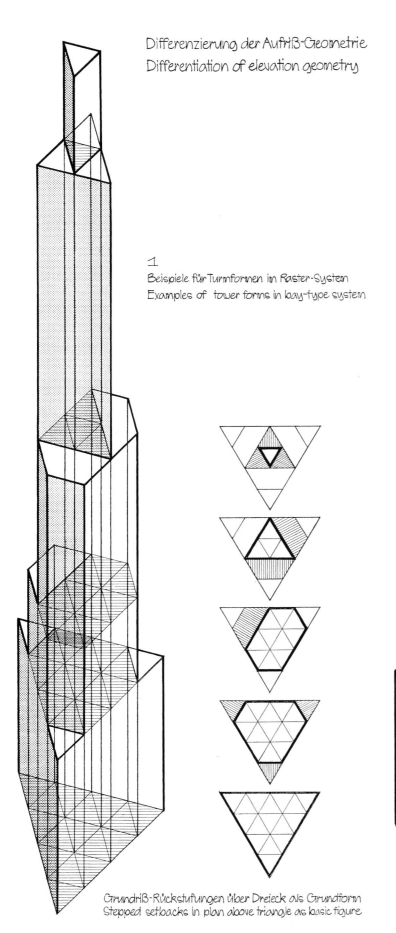

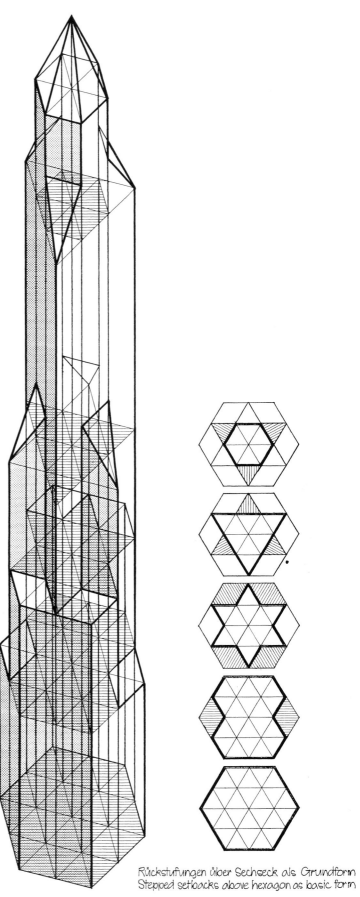

Differenzierung der Aufriß-Geometrie
Differentiation of elevation geometry

1
Beispiele für Turmformen im Raster-System
Examples of tower forms in bay-type system

Grundriß-Rückstufungen über Dreieck als Grundform
Stepped setbacks in plan above triangle as basic figure

Rückstufungen über Sechseck als Grundform
Stepped setbacks above hexagon as basic form

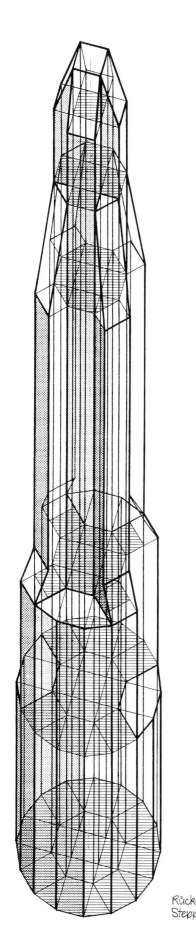

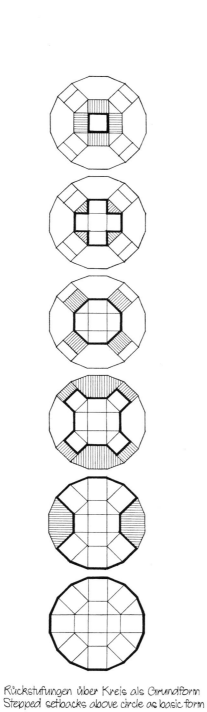

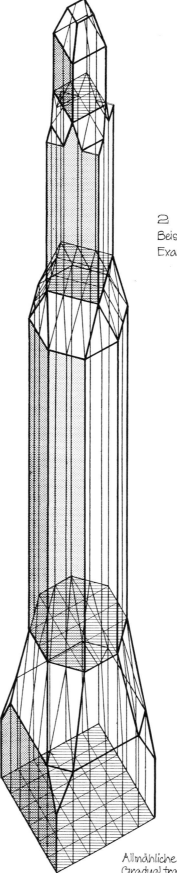

2

Beispiel für Turmform im Mantel-System

Example of tower form in casing system

Rückstufungen über Kreis als Grundform

Stepped setbacks above circle as basic form

Allmähliche Übergänge über mehrere Geschosse

Gradual transitions in plan covering several stories

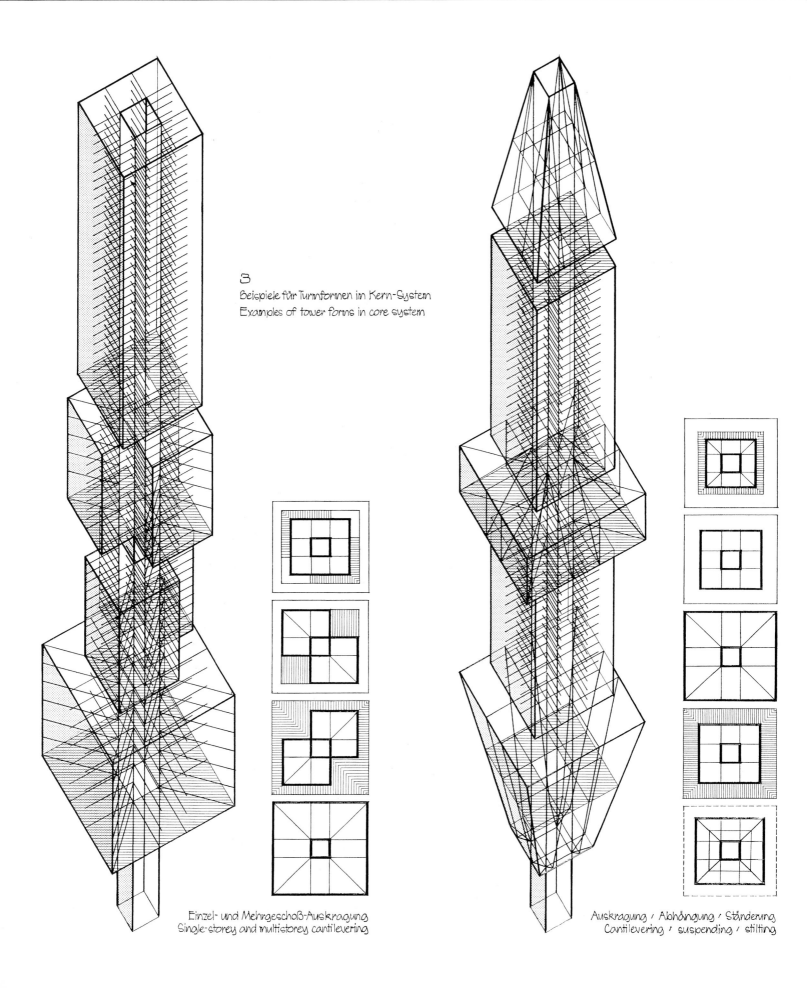

3
Beispiele für Turmformen in Kern-System
Examples of tower forms in core system

Einzel- und Mehrgeschoß-Auskragung
Single-storey and multistorey cantilevering

Auskragung / Abhängung / Ständerung
Cantilevering / suspending / stilting

Differenzierung der Aufriß-Geometrie in Hochwerken
Differentiation of elevation geometry in highrises

4.
Beispiele für Scheibenformen im Raster-System
Examples of slab forms in bay-type system

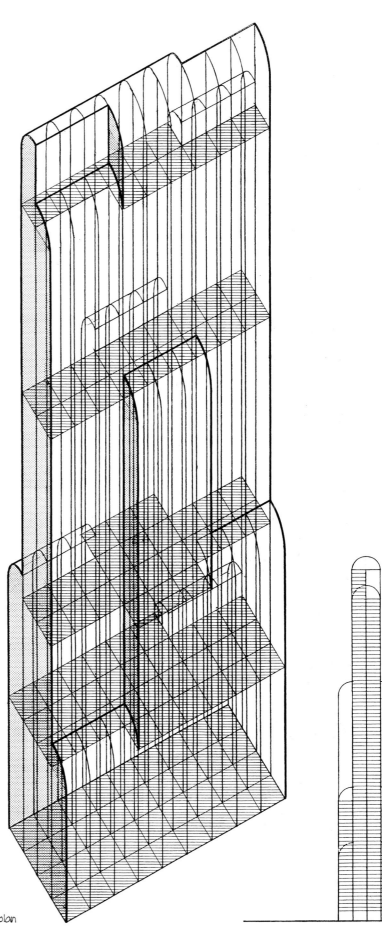

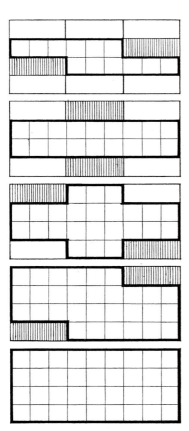

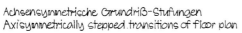

Achsensymmetrische Grundriß-Stufungen
Axisymmetrically stepped transitions of floor plan

Differenzierung der Aufriß-Geometrie in Hochwerken
Differentiation of elevation geometry in highrises

4
Beispiele für Scheibenformen im Raster-System
Examples of slab forms in bay-type system

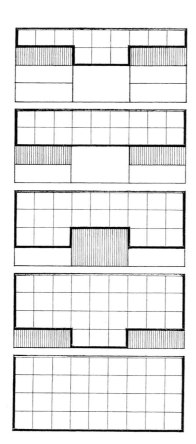

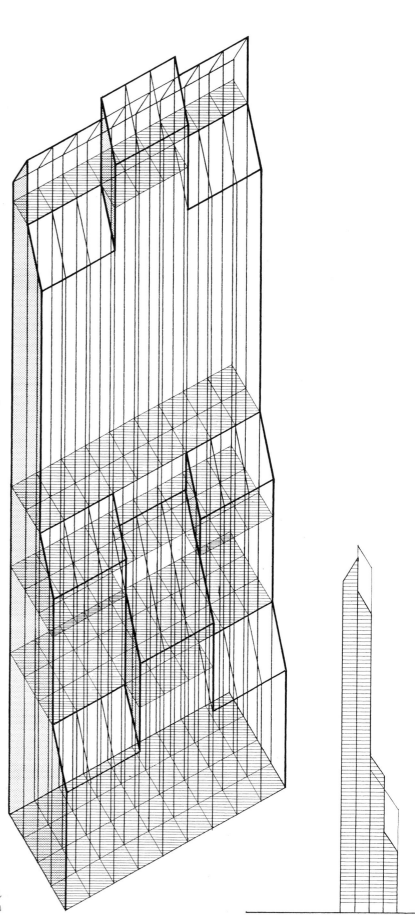

Einseitig abgeschrägte Grundriß-Übergänge
Single-sided skewed transitions of floor plan

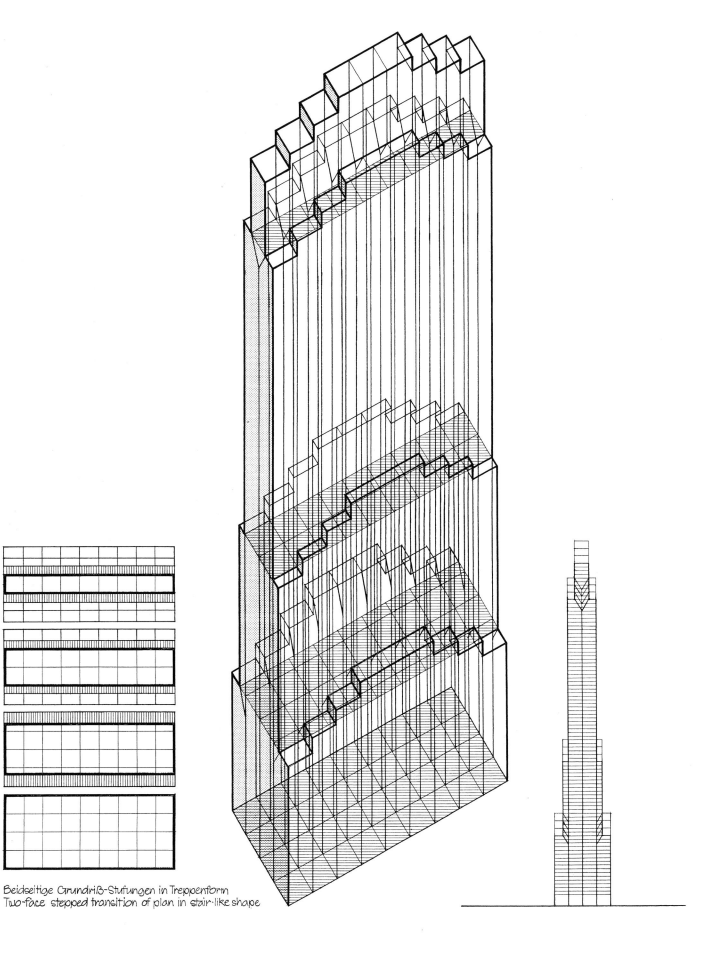

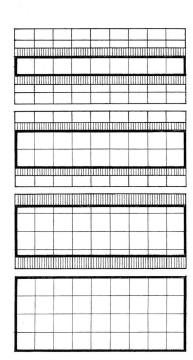

Beidseitige Grundriß-Stufungen in Treppenform
Two-face stepped transition of plan in stair-like shape

Differenzierung der Aufriß-Geometrie in Hochwerken
Differentiation of elevation geometry in highrises

4
Beispiele für Scheibenformen im Raster-System
Examples of slab forms in bay-type system

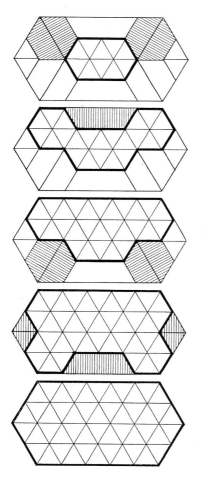

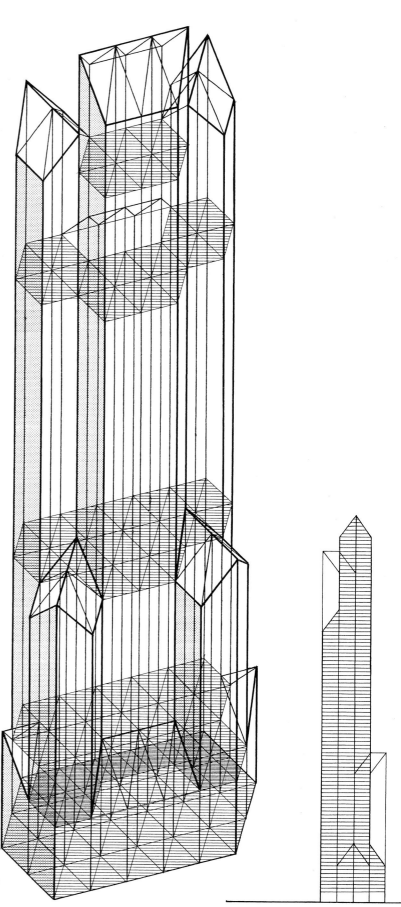

Überdachte Rückstufungen über Dreieck-Raster
Roofed setbacks in plan above triangular grid

5
Beispiel für Scheibenform im Kern-System
Example of slab form in core system

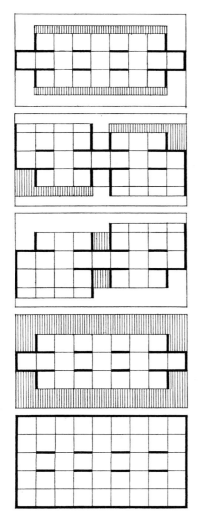

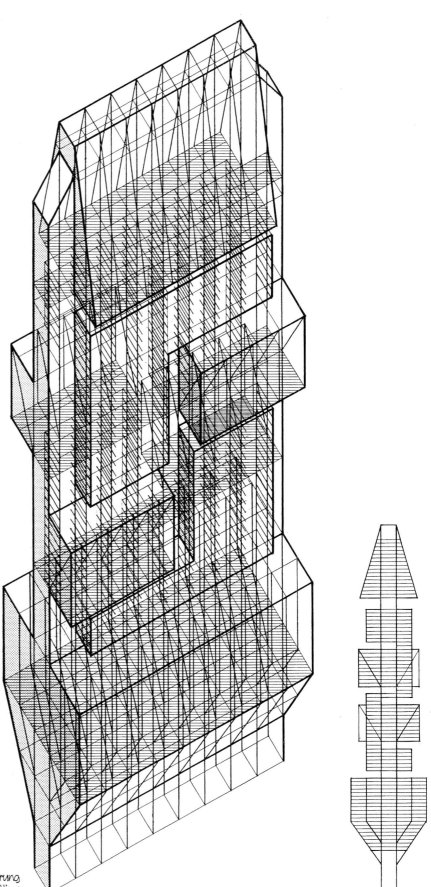

Wechsel von Auskragung, Abhängung und Ständerung
Alternation of cantilevering, suspending and stilting

Hybride Tragsysteme
Hybrid Structure Systems

6

Zwei Tragsysteme mit unterschiedlicher Mechanik der Kraftumlenkung lassen sich zu einem einzigen Wirkungsgefüge mit neuer Mechanik zusammenschließen: Hybride Tragsysteme.

Vorbedingung für das hybride Tragsystem ist, daß die beiden Ursprungssysteme in ihrer Tragfunktion prinzipiell gleichrangig sind, und daß sie in ihrer neuen Wirkungsweise aufeinander angewiesen sind.

Als hybrid gelten nicht solche Systemkombinationen, in denen eines der Ursprungssysteme eine untergeordnete Rolle in der Kraftumlenkung spielt, oder jedes System für sich eine Einzelfunktion im Tragvorgang wie z. B. Lastaufnahme, Lastableitung, Stabilisierung usw. ausübt.

Hybride Tragsysteme können nicht als eigenständige Tragwerk-„Gattung" oder als eindeutiger Tragwerk-„Typ" gelten.
- Sie haben keinen typischen Mechanismus der Kräfte-Umlenkung
- Sie entwickeln keinen spezifischen Kräfte- bzw. Spannungszustand
- Sie verfügen nicht über kennzeichnende Strukturmerkmale

Im Unterschied zu den typischen Tragwerkgattungen werden hybride Tragsysteme also nicht durch eine Eigenständigkeit der Kraftumlenkung mit charakteristischen Strukturformen gekennzeichnet, sondern durch die spezifische Wirkungsweise infolge Systempaarung und durch die sich hieraus ergebende Art der Systemverknüpfung. Als Verknüpfung von unterschiedlichen Tragwerk-Gattungen erlauben sie keine mechanisch oder strukturell ableitbare Definition.

Der Zusammenschluß von unterschiedlichen Tragwerk-Gattungen zu einem einzigen hybriden Wirkungsgefüge wird durch drei mögliche Grundformen der Systemverknüpfung erreicht:
1. Parallelschaltung = Überlagerung
   bzw. Anreihung
2. Hintereinanderschaltung = Kopplung
3. Kreuzschaltung = Durchdringung

In der Überlagerungsform hybrider Tragsysteme wird die Kraftumlenkung über die gesamte Funktionslänge von zwei parallel-geschalteten unterschiedlichen Systemen gemeinsam vollzogen. Die Parallelschaltung erfolgt zwar allgemein durch Übereinanderlegung zweier Systeme, doch ist theoretisch auch eine seitliche Systemanreihung möglich.

In der Kopplungsform hybrider Tragsysteme erfolgt die Kraftumlenkung durch unterschiedliche Tragsysteme, die über die Funktionslänge in einzelnen Streckenabschnitten je nach den örtlich gegebenen mechanischen Erfordernissen ausgewählt und hintereinandergeschaltet werden. Auf diese Weise sind auch Mehrfachkopplungen möglich.

Eine hybride Verknüpfung kann auch dadurch erreicht werden, daß die Elemente der einen Tragwerksgattung die einer anderen Gattung trägerrost-ähnlich durchkreuzen: Kreuzschaltung. Diese Verknüpfungsart ist allerdings bisher in Theorie und Praxis unberücksichtigt geblieben und wird daher noch nicht als eine gültige Alternative hier aufgenommen.

Ein weites Anwendungsgebiet hybrider Tragsysteme ist insbesondere durch den Zusammenschluß von vektoraktiven oder schnittaktiven Linienträgern mit Seilwerken gegeben:
- unter- bzw. überspannte Systeme
- Systeme mit integrierter Seilverspannung
Die Grenze zu den üblichen vorgespannten Systemen mit einfacher, mitunter nur partieller Spanngliedführung ist fließend.

Das Potential hybrider Tragsysteme liegt aber nicht so sehr in einer bloßen Zusammenführung des Tragvermögens zweier Systeme, sondern in den Synergiemöglichkeiten, die sich durch Ausnutzung von Systemunterschieden ergeben:
- wechselseitige Kompensation von kritischen Systemkräften
- systemübergreifende Doppel- bzw. Mehrfachfunktion einzelner Systemkomponenten
- Steifigkeitszuwachs infolge entgegengesetzter Systemverformungen

Die Entwicklung von hybriden Tragsystemen befaßt sich grundsätzlich mit zwei Aufgabengebieten:

1. Gestaltung einer Einheit – mechanisch ebenso wie ästhetisch – aus zwei eigenständigen Systemen
2. Aufdeckung und Einsatz synergetischer Zusammenhänge zwischen den System-Gattungen
Die Entledigung dieser Aufgaben verlangt eine umfassende Kenntnis über alle einzelnen Tragsysteme, insbesondere über ihre Kräftebilder und ihre Formveränderungen unter den unterschiedlichen Belastungen.

Hybride Tragsysteme sind besonders geeignet für Bauwerke, die außerordentlichen Belastungen ausgesetzt sind: weitgespannte Tragwerke und Hochwerke. Hier sind die Möglichkeiten, die sich aus dem Zusammenschluß zweier Systeme mit entgegengesetzten Erscheinungen der Tragteilbelastung und Formveränderung ergeben, noch weitgehend unerforscht.

Trotz unstrittig mechanischer Kausalität der hybriden Systeme können auch visuell-ästhetische Vorstellungen zum Ausgangspunkt und Ziel für die Entwicklung neuer hybrider Tragsysteme werden; auch dieser Gestaltungsansatz ist bislang weithin unerforscht geblieben.

Aus dem Zusammenschluß unterschiedlicher Tragsysteme mit jeweils eigenen mechanischen und formalen Merkmalen ergeben sich vielversprechende Mittel und Möglichkeiten für die Entwicklung neuer leistungsfähiger Tragsysteme mit Impulsen für die Gestaltung von Form und Raum in der Architektur.

Hybride Tragsysteme besetzen also innerhalb der Tragwerklehre ein ganz besonderes Gebiet. Ungeachtet dessen, daß sie mangels bestimmbarer Mechanik und Strukturform nicht als eigenständiger Systemtyp identifizierbar sind, werden ihr synergetisches Potential und eine unendliche Vielfalt von Kombinationsmöglichkeiten dazu führen, daß diese Systeme in der Zukunft einen eigenen und wichtigen, wenngleich ganz anders gearteten Zweig der Tragsysteme bilden werden.

Two structure systems with dissimilar mechanics of redirecting forces can be locked together to form a single operational construct with new mechanics: hybrid structure systems.

Precondition for the hybrid structure system is that the two parental systems in their bearing function are basically equipotent and that in their novel behaviour they are dependent upon one another.

Hybrid systems are not to be understood as such system combinations in which one of the parental systems plays a minor role in the redirection of forces or in which each system in the bearing process performs a separate function for itself such as load reception, load transfer, stabilization, etc.

Hybrid systems do not qualify as a unique structure 'family' or as a characteristic structure 'type':
- They do not possess an inherent mechanism for redirection of forces
- They do not develop a specific condition of acting forces or stresses
- They do not command structural features characteristic to them

Differing from the typical structure families, hybrid structure systems, then, are characterized not by a particular mechanism of redirecting forces and by a distinctiveness of structural forms but by the specific behaviour stemming from the systems pairing and by the kind of systems linkage resulting therefrom.

The interlocking of different structure families, for forming a single operational hybrid construct, is rendered possible through three basic kinds of systems linkage:
1. Parallel joining = Superposition or alignment
2. Successive joining = Coupling
3. Cross joining = Interpenetrating

In the superposition kind of hybrid systems linkages, redirection of forces will be collectively performed by two different structure systems joined in parallel order over the full functional length. Usually the parallel linkage superimposes one system on top of the other, but also a lateral systems alignment is theoretically possible.

In the coupling type of hybrid systems linkage, redirection of forces will be performed in that different structure systems are selected according to the mechanical requirements prevailing in the various sections of the functional length and are joined successively one behind the other. Thus, also multiple couplings are possible.

A hybrid linkage can also be attained by having the elements of the one structure type cross those of another in gridlike fashion: cross joining. This type of linkage, however, has thus far remained unrecognized in theory and practice and hence will not be accepted as a valid alternative as yet.

A wide field for the application of hybrid structure systems is provided in particular through the interlocking of vector-active or section-active linear girders with cable structures:
- systems with external cable supports
- systems with integrated cable stressing
The border line to the well-known prestressed systems with their simple, occasionally only partial, extension of the stressing tendon is fluctuating.

The potential of hybrid structure systems, however, is not to be seen in merely joining the bearing capacity of two systems, but rather in the synergetic possibilities emanating from exploiting the systems disparities:
- reciprocal compensation of critical stresses
- system-transgressing double or multiple function of individual systems components
- increase in rigidity through opposite systems deflection

Designing hybrid structure systems essentially is concerned with two objectives:
1. Creating a oneness out of two independent systems in both, mechanical and aesthetic sense
2. Tracing out and bringing to bear the synergetic relationships between the systems families

To master these tasks requires a comprehensive knowledge about all different structure systems, especially the images of their flow of forces and their form deflections under varying loading.

Hybrid structure systems are particularly appropriate for buildings exposed to extreme stressings: widespan structures and highrises. Here the possibilities resulting from the linkage of two systems with opposite phenomena of member stresses and of form deflections have yet to be uncovered.

Though the mechanical causality of hybrid systems is beyond question, still visual-aesthetic considerations can become a starting-point and final goal for the development of new hybrid systems; such design approach too, has thus far remained largely unexplored.

Out of the lockage of dissimilar structure systems each with distinct mechanical and formal characteristics evolve promising means and possibilities for developing new structure systems with high-level performance and with definite impulses for the design of form and space in architecture.

Hybride structure systems, then, occupy a particular field within the theory of structures. Although not commanding a mechanism of their own and consequently not qualifying as a systems type, still their synergetic potential plus an infinite variety of combinative possibilities are license enough to forming a separate and important, though quite dissimilar branch of structure systems.

HYBRIDE TRAGSYSTEME

sind Systeme, in denen die Kraftumlenkung durch Zusammenwirkung von zwei oder mehreren -in ihrer tragenden Funktion prinzipiell gleichrangigen - Mechanismen aus verschiedenen Tragwerk-'Familien' erfolgt

Die Zusammenwirkung wird bewerkstelligt durch zwei mögliche Formen der Systemverknüpfung: ÜBERLAGERUNG oder KOPPLUNG

HYBRID STRUCTURE SYSTEMS

are systems, in which the redirection of forces is effected through the coaction of two or several -in their structural function basically equipotent- mechanisms from different structure 'families'

The coaction is being performed by two possible kinds of systems linkage: SUPERPOSITION or COUPLING

Definition 'Hybrid'

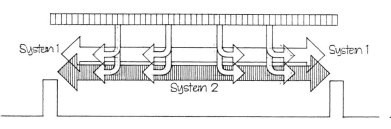

System 1 — System 1

System 2

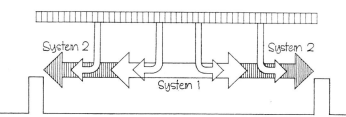

System 2 — System 2

System 1

System-Überlagerung   Systems superposition

System-Kopplung   Systems coupling

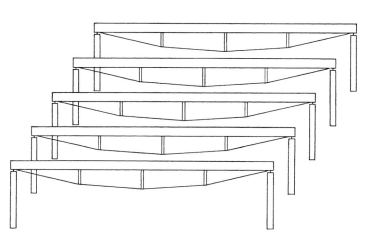

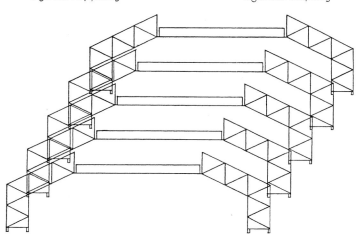

Terminologische Abgrenzungen   Terminological demarcations

Unrichtige 'Hybrid'-Bezeichnung

Unter hybriden Tragsystemen sind NICHT diejenigen Systeme zu verstehen, in denen Einzelfunktionen des Tragwerkes (Lastaufnahme, Lastableitung, Lastabgabe, Stabilisierung usw.) von Konstruktionen aus unterschiedlichen Tragwerk-'Familien' wahrgenommen werden

Incorrect 'hybrid' denomination

Hybrid structure systems are NOT to be understood as those systems in which component bearing functions (load reception, load transfer, load discharge, stabilizations, etc.) are performed by constructions each belonging to a different structure 'family'

System 1

System 2

System 2   System 2

System 3   System 3

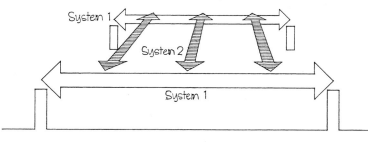

System 1

System 2

System 1

Fehleinstufung hybrider Tragsysteme

Hybride Tragsysteme können NICHT als abgrenzbare Tragwerk-'FAMILIE' oder strukturell bestimmbarer Tragwerk-'TYP' gelten:

1 Sie haben keinen typischen Mechanismus der Kräfte-Umlenkung
2 Sie entwickeln keinen spezifischen Kräfte- bzw. Spannungszustand
3 Sie verfügen nicht über kennzeichnende Strukturmerkmale

Misinterpretation of hybrid structure systems

Hybrid structure systems do NOT qualify as a unique structure 'FAMILY' or as a structure 'TYPE' definable by specific structural characteristics:

1   They do not possess an inherent mechanism for redirection of forces
2   They do not develop a specific condition of acting forces or stresses
3   They do not command structural features characteristic to them

Potential hybrider Überlagerungssysteme   Potential of hybrid superposition systems

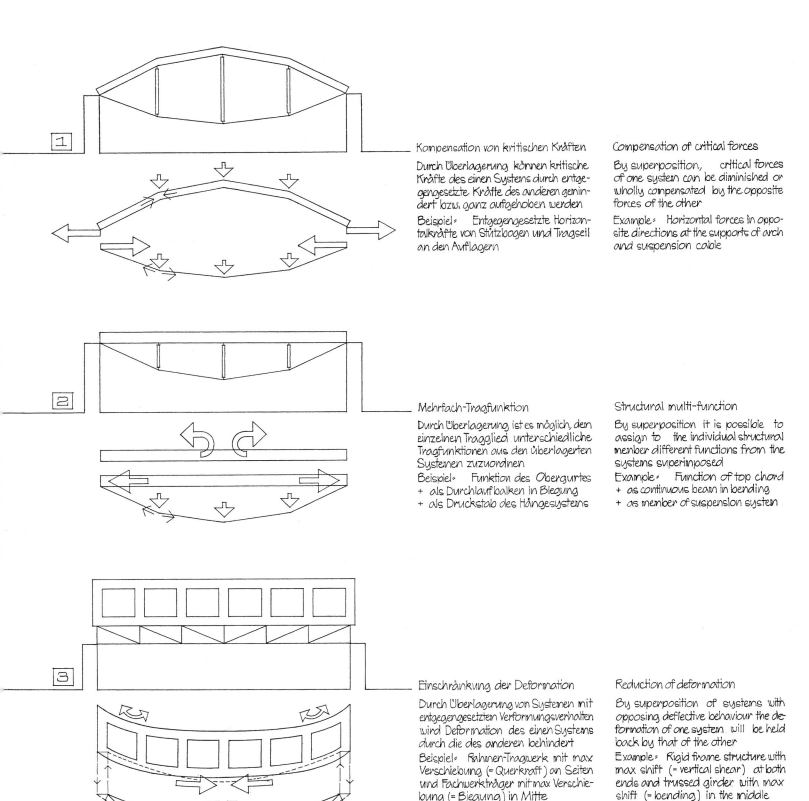

Kompensation von kritischen Kräften

Durch Überlagerung können kritische Kräfte des einen Systems durch entgegengesetzte Kräfte des anderen gemindert bzw. ganz aufgehoben werden

Beispiel: Entgegengesetzte Horizontalkräfte von Stützbogen und Tragseil an den Auflagern

Compensation of critical forces

By superposition, critical forces of one system can be diminished or wholly compensated by the opposite forces of the other

Example: Horizontal forces in opposite directions at the supports of arch and suspension cable

Mehrfach-Tragfunktion

Durch Überlagerung ist es möglich, dem einzelnen Tragglied unterschiedliche Tragfunktionen aus den überlagerten Systemen zuzuordnen

Beispiel: Funktion des Obergurtes
+ als Durchlaufbalken in Biegung
+ als Druckstab des Hängesystems

Structural multi-function

By superposition it is possible to assign to the individual structural member different functions from the systems superimposed

Example: Function of top chord
+ as continuous beam in bending
+ as member of suspension system

Einschränkung der Deformation

Durch Überlagerung von Systemen mit entgegengesetztem Verformungsverhalten wird Deformation des einen Systems durch die des anderen behindert

Beispiel: Rahmen-Tragwerk mit max Verschiebung (= Querkraft) an Seiten und Fachwerkträger mit max Verschiebung (= Biegung) in Mitte

Reduction of deformation

By superposition of systems with opposing deflective behaviour the deformation of one system will be held back by that of the other

Example: Rigid frame structure with max shift (= vertical shear) at both ends and trussed girder with max shift (= bending) in the middle

Überlagerung von schnittaktiven und formaktiven Tragsystemen
Superposition of section-active and form-active structure systems

Unterspannte Träger / Cable supported girders

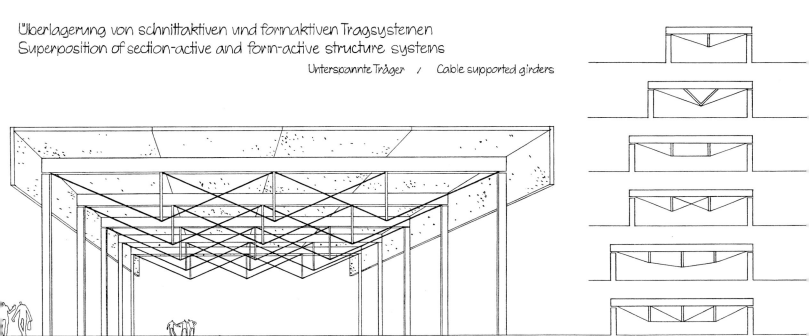

Unterspannte Parallelbalken / Cable supported paralell beams

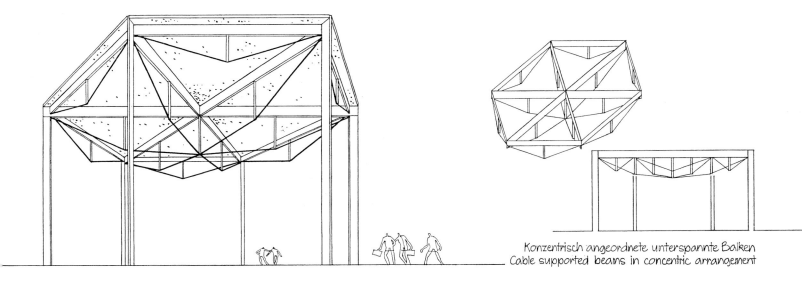

Konzentrisch angeordnete unterspannte Balken
Cable supported beams in concentric arrangement

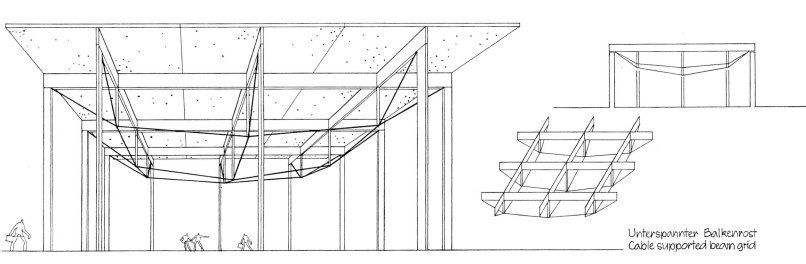

Unterspannter Balkenrost
Cable supported beam grid

Überlagerung von schnittaktiven und formaktiven Tragsystemen

Unter- bzw. Überspannte Gelenkrahmen

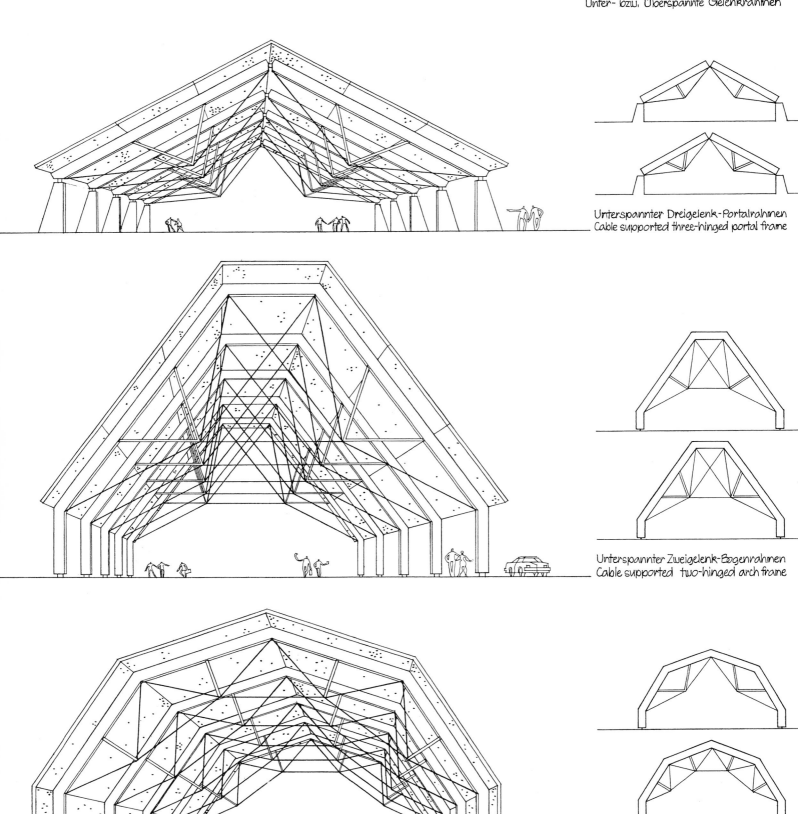

Unterspannter Dreigelenk-Portalrahmen
Cable supported three-hinged portal frame

Unterspannter Zweigelenk-Bogenrahmen
Cable supported two-hinged arch frame

Unterspannter Zweigelenk-Polygonrahmen
Cable supported two-hinged polygonal frame

Superposition of section-active and form-active structure systems
Cable supported hinged frames

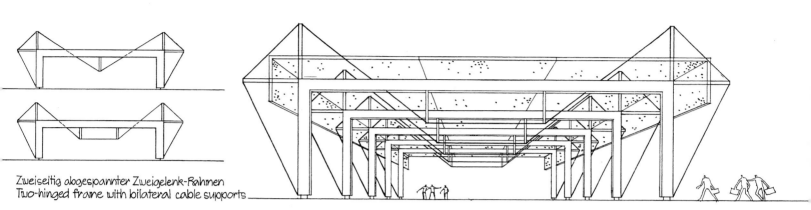

Zweiseitig abgespannter Zweigelenk-Rahmen
Two-hinged frame with bilateral cable supports

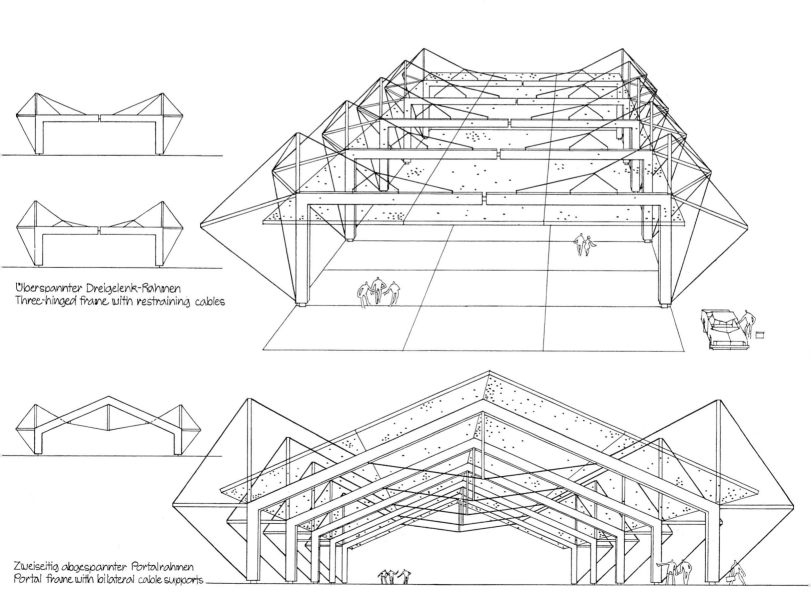

Überspannter Dreigelenk-Rahmen
Three-hinged frame with restraining cables

Zweiseitig abgespannter Portalrahmen
Portal frame with bilateral cable supports

Kopplung von verschiedenartigen Tragsystemen:
Formaktive und vektoraktive Systeme

Coupling of dissimilar structure systems:
Form-active and vector-active systems

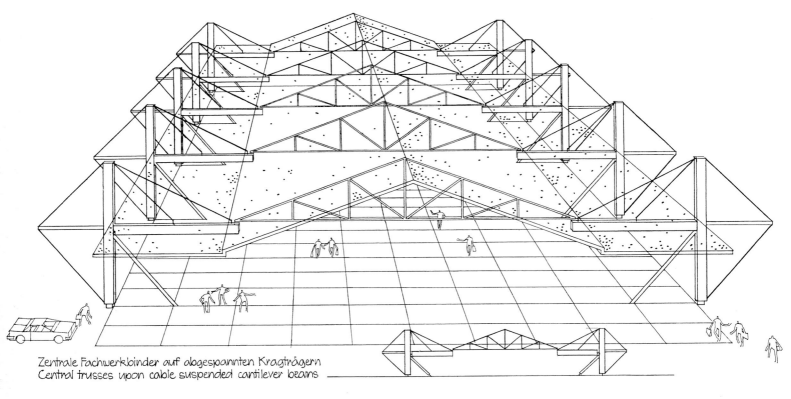

Zentrale Fachwerkbinder auf abgespannten Kragträgern
Central trusses upon cable suspended cantilever beams

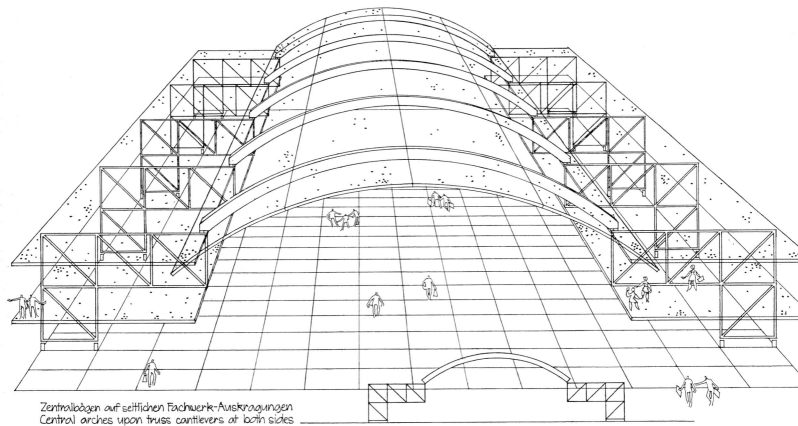

Zentralbögen auf seitlichen Fachwerk-Auskragungen
Central arches upon truss cantilevers at both sides

Kombination von Überlagerung und Kopplung von Tragsystemen
Combination of superposition and coupling of structure systems

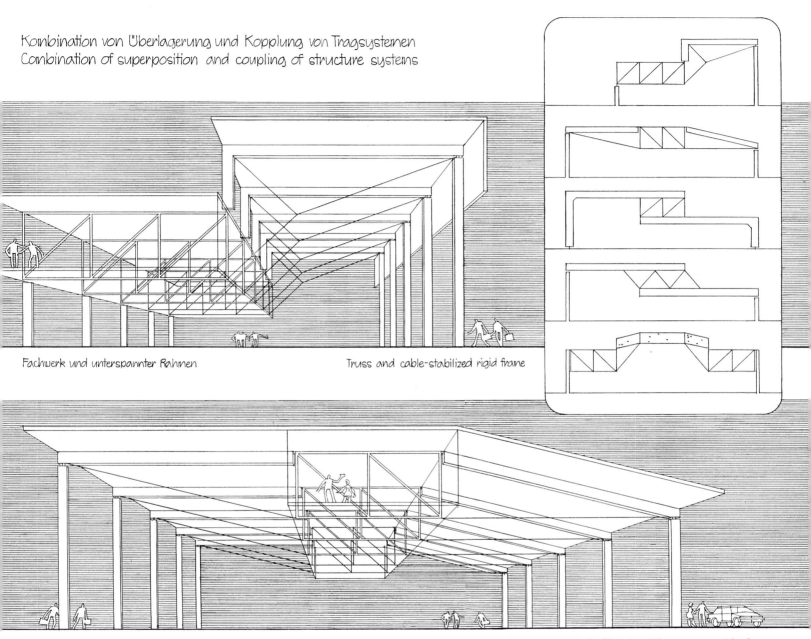

Fachwerk und unterspannter Rahmen

Truss and cable-stabilized rigid frame

Zentrales Fachwerk mit seitlicher Balken-Abspannseil-Verbindung

Central truss connected with lateral beam-guy combination

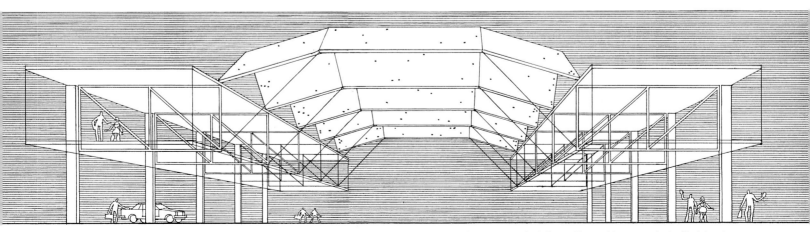

Zentrales Faltwerk seil-verspannt mit seitlichen Fachwerken

Central folded plate section cable-connected with lateral trusses

Geometrie und Strukturform
Geometry and Structure Form

7

Strukturformen in der Architektur sind technische Bauformen, die begründet sind durch die Funktion der Tragwerke, angreifende Kräfte vermittels Gleichgewichtsumstellungen in andere Richtung zu lenken.

Strukturformen sind den Gesetzmäßigkeiten der Erdanziehung und der Kräftemechanik unterworfen. Sie sind daher berechenbar, prüfbar, nachvollziehbar; sie haben eine eigene Logik; sie stellen eine eigenständige Formensprache dar: Geometrie der Strukturformen.

Geometrie im Bereich der Strukturformen ist die exakte Bestimmung von Linien, Flächen und Körpern, die typische und vorteilhafte Eigenschaften in der Umlenkung von Kräften aufweisen. Ihre Formen sind absolute Normen der Tragwerkplanung.

Die Geometrie der technischen Strukturformen ist in Ursprung und Kausalität aber nicht auf die Logik der Kräftemechanik zurückzuführen. Statt dessen ist sie Ergebnis von frühen Bemühungen des Menschen, den Raum seiner Lebenswelt, ihre Formen und Gesetzmäßigkeiten zu begreifen und somit für sein Denken und Handeln faßbar zu machen.

Das Phänomen, daß die abstrakte Geometrie der Linien, Flächen und Körper im Raum Vorzüge in der Kräftemechanik aufweist und prototypische Vorbilder für Strukturformen der Architektur liefert, ist bis jetzt weithin unerforscht geblieben. Doch ist die Annahme berechtigt, daß Kräftebilder im Raum den Gebilden gleichen oder ähnlich sind, die der Mensch zur Aufschließung und Faßbarmachung des leeren Raumes und zur Gestaltung der Materie sich ausgedacht hat.

Die typischen geometrischen Figuren wie Kreis, Dreieck, Parabel, Kugel, Zylinder, Tetraeder usw. leiten alle unter äußerer Krafteinwirkung einen bestimmten Kräftefluß ein und bilden ein spezifisches Gleichgewichtsbild der Kräfte. Umgekehrt bewirkt die besondere Konstellation von Kräften eine der jeweiligen Belastungsbedingung entsprechende Strukturform.

Die Affinität, die zwischen den mathematisch begründeten Figuren der Raumgeometrie einerseits und den mechanisch begründeten Figuren der Kräftegeometrie andererseits besteht, deckt einen tiefgründigen Zusammenhang zwischen den beiden auf, eine Art Verwachsenheit, die die Allgemeingültigkeit der Geometrie und ihrer Grundformen für jede 3dimensionale Handlung bestätigt.

Geometrie allgemein ist die Lehre von der exakten Bestimmung von Orten im Raum und von der Gesetzmäßigkeit ebener und räumlicher Gebilde und Formerscheinungen. Als solche ist Geometrie unerläßliches Instrumentarium für die Gestaltung der gegenständlichen und räumlichen Umwelt, der Bauwerke und ihrer Tragkonstruktionen.

Nur durch Geometrie können imaginäre Formvorstellungen über materielle Objekte, räumliche Gebilde oder technische Zusammenhänge sichtbar gemacht und identifiziert werden; und nur dann können sie vermittelt, überprüft, optimiert und schließlich verwirklicht werden. Geometrie ist Basisdisziplin für die Gestaltungs- und Planungsfunktion von Architekt und Ingenieur.

Obgleich Geometrie mathematischer Logik unterworfen ist und deshalb keine willkürlichen Abweichungen zuläßt, ist sie dennoch kein Hindernis für kreatives Entwerfen. Im Gegenteil: Ebenso wie die Disziplin der Sprache Voraussetzung für jede Form kreativer Literatur ist, so wird auch die Systematik der Geometrie die Phantasie freisetzen, das poetische Potential der Strukturformen aufzudecken.

Geometrie erfüllt für die Tragwerkplanung ebenso wie für die Architekturplanung drei wichtige Funktionen:

1. als Instrument und Medium zur Sichtbarmachung der Planungsergebnisse
= Geometrie der Darstellung
2. als prototypischer Formen- und Systemkatalog für die Ideenentwicklung von Tragwerken
= Geometrie der Strukturformen
3. als wissenschaftliche Grundlage für die Erschließung des Raumes und seiner Gesetzmäßigkeiten
= Geometrie der Linien, Flächen und Körper

Die Geometrie der Strukturformen ist nicht an ein besonderes Tragsystem oder an eine spezifische Kategorie von Tragwerkarten gebunden. Zwar mag eine bestimmte geometrische Figur mehr Möglichkeiten für eine Tragwerkart als für eine andere bieten, doch ist Geometrie eine Disziplin, die die Grenzen von Kategorien überschreitet und allgemeingültig ist.

Geometrie ist ebenso eine Universalsprache der Form. Zugegeben, ein fester Formenkanon für die Gestaltung ist eine Vorstellung, die aus vielerlei Gründen in Frage zu stellen ist, doch als geometrisches Ordnungsprinzip des Raumes begriffen, wird er sich als einigende Instanz auswirken, jenseits der Unterschiede zwischen Individuen, Berufen und Qualifikationen.

Das Wissen über die Geometrie der Strukturformen in der Technik wird neue Perspektiven gewinnen durch Untersuchungen der Strukturformen in der Natur. Denn letztere, die als Reaktion von Materie auf äußere und innere Krafteinwirkung unter dem Naturgesetz minimalen Energieaufwandes entstanden sind, können als gegenständlich gewordene Diagramme von Kräften gewertet werden.

Die Geometrie der Strukturformen als universale Gestaltungsdisziplin kann dazu beitragen, eine verlorengegangene Ordnung in der gegenwärtigen Umwelt wiederherzustellen, also eine Funktion auszuüben, die sie schon einmal für die griechischen Philosophen in der Antike hatte bei ihrem Bemühen, ein Ordnungssystem für die Erschließung von Form und Raum zu definieren.

Raum und Form sind der elementare Stoff, durch den sich Architektur ausdrückt und darstellt. Um Raum und Form zu erschließen, d.h. zu ermessen, zu modulieren, zu strukturieren und einzuschließen, bedarf es der Geometrie als wissenschaftliches Instrument. Umfassende Kenntnis der Geometrie ist Voraussetzung für die Gestaltung der Tragwerke, der Bauwerke – ebenso wie der Lebenswelt insgesamt.

Structural forms in architecture are technical figures being deduced from the function of structures to redirect oncoming forces in other directions through different states of equilibrium.

Structural forms are submitted to the laws of gravity and of force mechanics. Therefore they can be calculated, be checked and be reenacted; they have their own logic; they constitute an indigenous design vocabulary: Geometry of structural forms.

Geometry in the realm of structural forms is the exact definition of lines, planes and solids that command typical and positive characteristics in the redirection of forces. Their configurations constitute absolute norms in the design of architectural structures.

The geometry of technical structure forms, however, as to origination and causality, cannot be traced back to the logic of force mechanics. Instead, it is consequence of man's early striving to comprehend the space of his environmental world, its forms and its legalities, and thus to make it accessible for his thinking and acting.

The phenomenon that the abstract geometry of lines, planes and solids in space commands merits in the mechanics of forces and provides prototypical structural forms for architecture thus far has remained largely unexplored. Yet, with good reason it can be assumed, that the images of forces in space are equal or similar to the figures that man has thought out for rendering the empty space accessible and comprehensible to himself and for shaping substance to his wants.

The typical geometric figures such as circle, triangle, parabola, sphere, cylinder, tetrahedron etc. All induce, under external force action, a certain flow of forces and form a specific image of force equilibrium. Vice versa, the particular constellation of forces cause a geometric structure form corresponding to the mechanical condition.

The affinity, existing between the figures of space geometry with their mathematical roots on the one hand and the structural figures of force geometry with their mechanical background on the other, uncovers a profound association between the two, a kind of cohesion that confirms the universal validity of geometry and its elementary figures for any three-dimensional endeavour.

Geometry in general is the theory about the exact determination of loci in space and about the legality of planer and spatial figures and form phenomena. As such, geometry is an indispensable instrument for shaping the material and spatial environment, the buildings and their structures.

Only through geometry can the imaginary form conceptions envisioning material objects, spatial images or technical constructs be made visible and be identified; and only then can they be communicated, be checked, be optimized and finally be implemented. Geometry is basic discipline in the designing and form-giving operations of the architect and engineer.

Geometry, though being subjected to the logic of mathematics and, hence, not allowing wilful deviations, still is no obstacle to creative design. To the contrary, much as the discipline of language is requisite to any form of creative literature, so too will the systematics of geometry actually free the phantasy to uncover the poetic potential in structural forms.

For structural design, as for architectural design in general, geometry performs three important functions:
1. as instrument and medium for making visible the results of design
   = Descriptive geometry
2. as catalogue of prototypical forms and systems for the generation of structure ideas
   = Geometry of structural forms
3. as scientific basis for the exploration of space and its principles
   = Geometry of lines, planes and solids

The geometry of structural forms is not bound to a particular structure system or to a specific kind of structure. Though a certain geometric figure may show more possibilities for the one kind of structure than for the other, geometry is a discipline transgressing the border lines of categories and attaining universality.

Geometry also is a universal language of form. True, a definite form canon for design is a notion to be questioned for many reasons, but if conceived as the ordering principle of space, it will function as a unifying agent beyond the differences of individuals, professions and qualifications.

The knowledge on the geometry of structure forms in technique will gain additional perspective through studies on the structural forms in nature. For, the latters, having come into being as a material response to the impact of external and internal forces under nature's law of minimum energy expense, can be considered as materialized diagrams of forces.

The geometry of structural forms as universal discipline for design can contribute to re-establishing order in the contemporary environment, i.e. it can perform a function that at one time had already served the Greek philosophers in antiquity in their endeavour to define an ordering system for the exploration of form and space.

Space and form are the basic matter through which architecture expresses and represents itself. The exploration of space and form, their determination, their modulation, their articulation and their enclosements require geometry as scientific instrument. Comprehensive knowledge of geometry is prerequisite to shaping structures and buildings like the whole world where man lives.

Die 3 Funktionen der Darstellenden Geometrie in der Tragwerkplanung

Geometrie -vereinfacht formuliert- ist die Lehre von der mathematischen, d.h. exakten Bestimmung von Orten im Raum und von der Gesetzmäßigkeit ebener und räumlicher Gebilde und Formerscheinungen

Beim Entwerfen von Tragwerken fungiert Geometrie in grundsätzlichen und entscheidenden Funktionen. Das gestalterische Potential dieser Funktionen ist noch weitgehend ungenutzt geblieben

The 3 functions of descriptive geometry in the design of structures

Geometry -in a simplified definition - is the theory of the mathematical, i.e. exact locating of points in space and of the rationale underlying planar and spatial configurations and form phenomena

In the design of structures geometry serves in essential and determinant functions. The creative potential of these functions thus far has remained largely unused

---

Funktionen der Geometrie im Tragwerk-Entwurf

Functions of geometry in the design of structures

1

Medium zur Darstellung der Inhalte des Tragwerk-Entwurfes

Medium for depiction of the contents of the structure design

| Kräftefluß
Gleichgewichtssystem
Flow of forces
System of equilibrium |
| Tragsystem
Tragwerk
Structure system
Structure |
| Tragelement
Tragglied
Structure element
Structural member |

Kräftefluß   flow of forces

Tragsystem   structure system

Geometrie ist das eigentliche Medium zur Verwirklichung des Tragwerk-Entwurfes in seinen einzelnen Stufen

Geometry is the very medium which materializes the design of structures in its different stages

2

Leitbilder für die Anwendung von logischen Tragformen

Guide-lines for the application of logical structure forms

| Lineare Tragfiguren
Lineal bearing figures |
| Flächenhafte Tragfiguren
Planar bearing figures |
| Räumliche Tragfiguren
Spatial bearing figures |

Lineare Tragfigur   lineal bearing fig.

Flächen-Tragfigur   planar bearing fig.

Geometrie manifestiert sich in logischen Gebilden, die den Diagrammen des 'natürlichen' Kräfteflusses gleichen

Geometry manifests itself in logical figures that match with the diagrams of the 'natural' flow of forces

3

Wissenschaft zur Erschließung der Tragwerk-Dimensionen

Science for seizure and control of structure dimensions

| Flächen-Strukturierung =
Raumhülle / Grundriß
Structuring of planes =
Space envelope / Floor plan |
| Konstruktionsgliederung =
Tragkörper
Structural articulation =
Structure body |
| Raumerschließung =
Funktionsvolumen
Manipulation of space =
Functional volume |

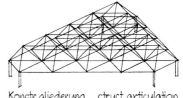

Konstr.gliederung   struct.articulation

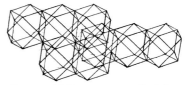

Raumerschließung   space articulation

Geometrie ist wissenschaftliche Grundlage und Instrument für Entwurf und Entwicklung von Tragwerk-Formen

Geometry is the scientific basis and the instrument for the design and the development of structure forms

---

Struktur
ellung

tectural

Geometrische Einordnung der Tragglieder

Zusammenhang zwischen Geometrie und Tragfunktion der Einzelteile
(hier im Wesentlichen auf Schwerkraftlasten bezogen)

Geometric classification of structure members

Relationship between geometry and structural function of single members
(here essentially referring to gravitational loads)

Tragwerkformen entstehen in Vorstellung, Modell oder Entwurf als Gebilde von Linien und Flächen im Raum. Tragwerkformen setzen sich daher grundsätzlich aus geometrischen Elementarfiguren zusammen

Jeder geometrischen Elementarfigur sind je nach Standort und Stellung im Raum bestimmte Möglichkeiten ihrer statischen Funktion und konstruktiven Verwendung innerhalb des Tragsystems gegeben

Structure forms in conception, model or design originate as configurations of lines and planes in space. Structure forms, therefore, are basically composed of the elementary figures of geometry

To each elementary figure of geometry, depending on location and position in space, definite potentialities of structural function and constructional implementation within the structure system are inherent

Geometrie / Geometry	Stellung / Figur Position / figure		Tragkomponenten / Konstruktionsglieder Structure components / Construction members		
PUNKT ① POINT		•	1 Auflager — support, bearing 2 Einspannung — fixed-end joint 3 Gelenk — hinge, pin joint 4 Verbindung — connection, joint 5 Stoß — (butt) joint 6 Knoten — node point 7 Basis, Fuß — base		
gerade LINIE ② straight LINE	senkrecht vertical	|	1 Stütze, Säule — support, column 2 Hängeglied — suspension, hanger 3 (Rahmen-) Stiel — (frame) leg 4 Vertikalstab — vertical rod, ~ bar 5 Spreizglied — spreader bar		
	schräg Inclined	/	1 Strebe — strut, brace 2 Rückhalteseil — restraining cable 3 Aussteifung — bracing 4 Diagonalstab — diagonal member		
	wagrecht horizontal	—	1 Balken, Träger — beam, girder 2 Sturz (-balken) — lintel, header 3 Riegel — frame girder 4 Zuganker — tie rod 5 Ober-/Untergurt — top / bottom chord 6 (Parallel-) Rippe — (parallel) rib		
komplexe LINIE ③ complex LINE	geknickt bent	L	1 Knickbalken — bent beam 2 Giebelbalken — gabled beam 3 Rahmen — rigid frame, bent 4 Kragstütze — cantilevered column		
	gekrümmt curved	⌒	1 gekrümmter Balken — curved beam 2 Segmentsturz — segmental lintel 3 (Stütz-) Bogen — (funicular) arch 4 Tragseil — load cable 5 Stabilisier.-Seil — stabilization cable 6 Unter-(Ober)gurt — bottom (top) chord 7 Ringanker — tie beam, base ring		

Geometrie Geometry	Stellung / Figur Position / figure			Tragkomponenten / Konstruktionsglieder Structure components / Construction members
verknüpfte LINIE ④ jointed LINE	eben flat		1 Fachwerk — truss 2 Mehrfeld-Rahmen — multi-panel frame 3 (Balken-) Rost — beam grid 4 Kassetten — waffles 5 Kreuzrippen — cross ribs	
	gekrümmt curved		1 Fachwerk — truss 2 Lamellen-Raster — lamella grid 3 (Stütz-) Gitter — (thrust) lattice 4 (Hänge-) Netz — (suspension) mesh	
	räumlich spatial		1 Raumfachwerk — space truss 2 Raumgitter — space lattice 3 Raumnetz — space mesh 4 2-achsiger Rahmen / biaxial frame	
ebene FLÄCHE ⑤ flat PLANE	senkrecht vertical		1 (Trag-) Scheibe — structural plate 2 Tragende Wand — bearing wall 3 Aussteifung — bracing panel	
	wagrecht horizontal		1 (Trag-) Platte — structural slab 2 Horiz'scheibe — horiz. plate girder 3 Aussteifung — bracing plate	
	gefaltet folded		1 Prismat. Faltwerk — prismatic fold. str. 2 Pyramid. Faltwerk / pyramid fold. str. 3 Faltträger — folded plate beam 4 Faltrahmen — folded plate frame 5 Faltwerk-Bogen — folded plate arch	
komplexe FLÄCHE ⑥ complex PLANE	einfach gekrümmt singly curved		1 Schale — shell 2 Rohr / Luftschlauch / tube / air tube 3 Gewölbe — vault 4 Lufthalle — air-supported roof	
	doppelt gekrümmt doubly curved		1 Schale — shell 2 Zeltmembrane — tent membrane 3 Luftkissen — air cushion 4 Luftschlauch — air tube 5 Röhre — shell tube	
	kombiniert combined		1 Kastenrahmen — box frame 2 Schelbenrost — plate grid	

Kräftebilder und ihre mathematische Geometrie

Seile können wegen ihres geringen Querschnittes im Verhältnis zur Länge keine Biegung aufnehmen. Die Tragform eines beidseitig aufgehängten Seiles ist daher Verkörperung des Kräftediagramms für den jeweiligen Belastungsfall. Ein grundsätzlicher Zusammenhang zwischen Gegenständlichkeit von Kräftebildern und Abstraktion mathematischer Geometrie wird bestätigt

Force diagrams and their mathematical geometry

Cables due to their small cross section in relation to their length cannot resist bending. Thus, the structural form of a cable suspended at both ends is but materialization of the force diagram for the specific loading condition. This confirms a fundamental liaison between the corporeality of force images and the abstraction of mathematical geometry

Kräftediagramme / Force diagrams

Geometrie-Figuren / Geometrical figures

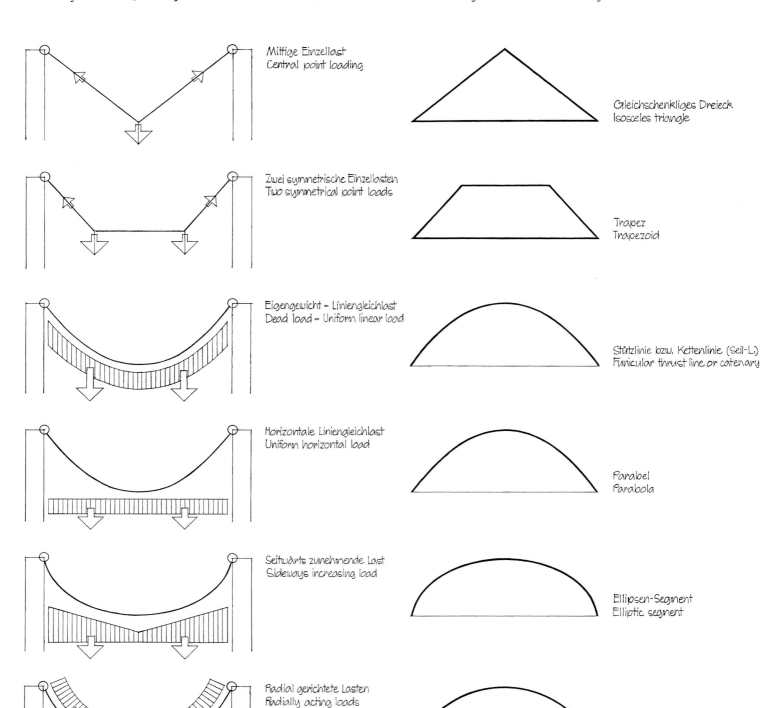

Mittige Einzellast
Central point loading

Gleichschenkliges Dreieck
Isosceles triangle

Zwei symmetrische Einzellasten
Two symmetrical point loads

Trapez
Trapezoid

Eigengewicht = Liniengleichlast
Dead load = Uniform linear load

Stützlinie bzw. Kettenlinie (Seil-L.)
Funicular thrust line or catenary

Horizontale Liniengleichlast
Uniform horizontal load

Parabel
Parabola

Seitwärts zunehmende Last
Sideways increasing load

Ellipsen-Segment
Elliptic segment

Radial gerichtete Lasten
Radially acting loads

Kreis-Segment
Circular segment

Potential geometrischer Grundformen für Tragsystem-Konzepte
Potential of basic geometric forms for images of structure systems

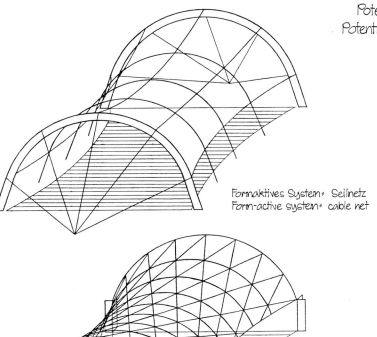

Formaktives System = Seilnetz
Form-active system = cable net

Geometrische Grundformen verhalten sich gegenüber äußeren Kräfte in einer Weise, die für sie spezifisch ist. Das heißt, jeder Grundform ist ein für sie typischer Widerstandsmechanismus zuzuordnen. Innerhalb dieser Zuordnung sind jedoch – geometrieabhängig – unterschiedliche Tragsysteme möglich

Beispiel / example

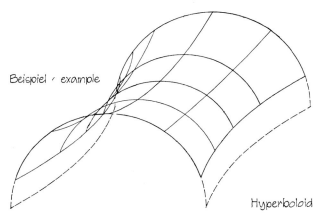

Hyperboloid

Basic geometric forms subjected to external forces behave in a fashion specific to them. That is to say, each basic form is to be attributed a typical mechanism of resistance.   However, within this behavioural category – dependent on the geometric properties – different structure systems can be employed

Vektoraktives System = Lamellengitter
Vector-active system = lamella lattice

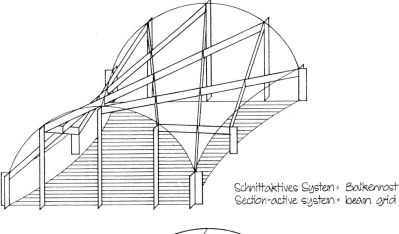

Schnittaktives System = Balkenrost
Section-active system = beam grid

Höhenaktives System = Fachwerkmantel
Height-active system = trussed tube

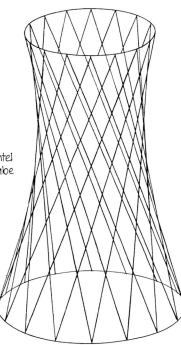

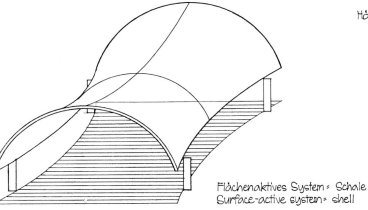

Flächenaktives System = Schale
Surface-active system = shell

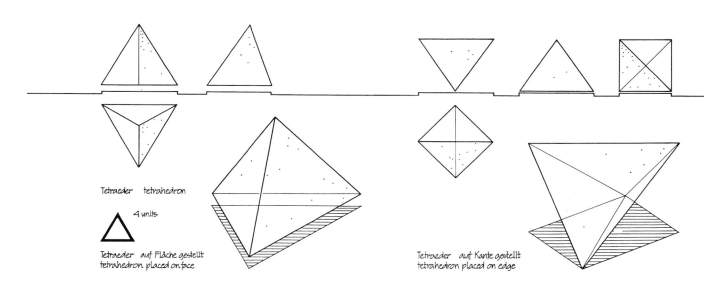

Tetraeder tetrahedron

4 units

Tetraeder auf Fläche gestellt
tetrahedron placed on face

Tetraeder auf Kante gestellt
tetrahedron placed on edge

Faltungen mit gleichen Flächen: Geometrie der Vielflächner

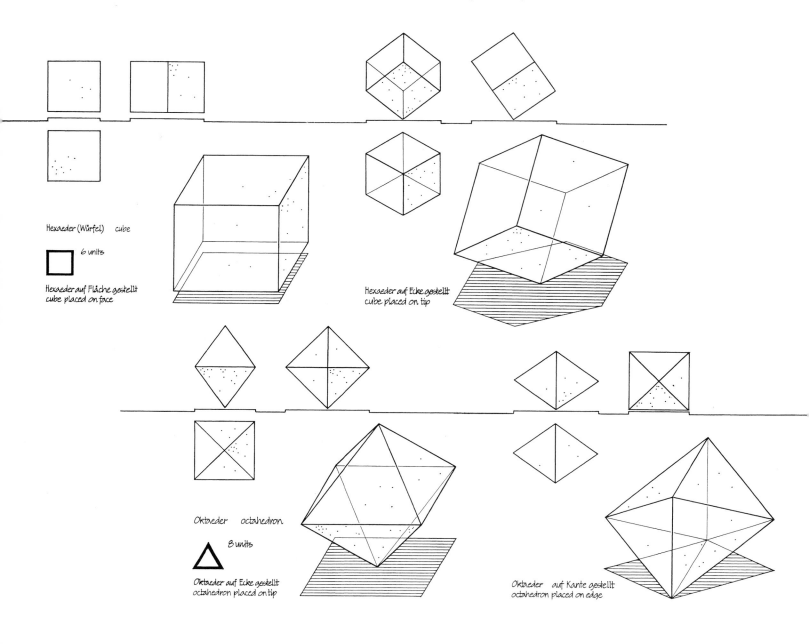

Hexaeder (Würfel) cube

6 units

Hexaeder auf Fläche gestellt
cube placed on face

Hexaeder auf Ecke gestellt
cube placed on tip

Oktaeder octahedron

8 units

Oktaeder auf Ecke gestellt
octahedron placed on tip

Oktaeder auf Kante gestellt
octahedron placed on edge

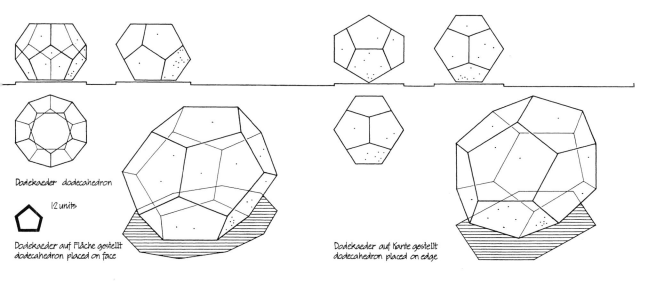

Dodekaeder dodecahedron

12 units

Dodekaeder auf Fläche gestellt
dodecahedron placed on face

Dodekaeder auf Kante gestellt
dodecahedron placed on edge

Foldings with equal planes: Geometry of polyhedra

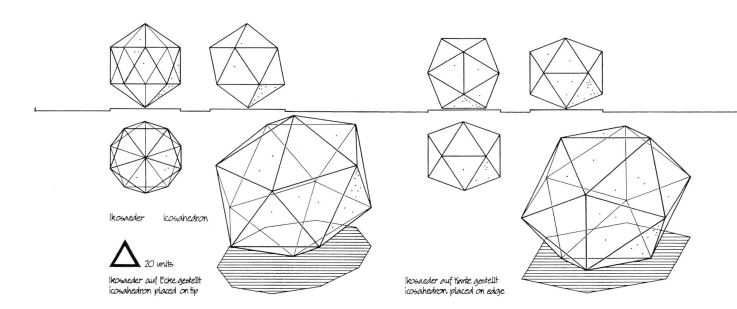

Ikosaeder icosahedron

20 units

Ikosaeder auf Ecke gestellt
icosahedron placed on tip

Ikosaeder auf Kante gestellt
icosahedron placed on edge

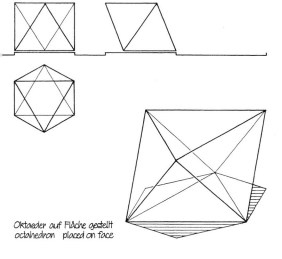

Oktaeder auf Fläche gestellt
octahedron placed on face

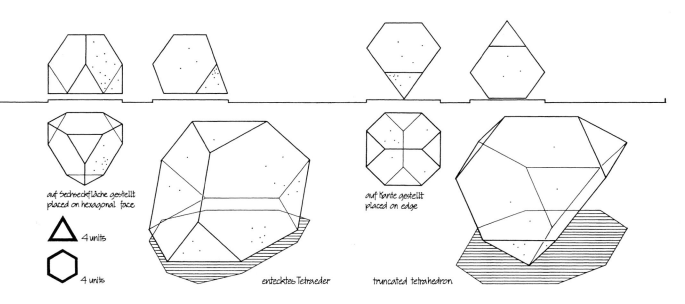

auf Sechseckfläche gestellt
placed on hexagonal face

△ 4 units

⬡ 4 units

auf Kante gestellt
placed on edge

entecktes Tetraeder

truncated tetrahedron

Faltungen mit gleichen Flächen = Geometrie der Vielflächner

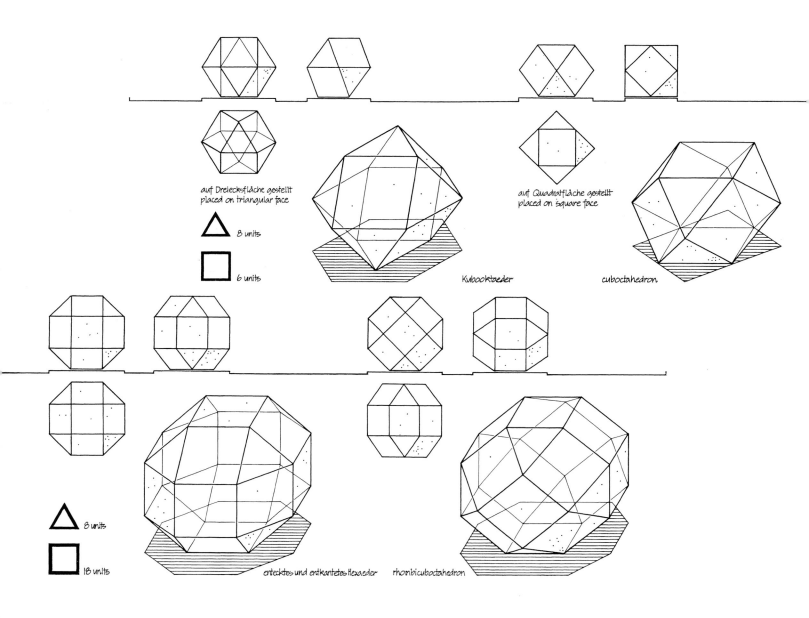

auf Dreiecksfläche gestellt
placed on triangular face

△ 8 units

▢ 6 units

auf Quadratfläche gestellt
placed on square face

Kubooktaeder

cuboctahedron

△ 8 units

▢ 18 units

entecktes und entkantetes Hexaeder

rhombicuboctahedron

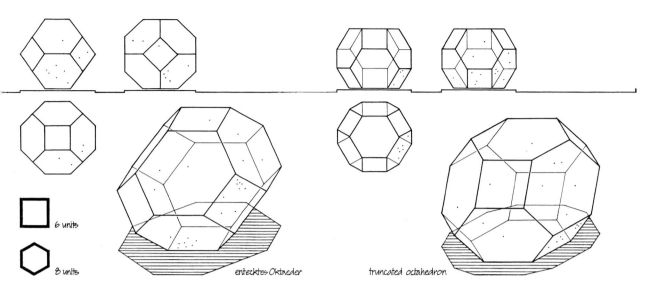

6 units

8 units

entecktes Oktaeder

truncated octahedron

Foldings with equal planes :   Geometry of polyhedra

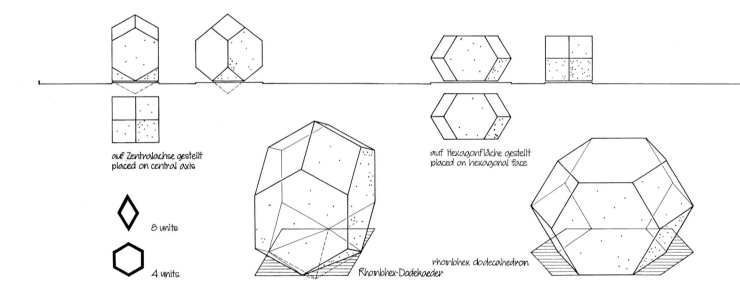

auf Zentralachse gestellt
placed on central axis

8 units

4 units

auf Hexagonfläche gestellt
placed on hexagonal face

rhombhex dodecahedron
Rhombhex-Dodekaeder

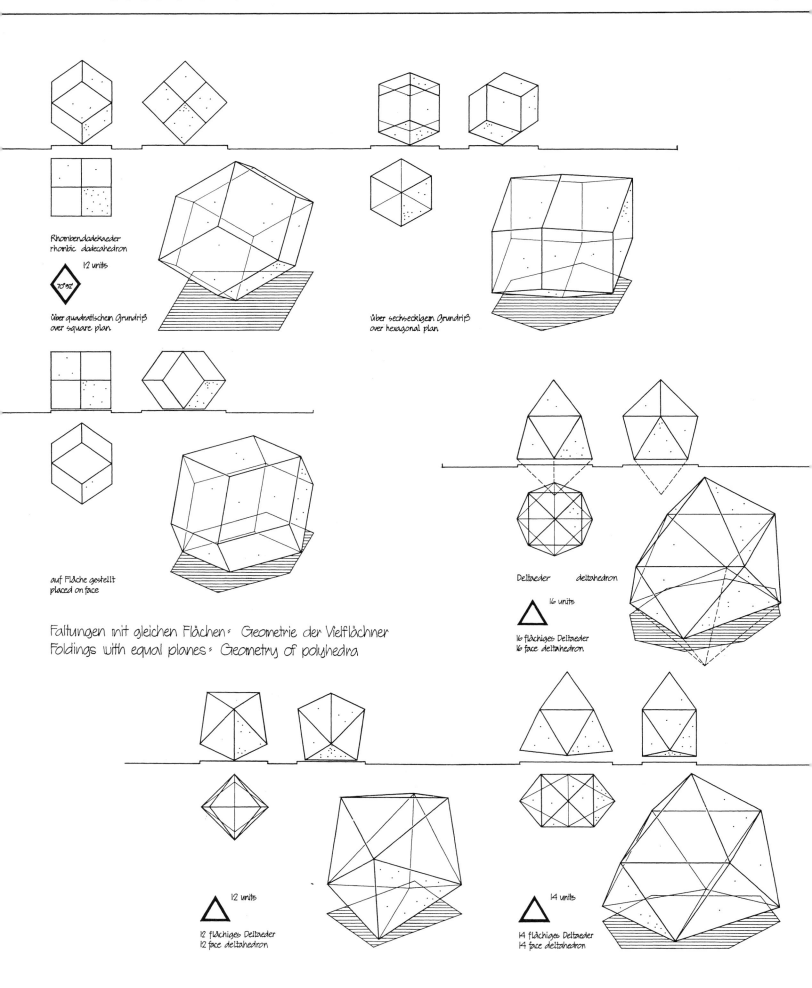

Rhombendodekaeder
rhombic dodecahedron

12 units

70°32'

über quadratischem Grundriß
over square plan

über sechseckigem Grundriß
over hexagonal plan

auf Fläche gestellt
placed on face

Deltaeder   deltahedron

16 units

16 flächiges Deltaeder
16 face deltahedron

Faltungen mit gleichen Flächen: Geometrie der Vielflächner
Foldings with equal planes: Geometry of polyhedra

12 units

12 flächiges Deltaeder
12 face deltahedron

14 units

14 flächiges Deltaeder
14 face deltahedron

Pyramidisch gefaltete Flächen über besonderer Grundrißgeometrie   pyramidal folded surfaces over special plan geometry

dreieckiger Grundriß   triangular plan

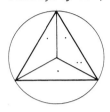 

quadratischer Grundriß   square plan

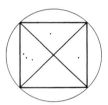 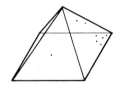 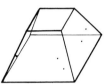  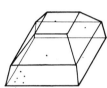 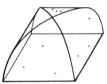

fünfeckiger Grundriß   pentagonal plan

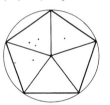 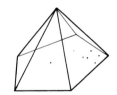    

sechseckiger Grundriß   hexagonal plan

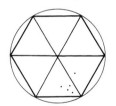 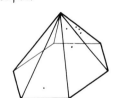 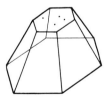   

achteckiger Grundriß   octagonal plan

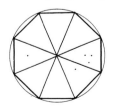 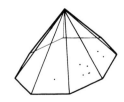 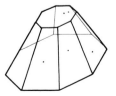   

kreisförmiger Grundriß   circular plan

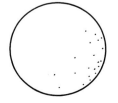 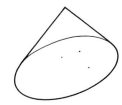  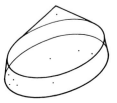 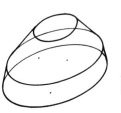 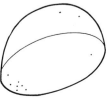

Geometrie der Zylinderflächen

geometry of cylindrical surfaces

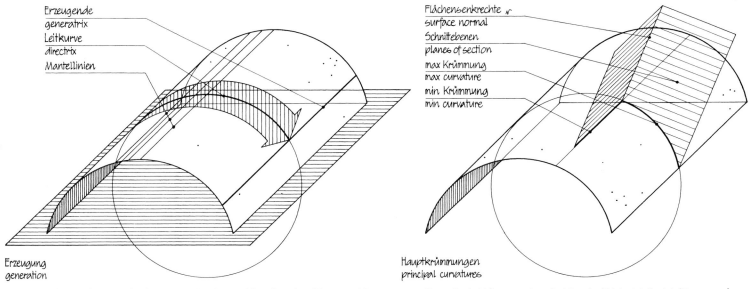

Erzeugende
generatrix
Leitkurve
directrix
Mantellinien

Flächensenkrechte
surface normal
Schnittebenen
planes of section
max Krümmung
max curvature
min Krümmung
min curvature

Erzeugung
generation

Hauptkrümmungen
principal curvatures

Fläche wird erzeugt durch Führung einer horizontalen Geraden (Erzeugende) auf einer Leitkurve, die in einer Ebene rechtwinklig zur Erzeugenden liegt

surface is generated by sliding a horizontal straight line (generatrix) along a curve (directrix) that lies in a plane at right angles to the generatrix

Die maximale Krümmung eines Punktes der Fläche ist durch Leitkurve gegeben, die minimale Krümmung durch die Erzeugende, d.h. sie ist Null

the maximum curvature of any point is given by the directrix, the minimum curvature is in direction of generator and equals zero

Reihung von Zylinderflächen zur Überspannung größerer Flächen

juxtaposition of cylindrical surfaces for covering larger areas

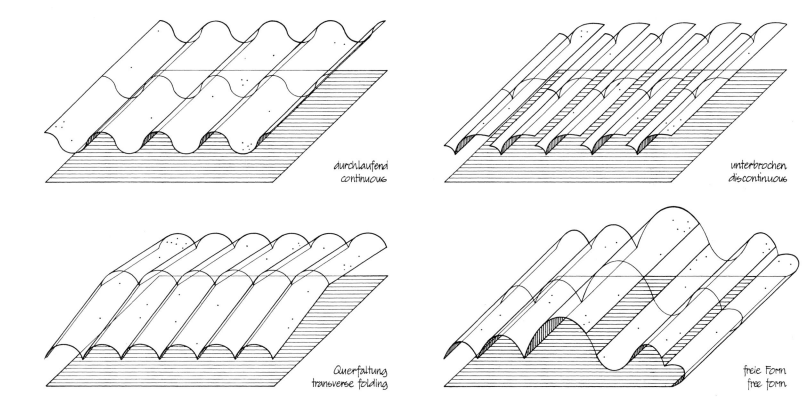

durchlaufend
continuous

unterbrochen
discontinuous

Querfaltung
transverse folding

freie Form
free form

Tragsysteme aus sich durchdringenden zylindrischen Flächen   structure systems through interpenetration of cylindrical surfaces

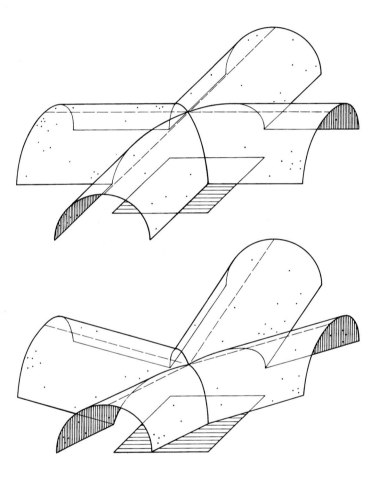

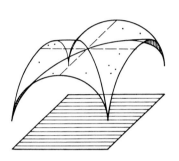

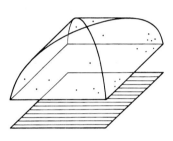

Flächen-Erzeugende in einer Ebene   generatrix in one plane

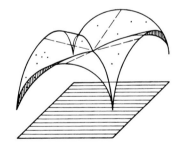

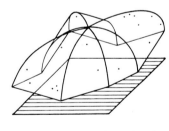

Erzeugende zur Mitte zu fallend   generatrix sloping toward center

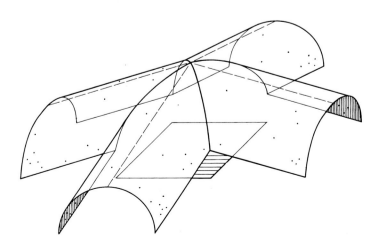

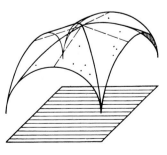

Erzeugende zur Mitte zu steigend   generatrix rising toward center

Geometrie der Rotationsflächen: Umdrehungskörper

geometry of rotational surfaces: solids of revolution

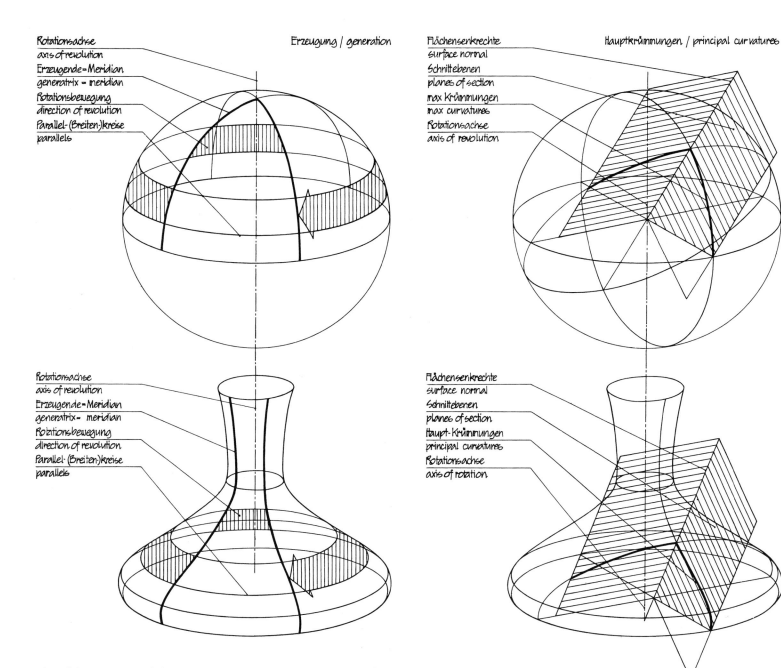

Erzeugung / generation

Rotationsachse
axis of revolution
Erzeugende=Meridian
generatrix = meridian
Rotationsbewegung
direction of revolution
Parallel-(Breiten-)kreise
parallels

Hauptkrümmungen / principal curvatures

Flächensenkrechte
surface normal
Schnittebenen
planes of section
max Krümmungen
max curvatures
Rotationsachse
axis of revolution

Rotationsachse
axis of revolution
Erzeugende=Meridian
generatrix= meridian
Rotationsbewegung
direction of revolution
Parallel·(Breiten-)kreise
parallels

Flächensenkrechte
surface normal
Schnittebenen
planes of section
Haupt-Krümmungen
principal curvatures
Rotationsachse
axis of rotation

Fläche wird erzeugt durch Rotation einer ebenen Kurve von geometrischer oder freier
Form (Meridian) um eine senkrechte Achse. Alle horizontalen Schnittkurven sind Kreise

surface is generated by rotating a plane curve of geometric or free form, the generatrix,
(meridian) around a vertical axis.   all horizontal sectional curves are circles

Die eine Hauptkrümmung ist jeweils durch den Meridian gegeben, die andere durch den
Schnitt mit einer Ebene, die durch die Flächensenkrechte senkrecht zur Meridianebene geht

one principal curvature of any point is given by the meridian; the other by the section with
a plane going through the surface normal and being vertical to the meridional plane

Sonderformen der Rotationsflächen
special forms of rotational surfaces

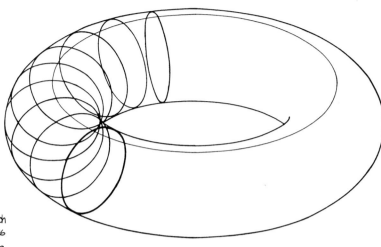

Ist die Erzeugende ein Kreis und liegt die Rotationsachse in der Ebene des Kreises, jedoch tangential zu ihm oder außerhalb von ihm, so entsteht eine Kreisringfläche, ein Torus

When the generatrix is a circle and when the axis of rotation is in the plane of this circle but either tangential to it or outside it, a torus is generated

Kreisringfläche   torus

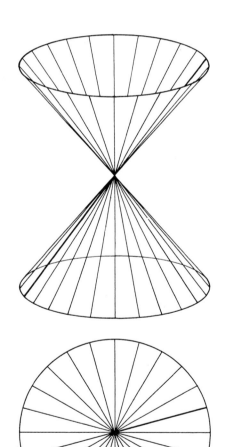

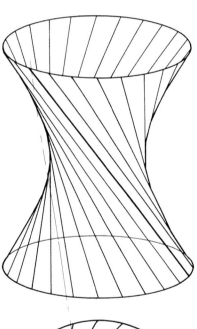

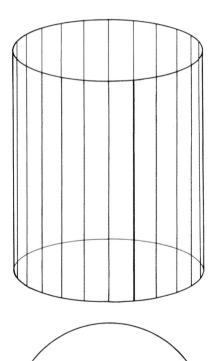

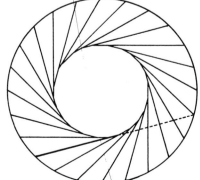

Zugekehrte Kegel   inverted cones   Hyperboloid   hyperboloid   Kreiszylinder   circular cylinder

Ist die Erzeugende eine Gerade, so ergeben sich je nach ihrer räumlichen Stellung in Bezug auf die Rotationsachse die typischen Flächen: Kegel, Hyperboloid oder Zylinder

When the generatrix is a straight line, dependant on its position in space in relation to the axis of rotation, typical surfaces of cone, hyperboloid or cylinder will be generated

Halbkugelflächen für gradlinige Grundriß-Geometrie
hemispherical surfaces for straight-line plan geometry

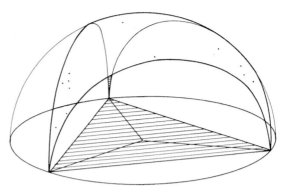

Dreieck-Grundriß
triangular plan

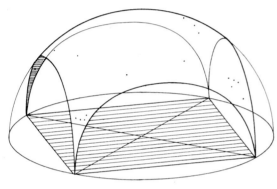

Quadrat-Grundriß
square plan

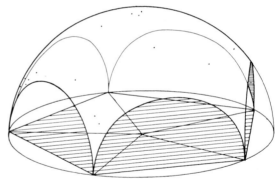

Fünfeck-Grundriß
pentagonal plan

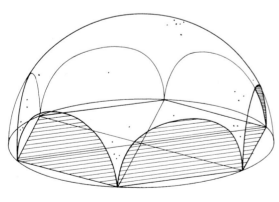

Sechseck-Grundriß
hexagonal plan

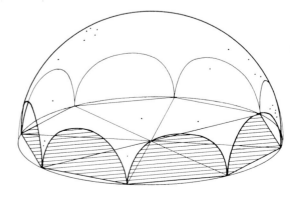

Achteck-Grundriß
octagonal plan

Erzeugung von Sattelflächen mit Geraden: antiklastische Regelflächen
generation of saddle surfaces with straight lines: anticlastic ruled surfaces

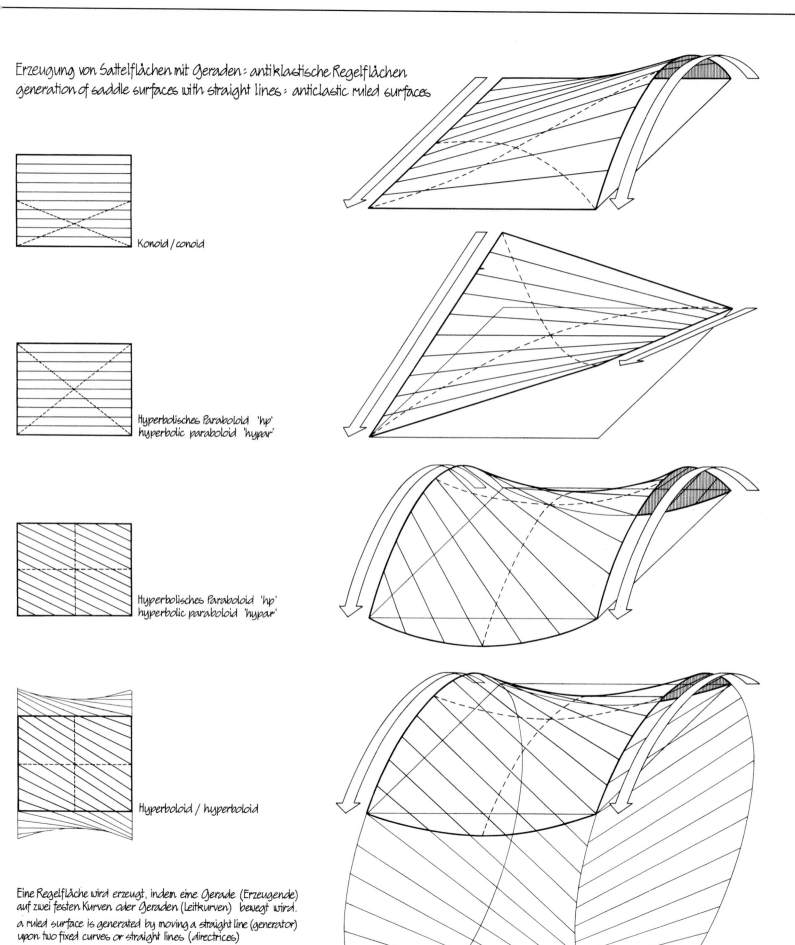

Konoid / conoid

Hyperbolisches Paraboloid 'hp'
hyperbolic paraboloid 'hypar'

Hyperbolisches Paraboloid 'hp'
hyperbolic paraboloid 'hypar'

Hyperboloid / hyperboloid

Eine Regelfläche wird erzeugt, indem eine Gerade (Erzeugende)
auf zwei festen Kurven oder Geraden (Leitkurven) bewegt wird.

a ruled surface is generated by moving a straight line (generator)
upon two fixed curves or straight lines (directrices)

Erzeugung von hp- (hyperbolisch-parabolischen) Flächen

generation of hypar (hyperbolic - paraboloidal) surfaces

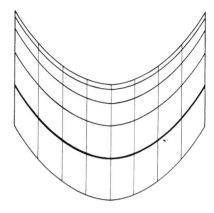

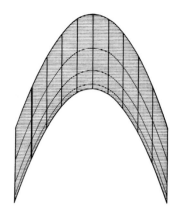

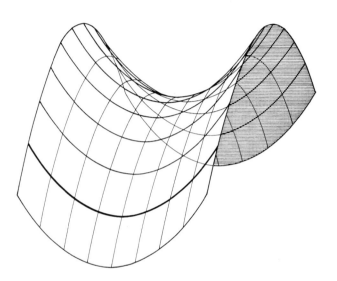

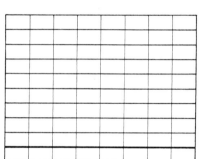

Erzeugung als Translationsfläche: hängende Parabel (Erzeugende) wird über stehende Parabel (Leitkurve) geführt, oder umgekehrt

generation as translational surface: hanging parabola (generatrix) is slid along upright parabola (directrix), or reversely

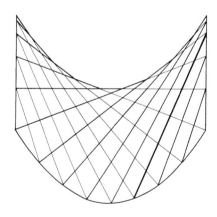

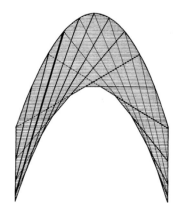

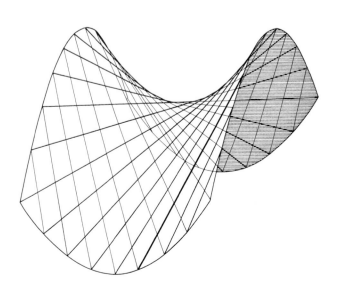

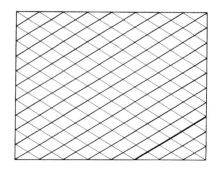

Erzeugung als Regelfläche: Gerade (Erzeugende) wird über zwei Parabeln oder zwei nicht in einer Ebene befindlichen Geraden (Leitkurven) geführt

generation as ruled surface: straight line (generatrix) is slid over two parabolas or over two straight lines (directrices) that are not in one plane

Schnittkurven der hp- (hyperbolisch-parabolischen) Flächen

sectional curves of hypar (hyperbolic paraboloidal) surfaces

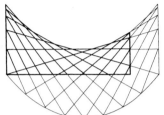

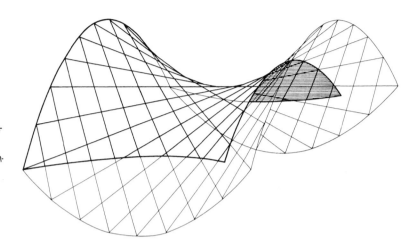

Vertikalschnitte ergeben Parabeln, Horizontalschnitte ergeben Hyperbeln

vertical sections produce parabolas, horizontal sections produce hyperbolas

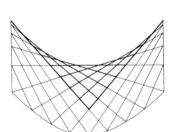

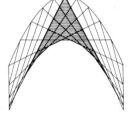

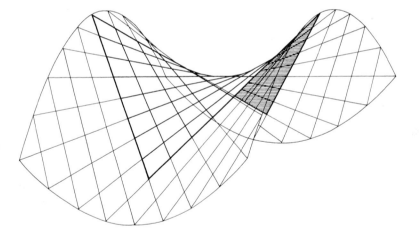

Vertikalschnitte parallel zur Erzeugenden (Deutung als Regelfläche) ergeben Gerade

vertical sections parallel to generatrix (interpretation as ruled surface) produce straight lines

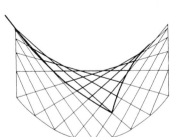

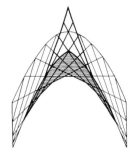

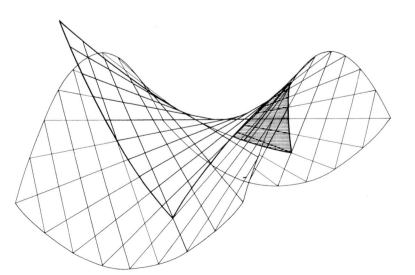

Vertikalschnitte im Winkel zur Erzeugenden ergeben konvexe und/oder konkave Parabeln

vertical sections with angle to generatrix produce convex and/or concave parabolas

Einfluß der hp-Achsenstellung im Raum auf Flächenform und Grundriß / influence of position of hypar axis in space on surface form and plan

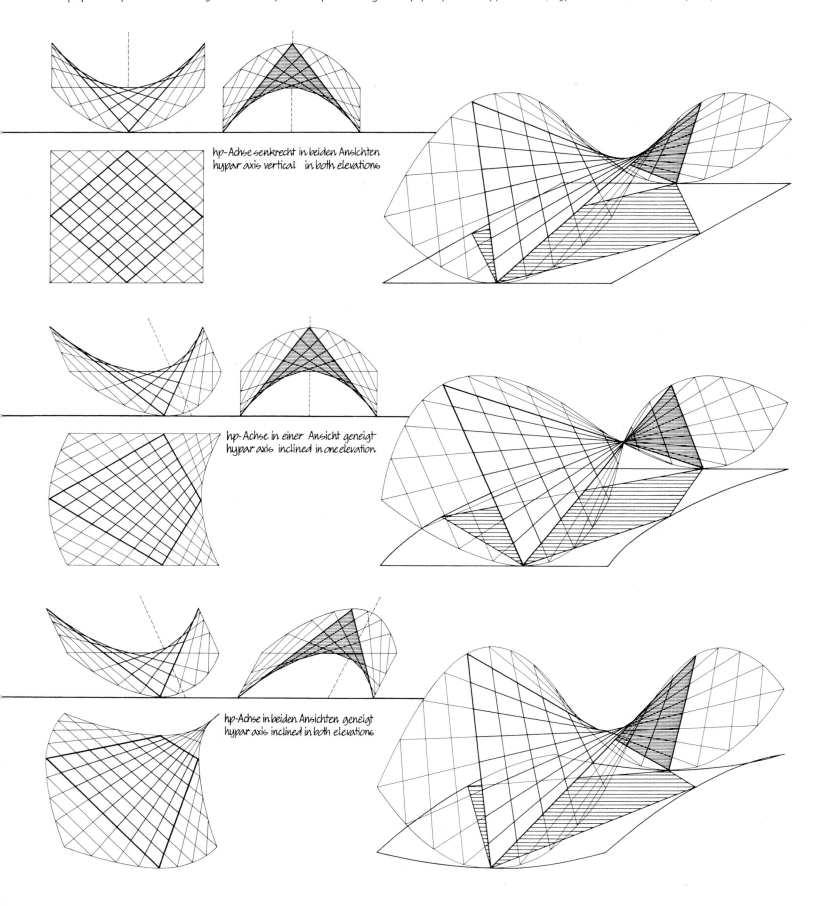

hp-Achse senkrecht in beiden Ansichten
hypar axis vertical in both elevations

hp-Achse in einer Ansicht geneigt
hypar axis inclined in one elevation

hp-Achse in beiden Ansichten geneigt
hypar axis inclined in both elevations

Kompositionen mit 4 'hp'-Flächen über quadratischem Grundriß

compositions of 4 'hypar' surfaces over square plan

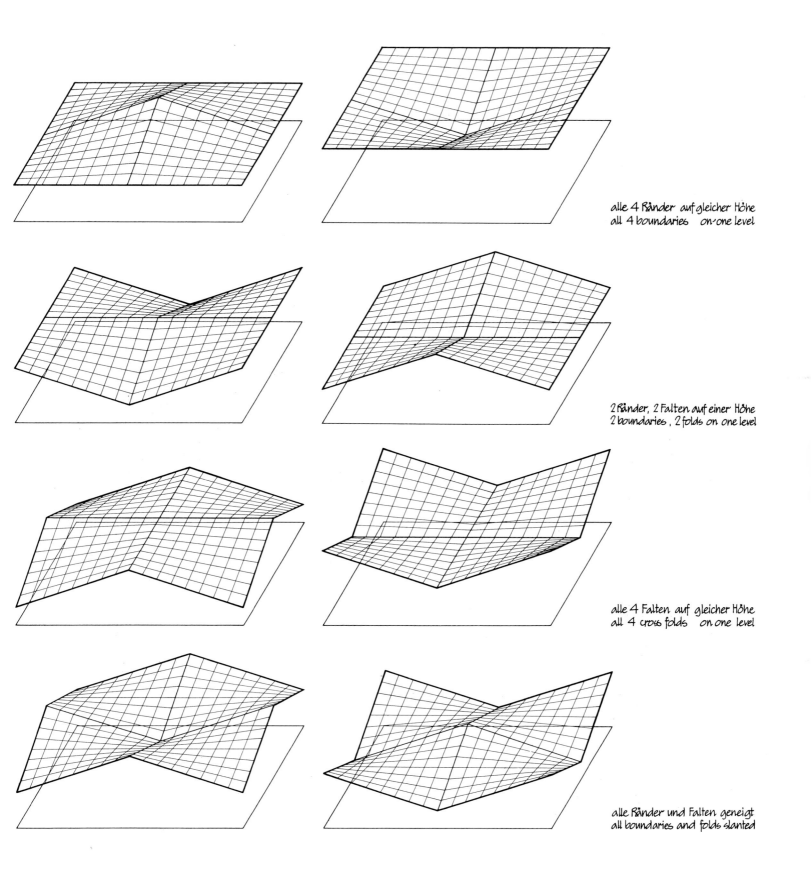

alle 4 Ränder auf gleicher Höhe
all 4 boundaries on one level

2 Ränder, 2 Falten auf einer Höhe
2 boundaries, 2 folds on one level

alle 4 Falten auf gleicher Höhe
all 4 cross folds on one level

alle Ränder und Falten geneigt
all boundaries and folds slanted

Literaturverzeichnis
Bibliography

Ackermann, Kurt: Tragwerke in der konstruktiven Architektur. Stuttgart 1988

Ambrose, James: Structure Primer. Los Angeles, Cal. 1963

Ambrose, James: Building Structures. New York 1993

Angerer, Fred: Bauen mit tragenden Flächen. München 1960. (Surface Structures in Building, New York 1961)

Bachmann, Hugo: Hochbau für Ingenieure. Stuttgart 1994

Becker, Gerd: Tragkonstruktionen des Hochbaues, Teil 1. Konstruktionsgrundlagen. Düsseldorf 1983

Bill, Max: Robert Maillart, Brücken und Konstruktionen. Zürich 1965

Borrego, John: Skeletal Frameworks and Stressed Skin Systems. Cambridge Mass. 1968

Brennecke, Wolfgang / Folkerts, Heiko / Haferland, Friedrich / Hart, Franz: Dachatlas. München 1975

Büttner, Oskar / Hampe, Erhard: Bauwerk Tragwerk Tragstruktur. Band 1 und 2, Berlin 1977 und 1984

Catalano, Eduardo: Structures of Warped Surfaces, Raleigh, N.C.; Student Publication vol. 19, no. 1

Contini, Edgardo: Design and Structure. New York; Progressive Architecture 1958

Cowan, Henry J. / Wilson, Forrest: Structural Systems. New York 1981

Corkill / Puderbaugh / Sawyers: Structure and Architectural Design. Eldridge, Iowa 1984

Critchlow, Keith: Order in Space. New York 1978

Domke, Helmut: Grundlagen konstruktiver Gestaltung. Wiesbaden Berlin 1972

Dubas & Gehri: Stahlhochbau. 1988

Faber, Colin: Candela – the Shell Builder. New York 1963. (Candela und seine Schalenbauten. München 1964)

Feininger, Andreas: Anatomy of Nature. New York 1956.

Führer, Wilfried / Ingendaaij, Susanne / Stein, Friedhelm: Der Entwurf von Tragwerken. Köln-Braunsfeld 1984

Gheorghiu, Adrian / Dragomir, Virgil: Geometry of Structural Forms. London 1978

Götz, Karl-Heinz / Hoor, Dieter / Möhler, Karl / Natterer, Julius: Holzbau-Atlas. München 1978

Hart, Franz: Kunst und Technik der Wölbung. München 1965

Hart, Franz / Henn, Walter / Sonntag, Hansjürgen: Stahlbauatlas. Augsburg / Köln 1982

Heidegger, Martin: Die Frage nach der Technik. Tübingen 1954

Herget, Werner: Tragwerkslehre. Stuttgart 1993

Herzog, Thomas: Pneumatische Konstruktionen. Stuttgart 1976

Howard, Seymour: Structural Forms. New York; Architectural Record 1951–1961

IL 21: Grundlagen – Basics. Stuttgart 1979

IL 27: Natürlich Bauen. Stuttgart 1980

IL 32: Leichtbau in Architektur und Natur. Stuttgart 1983

Joedicke, Jürgen: Schalenbau. Stuttgart 1962

Klinckowstroem, Carl Graf von: Geschichte der Technik. München/Zürich 1959

Kraus, Franz / Führer, Wilfried / Neukäter, Hans-Joachim: Grundlagen der Tragwerklehre 1. Köln – Braunsfeld 1980

Krauss, Franz / Willems, Claus Christian: Grundlagen der Tragwerklehre 2. Köln – Braunsfeld

Leder, Gerhard: Hochbaukonstruktionen, Band 1: Tragwerke. Berlin 1985

Mann, Walther: Vorlesungen über Statik und Fertigkeitslehre. Stuttgart 1986

Marks, Robert W.: The Dymaxion World of Buckminster Fuller. New York 1960

Maskowski, Z.S.: Raumtragwerke. Berlin; Bauwelt 1965

Mengeringhausen, Max: Raumfachwerke aus Stäben und Knoten. Würzburg 1975

Nervi, Pier Luigi: Structures. New York 1956

Nervi, Pier Luigi: Neue Strukturen. Stuttgart 1963

Ortega y Gasset, José: Betrachtungen über die Technik. Stuttgart 1949

Otto, Frei: Das Hängende Dach, Gestalt und Struktur. Berlin 1954

Otto, Frei: Lightweight Structures. Berkeley, Cal. 1962

Pflüger, Alf: Elementare Schalenstatik. Berlin – Göttingen – Heidelberg 1960. (Elementary Statics of Shells. New York 1961)

Rapp, Robert: Space Structures in Steel. New York 1961

Roland, Conrad: Frei Otto – Spannweiten. Berlin – Frankfurt 1965

Rosenthal, H. Werner: Structure. London 1972

Salvadori, Mario: Teaching Structures to Architects. Greenville, S.C.; Journal of Architectural Education 1958

Salvadori, Mario with Heller, Robert: Structure in Architecture. Englewood Cliffs, N.J., 1963

Salvadori, Mario: Why Buildings Stand up. New York 1980

Sandacker, Björn Norman / Eggen, Arne Petter: Die konstruktiven Prinzipien der Architektur. Basel 1994

Schadewaldt, Wolfgang: Natur – Technik – Kunst. Göttingen – Berlin – Frankfurt 1960

Siegel, Curt: Strukturformen der Modernen Architektur. München 1960. (Structure and Form in Modern Architecture. New York 1961)

Timber Companion: Kukan Kozu e no Appurochi. Tokyo 1990

Torroja, Eduardo: Phylosophy of Structures. Berkeley – Los Angeles 1953. (Logik der Form. München 1961)

Wachsmann, Konrad: Wendepunkte im Bauen. Wiesbaden 1959. (The Turning Point of Building. New York 1961)

Wilson, Forrest: Structure – The Essence of Architecture. New York 1971

Wormuth, Rüdiger: Grundlagen der Hochbaukonstruktion. Düsseldorf 1977

Zuk, William: Concepts of Structure. New York 1963